鑽石爭霸戰

第三集：鑽石碟的台美大戰

宋健民　博士　編著

全華圖書股份有限公司　印行

目錄

林心正序 － 千里馬與伯樂

宋健民博士有兩個 MIT 頭銜，第一個是台灣製造的 Made-In-Taiwan，第二個則是美國麻省理工學院(Massachusetts Institute of Technology)的博士學位，他是美國培養專家在台灣應用所學的成功樣板。

宋博士是鑽石科技的權威人士，鑽石工業的從業者很少人沒聽說過他的大名。台灣的鑽石研發原本落後國外一大截，但因宋博士的全力投入使我們的鑽石科技可以後來居上。本公司藉宋博士之助已在許多鑽石的工業產品領先全球；例如用於製造半導體晶片的「鑽石碟」，其市場佔有率就是世界第一。宋博士對本公司的貢獻良多，也對同仁多所啓發，本人深感幸運與宋博士這種博學有能的人共事。

一般學者到工業界就無暇顧及學術研究，但宋博士卻一直在大學教書(台灣大學及台北科技大學)；他也指導過台灣從南到北大學約百名的碩、博士研究生。宋博士發表的中英論文的數目高達 400 篇，遠多於一般的大學教授；他是學術界及工業界少見的「兩棲類」。

宋博士視時間的浪費不僅虛擲生命，更是一種罪惡；他要以有限人生創造出最大的價值。「中砂人」的主要休閒活動爲打高爾夫球，宋博士則寧可把多餘的時間用來論文著作。宋博士不僅寫了鑽石科技的中英文叢書，還寫了兩本有關宇宙及生物演化的英文鉅作，第一本爲 Pixel of Space-Time: The Building Block of Everything，它創立了一門全新的物理科學。第二本爲 Evolution of the Universe: The Cosmic Game of Consciousness，它探索了生命的真正本質。前者把宇宙視爲不連續的晶格，整合了「時空」和「物質」；後者把生物演化視爲「意識」的強化，並以「意識」統一了科學和宗教。宋博士在「中砂」刊物也多年連載了他對外在物質及內在精神的全新詮釋，包括「大霹靂」的宇宙歷史、達爾文的生物分化乃至宗教界的神人關係等；他的論述使大家在工作之餘也能對人生有更深入的了解。

爲了以最少的時間做最多的工作，宋博士經常「平行處理」(Parallel Processing)多項事務，例如他曾以一人之力同時移轉技術給韓國的「日進鑽石」及中國的「亞洲金剛石」兩公司，包括繪圖設計、編寫製程、採購設備、人員訓練……等等，這些千頭萬緒的事情需十餘人全時工作才能完成，但宋博士以「平行處理」一個人就可以搞定。

宋博士在「中砂」的「分身術」也讓我印象深刻；例如他到「中砂」的第二年就單槍匹馬遠赴義大利的 Verona 參加石材大展。Verona 的國際展覽通常要在兩年前報名才能租得到攤位，但宋博士在開發成功 DiaGrid®「鑽石陣」®產品時乃臨時決定要參加展覽。由於沒有展示館，他在現場向一個設備公司(Robosint)轉租了一個攤位，當時他一人不僅要設計展示間還要在語言不通的異國找人裝修。在展覽的幾天內宋博士要不斷分身向湧進的訪客介紹及銷售「中砂」的產品；然而就在最緊張的時候，他還需開兩小時車到米蘭機場接陳明山副總經理來展覽會參觀，然後在當晚還送他到火車站繼續其行程。「中砂」在 1998 年在 Verona 展出全球首創的硬銲排列繩鋸串珠及飛碟磨盤，這是世界鑽石工具發展史的一個重要里程碑。

宋博士在義大利 Verona 國際展覽會所唱的獨角戲，他不僅要設計展覽館和介紹產品(左圖)，在「兵荒馬亂」之際還需「分身」前往米蘭接送陳副總前來參觀(右圖)。圖右陳副總經理所持的即爲 1998 年「中砂」震驚鑽石業界的 DiaGrid®「鑽石串珠」樣品。

宋博士的生涯還有一段別人沒有的大起大落。1984 年 Norton 以高薪將他自 GE 挖角並揚言要生產工業鑽石，但後來卻以宋博士爲籌碼壓迫 GE 降低鑽石磨粒的價格。1989 年宋博士協助韓國「日進鑽石」建廠時，Norton 卻和 GE 聯手控告宋博士並迫使他同意十年不做鑽石；兩個跨國公司合作對付一人應是司法史上實力最懸殊的訴訟。2002 年宋博士又以一人之力控訴另一個跨國公司 3M 侵犯其專利並迫其賠償；他訴訟的成功爲台灣企業樹立了一個典範，即小公司可以專利保護及策略聯盟擊敗強敵並獲得勝算。美國的跨國公司常以三〇一條款進行不流血的經濟戰爭，本公司曾遭 3M 以此條款伏擊並纏訟四年，其間所耗費的時間、精力及財務可謂損失慘重！在訴訟高潮時主要往來銀行甚至落井下石，拒絕繼續融資。所幸宋博士各種策略運用得當，逐一化解 3M 一波接一波的攻勢，使本公司有驚無險度過難關。本人鼓勵宋博士將此台灣公司的慘痛經驗詳加敍述提供給台灣的產業界做爲參考，這樣本公司的訴訟損失亦可算是對社會的一種回饋！宋博士在 2008 年出版了五本書，其中「鑽石碟的台美大戰」一書中對 3M 官司的敍述添加了許多有趣的插曲，包括技術、產品、專利、訴訟、談判、聯盟、策略等。由於這不是創作小說，而爲真實事件的呈現，因此本書對企業經營者如何四兩撥千斤擊敗強大的國際對手很有啓發性。

關雲長得赤兔馬才能過五關斬六將，我這個伯樂因得宋健民這隻千里馬才能以「鑽石碟」稱霸世界。這種雙贏的組合是我們的緣份，更是同仁的福氣，就像是上圖背景所示宋健民贈給我的「福」氣一樣。這個特製的「福」字乃直接轉印(已絕版)自康熙真跡的石版(中國一級文物)；該「福」字由子(眾人)、久(長壽)及田(多金)組成，其上並有康熙的御璽「鎮福」，使它常留「中砂」永不散失。本人在公司常教導大家要飲水思源並多所惜福，宋健民帶給「中砂」的「多福」(久亦爲多的象形)得來不易，讓我們更加珍惜。

林心正

中國砂輪企業股份有限公司董事長

陳水扁總統在 2007 年 10 月 26 日蒞臨「中國砂輪」視察時與公司幹部合影。

聯合報 中華民國九十六年六月八日

建立「無毒家園」爲林心正的創新主張。由政府提供毒品給吸毒者並加以監控治療，可以掃除毒梟及降低犯罪率。2007 年立委廖本煙(左)爲籌募反毒行動基金，曾在樹林市舉辦黑鮪魚義賣，中國砂輪董事長林心正(右)以 299 萬元，標下這尾屏東東港的黑鮪魚並將全數捐出做爲反毒基金。

誌謝

我是多年留美的外省藉移民，林心正董事長是台灣草根公司的接班人；我們兩人生命的軌跡似乎沒有交集，但卻因緣際會成爲後半生的工作夥伴。林董事長的父親白永傳老董事長是一位道德高尙的企業家，他也是李登輝時代心靈改革教育的推動者。白家經營企業乃以照顧員工爲優先，這個家族事業就建立在對人的信賴上。白老董事長的經營哲學是你好，我好，大家好。林董事長人如其名「心地正直」，他雖是台灣土生土長的企業家，卻有宏觀的國際視野。美國 Rio Design Automation, Inc. CEO Kaushik Sheth 曾在 2006 年 7 月 18 日的 Electronic Business 指出偉大公司 CEO 具備了四個 C 的特質；其中客戶(Customer)就是你好，文化(Culture)乃爲我好，愛心(Caring)則是大家好，而創意(Creativity)更成「中砂」多角化經營的推動力。林董事長對這四個 C 身體力行，「中砂」在他的領導下已迅速擴大規模，現在已經能和外國競爭公司在全球市場爭奪主導權。

1996 年底我加入「中砂」時，似乎只有我不會講台語。我在美國幾個大公司工作超過二十年，而「中砂」的同事則多在台灣同一個公司上班，因此雙方對人的認知不同，對事的做法也迥異。由於文化的差異太大，我自恃可能在「中砂」做不了多久，誰知一切都是我的多慮。十多年忽忽過去，「中砂」已成爲我工作最久的生涯。

認識白家人是我前生修來的福份，與「中砂人」共同工作則是我今生碰到的運氣。林董事長給了我自由發揮的空間，我也幸運的不負眾望幫助「中砂」提高獲利並使它的股票在 2005 年順利上市。林董事長不僅幫助我攀上生涯的高峰，也贊助我參與許多學術活動，包括本書的出版。本書能夠付梓全靠「中砂」的何雅惠及黃靜瑞兩人細心的編排文稿及精心的設計圖表，我在此也特別致謝。

本書共分三集(見綜合目錄)，將由全華圖書股份有限公司出版，其單集本可購自中國砂輪企業股份有限公司。

請洽：

何雅惠－ Tel：(02) 2679-1931 分機：1151
E-mail：hoyahui@kinik.com.tw

黃靜瑞－ Tel：(02) 2679-1931 分機：1152
E-mail：queenie@kinik.com.tw

宋健民

2008 年

Tel：(02) 8678-0880
Fax：(02) 8677-2171
E-mail：sung@kinik.com.tw

自序 － 我愛鑽石

人類是動物之靈，而鑽石爲物質之王，兩者皆爲上帝神奇的創造。以人類的智慧研究鑽石的巧妙可經歷天的真、人的善及物的美，這正是我的人生之旅。

鑽石爲宇宙最豐富的固體，也是文明最終極的物質。鑽石雖在天上多如繁星，但在地下卻成稀世珍寶，幸虧鑽石可以人造合成，成爲最尖端的工業材料。1953 年的鑽石合成爲材料發展的新紀元，它可與 1969 年人類登月的太空壯舉相比較。人造的鑽石甚至比天然的更多元，也更有用。我有幸與鑽石結緣，經歷了鑽石科技發展的重要過程，其中包括：

- 1974-1976 年，在美國 MIT 發明了可均勻加熱的鑽石超高壓機並用以研究地下極深處礦物相變引發的地震。
- 1977-1984 年，與合成鑽石的先驅科學家(F. Bundy, R. Wentorf, Jr., H. Bovenkerk)共事，在美國 GE(世界最大的鑽石製造者)開發了鋸用鑽石(MBS-760)及磨用鑽石(MBG-660)等的頂尖產品，也負責 GE 在美國及愛爾蘭廠的鑽石生產技術。
- 1984-1989 年，在美國 Norton(世界最大鑽石使用者)開發了熱穩定性多晶鑽石(PCD)的燒結技術，又建立了氣相沈積鑽石膜(CVDD)的微波(Wavemat)及電弧(Technion)技術，使 Norton Diamond Film 成爲 1990 年代世界最大的鑽石膜生產公司。
- 1984 年，發明 C_3N_4 超硬材料並引發全球材料科學家的研究熱潮(超過千篇論文)。這個研究方向促成類鑽碳(DLC)膜改進成 CN 膜並廣泛用於保護電腦硬碟(Hard Drive)及讀寫磁頭(Read Head)。
- 1985 年自美國 Norton Christensen 引進中國濟南生產的 600 噸「六面頂」壓機，這是中國首次出口金剛石合成壓機。
- 1989 年自美國 Norton Amplex 批量採購中國的鑽石原料，這是中國鑽石大量用於製造微粉的開始。
- 1990-1993 年，協助韓國建立「日進鑽石」(Iljin Diamond)，使其成爲世界第三大鑽石製造公司。又移轉技術給中國「深圳亞洲金剛石公司」，使其在 1993 年成爲中國最先進的鑽合成公司。由於 GE 及 De Beers 壟斷三十年的合成鑽石技術出現缺口，鋸用鑽石價格開始快速滑落。
- 1994-1996 年，在台灣的工業技術研究院開發硬銲鑽石工具，鑽石金屬造粒及真空滲透矽製成 PCD 等先進產品並將成果移轉給十餘家公司。

- 1996-2008 年，在台灣的「中國砂輪企業股份有限公司」(中砂)發展一系列產品，包括全球首創的 DiaGrid®(鑽石陣®)鑽石工具。「中砂」因而成爲化學機械平坦化(CMP)生產半導體必用「鑽石碟」最大的製造者。

  引進世界最先進的 PVD DLC 的製造設備(Multi-Arc/Ion Bond)及 CVD 鑽石膜的生產設備(sp^3 及 P1 Diamond)，使「中砂」成爲鑽石鍍膜技術的領先者。

  推出 DiaShield®(鑽石盾®)保護膜、散熱面及太陽電池，又建立 Dialon™(鑽氟龍™)超滑面及斥水膜。製造 HeaThru™(熱透)散熱片，包括 DiCu(鑽銅)、DiAl(鑽鋁)及 DiAg(鑽銀)等全球首創 CPU 冷卻面。

- 2003-2008 年，開發超高壓鑽石合成的晶種排列(DiArray™)技術量產鑽石罐(DiaCan™)，並協助全球主要的鑽石製造者提高生產效率及降低製造成本。發明 DiaCube™ Polygrit(金剛立體多晶磨粒)，未來可取代單晶金剛石。

- 2006-2008 年，授權日本東名(Tomei Dia)公司(日本最大鑽石生產者)製造 PCD「鑽石碟」(ADD™)，使其成爲美國 Applied Materials(世界最大半導體設備製造者)以 eCMP 生產 IC(32 nm)唯一可用的修整器。

- 2008-迄今，授權韓國 SKC 開發微米石墨(GiP)及奈米鑽石(NiP)拋光墊，有機會取代全球每年超過$1B(十億美元)的 CMP 耗材。

- 世界鑽石專利最多(超過三百項)的發明人及台灣個人專利最多的擁有者。

鑽石之硬，無堅不摧；鑽石之美，無物可比。鑽石不僅是寶石之后，更是材料之王。鑽石已大量用在機械領域，僅鋸切的鑽石每年使用量就高達 1000 公噸。鑽石也可應用在電子(如電腦的終極晶片)、光學(如增亮的 LED)、輻射(如 X-光的視窗)、聲學(如高頻的喇叭膜)、通訊(如寬頻的濾波器)、熱學(如高速的散熱片)、顯示(如亮麗的 FED)、發電(如高效的太陽電池)、醫學(如超滑的人工關節)、民生(如不傷的剃刀片)、化妝(如吸油的面膜及耐用的指甲膏)、環保(如廢水處理的電極)、軍事(如飛彈的雷達罩)……等等領域。事實上，一國的工業鑽石使用量及應用處可反映其建設的速度乃至科技的水準。

我在 1994 年回台時就編寫了經濟部「工業材料技術手冊」第 35 章：工業鑽石，開始在台灣大聲疾呼鑽石時代即將來臨，例如我在 1995 年工業技術研究院的工業材料研究所出版的工業材料雜誌發表「材料的新革命——鑽石膜的工業應用」。同年，我成為台灣粉末冶金會刊六月號主編，在該冊發表了一系列五篇有關工業鑽石的文章。

中國時報 中華民國八十三年十一月二十二日／星期二

宋健民 移民 自美返台

在國人一窩蜂移居海外的熱潮下，他卻因對台灣經濟發展的高度信心，自願放棄美國的工作，回來開創事業的第二春。

剛由美國「移民」回台灣的宋健民，認為台灣的「機會」多。（陳愛珠攝）

經濟日報 工業用鑽石的技術發展與應用座談會 中華民國85年2月28日 星期三

工業用鑽石的技術發展與應用座談會

座談會座談題綱：

- 工業用鑽石產製技術的發展
- 鑽石在工業上的應用及市場
- 工業用鑽石的未來與挑戰
- 國內各研究單位在鑽石研究上的現況
- 工業界對鑽石粒及鑽石薄膜的需求及可供業界參考的方向

超硬材料的使用量在過去30 年間，每年平均有近10%的成長，目前全世界的產值已近10 億美元，下游工具製品的市場更高達40 億美元，而新興的鑽石膜，於過去10年來在產學研的研發與產品開發下，現已步入商業化，預計未來鑽石的應用領域將隨鑽石膜在產品的應用之成熟而急速拓展，形成一次新的材料革命。

主持人：
宋健民(工研院材料所無機組組長)
張　立(國科會工程處副處長)
與會人員：
陳貴賢(中研院原分所)
劉　鏞(中研院物理所)
洪敏雄(成大材料系教授)
施漢章(清大材料系教授)
郭正次(交大材料所教授)
周章誠(台灣鑽石公司總經理)
許明星(嘉寶自然公司總經理)
白陽亮(中國砂輪公司副董事長)
游芳春(鴻記工業公司董事長)
記錄：袁守中　攝影：崔德龍

宋健民：鑽石性質優越 可能促成新產業革命

鑽石工具附加價值高 材料所積極輔導業界

工商時報 中華民國八十六年十一月十二日 星期三

硬焊鑽石線鋸圓珠

石材大展學術研討會中出鋒頭

【記者李子亮花蓮報導】一九九七年花蓮國際石材大展學術研討會十一日閉幕，中國砂輪企業公司發表最新研發成功的硬焊鑽石線鋸圓珠，較傳統切割速度快二倍，用電功率只有傳統機具的三分之一，受到與會人士高度重視，認為是全球建材切割工具一大革命。

這項學術研討會昨天進行最後一天議程，共有三篇論文發表。其中，中國砂輪企業公司副總經理宋健民發表「硬焊鑽石線鋸圓珠」備受矚目。

宋健民指出，鑽石工具是切割建材不可或缺的利器，台灣業者長久以來多認為切割速度比工具壽命重要，因此多使用價格低廉的電鍍鑽石工具；但電鍍鑽石工具因鑽石磨粒黏貼不牢，且製程中需使用大量酸液，造成嚴重環保問題，因此先進國家已不生產此類電鍍產品，多轉向其他開發中國家購買。

該公司因而積極研發替代產品，以熔融的特殊鎳合金在真空中把鑽石焊在圓珠上，不僅解決了最頭疼的鑽石脫層剝落問題，鑽石磨粒排列成陣，更使切屑排除容易度大增，鑽石使用量也大減。

曾在工研院服務的宋健民說，目前研發成功的硬焊鑽石線鋸圓珠，經在花蓮初試切割花崗岩、蛇紋石與大理石，線鋸下切的速度確實比傳統的電鍍鑽石圓珠快約二倍，使用的電功率也只有傳統的三分之一；尤其，因切鋒銳利，線鋸切入時不僅容易維持直進的方向，線鋸中段切深落後形成的弧度也大為減少。

宋健民介紹的這項革命性新產品，昨天引起與會人士高度關注，認為可能改變全球鑽石工具的製程。

宋健民帶動石材切割技術大革命

小檔案 FILES

中國砂輪企業公司副總經理宋健民，為美國麻省理工學院博士，曾多年負責全球最大的超硬材料製造者美國奇異公司的鑽石生產技術，以及全球最大的超硬材料使用者美國諾頓公司的鑽石應用技術，素有國際超硬材料權威美譽。

宋健民在一九八四年即曾預測氮化碳的硬度可能超過鑽石，目前已獲理論證實，且氮化碳已成為現今全球材料科學家研究的熱門尖端材料。

宋健民之前在工研院時，即已成功建立鑽石圓珠硬焊技術，經中國砂輪公司引進，成功開發鑽石線鋸圓珠。

宋健民說，鑽石在工具使用過程中，因切鋸而磨耗的比率通常不到一〇%，許多鑽石磨粒是因黏貼不牢而脫落，更多因分佈不均而浪費。新開發的硬焊鑽石線鋸圓珠，已擺脫傳統鑽石工具的限制，鑽石不僅黏結牢固，絕不脫落，且分佈平均，沒有重複，切割速度為現今鑽石工具中最快的一種。（李子亮）

工商時報　中華民國八十九年八月四日　星期五

工業鑽石　主導科技發展扮要角

中國砂輪副總宋健民發表革命性理論，廣獲全球科學家矚目

【記者陳山江報導】有鑑於工業鑽石爲台灣未來製造產業升級的關鍵，中國砂輪公司宋健民副總經理乃發起在台灣召開二〇〇〇年國際鑽石會議（Taiwan Diamond 2000）。這項國際會議可加強台灣對工業鑽石及相關材料研發重要性的認知，而且可以和國際對此主導性材料的研發成果結合。

台灣鑽石會議已在七月三十一日至八月二日在台大隆重召開。主辦單位爲中央研究院。大會的名譽主度爲李遠哲院長。召集人爲陳貴賢博士。中國砂輪公司則爲主要贊助者。在大會期間宋博士也推出了三本專書（超硬材料、鑽石合成及Superhard material & Diamond technology）。

在三天的會期中與會的專家學者共一百餘人，其中不乏各國對鑽石及相關材料研發的精英。主要的工業鑽石供應者(GE及De Beers)也全程參與。大會裏共發佈了近百篇學術論文。其中中國砂輪公司提出的論文數目最多。大會的高潮爲宋健民博士在八月一日主軸演講（Keynote Speech）提出的革命性超鑽石理論。宋博士曾在一九八四年首先指出常見的碳及氮可組合成自然界所無的氮化碳。而且氮化碳的硬度可能凌駕鑽石。鑽石是公認最硬的物質。數百年來科學家極思找到能比鑽石更硬的材料而未果。宋博士的理論引起了全球科學家研究氮化碳的熱潮。氮化碳是近十年來最熱門的研究題材，每年發表的論文超過百篇。宋博士在大會中揭櫫另一突破性的思考，認爲空氣中的氧及仍在極高壓的狀態下可重新組合成立立晶系（簡單立方及體心立方）的結構。這種前所未有的結構會比鑽石堅硬數倍，因此可用以「削鑽如泥」。宋健民的革命性理論在大會中引起各國專家學者的震撼。

參加台灣鑽石國際會議的專家學者在會的最後一天轉往中國砂輪公司參觀。中國砂輪公司在總經理林心正的規畫下已建立全球最先進的排列及鍍膜技術。其產品涵蓋加工業及鍍膜電子業。中砂最新的產品爲半導體製造不可或缺用於修整集體電路拋光墊的鑽石碟。

20　經濟日報　中華民國97年6月11日　星期三　光電周暨顯示器展　光電周暨顯示器展專刊

中砂高導熱鑽石電路載板 LED元件降溫利器

增加LED壽命及穩定度 改善路燈投射光源不穩問題

■金萊萊

中國砂輪爲解決高功率高亮度LED散熱問題，經過二年研發及測試，推出高導熱鑽石電路載板，有效降低高功率LED元件的溫度，有助LED產品壽命的延長及可靠度增加。

中國砂輪公司鑽石科技中心總經理宋健民表示，近年來LED市場高速成長，主要因爲隨著高亮度與高效率的LED產品問世，LED的應用日漸普及，從手機的LED應用，汽車的燈源、交通號誌、戶外大型顯示器等都有應用實例，爲符合LED應用多元化的趨勢，LED技術的發展，主要是提升發光效率、提升光通量、降低電流的驅動量與提升光的色彩表現爲提高光通量。

隨著高功率高亮度的LED發展，散熱問題日趨嚴重，如照明用及LCD背光光源的LED，其LED的功率皆在1 W/cm2以上，甚至有數顆LED的模組，其功率更是大，高功率的LED及其模組的散熱問題也愈來愈受重視。

LED的散熱原理主要是由熱傳導及自然對流，不像CPU的散熱系統，可加裝風扇來產生熱強制對流來散熱，因此中砂的高導熱鑽石電路載板可大幅度改善高功率LED散熱的問題，且可增加LED的壽命及穩定度，如應用在路燈的LED產品時，由於每顆LED晶片的溫度均勻，讓路燈的投射光源比較穩定，不會有光源不穩的情況。

中國砂輪公司曾研發「鑽石碟」取代美、日國家先進產品，成爲國內外半導體廠製造晶片不可或缺的工具，而將鑽石焊接在壓焊鎚上所衍生的新產品–鑽石壓焊鎚，更是在IC產品中，導線引入(Inner Bond)晶片或引出(Outer Bond)印刷電路板時製程所必備的工具。

中砂爲解決高功率高亮度LED散熱問題，推出的高導熱鑽石電路載板必會提供高功率高亮度LED業者更好的散熱解決方案，也會爲中砂帶來另一波商機。

我在2000年出版的「超硬材料」及「鑽石合成」兩書中以「迎向鑽石世紀」爲序言。我也在台灣各大學及研究單位(中研院、中科院、工研院、金屬中心)以鑽石世紀爲題演講百餘場次。1997年我加入「中國砂輪」即投入鑽石科技的論述及發明，迄2007年共發表

三百餘篇中英文著作及申請了三百多項國際專利。2008 年我將在三項國際會議上發表定調(Keynote)演講，包括 2008 Chinese Diamond Summit (5th ZISC)、Semicon Taiwan 2008 (CEO Forum)及 International Conference on Planarization/CMP Technology (ICPT) 2008。

我在 Taiwan Diamond 2000 為 Key Note Speaker，主講比鑽石更硬的新超硬材料。當年與會的各國鑽石專家曾參觀「中國砂輪」使用的先進鑽石膜設備(PVD + CVD)。2008 年台灣主辦另一場國際鑽石會議 2nd International Conference on New Diamond and Nano Carbons，「中國砂輪」亦為協辦公司，我乃「不務正業」和學生發表了 11 篇論文，為該會千餘學術論述者討論鑽石科技範圍最廣的作者(題目包括鑽石膜、濾波器、鑽石碟、化妝品、太陽電池等)。

2007 年工研院主辦「半導體 45/65 奈米先進製程技術及材料發展趨勢」的國際會議時，我介紹了 CMP 的新技術。圖示參加會議的各國 CMP 專家。2008 年時，「中砂」協助工研院主辦 ICPT 國際會議，這些專家多再度參與這個促進全球半導體生產科技的盛會。

我在台灣宣揚「鑽石世紀」多年的「空谷足音」已經獲得回響，不僅已和台灣的主要學術單位(台大、清大、交大、成大、中大、北科大、台科大、雲科大、虎科大、吳鳳技術學院、工研院、中科院、中央院、金屬中心)合作研究鑽石的應用，甚至創投公司也開始以鑽石之名籌集資金。例如我在「中砂」成立「鑽石科技中心」多年，2006 年毛河光院士等開始在台灣鼓吹政府成立相似的研究中心。又如我曾評審過「鑽矽」公司的產品開發計畫，其主要內容即來自我的著作。下述鑽石技術及應用研討會的用辭，包括標題及 Logo 也修改自我在 2000 年所著的「超硬材料」一書。

鑽石材料技術與應用市場研討會 (2004.12.21)

鑽石，正躍升為 21 世紀最具發展潛力及爆發力的明星產業。

鑽石具有最大硬度、最強抗壓、室溫下最高熱傳導係數、高耐磨耗、高抗蝕性、最高聲速等優異性質，因此，鑽石已被廣泛應用在工業、商用、軍事、教育、娛樂及醫學等領域。例如：加工業最硬的超級磨料及耐磨界面、電子業最有效的散熱材料、半導體最佳的晶片、光通訊元件最高頻的濾波器、音響最傳真的振動膜、飛行物最透光的雷達罩、眼鏡最佳的防割護膜、手術刀最利的刀刃、人工關節最佳的界面、心臟最不黏的閥片等等。由此可見，鑽石科技的潛力無窮！

勁鑽科技股份有限公司
勁華科技股份有限公司 敬邀
De Beers 集團
Element Six 公司

台灣的材料工業應從「紅海」的代工競爭昇級到「藍海」的創新價值，甚至超越到「白天」的視野領航(見宋健民著「台灣何去何從？」，2008 年全華叢書)。鑽石是本世紀的主導材料，在這個關鍵的領域裏，台灣已漸由跟隨者成爲領先者(如我在「中砂」發展的 DiArray™、DiaGrid®、DiaCan™、ADD™、ODD™、HeaThru™乃至 CVDD 的 DiaEdge™及 DLC 的 Dialon™等產品)。台灣是一個小國家，並沒有能力主導已開發國家的工業，但發展「小而美」的鑽石產業可以有效「蛙跳」先進國家，進而促成台灣由「矽晶島」升級爲「鑽石島」。

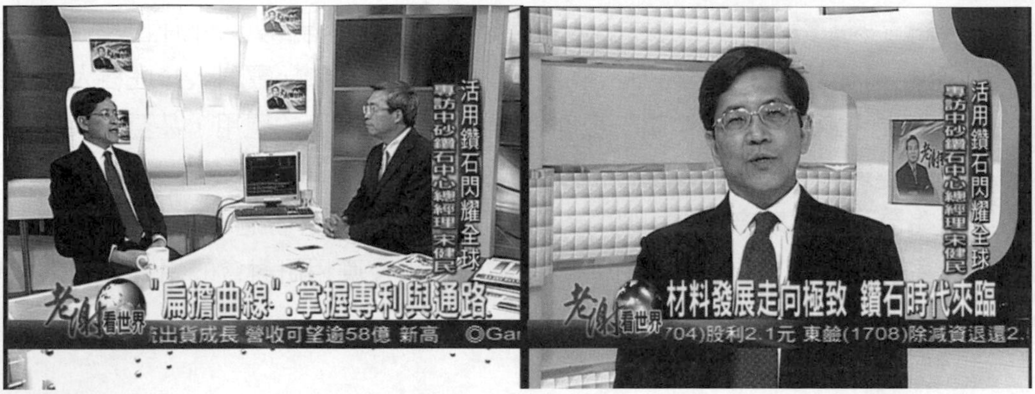

2007 年 3 月 28 日我在東森新聞 S 台謝金河的電視節目介紹鑽石時代的鑽石產品。

鑽石是「真善美」的化身，它的故事很多，根本講不完，但可惜的是鑽石合成的科技卻是工業界保守最嚴的祕密，因此幾乎沒有人知道它錯綜複雜的內幕。這裏面有大公司的聯合壟斷，也有小人物的努力突破。由於沒有人曾著書有系統的說明，鑽石合成的從業者對技術的發展只能瞎子摸象。許多鑽石合成的經驗不能傳承，更多的研究者對同一技術不斷重新發明，甚至一再的重蹈覆轍。鑽石行業的「黑箱作業」成為工業進步的阻力，也是社會成本的浪費。以半導體產業為比較，它的科技可以立論著作，其企業的經驗也能訴諸論壇，因此全球半導體從業者不僅可以切磋工藝(不談商業機密)，甚至建立大家共同的路標(Roadmap)。在工業鑽石的領域裏，雖然應用科技可以公開討論，但工業界的合成技術卻沒有人報導。我在鑽石合成的領域裏「翻雲覆雨」超過三十年，負責過全球主要公司核心技術的建立，因此對合成鑽石的歷史比較了解。我有歷史家的責任將合成鑽石的神祕面紗揭開，讓全世界的參與者可以擷取前人努力的成果，這樣鑽石科技的資產更能為社會所用，這是我寫本書「拋磚引玉」的動機。鑽石科技的發展已有百年，接觸鑽石各種面相的人數超過 10 萬，我以一個人的經歷自然難窺全貌，因此希望我在「野人獻曝」之後能獲得專家的指教。

宋健民

2008 年

Tel：(02) 8678-0880
Fax：(02) 8677-2171
E-mail：sung@kinik.com.tw

宋健民專利產品

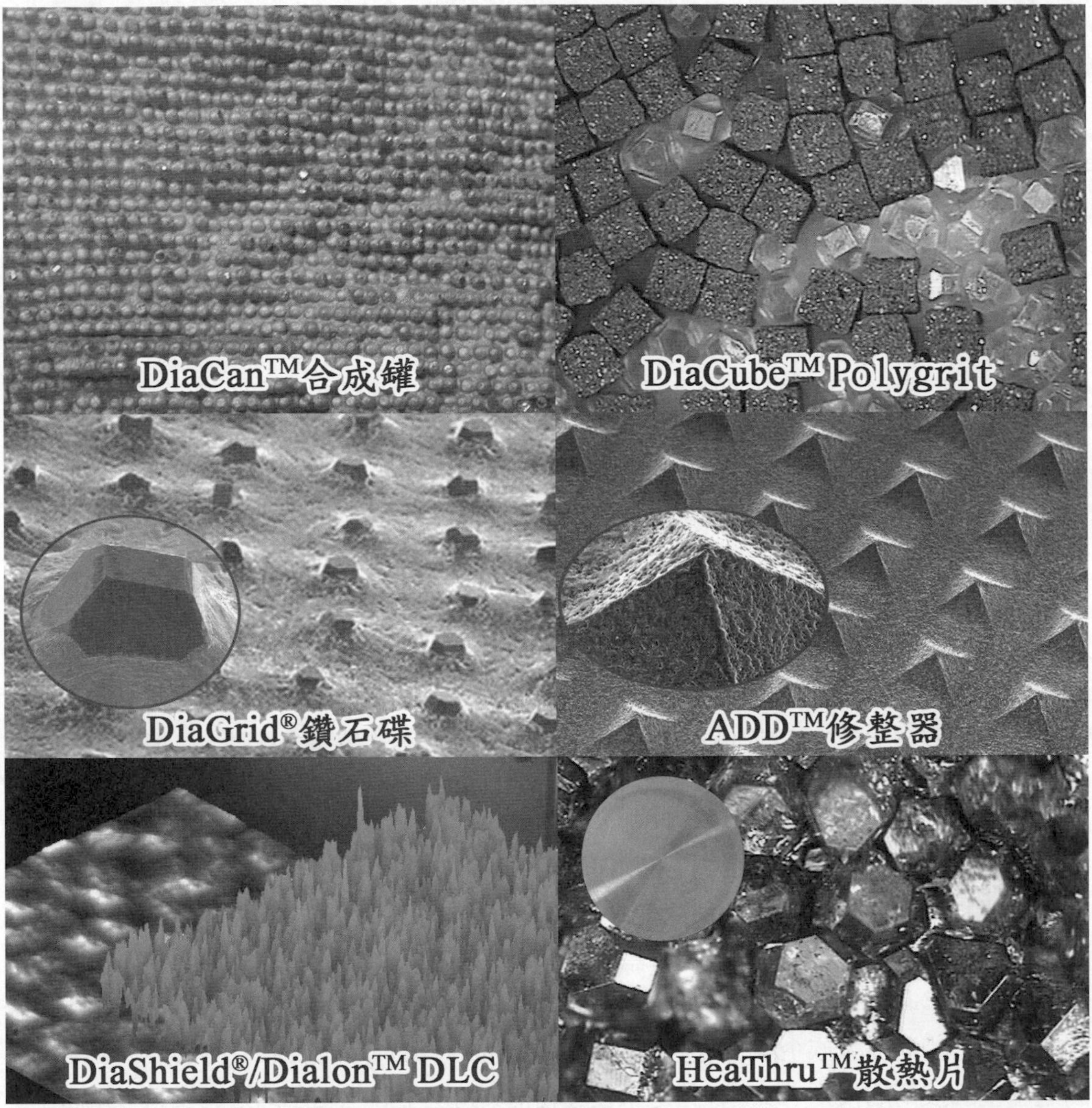
DiaCan™合成罐
DiaCube™ Polygrit
DiaGrid®鑽石碟
ADD™修整器
DiaShield®/Dialon™ DLC
HeaThru™散熱片

趙郁文序 － 立足台灣放眼世界的樣板

「一流製造、二流研發、三流品牌」，台灣企業專營「微笑曲線」附加價值最低的製造活動，委身於全球產業食物鏈底層的代工者，多年以來這個定位一直是政府與企業難以擺脫的宿命。在政府「升級」、「轉型」、「國際化」、「知識經濟」等口號喊得漫天價響的同時，我們看到電子製造業者淪落到「保六」、「保五」的艱難處境；也看到傳產業者不斷將生產基地外移，試圖以更低的成本、更大的規模，來抵銷逐漸喪失的製造優勢與不斷壓縮的利潤空間。然而，這一切的努力與成就，不過是將企業帶到一個更大規模的製造漩渦之中，因爲掌握規模經濟購買力的企業，其實只是靠著對供應廠商持續而無情的成本擠壓，來維持本身的全球競爭力。問題是：這種無助於價值升級的量能擴增還能持續多久？

基於個人長期對台灣企業 OEM/ODM 營運模式的理論研究與實務觀察，也因著過去五年間在投資領域親身見證許多台灣製造業的興衰，讓我深信弱肉強食的國際競爭文化已然掩至，光靠傳統上「薄利多銷」的競爭武器與「苦幹實幹」的企業精神，已不足以因應這股排山倒海的國際競爭潮流。在危機與轉機交會的今日，我們很高興看到中國砂輪與宋健民博士合作的案例，一個是 50 年的傳統製造業，另一個則是懷才不遇的科學家；老幹插上新枝的歷程與結果，不但凸顯出台灣製造業未來所必然遭遇的挑戰，也指引了一條可能的出路。

筆者所任職的「新揚管顧」是在 2003 年 3 月中砂第一次尋求外界法人投資時有幸成爲中砂股東的。在投資前的評估過程中，筆者有幸結識中砂的林心正總經理與宋健民博士。嚴格說來，他們兩人的個性與背景迥異，中砂傳產與家族企業的背景與宋博士海外學人的氣質也絕非天作之合；但當初觸動我們投資決策主因之一是兩人的互補與胸襟。林總對宋博士的禮遇從家族企業的角度來看是相當優渥的，特別是能授權宋博士與研發團隊不斷追求產品技術的投入，以及一路走來在專利權與跨國爭戰上給予的財力支持，此絕非一般汲汲於眼前利益的老闆所能爲；另一方面，文武全才的宋博士也能在這樣的舞台上盡情揮灑，在最短的時間內研發出專利的「鑽石碟」，成功切入台積電等客戶，並且與 3M、Rodel、應材這些跨國企業周旋，使這支秘密部隊成爲中砂成長與獲利的致勝武器，也造就了這段現代企業伯樂與千里馬的美談。

個人的成就、事業的成功都是一時的、其利益僅及於私；但藏諸名山的著作，能無私地與大家共享，則其利益廣被，所有讀者都能受益。宋博士以其特有的細心與耐心，將這一路走來的點點滴滴累積成智慧的結晶，並將此淬煉過的產業經驗以深入淺出的手法予以記錄，更重要的是願意將這樣辛苦得來的成果，與所有台灣的產業與學界分享，這件事讓我對宋博士的人品與見識，更生尊敬！

值得一書的是，宋博士勇往直前的個性，與中砂林總經理力挺到底的堅持，是中砂與3M鑽石碟戰役長期抗爭終能反敗爲勝的關鍵因素。宋博士在MIT取得博士學位後，長期在Norton與GE等美商公司任職，對於智財權競爭之道與美國企業的性格知之甚詳，所以在技術專利具有優勢的前提之下，宋博士與中砂決定採取「以戰止戰」的正面對決策略，來破解3M玩弄美國式智財權法律遊戲，企圖以財力與訴訟迫使中砂屈服於3M商業利益之下的戰略。跨國企業以純熟的專利訴訟手法，達到商業嚇阻目的，曾使得許多台灣中小企業吞下許多悶虧，中砂在鑽石碟一役雖然技術上居明顯優勢，卻也幾經波折才能迫使3M俯首稱臣，其間的轉折，可以提供台灣企業在未來國際智財權的攻防上，彌足珍貴的經驗。宋博士本人親赴前線，不屈不撓，力戰3M二百餘位律師團與重金禮聘的學者專家，也證明事在人爲，大衛可以打敗哥利亞，本土企業與技術擁有者不必妄自菲薄，有爲者亦若是。

更有甚者，隱藏在這些法律動作背後的企業策略，有合縱連橫的跨國策略聯盟；有利用跨國企業間彼此矛盾從中取利的競爭策略；更有產業生態系統中廠商彼此競合、相互攻伐與利用的詭譎商道。筆者非常佩服宋博士以一個科學家的背景，竟然能將眾多企業的商業定位與競爭策略瞭然於心，並且運用巧妙的專利訴訟與聯盟競爭，來維護中砂與其個人的最大權益。這其中，有技術、有策略、有法律、有政策，更有宋博士一路走來的堅持，以及中砂持續的支持，才能造就出這段企業成功轉型的歷史。

本書不但有關於硬脆材料與其製程技術的專業解析與說明，也是筆者所讀過對於智財權與專利訴訟有著最生動描述的一個本土個案。重要的是，在宋博士的生花妙筆之下，這些原本非常艱澀的科技與專業細節，都轉化成可以理解與消化的材料，讓一般讀者對向來霧中看花的專利技術與智財權爭議，得以一窺堂奧。筆者曾將這段中砂與3M專利官司訴訟之過程，做爲政大EMBA班上授課的材料，引起同學們廣泛的迴響與討論，可見這方面的知識，是很需要系統化整理與記錄的。宋博士也曾到我課堂給台灣企業的經理人講解專利的策略及實施，讓他們體驗到教科書內沒有的教戰守則。

筆者真心相信中砂的企業傳奇才剛開始，而宋博士挑戰哥利亞的雄心壯志也還沒有結束。在台灣產業與企業對未來充滿不確定甚至是不肯定的當下，中砂與宋健民的傳奇故事，就像是暗夜中的一盞明燈，讓我們看到未來的希望。這本書，固然是為中砂與宋博士這些年的努力留下見證，但我相信這本書最大的價值，在於它能帶給腹背受敵的台灣產業更多的指引與鼓舞；因為，在產業界，還有許多像林心正這樣的企業主，正在苦思企業升級轉型之道；也充滿著像宋博士這樣的聰明才智之士，他們正不眠不休地為自己的企業、為台灣的產業打拼。在國際競爭詭譎多變的今天，如何回應策略聯盟、專利技術、智財權戰爭、研發管理、乃至於企業升級轉型等新世代的挑戰，在這本書中，相信讀者都能找到部分的答案。

筆者很榮幸因為投資中砂的緣故，從旁間接參與了中砂與宋博士的這段「奧迪賽」之旅；如今，更樂意為之作序，見證歷史。筆者高度推崇「鑽石碟的台美大戰」這本書，相信它能開展你我的視野，帶領我們駛向動態而挑戰的未來！！

趙郁文

新揚管理顧問股份有限公司合夥人兼副總經理
英國倫敦大學國際企業管理博士

宋健民和美國 Pacific University MBA 師生暢談企業的智慧經營(左圖)及在中央大學演講研發科技的策略(右圖)。

汪建民序 － 產業昇級需要專利佈局

宋博士以人造鑽石專業技術享譽全球，於美國服務期間曾培育無數華人專家，後因故沈潛，本人有幸於 1994-1996 年力邀宋博士返國，到工業技術研究院材料所，擔任無機材料研究組組長，發展超硬材料科技。其間，宋博士積極主動，既細心又耐心，在求知創新的路上勇往直前，加上專業的洞悉力與優質的領導統御，完成許多不可能的任務。我以識得鑽石科技的千里馬爲榮，也感激宋博士的竭誠奉獻與付出！

記得在執行硬銲鑽石工具的開發案中，宋博士邀請台灣十餘家鑽石工具公司(包括中國砂輪、嘉寶自然)共同參與，當時工研院通常需先執行科技專案，才會有初期的技術移轉給民間；宋博士卻直接由多家中小企業聯合資助，並在同年內完成技術移轉，這是研究機構不用政府經費，而開發民間可用技術的少數特例。宋博士所開發的硬銲技術，會促使熔融的合金銲料潤濕鑽石，並在其周圍形成勻稱的緩昇坡度；這種厚實的合金支撐，可使鑽石鑲嵌在銲料裏更爲突出，但是卻不會脫落，其附著強度是所有鑽石工具裏最高的。宋博士後期在「中砂」開發的獨特「鑽石碟」更是其中之佼佼者，台灣的鑽石科技原本落後國外一大截，但因宋博士的全神投入，使台灣的鑽石科技可以後來居上，真是可喜可賀！

台灣在製造、OEM/ODM 代工上締造了輝煌的過去，正値轉型爲台灣品牌、創新價値的當下，國際化思維與前瞻性策略，將成爲企業能否永續經營的關鍵所在；其中專利權佈局一直是台灣廠商最弱的一環，這幾年歐美日先進廠商頻頻透過專利興訟，藉以箝制台廠壯大。有鑑於此，本人在工研院曾督導以鋰離子電池建置國內第一套專利地圖分析軟體，也協助中國材料科學學會與荷商 Elsevier 多次談判，終得主導國際期刊〝Materials Chemistry and Physics〞編務，深知專利權佈局與國際談判的重要性與挑戰性。宋博士這本大作，詳實報導 3M 如何設立鑽石工具的層層專利壁壘，防堵競爭對手如「中砂」崛起，以致彼此專利訴訟案件層出不窮，廝殺狀況極爲慘烈，而宋博士以其聰明睿智及豐富學養，見招拆招，堅忍到底，終能從詭譎的爭戰中，將層層壁壘消弭於無形。展望未來，一個嶄新的「碳」世紀即將到來，全球產業在競逐技術領先之際，爾虞我詐勢必更加白熱化，預估類似「鑽石碟」專利訴訟的戲碼，將不斷上演，在專利訴訟的議題上，過去台廠往往因爲缺乏經驗而不知如何應付。因此，除構築專利城堡與培養專利人才外，如能更深入瞭解專利法務問題，且以不怕興訟的心態面對專利糾紛，應可讓台廠在面對訴訟時，能有更強勁的應戰實力。宋博士殫精竭慮完成此一秘籍，適時提供大家最好的教材，它不愧爲一本活生生、進退有據的智財權國際談判教戰守則。

盱衡全世界，能在科技產業稱霸者，除有充足的資金與市場做爲後盾外，龐大而完整的技術人才團隊，應是企業能穩坐全球龍頭寶座的先鋒部隊。諸如涵括基礎光機電材技術、關鍵零組件、生產製程與精密設備、創新技術等，皆有賴大批學養豐富的技術團隊進行研究開發。「養兵千日，用在一時」，企業生生不息之道在掄才、知才、惜才、用才，宋博士，鑽石科技界的千里馬，因得伯樂如林總經理識其大才，所以能成功扮演技術創新者及專利權捍衛者的雙重角色，實在值得有稱霸雄心的企業家們群起效尤！

汪建民

揚昇照明股份有限公司總經理
前工業技術研究院材料所副所長

鍾自強序 － 智慧與勇氣的戰爭

與健民兄認識至今快三十年，他雖然僅長我一兩年歲，但他在研發及事業上的成就卻是我學習的榜樣。在我於美國俄亥俄州州立大學冶金系就讀時，健民兄已獲得麻省理工學院地球科學博士學位，且在俄州哥倫布市的奇異公司(世界最大人造鑽石生產者)的鑽石生產部門擔任研發主管。他因對地質學的高溫高壓系統具專業知識，曾發明多項人造鑽石的新產品及製造的方法，是奇異公司發展人造鑽石的重要台柱。有一次我們系上華人同學所舉行的研討會中，特別邀請健民兄來談人造鑽石的製造，在兩個鐘頭的演講中，他將人造鑽石的結構及生產方法，深入淺出地介紹的非常清楚，不僅讓我們學習金屬材料的同學對人造鑽石有了完整的了解，同時也讓我有很好的理由說服我內人，鑽石是一個很好的工業材料，並不是一個值得投資保值的商品。

1984 年健民兄被 Norton(世界最大鑽石工具製造者)挖角成立一個全新的超硬材料研究所並開始招兵買馬，當時他曾希望我在獲得博士後加入他的團隊，但那時我已準備回台灣任職工研院的工業材料所，所以未能為他效勞。但有趣的是健民兄數年後回國照顧病危的父親，其後他也到工材所擔任無機材料組組長(他的祕書李智美剛好也曾是我的祕書)。當時我已離開材料所任職經濟部工業局，其後工業局曾數次配合民間技術輔助他在工材所開發台灣首創的硬銲鑽石工具。之後他轉任中國砂輪公司，我也南遷高雄到金屬工業研究發展中心工作。這時他曾多次委託金工所研究鑽石工具的製造技術。他也經常將一些他在研發時所獲的新觀念，與我們一起分享及合作。2002 年春，健民兄拿了一個他們公司的產品到我們中心分析，是他們所研究發展的「鑽石碟」，也就是本書精采故事的主角之一。

從材料學的觀點來看，中砂公司硬銲的「鑽石碟」與 3M 公司燒結的「鑽石碟」，是完全不同的製程，這種認知是一個非常顯而易見的事實，類似橘子與柳丁，在台灣有基本材料知識的工程人員，甚至是學生都可以很清楚的分辨。不過在當時我曾對健民兄建議，要非常注意 3M 公司的法律動作，能和解最好是和解。其原因是家父曾負責一家知名律師事務所的專利部門二十多年，由他平常所提到的一些智財權訴訟案例中，深知法律並非捍衛真理，而是提供一個看似公平的戰場，讓熟悉競爭規則的一方獲得勝利。國際大公司因其專利律師眾多，懂得遊戲規則和漏洞，並佔有主導優勢，因此常會仗勢欺人予取予求。

在本書中，健民兄非常清楚地將這個事實，以他的親身經驗再體認了一次。雖然 3M 公司的技術人員，非常清楚中砂公司的「鑽石碟」並未侵犯他們的專利，同時中砂公司也很願意與 3M 合作談判，但他們的法務人員卻運用各種法律手段，將 3M 公司的專利權無限上綱，並且在法庭陳述時，刻意誤導法官，一心要將中砂公司置之死地而加以併購。在初審中 3M 公司也確實達到了他們的目的，2002 年大年初一，「ITC」初判中砂公司敗訴，使得中砂公司幾乎陷於萬劫不復的深淵。

智慧是在重要決定上做出正確的判斷，勇氣是在困境下仍能冷靜的面對強敵。在本書中健民兄以他豐富的學理基礎及深厚的文史根底，用西方大衛王面對強敵哥利亞及中國秦始皇一統中國等史實故事，將其與中砂公司林總經理如何在最惡劣的環境中，共同努力面對比他們大 300 倍的強敵並擬定全方位的戰略，栩栩如生的描繪出來。

本書雖然已盡可能的將材料相關的專業知識，以精采的圖文加以闡敍，但對一個非材料專業的讀者，或仍有困難。但千萬要耐住性子，掌握本書的時空背景及主要的脈絡。本書的價值並不是要教您做好「鑽石碟」，而是將作者親身經歷的一場精彩絕倫的智財權大戰經驗與您分享，讓讀者知道如何在智財權的戰爭中，進行深度的專利分析並尋找正確的專家及律師，又如何擬定策略，尋找合作夥伴，打贏一場智慧及勇氣的戰爭。

再次感謝健民兄，願意將他如此寶貴的經驗整理出來與大家分享，讓我獲益良多。

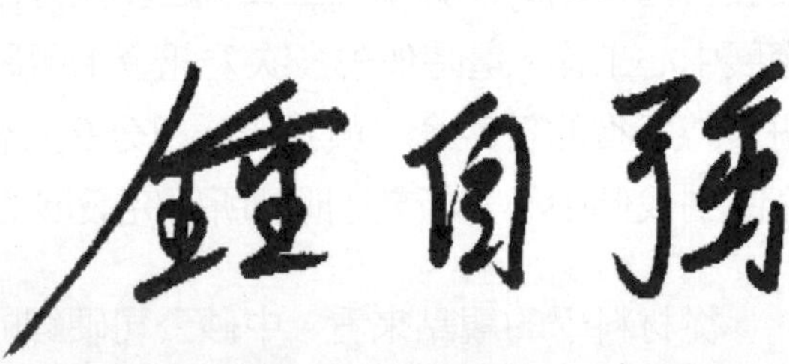

金屬工業研究中心副執行長

謹誌於高雄

栗愛綱序 － 以小勝大的台灣奇蹟

反敗爲勝的故事並不少見，少見的是它就發生在你我的身邊。在科技競爭的今天，夙以「照樣做」爲根底的台灣產業，被國際大廠控訴侵權之事時有所聞，如今一家本土小型公司(中砂)面對國際上的材料巨人(3M)，能在智慧財產權的訴訟上扭轉乾坤轉敗爲勝，豈能不令人驚喜。作者以大衛對搏哥利亞(參見聖經撒母耳記上十七章)的故事來形容此役，真是再貼切不過了。

中砂公司位居鶯歌逾五十載，很難令人將它與高科技連想在一塊兒，但因 DiaGrid®「鑽石碟」這項新產品卻使它 180 度的轉型跨入半導體業，一夕之間成爲 CMP 加工耗材全球最重要的供應商。國內廠商的應變潛能，創新的爆發力，由此可見一斑。若有心在某一領域揚名立萬，摒棄〝抄襲〞、〝寧爲老二〞的舊思維，無論是技術，還是經營模式的創新，均能帶來規模躍升之契機。君不見 TSMC 穩居世界上晶圓代工之龍頭，就是因爲開創了 IC Foundry 之經營模式。如今中砂的 DiaGrid®產品則是一件技術創新的案例。

話說「鑽石碟」的寡佔局面，立即使中砂的年營業額從 2001 到 2004 年間幾乎增加了 1 倍，而 EPS 更從 0.37 元跳升到 5.35 元，超過 14 倍之多，如此驚艷績效其來有自，勝利絕非偶然，乃是經過浴血奮戰得來的。在此國際智權大戰中有兩位關鍵人物，一位是宋健民博士，他是技術創新的源頭，另一位則是林心正總經理，他那堅定不移的支持，才使此長期抗戰終於獲勝。宋博士將 DiaGrid 的開發脈絡與 3M 公司興訟過程，加上歷經產業間爾虞我詐、合縱連橫的波折，終使中砂成爲此產品霸主的轉折經歷，寫成「鑽石碟的台美大戰」一文，傳送予我，我一讀即不能罷手直到讀完，看到精彩處，甚至不禁拍案叫絕！

本文除了因健民兄之生花妙筆，訴訟峰迴路轉的驚險刺激能引人入勝外，其中還包含了許多教育的層面，例如：潛艦專利及專利權的重新檢定，對保護 IP 的重要性；降價策略是爲了客戶創造價值，也是爲自己創新鋪路的理念；技術的縝密分析不是勝算的保證，文辭若無法順暢表達，反使法官聽從對方的誣辯而落敗；談判技巧的絕不說不，因你不知敵人何時又成了戰友，……諸多內涵令人讀後必然可增長了許多不同層面的見識。

工研院爲政府幫助台灣產業開發技術的主要單位，其主要的經費乃來自經濟部的技術處。一般研究員需執行技術處的科技專案多年才可能有半生不熟的技術勉強可以應用。宋健民博士於 1994 年來材料所接續我擔任無機材料組組長，後卻創立了技術開發的全新模式。他不用任何科專的經費，也不需要多年的研究發展，他以其知名度就立刻獲得台灣十餘家鑽石工具公司數千萬元的資助並迅速製成了一系列國內首見的新產品。宋健民又在一年內順利的完成技術移轉。這是工研院首見以個人之力帶進可觀的民間投資並即時建立世界所無的尖端科技。

1996 年宋健民在工研院的工業材料所發表他以工業界資金發展商業化鑽石產品的成果。這是工研院首次不用政府科專經費而能在一年內將技術移轉給國內十餘家廠商。宋健民在當年也將成果移轉給中國砂輪公司，這項技轉是他和「中砂」合作的開始。圖中的右側爲本人，在場的包括材料所所長李立中及中國砂輪企業公司副董事長白陽亮等人。

宋博士在開發新產品時曾多次與我討論如何在鑽石顆粒表面形成一層鍍鉻層，俾使介面產生化學鍵以強化鑽石的附著。如今回顧健民兄當日的探討，正成為日後開發鑽石碟的基礎。勢值國內產業轉型的關鍵時刻，創新的呼聲甚囂塵上，它固然是我們必須走的路，但絕非一蹴可幾，創新之前要有深植的科技根基，之後尚需對智權維護充分掌握，因新產品一上市即將面臨激烈的競爭，法律的訴訟必然接踵而來，如果沒有札實的技術基礎，對專利防護沒有出奇制勝的謀略，面臨挫折時沒有不屈不撓堅持到底的精神，很容易就敗下陣來。中砂與 3M 的大戰，其中有敗、有勝，有努力、有機運，有慎思、有奇謀。精彩之處不勝枚舉，故不在此贅述，留給讀者們親身去體會吧！

本文在技術面之內容固然豐富，在企業競爭策略及永續經營之道，亦多所著墨，可做為產業界在智權攻防戰中的借鏡，亦可為國內大專企管系所之教材。我個人則甚希讀者更能從中體會，本案致勝之鑰，還是那屹立不搖的創新根基，故樂為之序。

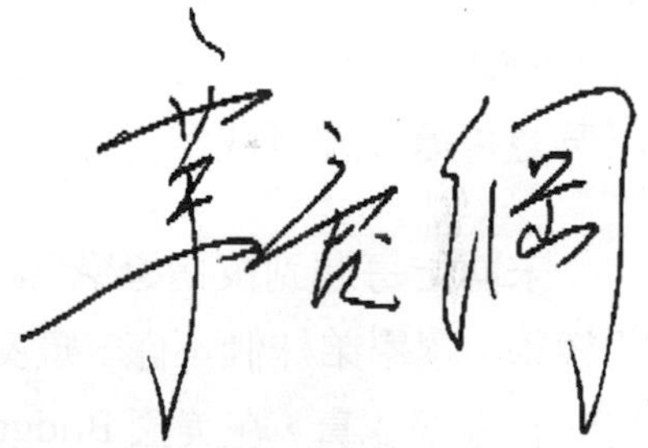

工研院材料所副所長

謹誌於新竹

2005 年 5 月 10 日

王錫福序 － 鑽石時代的催生者

如果說鑽石是材料中最閃耀亮眼的，而喻宋健民博士爲材料界中的鑽石，那可真是恰如其分……。

宋博士畢業於台北工專，是我的學長。他獲得 MIT 博士學位後曾長期在美國 GE 公司負責生產技術及在 Norton 公司主導研究開發，現在他是中國砂輪企業股份有限公司鑽石科技中心的總經理。宋博士是台北科技大學傑出校友，亦是材料及資源系(前礦冶科)的頂尖系友。

宋博士秉持著教學的熱誠與對母校的回饋，縱使在百忙工作之中仍抽空在台北科技大學與台灣大學兼任幾乎無給的教職。他曾在美國及中國大學任客座教授，也在工研院任正研究員(相當於正教授)。但他在台北科大作育英才近十年，他也是極少數以英文授課的老師，卻礙於教育部規定雖經多方爭取也只能以助理教授聘用。雖然我們甚感抱歉，他卻不以爲意；還好經過我多方奔走，他乃名正言順被轉爲科技教授。

宋博士每週到校指導學生認識超硬材料及介紹鑽石合成(英文教學)，藉由他深入淺出的教學，讓學弟妹們不僅一窺奧妙的鑽石世界，更學得許多科技的新知識。他爲人謙虛熱情而且教學認真，在美國 Bridgewater State College 任教時就獲師生好評，每年台北科大學生對老師的評鑑他也名列前茅，是一位不可多得的好老師。

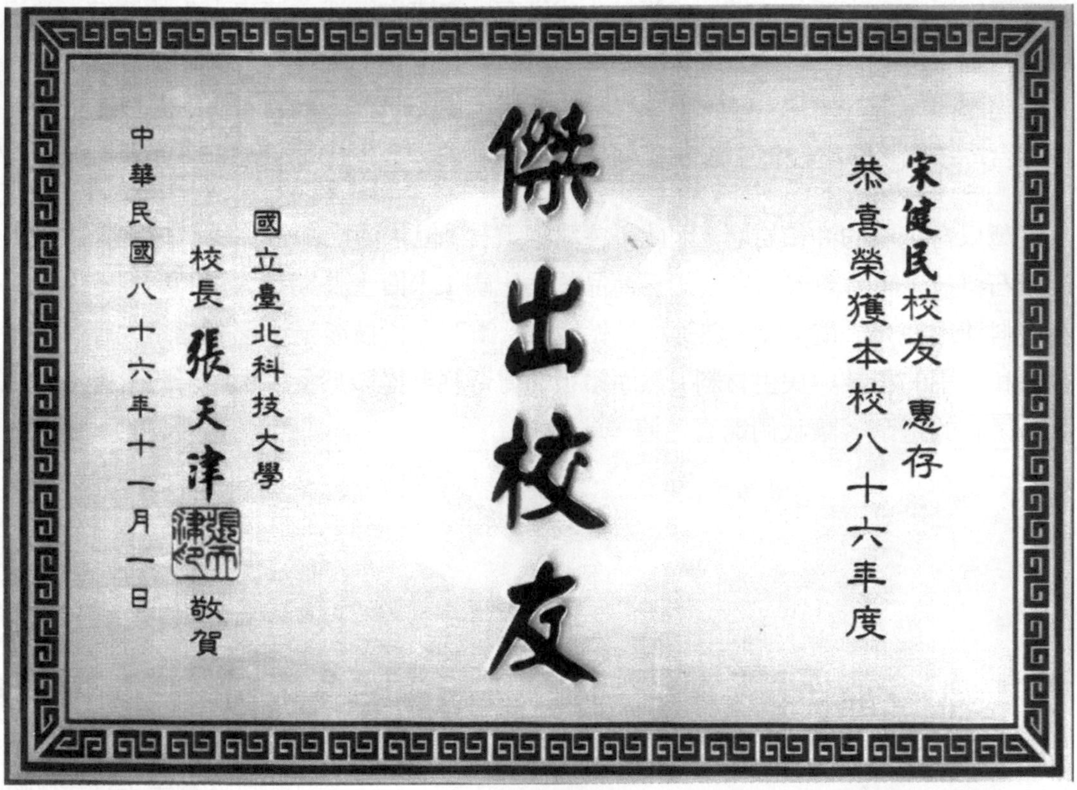

宋博士是台北科技大學的傑出校友。

宋博士的智慧過人加上博學多聞，從科技、人文、歷史、信仰無不融會貫通。他的論述包括十幾本專書、數百項專利及更多的學術論文。他是國際知名的鑽石科技專家，也常受邀在國際會議上演講。他的研究領域廣泛並不侷限於鑽石材料，例如他也發明了巨輪滑溜鞋及奈米化妝品等民生用品。

宋博士經驗豐富而且具有前瞻視野，常能看到別人所未見的機會與潛力，他也不吝於與他人討論及分享他獨到的創新想法。科技業與學術界通常是魚與熊掌難以兼得，但宋博士卻能在這兩個領域內都成爲典範。宋博士也是少有能親自作育英才的企業家，他支持學術界的研究計畫也不遺餘力，他與台灣主要大學都有合作研究計畫，而且不限於材料領域，例如他就直接指導台大及清大機械系的多名碩博士生論文的研究。他也支援我主持國科會的大產學計畫，包括研究鑽石膜的諸多前瞻性的應用。

石墨經過高壓高溫的淬煉，才能轉化成鑽石；宋博士經過一連串人生的歷練，並沒有被現實打敗，其生命所散發出的光芒亦如同鑽石般光彩奪目。宋博士以此書分享了他人生豐富的經歷與傳奇的遭遇。對於出身高壓技術科班生的宋博士而言，他不僅教學生如何使用壓力合成鑽石，他更在書中說明如何把生涯的壓力轉成助力而使生命的危機變成轉機。

台灣只含淺層的沖積岩層，因此不會蘊藏鑽石，但宋博士卻帶給我們遠比天然鑽石貴重的鑽石科技，使台灣成爲先進鑽石產品的輸出國。宋博士長期投入鑽石材料的開發，將鑽石材料運用在光、電、聲、熱等科技領域中。鑽石在科技產業中已經熠熠生輝，它將成爲普及和有用的科技與民生材料。然而鑽石的傳奇絕非僅限於此，因爲宋博士會不斷地創造更多鑽石的奇蹟，讓我們驚喜連連。

台北科技大學工程學院院長
台北科技大學材料及資源工程系教授
台北科技大學奈米光電磁材料中心主任

黃肇瑞序 － 亦師亦友的華人典範

認識宋博士可追溯到八〇年代初，那時我剛拿到學位並在美國猶他州鹽湖城 Ceramatec Inc.擔任研究工程師之工作。宋博士當時被鑽石工具界頗負盛名的 Norton 公司延聘到鹽湖城的 Norton Christensen 任經理職位，主持超硬材料的研發計畫。宋博士在競爭激烈的環境中發揮他高度的聰明才智，帶領新成軍的研發團隊，很快的展露出驚人的成果，讓 Norton 的超硬材料研發團隊成為相關領域中的一顆耀眼的鑽石！由於表現傑出，他本人很快的被擢昇爲波士頓總公司研究所的最高主管。宋博士在當地華人圈中是位在事業上相當成功，且不吝提攜後進，包括在他研究團隊中我的太太。宋健民在猶他州的工業界深具影響力的領袖，至今我仍銘感於心的是，我個人的第一個研究計畫(關於超硬陶瓷材料的成型)，便是宋博士於百忙之中，撥空熱心指導並支助的。對於剛踏入美國工業界稚嫩的我，這是何等的鼓勵！

多年之後，個人回國在成功大學任教，宋博士也受邀回國爲產業界服務，在很多產學交流的機會，我又與宋博士再度相見。近日仔細研讀其「鑽石碟的台美大戰」之大作後，於我心有戚戚焉！全文念來高潮迭起，就如同經歷一場生死存亡的浴血戰，彷彿看到一個文武雙全的將軍，指揮若定，其中弱肉強食的市場爭奪戰況，不亞於春秋戰國時各謀略之士，各輔其主，明爭暗鬥，爲生存爲爭霸，無所不用其極地欲置對手於死地！而現今宋博士在強鄰環伺的高科技產業之中，得隨時步步爲營，以最大的道德和勇氣，加上過人的智慧，以小搏大，求得最輕的損害和最大的公司利益！這些情景讀來令人不禁溶入情境，彷如經歷一場驚險曲折的電影情節，而全程中之主角宋博士的表現精彩絕倫，創造台灣傳統產業轉型後的榮景，領導台灣的工業鑽石產業在國際上綻放萬丈光芒，確如我過去所認知的他，令人感佩至極。

至今我和宋博士仍在研究上有密切的合作。其後宋博士也幫助我指導了多位博士及碩士論文，他所建議的研究題目都是全球首創的尖端材料科學。宋博士旺盛的精力、開創性思維、全心投入的精神及其大無畏的勇氣一如以往，不僅是我及內人的良師、好友，也是我們終身的典範。此書可提供給不同階層具廣泛背景的讀者仔細琢磨，也相信讀後必然可從中獲得很大的啟示。

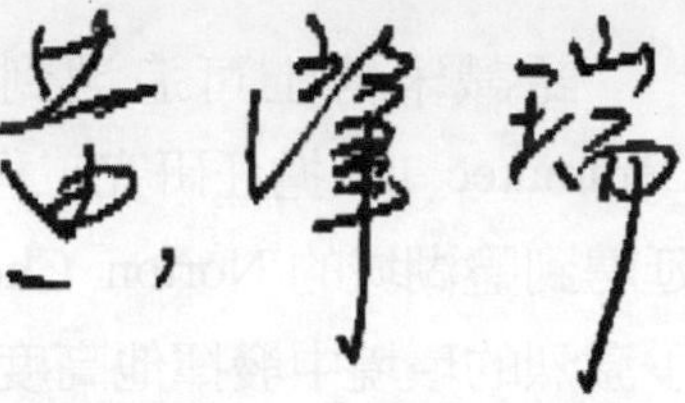

國立成功大學研究發展處研發長
前國立成功大學材料系／所　主任／所長

廖運炫序 － 平凡中的不平凡

與宋健民博士熟識之前，早已耳聞台灣有這麼一位〝國際級〞的鑽石專家，是〝真正〞的達人，而非國內一般人抬舉別人，或是自己號稱的專家。直到自己安排兩位大學生在2000 年暑期到中國砂輪公司工讀，開始接觸與瞭解鑽石碟，才漸漸熟悉宋博士。由於中國砂輪公司白監察人陽亮及宋博士對於研究的熱衷，加上林董事長的支持，個人長期以來就持續的獲得該公司的補助，進行鑽石碟的研究計畫，在計畫執行中與宋博士有密切的互動，再加上無意中發現他的弟弟宋新民是我高中的同班同學，進而對他有更深一層的認識。他掌管中國砂輪公司鑽石工具與產品的開發，也一直曉得過去幾年他每年均有很長的時間在應付中砂與美國 3M 公司訴訟的官司，在未看完本書前，不知道其中的複雜、繁瑣以及所需耗費的心力。但他仍有辦法找出時間到台大與台北科大開課，指導碩、博士班學生，作育英才，撰寫並發表學術論文，他還有時間出書，真讓個人感到汗顏，自己教了一輩子書，也沒理出這是怎麼辦到的。個人與宋博士熟識還有一個原因，我近期畢業或還未畢業的碩、博士班學生幾乎都修過他在台大開的課，經常於課後，或直接就到中國砂輪公司找他討論與指導，也受惠最多。我前前後後至今有兩位博士及四位碩士班畢業取得學位的學生，論文主題或者論文的一部份是在與宋博士討論中啓發而決定的，他也是學生畢業口試的當然委員，每每於口試中提出偏於學術與基礎的問題，而非刻板印象中，一般於業界服務的人會比較偏重的實務面問題。當我還在想要如何呈現學生在計畫中完成的成果時，他已經完成學術論文的撰寫，要我校對更正，他就是這樣一位對鑽石充滿熱情、滿腹學問、滿腦點子、反應敏捷、做事果斷而效率奇高的全才。

這本鑽石爭霸戰讓個人又領教到宋博士另一方面的本事，詳實記載了中國砂輪公司與3M 公司訴訟官司的折衝過程，宋博士親自披掛上陣，在中國砂輪公司全力的支持下，以一己之力，創下美國大公司與台灣〝小〞公司爲智財搏鬥，最後和解並提出鉅額賠償的紀錄，這在世界上是空前，也可能是絕後的紀錄，並使得中國砂輪公司成爲全球最大的晶圓化學機械拋光用鑽石碟的供應商。本書不純粹只是記載了其中的經過，也有作者個人理出的公司求生存、創造利潤的策略。此外，書中也點出鑽石的無限應用、晶圓的化學機械拋光及壟斷的公司、作者人生的甘苦辛酸歷程、如何在困境中不失志，累積後續出發的更大能量、作者對於科學與宗教的理論及看法等等，因此本書除了值得國內很多公司經營者、決策者及欲開創事業者借鏡參考外，內有新知、有傳記、有勵志、有伯樂與千里馬的相知相惜，讓人一讀即不忍釋手，是一本值得推薦閱讀的書籍。個人於教書生涯中遭遇過很多挫折，也常感到付出並未獲得應有的收穫，心中時有不平，特別是人情世故，讓人心灰意冷，這本大作給了個人很大的啓發，人生起起伏伏，只要有真本事，不怕沒有伯樂，沒有失敗，就不知道甚麼是成功，套一句作者的標題——「是危機也是轉機」，機運是人創的，總有品嚐甜美果實的時候，本書中的作者與中國砂輪公司即是最好的見證。

台灣大學機械工程學系教授

宋健民在「中砂」介紹次世代 CMP 技術(2008.6.20)，與會者包括白陽亮及廖運炫的博士學生陳盈同、蔡明義等，又廖運炫的高中同學宋新民(美國北伊利諾州立大學機械系主任)也在座(何雅惠攝)。

左培倫序 － 科技人的另一個戰場：專利訴訟

鑽石讓人又愛又恨，愛它的高貴永恆，恨它的高不可攀。但自從人造鑽石問世後，由於其具有獨特且極佳的物理特性，馬上被產業界大量的使用。鑽石與立方氮化硼統稱之爲超級磨料，因爲都是應用在工業上最關鍵的步驟，其使用量常被用來評量國家工業化的重要指標。化學機械拋光是半導體製程中一個非常重要的平坦化步驟，鑽石碟爲此步驟中一樣非常重要的工具，是用來修整使用過的拋光墊。台灣半導體產業在世界上名列前茅，但是在半導體製程當中所使用的無論是設備、檢測儀器、材料、工具、耗材的生產，都被美日歐等大公司壟斷，鮮有台灣能插的上手的。本文中所提到的應用材料 AMAT 及 Rodel 等大公司都在台灣賺進了大把的鈔票。但是當我們的產品稍有能力在市場上立足的時候，就受到各大公司的無情打壓，國內曾非常努力的在這方面發展，希望有所突破，但都失敗了，白白浪費了許多的金錢、時間、人力。宋健民博士從 MIT 畢業後即投入工業鑽石的發展與應用，可說是祖師爺級的人物，他與中國砂輪公司相輔相成的合作之下能把握住鑽石碟的產品硬是在半導體產業環環相扣的耗材生意裡搶佔一席之地，可說是非常難能可貴。

科技人與法律人本質上就不同，科技人講究的是「是」與「非」，法律人講求的是「對」與「錯」。「是」、「非」取決於事實的證明，而「對」、「錯」則看解釋人的觀點。而專利訴訟就是夾於兩者之間，科技人討厭其繁文縟節，咬文嚼字；而法律人對是與非其實並不在乎，只在乎敘述是否對己有利，但是判決又是由對科技完全不懂的法官來裁定，常常是讓科技人有理也說不清。本文中顯示雖然專利控告互有勝負，但最後不論輸贏大把鈔票還是進了律師的口袋，這叫天天努力埋首苦幹的科技人難以心服，但這就是目前訂定的遊戲規則，產業要想登上世界級舞台上的競爭，必定要通過這一關的考驗。

宋健民博士過去有非常豐富的學經歷，累積了充分的能量在此次驚濤駭浪的過程中屢屢能化險爲夷，他在人工鑽石陣(DiaGrid)被控產品侵權禁止輸美的同時，又發展出了與各方專利都不牴觸的鑽石碟(DiaTrix)延續產品市場上的生命。尤其是在智慧財產權方面能打敗世界第一強棒 3M 公司可說是前所未有的例子。宋博士用這本書把這次勝利的寶貴經驗與大家分享，看過這本書後對於他憑藉著專業知識與膽識，以小搏大並能得到最後的勝利都相當的佩服，是產業界、研究人員、工程師、教師、學生都應該看的一本好書。

宋博士和我在清華大學的研究團隊一直密切合作，他也撥冗幫我指導了十餘博、碩士研究生，包括建議論文的題目及提供研究的材料甚至經費等。我們在與宋博士的互動中都受益良多。宋博士除了在鑽石的領域內成就不凡，他對哲學與宗教也有極深入的研究，他幾乎可游走在任何一個學門內。現在他在專利訴訟的另一戰場上揚名立萬並突出了台灣企業的科技形象，讓身為科技人的我與有榮焉，特為之序。

恭賀
宋健民 總經理
榮獲 第13屆經濟部產業科技發展獎
—個人成就獎 前瞻技術創新
清華大學磨粒加工實驗室
全體師生齊賀

宋博士和我在夏威夷參加磨粒加工國際會議時所攝(左圖)，右圖為本系祝賀宋博士獲獎的告示。

左培倫

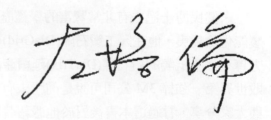

清華大學動力機械工程學系教授

王執明序 － 點石成鑽的生涯

我在台大地質系長期教書，宋健民曾修過我的必修及選修的課程，他算是一個比較特別的學生。宋健民到台大時已當過預官，他又工作過所以比一般高中直升的學生成熟。那時他每天上課，晚上還在電子公司上班，所以忙得不得了。當大家下課沒事做時，他立刻騎機車去上班，因此他和學生沒在一起玩過。雖然宋健民在地質系出現的時間不多，但他給我的印象是思想敏銳及才氣縱橫。畢業後，大家準備服役時，宋健民就遠赴重洋到美國MIT 深造，並在四年內完成博士學位。其後宋健民就長期研究發展鑽石的合成及應用，他乃成爲國際知名的鑽石科技專家。

宋健民除了曾在美國麻州州立 Bridgewater College 及 Tufts 大學教過一年地質及地史學外，他一直在工業界工作，因此他爲地質系學生建立了一個新的生涯模式。宋健民回台在傳統產業的「中國砂輪」(中砂)工作並使公司改頭換面成爲高科技公司。宋健民在「中砂」建立世界所無的鑽石科技，除他之外又有十餘位地質系碩士參與生產他所開發的一系列新鑽石產品，「中砂」乃成爲地質系在本業之外最大的僱主。地質系學生修過深入的熱力學、礦物學及岩石學，因此可能比材料系的本科生更了解材料，地質系學生在「中砂」表現優異，其中李偉彰已官拜總經理，鄂忠信、王嘉群和許智鈞都已升到廠長或經理。這些地質專業的人才都已找到比從事地質本業更讓自己滿意的生涯，宋健民從地質山路已開闢出另一條地質人生涯的鑽石大道。

我 1974 年訪問 MIT(左圖)及哈佛大學(右圖)時和宋健民及地質系的其他學生合影。

王執明

前考試院委員
台灣大學地質系教授

徐開鴻序 － 為國爭光的同學

在這 21 世紀知識經濟高度活躍的時代，高科技產業常以智慧財產權及專利權作爲排擠對手的手段。這次健民以及中砂公司能夠以小搏大並戰勝國際產業界巨人 3M 公司，結束四年來「鑽石碟」的「台美大戰」，讓 3M「賠了夫人又折兵」，除了撤回對「中砂」的控告外，還需支付鉅額律師費以及賠償宋博士 3M(3 Million)美金。這個大衛擊敗哥利亞的壯舉真是大快人心，它是台灣產業界受到外國大公司欺負時可以師法的範例。

健民是個人在台北工專同窗五年(1961-1966 年)的同學，早期台北工專的五專課程要同時兼顧高中及大學的內涵對初中畢業生來說相當困難，加上當時教授們教學的嚴謹或寬鬆程度差異很大，因此要在五年間順利完成學業的確很不容易。健民天賦聰明所以理解力強，讀起書來輕鬆愉快；他又活潑生動，非常愛玩，經常是「大考大玩、小考小玩」，甚至「蹺課」去玩。除了上課讀書之外，他也玩遍了台北近郊的名山聖地。

健民出國二十多年後在 1994 年爲照顧病危的父親想回台教書，雖然健民曾在美國及中國都教過書，但他申請了台灣從南到北的國立大學卻都未被接受，後來他乃轉往工研院任職。1995 年個人極力推薦邀請他回到母系兼課教學，健民終於有機會將他的學問、經驗以及觀念傳授給學弟妹們。由於健民也是台大地質系校友，2003 年他也開始在那裏任教。健民博學多聞，除了專精人工鑽石及硬質材料的領域外，對於宗教、玄學、天文、宇宙、時空的探究，也有精闢的研究。

健民相當專情，他太太王淑英就是他的初戀情人。健民也是一位孝子，他在 MIT 就讀時就常將節餘的獎學金寄給父母，離開 MIT 到 GE 工作的第一年他就把半年的薪水寄給父母買了他們的第一個房子。1994 年健民從美返台照顧垂危的父親，他的兄弟都長年居住美國，因此父親的住院就診及往生後的火化安靈全由他一手包辦。健民長住台灣後經常以電話問候母親，也定期回淡水老家探望老夫人。

台北科技大學每年都有多位博、碩士研究生在健民的指導下從事鑽石科技的研究，不只是學生學得此領域的知識，個人也同時獲益良多，這些年來個人的教學研究領域也因此延伸到超硬材料。這次個人很榮幸的受邀爲「鑽石碟的台美大戰」一書寫序，做歷史的見證，相信此書會帶給讀者新的觀念與視野，使大家無懼地挑戰高度競爭的科技產業。

徐開鴻

國立台北科技大學材料及資源工程系教授

宋健民及徐開鴻等老師在謝師宴時合影(2008 年)。

陳家富序 －台灣鑽石科技的舵手

宋健民博士自 1994 年從美國返回台灣就開始催生台灣進入鑽石世紀。1997 年他帶領「中國砂輪」發展了全球知名的「鑽石陣®」工具，其中的「鑽石碟」已成為世界半導體生產必用 CMP 製程的利器。宋博士也熱心科技教育並且與數所大學教授共同指導研究生超過百人；多位學生在獲得學位後陸續加入「中國砂輪」繼續發展宋博士引進「中砂」的鑽石產品。

本人在國立交通大學材料系已從事鑽石科技相關研究近二十年，現亦兼台灣鍍膜協會理事長。宋博士曾多次應邀到本協會所舉辦的國際研討會作專題演講，他也對本協會的各項活動熱心贊助。宋博士為台灣鑽石科技奉獻心力；他獲得了 2005 年經濟部科技獎的前瞻創新個人獎乃實至名歸，本人以他為台灣鑽石科技的推手為榮。

陳家富

台灣鍍膜科技協會理事長
國立交通大學材料系教授

林舜天序 － 「吾愛吾師但更愛真理」的科技

美國為全球的科技龍頭，台灣在科技上常師法美國；台灣的科技人才也多留學美國，本人即為美國 RPI 的材料學博士。但青出於藍卻可能勝於藍，在科技的某些領域裏，台灣仍會與美國爭勝。例如在台灣的宋健民博士曾控告 3M 侵犯他的專利，那時他請我為此事做證，但 3M 則聘我博士學位的指導教授證明它並未侵權，因此我們師徒各為其國似乎就要對簿公堂。宋博士的專利涵蓋一種以滲透法製造的鑽石工具，我認為滲透過程可以是內部液體的流動，而我老師則堅持滲透的液體必須由外部流向內部。在這個材料學的司法論戰中，宋博士延攬了美國 MIT 的教授 Thomas Eagar 助陣，終於使法官採信了我的觀點而拒絕了我老師的說辭。這項論定是宋博士專利可能獲勝的關鍵，3M 因此被迫和宋博士妥協並付出鉅額的和解費用。

科技發展的長江裏後浪會不斷推擠前浪，台灣的後學在美國前輩之前也可以當仁不讓。宋博士以個人之力在美國控訴全球創新樣板的 3M 而居於上風，證明了台灣已非當年的「吳下阿蒙」；至少在鑽石科技的某些產品台灣可以和世界先進的國家平起平坐。

宋博士在鑽石科技裏是我的前輩，我讀過他許多這方面的著作。我在台灣發展鑽石工具多年，他也幫我指導過論文學生。宋博士在台灣推動鑽石科技使我獲益良多，我很高興這次幫宋博士在訴訟時可以放下倫理而爭辯事理，我也很榮幸能為他寫的這本書作序。

林舜天

台灣科技大學機械系教授

2006.4.26

薛人愷序 － 以小搏大的材料訴訟競爭

我認識宋博士源自於一場專利侵權案件。大約在四年前的一個上午，我接到宋博士的電話，希望我能以專家證人的身分，在中國砂輪與美國 3M 公司的專利訴訟中進行答辯。由於這個案件主要的攻防重點在於鑽石硬銲製程，與我的博士論文主要研究領域相同，所以我就接受中國砂輪的委託。在其後的半年中，我去了美國三次，一次是去美國 3M 公司瞭解其製程，兩次去美國華盛頓特區國際貿易委員會(ITC)附屬法庭作證。這個案子攻防的重點在於硬銲製程與液相燒結製程的差異。中國砂輪所製作的鑽石碟，明確的是使用一種硬銲填料在其液相溫度以上進行硬銲接合，應無疑問。然而，美國 3M 公司的專家及律師，用盡一切手段將此典型的硬銲製程說成液相燒結製程。由於 3M 公司所聘任的專家，極具學術地位，他在法庭上指鹿爲馬的證詞，誤導不具材料專業背景的法官，對中國砂輪公司造成極大的殺傷力。因此，中國砂輪公司輸了這第一輪的訴訟。

如眾所周知，在美國進行專利訴訟金錢花費極大。相對於美國 3M 公司的規模，中國砂輪的公司規模遠不及美國 3M 公司。可想而知，宋博士及經營團隊在此專利攻防戰中，承受了極爲沉重的壓力。一般推想，大部分的公司可能因此而一蹶不振或付出極大賠償金以求和解，甚至接受其惡意併購。我們在順境中往往看不出公司的經營能力，然而，危機與逆境往往是檢驗一個公司最佳的機會。遭逢此劇變中，中國砂輪公司的團隊，以步步爲營的戰略逐步扭轉劣勢，轉敗爲勝並擺脫 3M 公司的惡意糾纏，其精彩的過程可以用柳暗花明、峰迴路轉來形容。我國廠家往往長於製造而較忽略智慧財產權的重要性。即使申請專利，也是爲了保護自己的產品爲目的，甚少以自己的專利當成武器，對於毫無關聯的案件進行濫訟(誣告)。殊不知利用自己所擁有智慧財產權的優勢進行無限上綱，往往是先進國家大公司的一種合法進行之不公平競爭，發揮大公司本身財力、人力及物力的優勢，對付規模較小、掌握較高技術層次的競爭對手。在當前我國提倡產業技術升級，追求高毛利產品的同時，極有可能侵蝕到其它先進國家大公司的利基，而遭遇到類似的狀況。故本書的實例，對於國內技術領先規模中(小)型的公司而言，極具參考價值。

在這過去的四年中，美國 3M 公司在「鑽石碟」這個領域中節節敗退，中國砂輪公司的技術及營業額均蒸蒸日上，並成爲世界上生產該產品的領導廠家，足爲知識經濟之表率。當前全球化的時代中，一家成功企業的誕生絕非偶然，經營者的遠見及堅持、整體團隊的整合戰力缺一不可。宋博士即扮演著此關鍵角色。相信在未來中國砂輪公司必能秉此信念，持續的發展及茁壯。

薛人愷

台灣大學材料科學與工程學系副教授

2006 年 3 月 27 日於台北

蔡宗亮序 － MIT 的家庭

健民和我都是 MIT 的家庭成員，他是我在 MIT 經常碰面的同學，其後我們又在俄亥俄州鄰鎮而居，也常攜家帶眷玩在一起。我在台灣有公司而健民後來也搬回台灣，所以我們雖分處兩地，其實是數十年的老朋友。

健民在 MIT 時就樂於助人，例如他就主動借車給新來的同學劉國治(十大傑出青年，台翔航太及台灣高鐵總經理)練習開車，他又在他申請到學校宿舍時幫他搬家。但健民自己搬家時卻不願找人幫忙，一切都自己動手。健民在工作時獎掖後進也不遺餘力，他特別僱用了許多台灣的留學生，甚至爲他們申請在美國的居留證(綠卡)。有一次他僱用了一名猶他大學(University of Utah)的準博士(郭師一)，爲了讓他的指導教授儘快「放人」，他還特別捐助該教授一筆研究經費。

健民也在台灣指導近百名的論文學生，其中也有多人在畢業後加入他的研發陣容。他不僅推薦他們進入研究所，也擬定他們的論文題目，還安排他們找到實驗設備，甚至提供獎助學金。健民也曾安排及資助學生前往美國就讀博士(如鄧建中)；他協助的學生也有外國人，例如他曾安排日本東名鑽石(日本最大鑽石製造者)擁有人 Hiroshi Ishizuka(石塚博)的公子前往健民弟弟宋新民(Northern Illinois University 機械系主任)處攻讀碩士學位。

健民及他的夫人王淑英是名副其實的白手起家，他們來美國時只帶了 100 美元，但五年後他們不但在我所住的俄亥俄州買了 2 棟房子，而且也大手筆的購入 40 間透天的公寓出租；他們甚至還同時在俄州首府的哥倫布(Columbus)鬧區經營了一間生意興隆的餐館。大部份華人在美國買第一個房子時要靠上一代的祖蔭或多年的積蓄；像健民夫婦這樣完全靠自己努力而能在短時間內買下數十棟房子的並不多見。

健民不僅事業有成而且養育了兩個優秀的兒女，Mike(2000 年時美國最多的嬰兒命名)和 Emily(2006 年時美國最多的嬰兒命名)。他爲了確定他們能進世界一流的大學就讀還特地搬家到麻州的 Lexington 讓他們就讀以升學常春藤名校著名的高中。他又指導 Mike 及 Emily 多次參加美國的科學競賽，他們也不負期望都獲得了第一名。Mike 及 Emily 後來都順利的進入 MIT 就讀並都在五年內同時獲得學士及碩士學位；健民有一個 MIT 地球科學學位，女兒有兩個材料工程學位而她的丈夫 Bob Yang 也有兩個電機工程學位，兒子則有三個電機工程學位，如果加上他和夫人兩個 Made-In-Taiwan 的標籤則全家共有十個 MIT 頭銜。

Massachusetts Institute of Technology(MIT)時的宋健民及王淑英。

Massachusetts Institute of Technology(MIT)時的宋健民、王淑英及小 Mike。

健民在台灣大展鴻圖，我們也雨露均沾。他在中國砂輪發展「鑽石碟」所用的特殊銲料就採購自我在台灣創立的國際銲接中心。健民除了在工業界服務外，他也在台灣大學及台北科技大學教授「超硬材料」及「鑽石合成」兩門尖端材料課程。爲了提昇台灣鑽石科技的能見度，他也曾和「國銲」協助辦理了「Taiwan Diamond 2000」的國際會議。在該會議中健民爲 Keynote Speaker，他在演說中指出鑽石不是最硬的物質並以理論預言多種可能比鑽石堅硬得多的全新材料。

健民不僅事業有成而且也著作甚多；除了鑽石科技的教科書外，也有深入探討宇宙來源及生命意義的中英文書籍。健民這次以專利訴訟的實戰經驗出版另一佳作的確難能可貴，他爲台灣企業在「前有強敵，後有追兵」的「紅海」困境下指出可以超越「藍海」的「白天策略」。本人很高興能將他的這本奇書介紹給科技及產業界的朋友們，讓大家也能像健民一樣「立足台灣，放眼世界」。

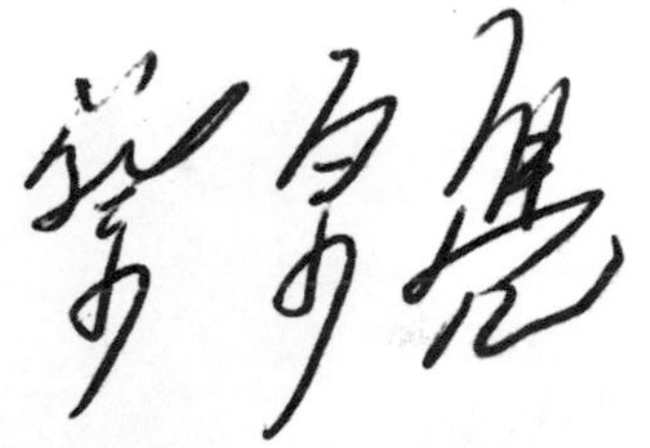

美國俄亥俄州立大學教授
國際銲接中心董事長

第一集 寶石鑽的世紀大戰
第二集 金剛石的世界大戰
第三集
鑽石碟的台美大戰

戰爭為毀滅性的政治
訴訟是攤牌式的商事

你必須以命還命，以眼還眼，以牙還牙，以手還手，以腳還腳，以燒還燒，以傷還傷，以鞭還鞭。

—聖經的出埃及記 21：23–25

And if any mischief follow, then thou shalt give life for life, eye for eye, tooth for tooth, hand for hand, foot for foot, burning for burning, wound for wound, stripe for stripe.

-- Exodus 21: 23-25 (KJV)

中國人的「獅子搏兔」、印度人的「大象踩鼠」及西方人的「大衛和哥利亞」(David and Goliath)都是「以小搏大」的例子。「大衛」為猶太人的牧羊童(1012-930 B.C.為猶太及以色列國王)而「哥利亞」則為「非利士」三公尺高的巨人，兩人對壘時，「大衛」以技巧擊倒了只用蠻力的「哥利亞」。

4 Then a champion came out from the armies of the Philistines named Goliath, from Gath, whose height was six cubits and a span (alment ten feet). …42 When the Philistine looked and saw David, he disdained him; for he was but a youth, and ruddy, with a handsome appearance. …49 And David put his hand into his bag and took from it a stone and slung it, and struck the Philistine on his forehead. And the stone sank into his forehead, so that he fell on his face to the ground. 50 Thus David prevailed over the Philistine with a sling and a stone, and he struck the Philistine and killed him; but there was no sword in David's hand.

-- 1 Samuel 17 (KJV)

宋健民靠專利贏得3M賠三百萬美元

上月中，3M公司與中國砂輪副總經理宋健民達成專利權和解協議，3M賠償宋健民三百萬美金，結束雙方四年多來的訴訟纏鬥。

而資本額僅六、七七億元的中砂，讓營業額比它大三百倍、擁有三百名法務人員陣仗的3M，願意低頭和解，在這場專利官司中不落下風，的確極為罕見。

三年前3M和中砂為了爭奪鑽石碟（IC製程中的關鍵耗材），3M向美國外貿協會提出了中砂的侵權告訴，然而由於中砂當時所找來的專家證人，以艱澀的專業名詞解釋複雜的「硬銲」、「燒結」等技術問題，而對方所找來的專家證人，卻唱作俱佳，讓法官採信其證詞，因此導致中砂敗訴。

後來中砂和宋健民記取教訓，聘請一位曾為一名電腦程式設計師打敗摩托羅拉的「公司殺手」律師Ken Peterson，並找來有多次出庭作證經驗的美國科學院院士Thomas Eager擔任專家證人，而為徹底避免3M的糾纏，宋健民更反守為攻，以自身所擁有的多項專利反控3M侵權，而在業務上，又說動3M原本策略聯盟夥伴美國應用材料改與其聯盟，多管齊下之下，終於逼使3M讓步。

回顧中砂反敗為勝的過程，宋健民語重心長地說，國內廠商發展創新產品，必然會遭遇跨國大型企業的專利權戰爭；而碰到這樣的事情，要能打贏官司，除了自身實力要夠，禁得起打擊以外，最重要的是要找一位「會演戲」的專家證人，能夠以日常生活的例子，讓不懂技術的法官採信，往往就是制勝的關鍵。今

（陳翊中）

攝影．陳俊銘

2005.04.25 今周刊・20
第435期

宋健民控告以智權聞名的3M侵犯其專利獲得的第一筆賠償金，這是跨國公司在智權上輸給個人的特殊案例。

3M

3M General Offices
3M Center Building 0216-02-N-07
St. Paul, Minnesota 55144-1000

517606

S85EZ0003

Check Date 03/31/2005 Amt. $500,000.00***

3M Company

Pay To The Order Of CHIEN-MIN SUNG

Payable Through Wells Fargo Bank Red Wing, MN

William J. Schmoll

⑈517606⑈ ⑆091900465⑆ 27844⑈ 262

517606

Check Date: 03/31/2005

Invoice Number	Invoice Date	Voucher ID	Gross Amount	Discount Available	Paid Amount
0000000000032905	29.Mar.2005	04848087	500,000.00	0.00	500,000.00

中砂有個「打虎武松」

「5,000萬元」，這不是老闆的薪水，而是中砂副總經理兼鑽石科技中心負責人宋健民博士去年的收入，能有這麼高的收入，主要是因為他和公司簽約，每賣一個鑽石碟，就可以收取7％的權利金，而去年中砂鑽石碟的營收7.6億元，因此靠權利金，宋健民個人的收入就超過5,300萬元，這個金額比許多上市上櫃公司一年的獲利還高。

在公司內部，宋健民有「中砂之寶」之稱，他也是技術部門的靈魂人物，他擁有麻省理工學院博士學位，曾經待過美商GE、Norton等公司，是全球頂尖鑽石材料專家。

85年當時在工研院材料所擔任組長的宋健民，空有滿腹鑽石材料的理論，卻缺乏實際生產和商品化的經驗，而中砂則是有生產的資源，也有產業升級和轉型的壓力，林心正透過中砂的經銷商結識了宋健民，兩人相談甚歡，一拍即合，林心正允諾給他全力的支援和優渥的報酬。

於是，宋健民辭去工研院職務轉到中砂擔任副總，開始為中砂導入鑽石硬鍍技術，負責新產品的研發，中砂攻城略地的利器——鑽石碟的硬焊、矩陣排列和鑽石鍍膜等技術專利就是宋健民的發明。

宋健民說，鑽石不是只能當珠寶而已，它具有硬度強、散熱快、振動速度快的物理特性，因此可以衍生很多應用。中砂利用鑽石材料衍生的新產品，每一項都具有革命性的影響力。

隨著今年中砂鑽石碟營收再成長三成，加上鑽石散熱片、鑽石晶圓等革命性新產品，將可望在未來幾年發光發熱，中砂付給宋健民的權利金將再繼續向上攀升，年薪破億元指日可待，從這樣的趨勢來看，未來他肯定稱得上是「全台最高薪的上班族」。

宋健民 Profile

出生：民國36年

學歷：麻省理工學院材料工程博士

經歷：美商GE、Norton
工研院材料所組長

家庭：已婚，育有1子1女

今週刊 422期 59頁 2005.01.24

管理是頭、製造是身、銷售是腳、但專利卻是牙齒，
沒有利牙即使是猛虎也會被犬欺負。
專利是公司獲利的基礎，也是企業成長的動力，
沒有專利保護的事業只能聽天由命而任人宰割。

中國砂輪鑽石修整器 看俏

鑽石磨粒排列成規則矩陣，可提高化學機械研磨效率—工商時報2000.1.19

工業鑽石 主導科技發展扮要角

中國砂輪副總宋健民發表革命性理論，廣獲全球科學家矚目—工商時報2000.8.4

我半導體設備業鋒芒漸露

化學機械研磨機、真空晶圓輸送平台及
鑽石碟等陸續開發完成—經濟日報2000.9.26

中國砂輪鑽石碟 半導體 CMP製程標準配備

工商時報2001.2.15

中國砂輪推出鑽石碟修整器

通過IQC檢驗認證 獲台積電聯電矽統等業者採用—經濟日報2002.1.10

中砂鑽石碟 普獲半導體大廠青睞

工商時報2002.3.15

中國砂輪獲台積電免入庫認證

經濟日報2002.4.17

中國砂輪 從磨豆漿到磨晶圓

研發團隊陣容堅強「鑽石陣」技術傲視全球
品質一流根本沒必要到大陸設廠—中國時報2002.4.22

中國砂輪讓台積電一年省兩億

商業週刊871期

中國砂輪坐擁鑽石礦

利基產品持續推出 成長腳步不停歇—先探2005.1.7

工商時報 中華民國九十四年十月三日 星期一

科技研發成果專刊

第13屆經濟部產業科技發展獎 特別報導

前瞻技術創新獎 宋健民

嚴守原則　堅持到底

1996年末宋健民發明革命性的「鑽石陣®」DiaGrid®技術並在全球申請專利，「鑽石陣®」技術可使鑽石以特定的圖案排列，因此大幅提高了工具的研磨效率及使用壽命。1999年宋健民在中砂推出製造半導體CMP製程專用的DiaGrid®「鑽石碟」就逐漸取代了日本及美國的產品。宋健民又獨自赴美說服Rodel（世界最大的CMP耗材公司）在世界各國推銷DiaGrid®「鑽石碟」。

DiaGrid®「鑽石碟」在世界半導體業打響名號後威脅到美國的競爭者3M。2001年3M在美國ITC控告中砂侵犯其專利獲勝，但宋健民隨後在美國聯邦法院為中砂平反。

2002年宋健民在美國德州以一系列的「鑽石陣®」專利反控3M侵權。宋健民又說動3M的策略聯盟Appled Materials（世界最大CMP機台製造者）改銷DiaGrid®「鑽石碟」。

2005年3月3M賠償宋健民300萬美元雙方達成和解。

由於「鑽石碟」的利潤遠高於傳統產品。中砂的EPS乃自2001年的0.37元飆高至2004年的5.35元，中砂因此可在2005年初順利上市。

經濟日報 中華民國94年10月3日 星期一

第13屆經濟部產業科技發展獎—個人成就獎

前瞻技術創新獎

擊倒巨人3M公司的鑽石碟發明者

宋健民（中國砂輪總經理）

宋健民發明鑽石矩陣排列的「鑽石碟」，並應用於半導體製造的化學機械平坦化製程，個人擁有專利達百餘項。

在工研院服務期間，獨立邀請工業界出資開發硬焊鑽石工具、鑽石鍍膜技術及多晶鑽石製造技術，並將技術移轉給十餘家企業。隨後受任中國砂輪副總，發展全球首創的鑽石陣 (DiaGrid) 技術，並量產 IC必用的CMP Pad Dresser，其建立的PVD DLC與CVD鑽石膜生產技術，更帶領中砂順利上市。

宋健民認為，產業升級須有創新產品及知名品牌，才能擺脫製造業激烈的代工競爭。擁有專利才能發展「獨有」的產品。進入高科技業，應先準備環環相扣的專利才能安心生產，更是公司獲利的基礎、企業成長的動力。

宋健民加入中國砂輪 超硬材料昇級

以研磨工具享譽業界的中國砂輪公司，頃邀請著名的超硬科學專家宋健民博士加入該公司，這不僅將使中國砂輪成為國際知名的超硬材料研削工具公司，並將使台灣工業界因而受益和昇級。

宋健民係美國麻省理工學院博士，並曾負責美國奇異公司(世界最大的鑽石合成者)的工業鑽石生產技術及美國諾頓(NORTON)公司(世界最大的鑽石使用者)的鑽石膜發展技術。同時宋健民亦是著名的超硬科學專家，曾率先在一九八四年提出自然界不存在的氮化碳可以合成，並預測其硬度將超過人所週知最硬的鑽石。宋健民的理論曾引起全球研究氮化碳的熱潮，並因此發展出現披覆在電腦硬碟的超硬碳氮膜。

宋健民在中國砂輪將發展的鑽石被覆技術，可把鑽石以特有合金包裹形成牢固的襯套，讓鑽石於切割時不易脫落，加倍延長鑽石鋸片的壽命，以及加速切割速度，該項技術將申請專利。宋健民加入中國砂輪公司後，所負責的新一代超硬材料研削工具，將以革命性技術提升其性能。 **(陳山江)**

工商時報 **1996.12.30**

第 1 章 － 「鑽石碟」的台美大戰

(轉載自 KINIK JOURNAL 8 期，2004 年 4 月)

「鑽石陣®」的台灣奇蹟

美國是世界的最大強權，也是全球的科技龍頭。台灣是亞洲的邊緣小國，對科技的發展通常是後知後覺的追隨者。台灣製造的產品，從半導體到麥當勞多源於美國。台灣的製造效率(如晶圓代工)雖然可能凌駕美國之上，但在科技的創新上卻一直尾隨美國，因此台灣的許多設計可能抄襲自美國，而美國卻鮮少仿冒台灣產品者。同樣的道理，台灣有的公司有時會侵犯美國公司的專利(如鴻海侵犯 AMP 專利)卻極少美國公司會侵犯台灣公司的智權。這個常態卻有一個明顯的例外，就是由宋健民博士授權製造的「鑽石碟」(Diamond Disk)。

「中砂」的「鑽石碟」具有世界首創的鑽石矩陣排列(鑽石陣®，DiaGrid®)(宋健民美國專利 6,286,498)，它不僅成爲製造半導體不可或缺的工具，也成爲各先進鑽石公司的仿冒對象。在全球銷售的通路裏，它更是美國巨無霸公司爭奪代理權的對象。這裏面有比「中砂」大 500 倍的世界著名創新公司——美國的 3M(Minnesota Mining and Manufacturing)公司；比「中砂」大 200 倍的半導體設備巨擘——美國的 AMAT(Applied Materials，即應用材料)公司；比「中砂」大 200 倍的半導體拋光墊壟斷者——美國的 Rodel(2004 年改名爲 Rohm and Haas Electronic Materials)，及比「中砂」大 20 倍的半導體拋光液龍頭——美國的 Cabot Microelectronics。這四個公司是全球半導體製造機台及耗材的主宰公司，它們之間彼此競爭但卻都要爭取「中砂」「鑽石碟」的代理權。尤有進者，它們都不准其他公司染指「中砂」要求給予全球的專賣權。在如此錯綜複雜的競爭關係裏，「中砂」卻能使這些跨國企業內共同銷售「中砂」的「鑽石碟」。這種「以小禦大」的策略聯盟突破了鑽石工具公司的經營模式。與此相較，「中砂」的國內外同業都只能單打獨鬥，因此難以建立有效的全球銷售網路。「中砂」雖然在半導體業名不見經傳，卻可以槓桿原理利用半導體業大公司的影響力，使「鑽石陣®」「鑽石碟」成爲全球製造半導體常用耗材。

圖 1-1　台灣的小公司「中砂」不僅回絕了美國 Cabot(世界最大的 CMP 磨漿公司)代理銷售「鑽石陣®」「鑽石碟」，並擊退了美國 3M(世界最大的「鑽石碟」製造者)的法律攻擊，還駕馭了彼此競爭的美國 Applied Materials(世界最大 CMP 機台生產者)及美國 Rhom and Haas(世界最大的 CMP 拋光墊供應者)，使它們在全球競銷「中砂」的「鑽石碟」。

半導體的應用

現代人生活的方便主要拜半導體的普遍使用，不僅電腦及光電產品的芯片必須使用半導體，連平常生活的遊戲機及健保卡也要靠半導體運作。沒有半導體，我們的生活將回到沒有汽車及沒有冷氣的粗糙狀態。

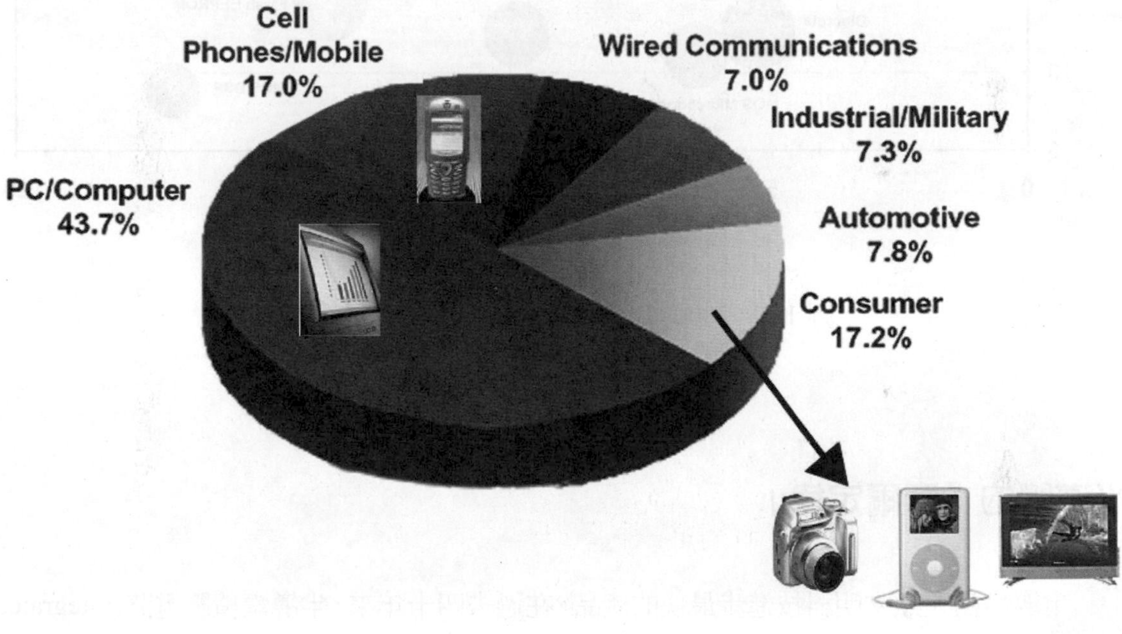

圖 1-2　半導體是控制各種光電產品的芯片，圖示 2006 年的產值比率。

半導體內通常含有電晶體或電容體，前者成為各種邏輯(Logic)的運算單元，後者則化身各種記憶(Memory)的儲存單元。

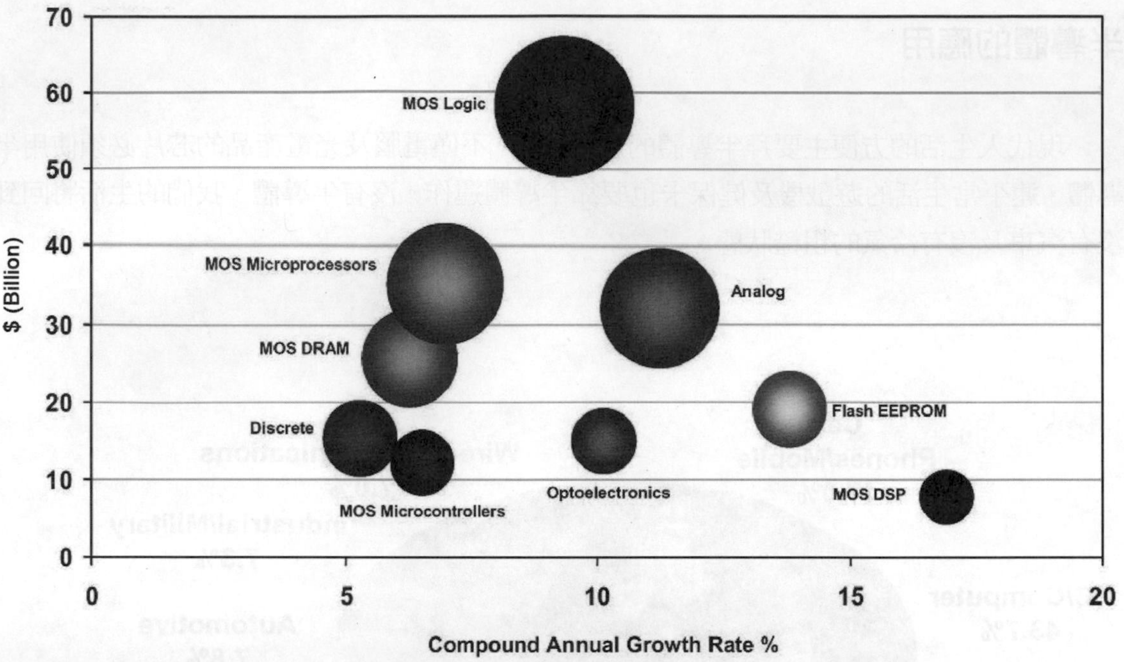

圖 1-3　2006 年半導體的種類及其成長率。

半導體的「摩爾定律」

半導體爲人類文明科技進步最快的產品。在過去四十年來，半導體積體電路(Integrated Circuit 或 IC)晶片內電晶體開關的數目以每 18 月增加 1 倍的高速持續發展。這是 1964 年 Intel 共同創始人 Gordon Moore 預測的走勢，因此被稱爲「摩爾定律」(Moore's Law)。

圖 1-4　半導體 IC 內精密線路的外觀(上圖)及 2007 45 nm 線路晶片之一角(下圖)。

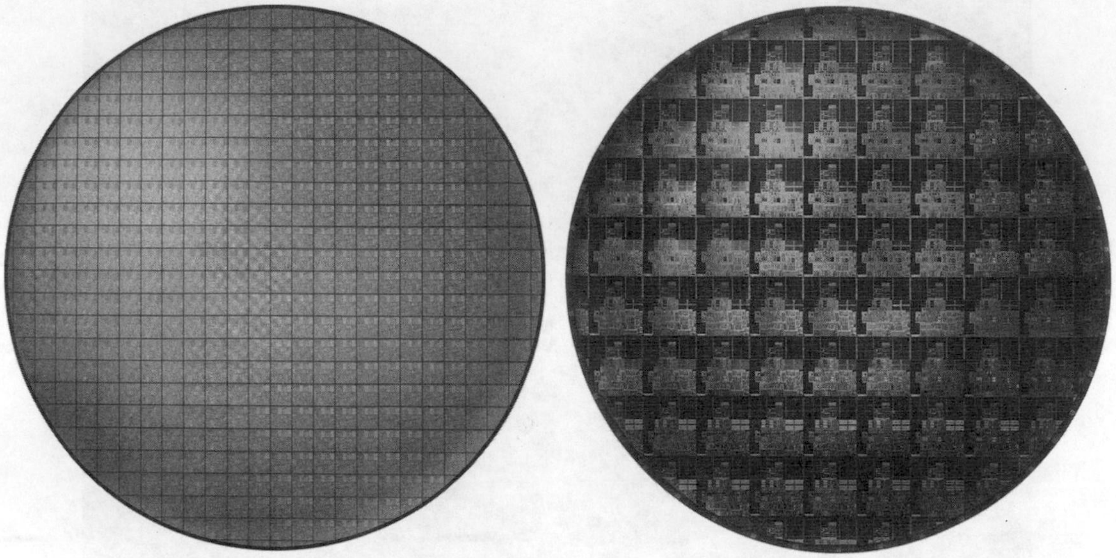

圖 1-5　8 吋(200 mm)晶圓內 IC 的電晶體數目自 1964 年起就持續跳躍增加，左圖為 Intel 製造第一代 Pentium (1992 年)的晶圓，而右圖為 Pentium IV(2002 年)的晶圓，後者的電晶體總數已接近全球的人口(65 億)。

表 1-1　半導體 CPU 晶片的電晶體數目總數

年度	CPU 產品	線路寬度(nm)	電晶體數(百萬)
1999	Pentium 3	250	9.5
2002	Pentium 4	130	55
2005	Pentium D	90	230
2006	Xeon 5300	65	582
2007	Xeon 5400	45	820

由於 IC 內電晶體越來越密集，它的電路也越來越窄，線寬已經進入病毒的奈米領域(10-100 nm)。不僅如此，電晶體的連線也不斷疊層架設形成聯接的網路。

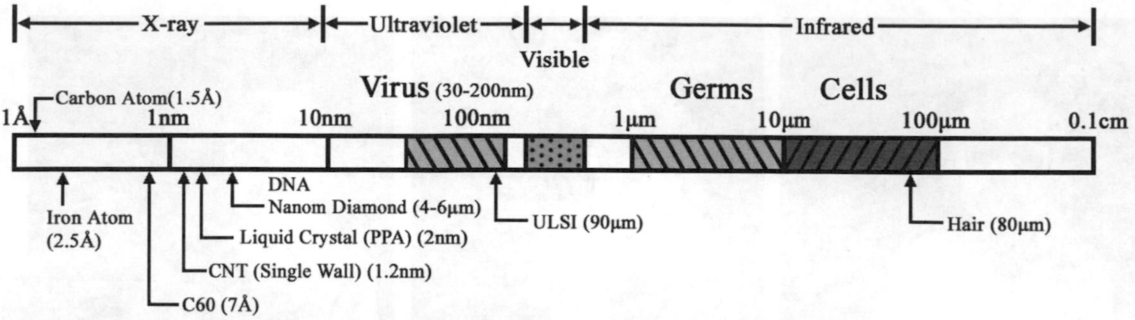

圖 1-6　半導體的製程已可生產病毒尺寸的電晶體。

不僅線路越來越小，未來的矽晶圓將會更大。Intel 及 TSMC 都已宣佈在 2012 年會試用 450 mm(18 吋)的大晶圓。如何在諾大的晶圓表面拋光而使其上小千萬倍的線路保持完整，已成 IC 生成的瓶頸。

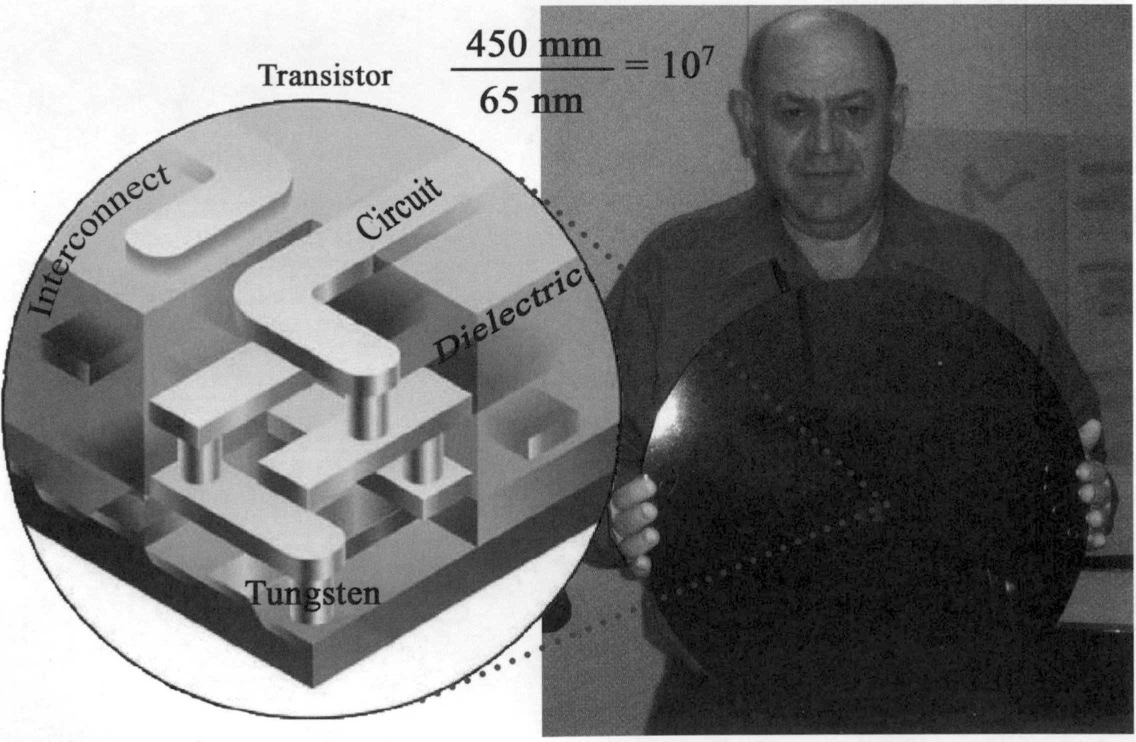

圖 1-7　IC 晶圓的大型化可降低晶片的生產成本，但包括 CMP 的製程其困難度將大爲增加。

製造多層密集的電路要使用光線來標示才能以蝕刻及沈積的方法生產，為了準確顯示越來越窄的電路，光線的波長也不斷縮短(如使用藍光乃至紫外線)。要使光線聚焦，晶片內的每一層鍍膜必須極為平坦，因此要以精密的「化學機械平坦化」(Chemical Mechanical Planarization 或簡稱 CMP)的技術拋光。只有這樣，密集的線路才能精確排列而發揮晶片的功能。CMP 乃 1980 年代 IBM 用來製造先進 IC 的發明，但 1990 年代已成全球 IC 製造者使用的共同技術。當線寬小於 0.18 微米(180 nm)時，不使用 CMP 無法製造 IC。

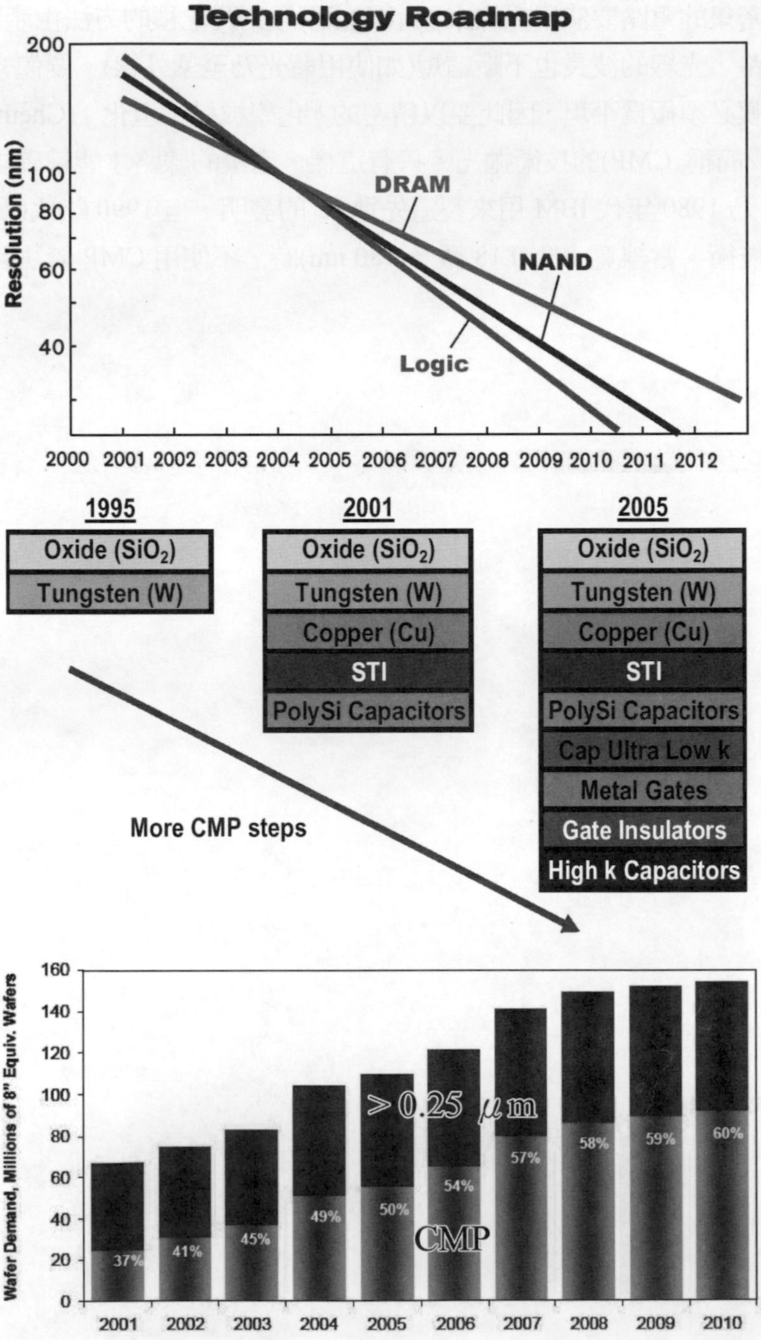

圖 1-8　半導體線寬依「摩爾定律」奈米化的走勢(上圖)，IC 構造隨線寬縮小而增加的層數(中圖)及這些層數需要 CMP 的比率(下圖)。

CMP 的成本

CMP 爲製造 IC 必要的手段，它的成本比晶圓原料及若干主要製程爲低，但卻決定了線路功能的完整性與可靠度。

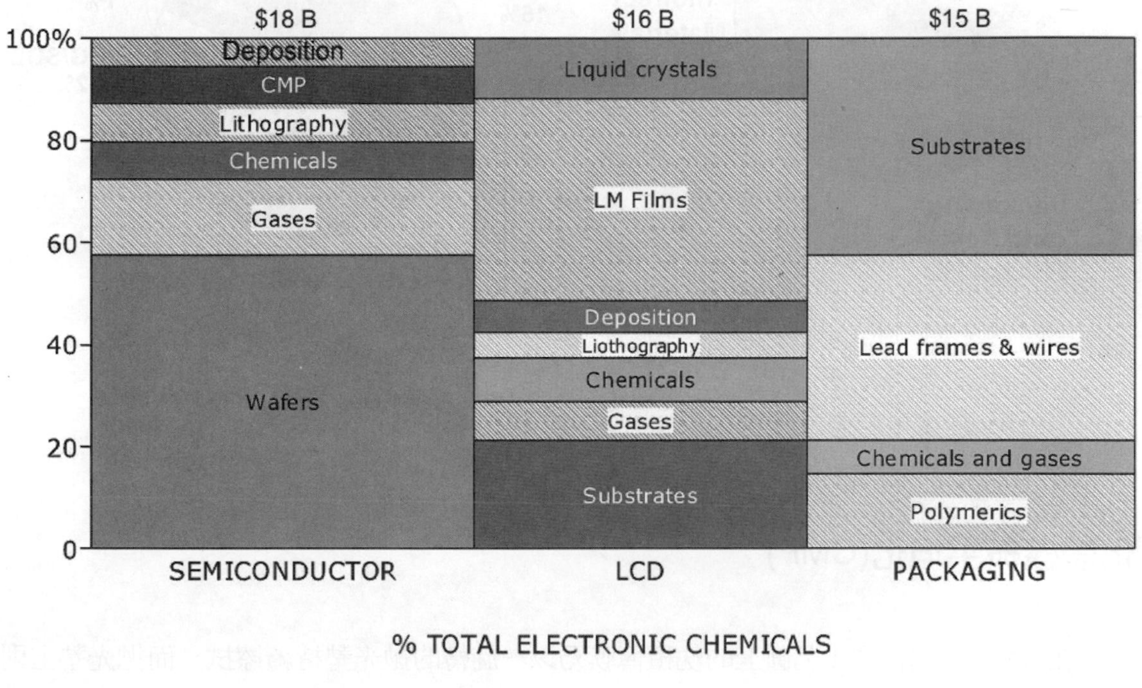

圖 1-9　2006 年半導體製程的成本和其他產業的比較。

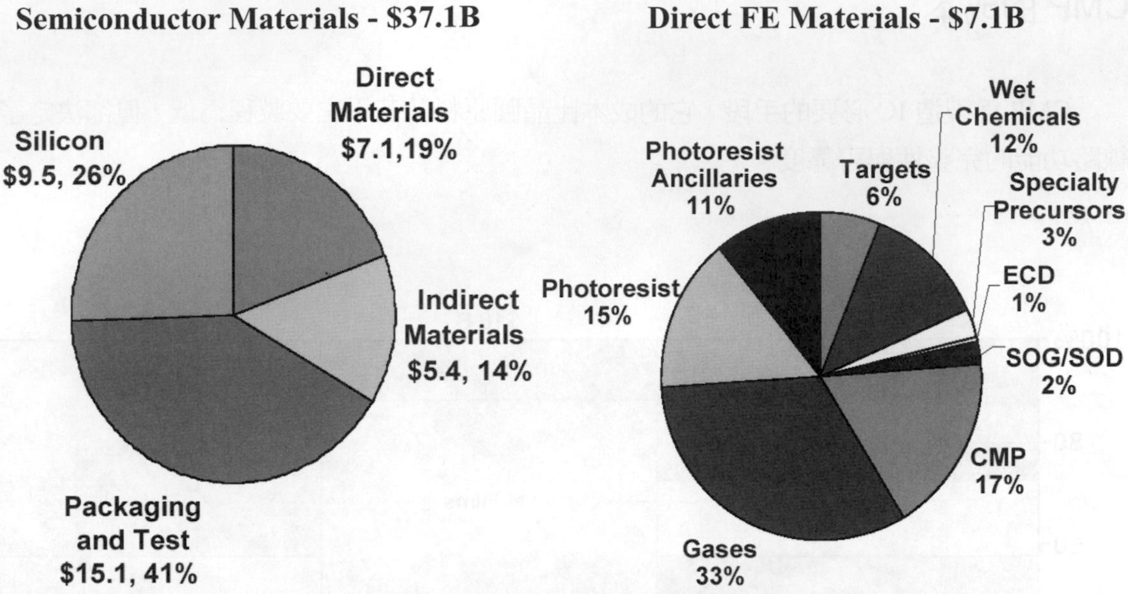

圖 1-10　2006 年半導體材料費的分攤比率。

化學機械平坦化(CMP)

在 CMP 的過程中，晶圓上的沈積薄膜乃以一旋轉的拋光墊持續擦拭，而拋光墊上則塗滿磨漿使其磨除晶圓上的凸起處，這樣晶圓的表層就會逐漸變薄而趨向平滑，在摩擦的過程中，拋光墊的表面也會被晶圓磨平變滑而失去摩擦的力道，磨屑更會持續累積使得拋光效率不斷下降，「鑽石碟」可在拋光墊上刻出溝紋，使其表面回復粗糙，這樣拋光才能高速進行，「鑽石碟」也能重覆的清除磨屑，使拋光墊的表面不致硬化(Glazing)以致失去功能。

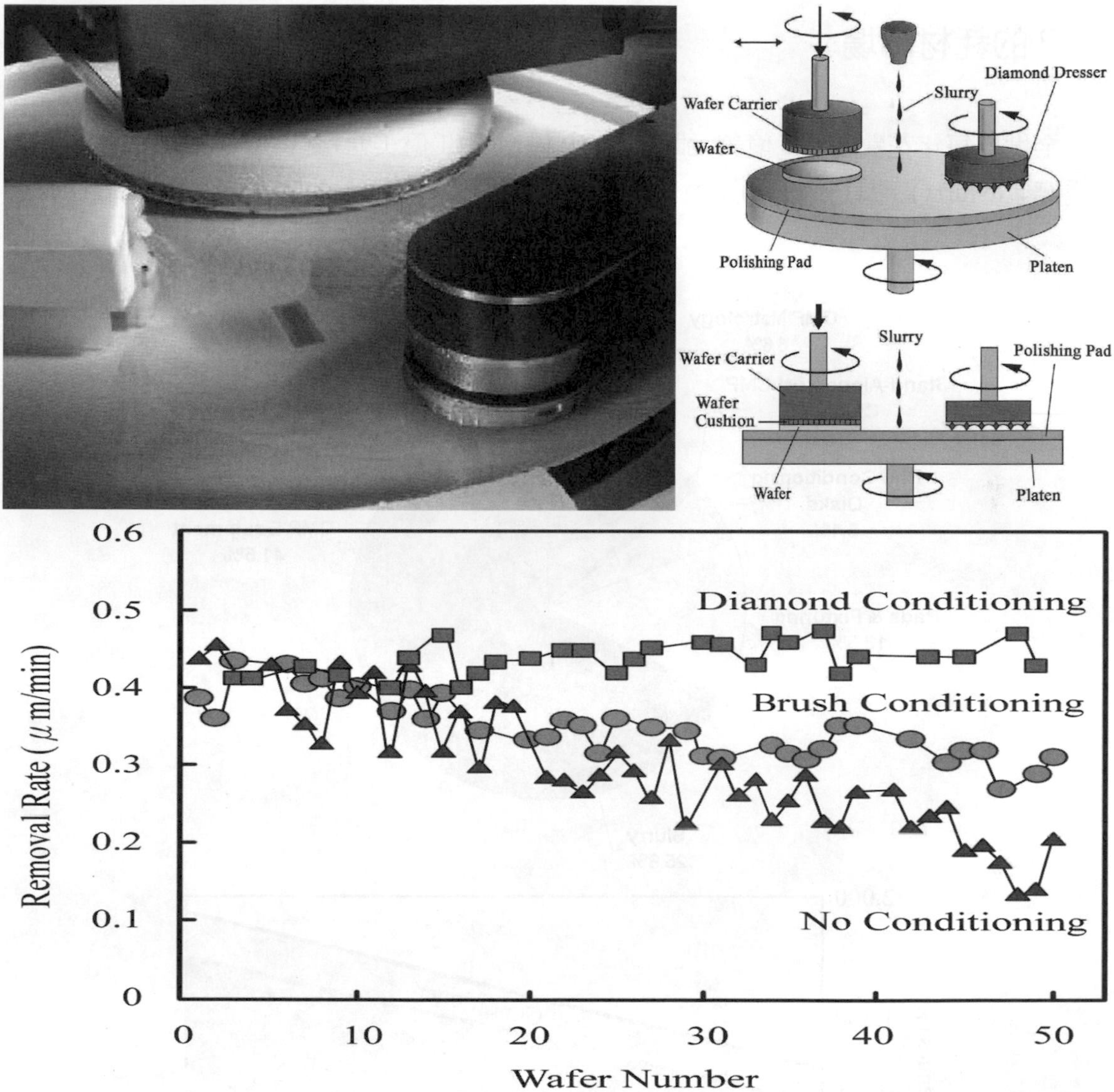

圖 1-11　CMP 拋光的示意圖。全球 CMP 的市場每年約 20 億美元，其主要的供應商爲：旋轉台(AMAT)、研磨漿(Cabot)、拋光墊(Rodel)、「鑽石碟」(Kinik)。前三家都曾爭取「中砂」「鑽石碟」的代理權。

根據上述，精密的半導體必須以 CMP 製造，而 CMP 則需要「鑽石碟」才能持續；因此可以這麼說：「鑽石碟」是現代晶片的催生者。我們現代生活不可或缺的電視、電腦、音響、手機，乃至信用卡、健保卡等的控制晶片都是靠「鑽石碟」製造出來的產品。

CMP 的耗材市場

全世界每年花費超過 2 億美元購買 CMP 機台(約 1 億美元)及 CMP 耗材。最主要的耗材爲磨漿(Slurry)、拋光墊(Pad)及拋光墊修整器(Pad Conditioner)的鑽石碟(Diamond Disk)。

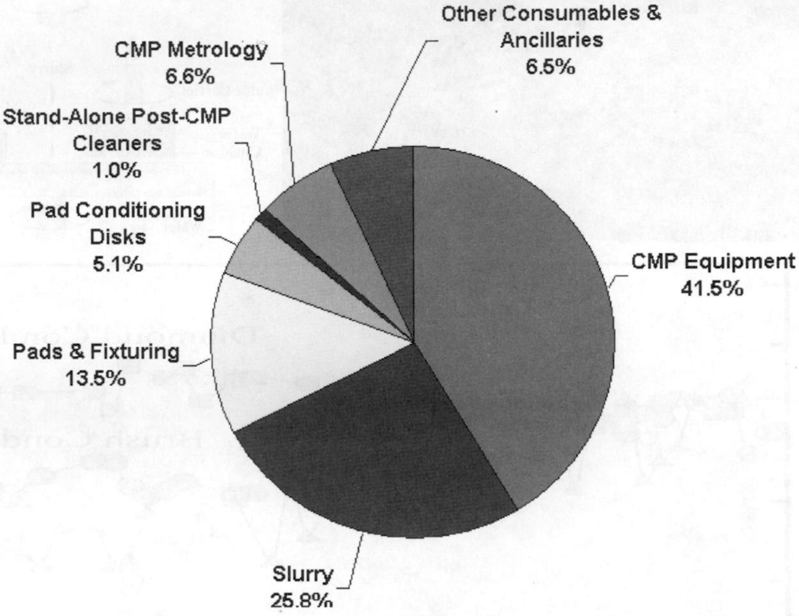

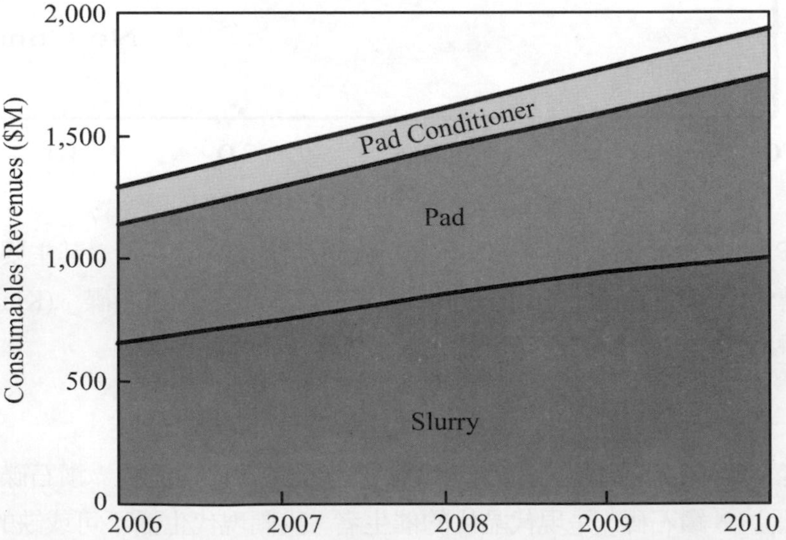

圖 1-12　2004 年 CMP 的支出(上圖)及 CMP 主要耗材的成長趨勢(下圖)。

拋光墊爲含氣孔的聚合物(Polymer)通常爲 Polyurethane，氣孔的功能爲儲存漿及減少晶圓與拋光墊的接觸面積。

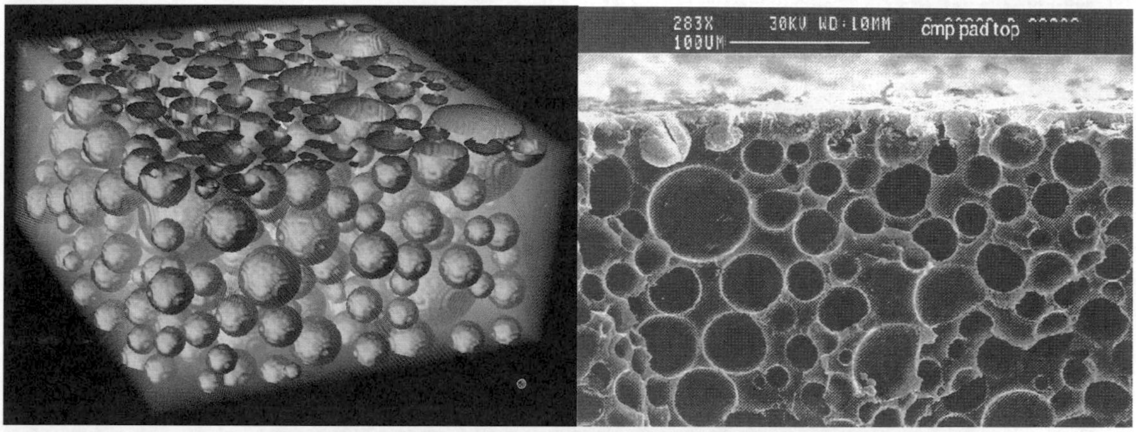

圖 1-13　拋光墊的立體透視(左圖)及橫裁面(右圖)。

硬銲鑽石工具

鑽石工具雖有百年的歷史，卻有一個技術瓶頸一直無法突破，即鑽石的惰性很大，因此極難附著在工具的金屬基材裏。因爲沒有更好的方法，鑽石只好機械式的鑲嵌在工具的表面，通常鑽石乃以電鍍的鎳層埋住或以燒結的金屬鎖住。即使如此，鑽石在研磨時仍然會被撞擊掉出。傳統的鑽石工具多用於粗糙的機械加工(如研磨玻璃)，因此鑽石掉落，並未造成問題。但在 CMP 時鑽石如果掉落，昂貴的晶圓就會被刮壞，所以「鑽石碟」上的鑽石絕對不能脫落。

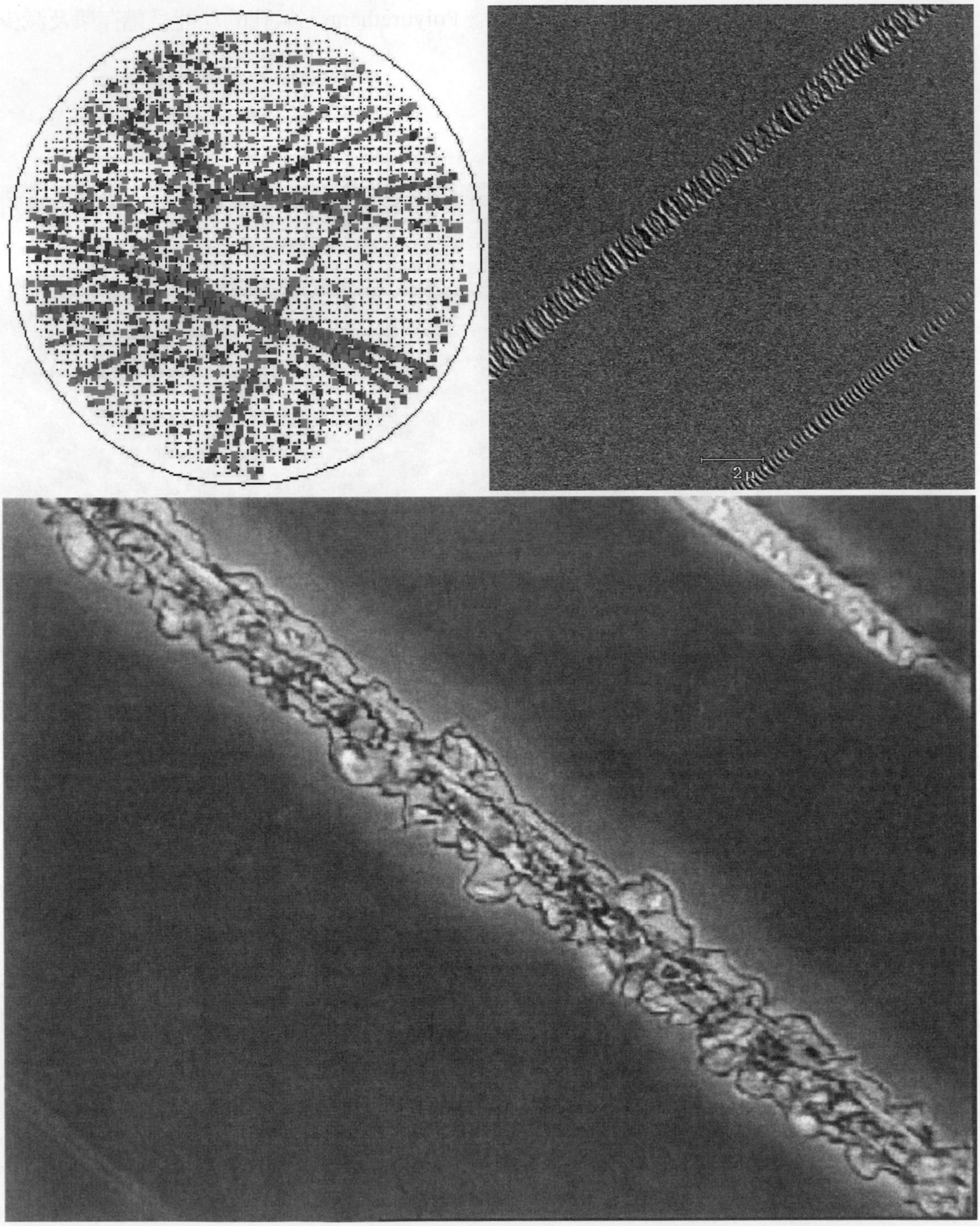

圖 1-14　晶圓在拋光時被崩落的鑽石破壞的刮痕。

1975年美國的ABT(Abrasive Technology)首創以熔融的鎳鉻合金將鑽石銲住使其難以掉落。1990年代美國最大的鑽石工具公司Norton開始以銅鈦合金來銲接鑽石。ABT的這種所謂PBS產品及Norton的所謂MSL產品都以熔融的合金在鑽石表面反應形成碳化物，並藉這種化學鍵來抓牢鑽石，但這兩個公司所用的合金液體其流動性太大，以致披覆在鑽石外圍合金的厚度很薄，因此鑽石受力後仍然不免脫落。

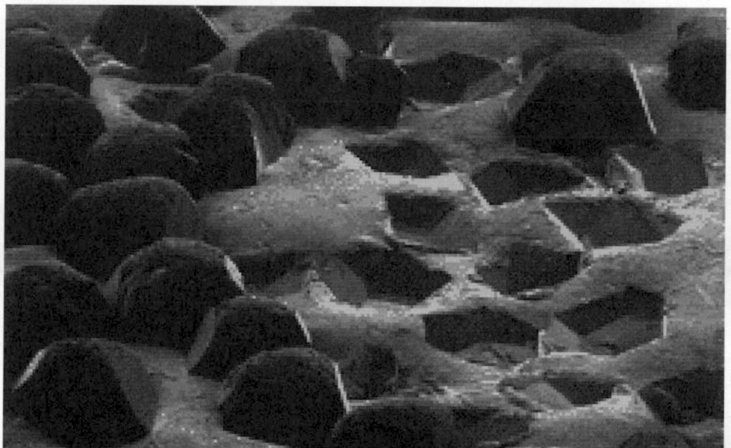

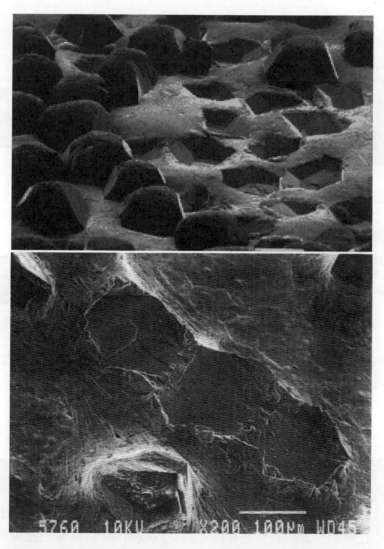

圖1-15　電鍍鎳層附著鑽石脫落後留下的坑洞(上圖)。硬銲合金抓住的鑽石斷裂後留下的印痕(下圖)。

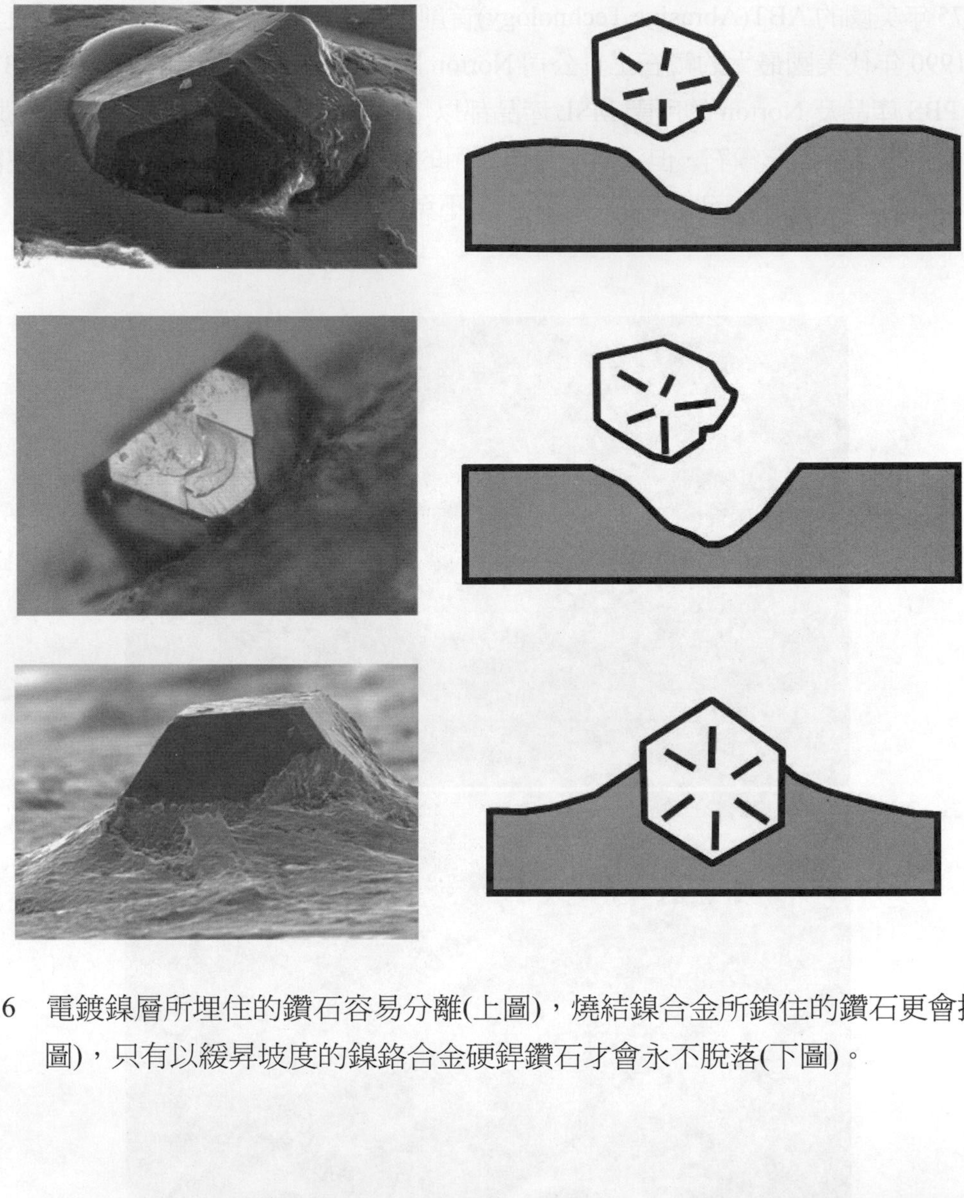

圖 1-16　電鍍鎳層所埋住的鑽石容易分離(上圖)，燒結鎳合金所鎖住的鑽石更會掉出(中圖)，只有以緩昇坡度的鎳鉻合金硬銲鑽石才會永不脫落(下圖)。

1994 年宋健民到工研院發展硬銲鑽石工具，當時曾向 ABT 洽詢技術移轉的可能性卻被 ABT 拒絕。宋健民乃邀請台灣十餘家鑽石工具公司(包括「中砂」)參與開發硬銲鑽石工具。工研院通常需先執行多年的科技專案才會有初期的技術可能移轉給民間企業，宋健民卻由多家中小企業聯合資助研究並在同年內完成技術移轉，移轉的技術包括全球首創的硬銲鑽石串珠及磨邊輪盤。工研院不需大量政府經費而開發民間可用技術宋健民建立了一個新模式。

宋健民所開發的硬銲技術會使熔融的合金銲料潤濕鑽石並在其周圍形成緩昇的坡度，銲料合金形成這種厚實的「廣支撐」(Massive Support)可使鑽石更爲突出。尤有進者，鑽石同時受到化學鍵的結合及機械式的保護，所以絕對不會脫落，即使故意將突出的鑽石擊碎，其下半部仍將嵌在銲料合金裏。以「廣支撐」硬銲鑽石的附著強度是所有鑽石工具裏最高的。

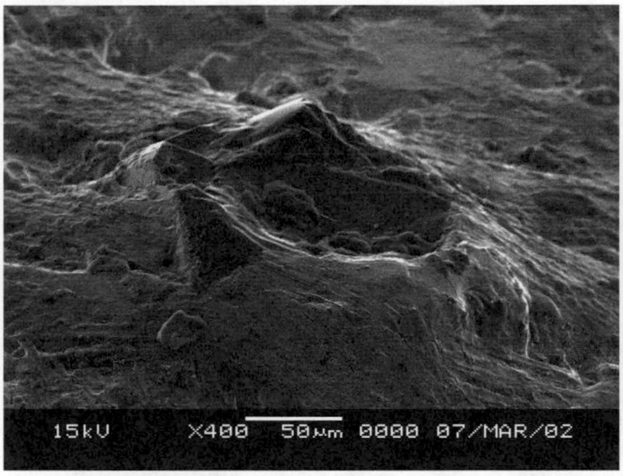

400x

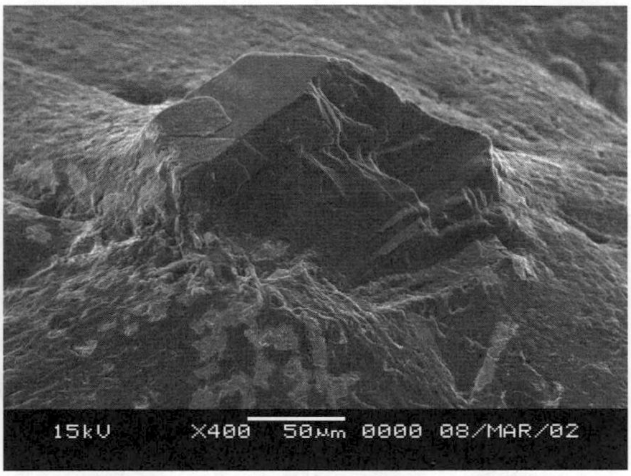

400x

圖 1-17 以「廣支撐」硬銲的鑽石即使將之擊碎，其根部仍牢牢的附著在「廣支撐」的基材內。

「鑽石陣®」鑽石工具

傳統鑽石工具另一個更大的問題是鑽石顆粒的分佈非常零亂，電鍍工具內的鑽石顆粒幾乎靠在一起，但其位置卻毫無規則性。燒結工具乃將鑽石和金屬粉末先行混拌再進行熱壓，金屬粉末燒結強化後會包裹住鑽石。然而鑽石顆粒大而輕，但金屬粉末細又重，因此兩者混拌的鑽石不會均勻分佈而易偏析群聚。鑽石工具在鑽石稀少處磨耗太快而集中處又刺入困難，因此鑽石分佈不均使工具的性能不能發揮。

1996 年宋健民離開工研院後發明鑽石在金屬薄層上排列的方法，同年宋健民加入「中砂」發展硬銲「鑽石陣®」(DiaGrid®)技術並推出一系列產品。1998 年「中砂」在歐洲石材展介紹的「鑽石陣®」產品內包括全球首創以硬銲製造的串珠。尤有進者，串珠上的鑽石具有矩陣排列。在這之前的鑽石工具除了極少數(如修整器)乃以手工將大顆粒鑽石(如 20 篩目以粗)一顆顆的嵌置以外，鑽石顆粒都是隨機分佈的。1997 年 4 月 4 日宋健民將有關鑽石排列的技術及產品申請美國及其他國家的多項專利，這些專利涵蓋的範圍廣泛包括電鍍、燒結、滲透及硬銲的產品等。

圖 1-18　1998 年義大利的 Verona 石材展展出全球首創的 DiaGrid®鑽石工具，其內的鑽石磨粒乃一改傳統的隨機分佈成爲有序排列。圖爲「中砂」兩位副總，宋健民和陳明山。

排列的鑽石能在工件上刻劃出規則的紋路，因此極適合用來修整 CMP 的拋光墊。早年 CMP 所用的「鑽石碟」全爲電鍍的產品(如日本的 Asahi Diamond 所製)及硬銲的產品(如美國的 Abrasive Technology 所製)，但這種「石器時代」的「鑽石碟」不僅鑽石分佈零亂而且容易脫落。分佈零亂的鑽石會在拋光墊上刻畫出深淺不一的雜亂紋路，這樣不僅拋光墊會加速損耗，晶圓的拋光也會不均勻。脫落的鑽石更會在昂貴的晶圓表面刻畫出深溝，這是半導體製造的夢魘，因此客戶絕對不能容忍。

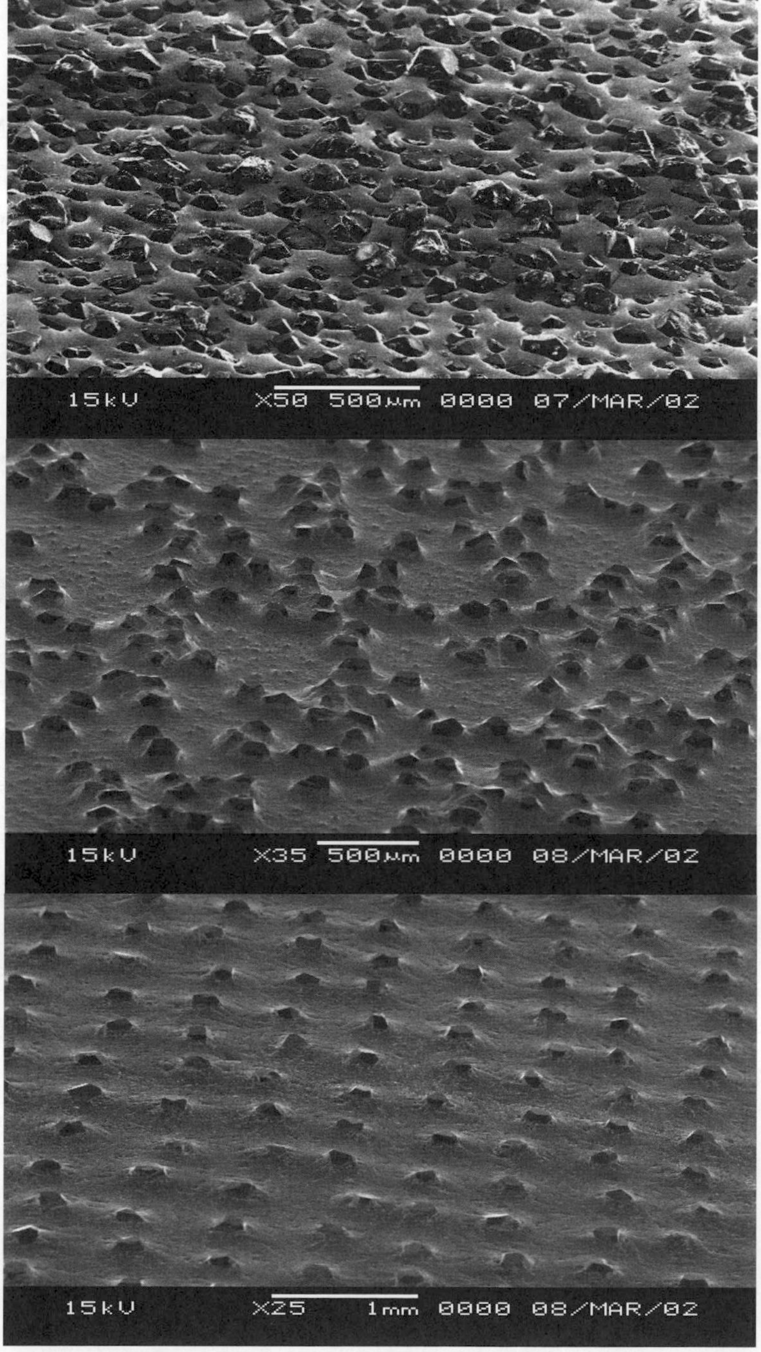

圖 1-19　Asahi Diamond 電鍍「鑽石碟」上垃圾堆式的鑽石(上圖)，ABT 硬銲「鑽石碟」上亂石堆式的鑽石(中圖)及「中砂」硬銲「鑽石陣®」的規則排列(下圖)。

「鑽石陣®」、「鑽石碟」

在「中砂」介入半導體的 CMP 市場之前，美國的 Applied Materials(AMAT)已在全球推出 Abrasive Technology(ABT)的「鑽石碟」。1999 年「台積電」及「聯電」的晶圓不斷被「鑽石碟」掉落的鑽石刮傷，CMP 製程的良率因此偏低。當年台灣 AMAT(AMT)的工程師王克堯經宋健民在交大指導博士班學生盧添榮的介紹到「中砂」向宋健民求助。宋健民乃將已發展的硬銲「鑽石陣®」技術用於製造全球第一批具有鑽石排列的「鑽石碟」。尤有進者，宋健民更在同時發展出的「鑽石盾®」技術可以在「鑽石碟」上披覆一層「無晶鑽石」的鍍膜，這層保護屏障可以避免酸性磨漿侵蝕附著鑽石的金屬層。「鑽石盾®」是「中砂」的另一項創舉，由於有宋健民專利的保護，沒有其他公司的「鑽石碟」敢用相似的保護膜。

鑽石的排列看似簡單，但在 1999 年「中砂」推出「鑽石陣®」「鑽石碟」之前，所有的「鑽石碟」上鑽石的分佈都是隨機的。2001 年後才開始看到「鑽石碟」上具有規則鑽石排列的電鍍(韓國 Saesol、Shinhan)及燒結/硬銲(美國 3M)產品。硬銲「鑽石碟」的先驅 ABT 則直到 2003 年才開始推出具有鑽石排列的「鑽石碟」。而世界最大鑽石工具公司之一的日本 Asahi Diamond 更晚到 2004 年才「從善如流」，推出鑽石具有規則排列的硬銲「鑽石碟」。硬銲工具的另一大戶 Norton 則並無相似產品(2002 年 Rodel 曾測試其研究性的產品，見下述)。Norton 曾爲世界最大的鑽石工具公司，1989 年宋健民在 Norton 主持研發計畫時開始發展硬銲鑽石的產品，其後 Norton 推出在全球頗具盛名的硬銲產品系列 MSL(Metal Single Layer)。Norton 在 1990 年代曾委託 MIT 硬銲的權威教授 Thomas Eagar 及其博士研究生薛人愷(後爲台灣大學教授)發展新型硬銲技術，但卻一直未能在鑽石排列的技術上有所突破。

US006102024A

United States Patent [19] **Buljan et al.** Filed: Mar. 11, 1998

[11] **Patent Number: 6,102,024**
[45] **Date of Patent: Aug. 15, 2000**

China Grinding Wheel Co., Taipei, Republic of China, offers a beaded wire saw that uses diamond grains brazed to the bead. These beads are available under the tradename Kinik® DiaGrid® Pearls for use in cutting construction material such as marble, serpentine, granite and concrete.

圖 1-20　宋健民曾負責研發的 Norton 在 1997 年知道他推出全球首創的硬銲鑽石繩鋸的串珠(Pearl)後，乃模仿申請不用串珠而直接在鋼線上硬銲鑽石的繩鋸，殊不知硬銲的高溫會將鋼線軟化，所以這個發明並無用途，而宋健民另發明以電孤將鑽石在瞬間銲在鋼線上，這樣鋼線就不會受熱軟化(林心正/宋健民/顏天淵，台灣發明第 158383 號)。圖示 Norton 在 1998 年 3 月申請的專利引述了宋健民在「中砂」發展的 DiaGrid®繩鋸串珠。

半導體生產的是精密的高值產品，因此對 CMP 製程所用耗材的要求極為嚴謹。「鑽石碟」的成本只佔 CMP 製程一個極小的比率，因此半導體工廠絕不輕言更換「鑽石碟」。那時「中砂」雖可製造先進的「鑽石碟」，半導體工廠卻沒有意願使用。台灣的「銓科」公司製造的「鑽石碟」具有模仿的「鑽石陣®」，但改以陶瓷基材附著鑽石，雖經 CMP 領域的專家大力推薦卻並未成為商業化的產品，「鑽石碟」的門檻之高可得明證。宋健民在加入「中砂」之前也曾指導過「嘉寶」的硬銲技術。「嘉寶」的「鑽石碟」也具有矩陣排列，但因缺乏權威人士的推薦，產品一直未能跨入半導體業。與此相較宋健民第一次出馬就說服「台積電」的王庭君及「聯電」的陳繼仁立刻測試「中砂」的「鑽石碟」，王庭君甚至直接以極酸(pH = 3)的磨漿來測試「中砂」「鑽石盾®」鍍膜的能耐，這是全球首次以現場泡酸修整(In-Situ Acid Dressing)來拋光晶片上的鎢孔(W Via)。在這之前「鑽石碟」在拋光墊的酸液被沖洗乾淨之後才能上陣，王庭君的實驗證實「中砂」的「鑽石碟」在酸液中浸泡 20 小時以上鑽石才可能脫落，在同時測試的 ABT「鑽石碟」則在酸液裏撐不到

2 小時晶圓就接連被掉出的鑽石刮壞了。王庭君的測試使他對「中砂」的產品有了信心，就開始在「台積電」進行生產測試，2000 年「台積電」開始大量採購「中砂」的「鑽石碟」。「聯電」的陳繼仁更在第一次測試之後，就在 1999 年底向宋健民購買 20 片的「鑽石碟」，當時的售價爲每片 4 萬元，算是空前絕後的高價。宋健民也曾在同年向美國的 IBM 售出 8 片「鑽石碟」及獲得美國另一公司 Agilent 的訂單，而 1999 年宋健民訪問 Intel 時也獲得承諾願意測試「中砂」的「鑽石碟」。

「鑽石陣®」「鑽石碟」自 1999 年開始銷售後，現已成爲「中砂」產品的主力。「鑽石碟」不僅使「中砂」由傳統的機械產業跨足高科技的半導體業，它更成爲「中砂」的搖錢樹，2004 年「鑽石碟」提供了 7 成的利潤。更驚人的是「鑽石碟」的生產人力只佔「中砂」員工總數的約 1/10，事實上「鑽石碟」若能成爲一個獨立的生產事業，其生產力及獲利率已在「台積電」或「聯電」之上。

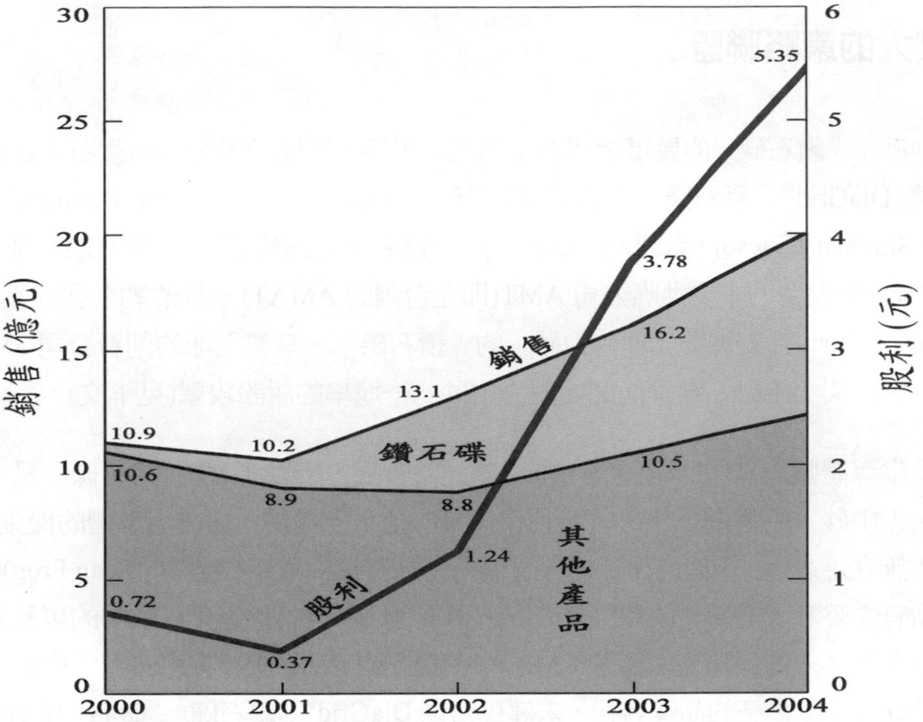

營業額(毛利率)　單位：億元

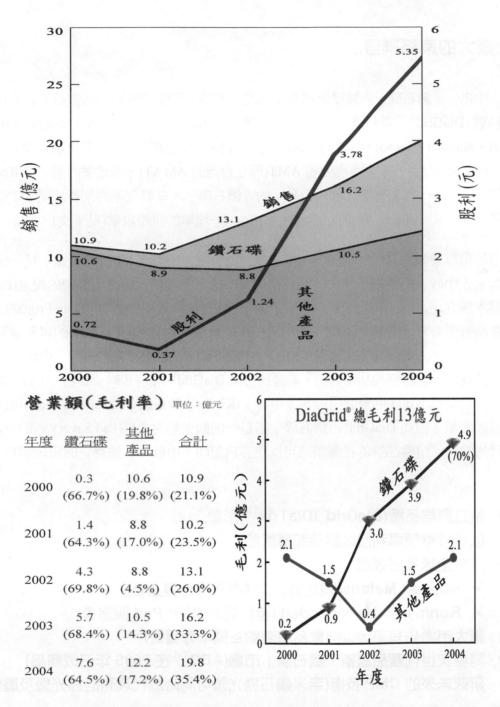

年度	鑽石碟	其他產品	合計
2000	0.3 (66.7%)	10.6 (19.8%)	10.9 (21.1%)
2001	1.4 (64.3%)	8.8 (17.0%)	10.2 (23.5%)
2002	4.3 (69.8%)	8.8 (4.5%)	13.1 (26.0%)
2003	5.7 (68.4%)	10.5 (14.3%)	16.2 (33.3%)
2004	7.6 (64.5%)	12.2 (17.2%)	19.8 (35.4%)

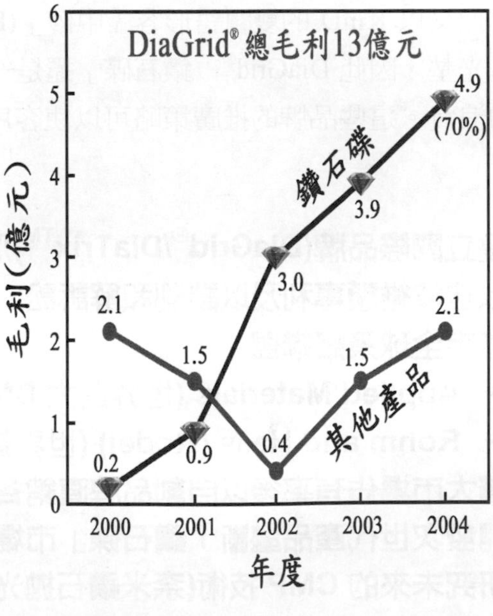

圖 1-21　「中砂」的成長主要來自「鑽石碟」，2004 年「鑽石碟」的生產力(每人約 700 萬元)比其他產品(每人約 130 萬元)超越 5 倍，而前者的毛利額(每人約 450 萬元)更超過後者(每人約 20 萬元)的 20 倍。

以小禦大的策略聯盟

「中砂」「鑽石碟」的異軍突起在全球造成震撼，不僅世界知名的鑽石工具公司紛紛開始抄襲 DiaGrid®「鑽石碟」的設計(如美國的 ABT，日本的 Asahi Diamond，韓國的 EHWA、Shinhan、Saesol，台灣的「嘉寶」、「銓科」都陸續推出具有鑽石矩陣排列的「鑽石碟」)，CMP 機台的主要供應公司 AMT(即在台灣的 AMAT)、拋光墊的壟斷者 Rodel 及磨漿的霸主 Cabot 都表態要代理「中砂」的「鑽石碟」。享譽全球的創新公司 3M 也因生產「鑽石碟」與「中砂」競爭而開始對「中砂」一連串的訴訟攻擊(見下文)。

由於半導體製造者的門檻很高，加上其通路有限，所以 CMP「鑽石碟」是一個寡佔的市場。「中砂」原是個小公司，而且和 CMP 扯不上關係，它在半導體的優生(Elite)生態裏根本無立足之地，宋健民爲了切入這個緊密的行業採取了「蛙跳」(Leag Frog)的方法，不僅產品有先聲奪人的特質(如鑽石排列及 DLC 鍍膜保護)，他又以強勢的專利嚇阻抄襲者。除此之外，宋健民還需和國際 CMP 大戶攀上關係，才能讓客戶看到「中砂」這匹黑馬。爲了喊出一個響亮的品牌名號，宋健民乃以 DiaGrid®「鑽石陣®」命名「中砂」的「鑽石碟」，他又以 KinD 的雙關語形容「中砂」(Kinik)「鑽石碟」(Diamond Disk)可以細緻的修整拋光墊，因此 DiaGrid®「鑽石碟」還是一個拋光墊的救星(Pad Saver)，可以減少其他耗材的浪費。這些品牌的推廣策略可以使客戶認同「中砂」，成爲它的忠誠客戶。

- **建立國際品牌(DiaGrid®/DiaTrix™)形象**
- **以法律維護專利及以談判和解訴訟**
- **簽定全球策略聯盟**
  - **Applied Materials (世界最大 CMP 機台製造者)**
  - **Rohm and Haas (Rodel) (世界最大 CMP Pad 製造者)**
- **擴大市場佔有率後以自創品牌直銷各國半導體客戶**
- **開發次世代產品壟斷「鑽石碟」市場(ADD™ 在 2006 年已成商品)**
- **研究未來的 CMP 技術(奈米鑽石拋光墊可同時取代現有的拋光墊及磨漿)**

圖 1-22　宋健民佔領 CMP 市場的策略。

開拓先進產品市場的策略和銷售傳統產品的方法有所不同。「中砂」過去銷售傳統的產品屬於非創新的 Me-Too 產品，因此銷售的渠道靠的是低價與地緣。但開拓「鑽石碟」的市場，除了產品必須具有特色之外，還需要國際專利的長期保護及策略聯盟的全球合作。2000 年之前「中砂」的知名度乃在傳統研磨的砂輪業，而「鑽石碟」則屬於半導體製造所需的耗材，在這個新領域裏客戶並不知道「中砂」的名字，「鑽石碟」的主要市場乃在「中砂」沒有著力點的海外國家(如美國、歐洲、日本、韓國)，爲了拓展國外的市場「中砂」急需與半導體 CMP 的知名企業聯手。

「中砂」的「鑽石碟」乃經 AMT 的引薦才得以切入台灣的「鑽石碟」市場。AMT 認爲「中砂」的「鑽石碟」可以消弭其母公司 AMAT 在全球銷售 ABT「鑽石碟」導致客戶的抱怨。ABT「鑽石碟」是 AMAT 向 CMP 製造者推薦的 BKM(Best Known Method)，但這個 BKM 卻常造成晶圓的刮傷。2000 年 AMT 建議「中砂」經 AMAT 向全球推銷 DiaGrid®「鑽石碟」，那時 AMT 因「中砂」只是台灣的一個小公司，所以談判時的姿態很高，AMT 堅持「中砂」不能直銷給使用的客戶。然而「台積電」和「聯電」認爲「鑽石碟」的使用技術是其保密的資訊，宋健民第一次訪問這兩家公司時，同行的 AMT 王克堯就被隔離在外，因此它們拒絕向 AMT 購買「中砂」的「鑽石碟」，當時「台積電」已開始大量採購，「中砂」當然不能同意 AMT 轉售 DiaGrid®「鑽石碟」的要求。

爲了與全球的半導體產業接軌，宋健民乃轉向 Cabot 及 Rodel 探詢合作的可能性，他在 2000 年訪問美國 Cabot(Aurora, Illinois)時，其副總就希望能銷售 DiaGrid®「鑽石碟」。Cabot 雖然佔有全球研磨漿液的大部份市場，但 CMP 在世界市場的真正壟斷者則爲 Rodel。尤有進者，「中砂」的「鑽石碟」與磨漿的關係只是間接的，而「鑽石碟」的功能乃在直接修整 Rodel 製造的拋光墊，因此宋健民乃要求訪問 Rodel，希望能說服他們向其全球客戶推廣 DiaGrid®「鑽石碟」。

宋健民要求訪問 Rodel 總部卻苦等數月未得到回覆，那時 Rodel 因生意太好銷售拋光墊已疲於奔命，所以對本業以外的「鑽石碟」興趣缺缺。除此之外，希望 Rodel 銷售「鑽石碟」的公司，還包括 ABT、3M 及 Norton 等。Rodel 並未決定代理「鑽石碟」，因此對名不見經傳的「中砂」產品更無興趣。宋健民求訪 Rodel 無門，乃決定「直搗黃龍」，2000 年夏，他乘訪美之便就順道訪問 Rodel 在美國鳳凰城的總部。由於當時宋健民並不認識 Rodel 的員工，乃要求與研發人員會談，在會談時宋健民說服研發人員請出當時仍在主持會議的總裁 Tony Khouri。經一小時介紹 DiaGrid®「鑽石碟」的特色後，宋健民就說服 Tony

在全球代理「中砂」的產品，Tony 在一個月內就和「中砂」簽約，創下 Rodel 和其他公司由認識到簽約最快的記錄，Tony 也立刻訪問「中砂」，開始了 Rodel 與「中砂」長程的合作關係。Tony 是黎巴嫩裔美國人，911 恐怖攻擊後他進出機場時常被嚴密搜查，爲減少困擾乃改名爲 Corry。

Rodel 向全球推銷「鑽石碟」使半導體的 CMP 工作者開始注意位於台灣的小公司「中砂」。「中砂」的崛起也使另一生產「鑽石碟」的巨無霸公司 3M 感覺到競爭的壓力。3M 因和 Rodel 結盟不成，2000 年改和「中砂」放棄的 AMAT 合作推銷「鑽石碟」，3M 的新產品具有鑽石排列的特色，因此被 AMAT 認爲是取代 ABT「鑽石碟」的優勢產品。但令 3M 失望的是宋健民早就打出「鑽石陣®」(DiaGrid®)的產品名號，更讓 3M 不安的是他們的專利(Goers, U.S. Patent 6,123,612)申請日期比宋健民申請的專利(Sung, U.S. Patent 6,039,641)晚了一年。爲扳回競爭的劣勢，3M 乃在 2001 年初，同時在美國外貿協會(International Trade Commission 或 ITC)及 Rodel 公司所在的 Arizona 州控告「中砂」侵犯其前所購自他人的另一項專利。3M 的攻勢凌厲而且毫無預警，「中砂」不僅是 3M 長期的客戶，更曾在台灣代理過 3M 製造的產品。3M 未依司法慣例發出正式侵權的通告(Formal Notice of Infringement)就突然提出兩項訴訟，其一舉封殺「中砂」的意圖甚爲明顯。3M 比「中砂」規模大 500 倍而且本身就僱用兩百多名訴訟及專利律師，「中砂」則連一名公司律師都沒有，因此對 3M「泰山壓頂」的攻勢有點不知所措。

第 2 章 －「材料學」的法庭審判

(轉載自 KINIK JOURNAL 9 期，2004 年 7 月)

3M 的崛起

3M 是美國的百年老店，於 1902 年創立於明尼蘇達州，其總部乃設在雙子城(Twin Cities)的聖保羅(Saint Paul)。初期以明尼蘇達礦業暨製造(Minnesota Mining & Manufacturing)公司爲名並從事砂紙的生產，3M 其後不斷創新，並陸續研發出五萬多種各類產品，包括膠紙、投影機、口罩、電子、通訊及醫藥等產品。3M 的不斷成長使它成爲一個超級的跨國公司，它的產品行銷全球，在普通的商店就可以買到，如「多次貼」(Post-It)。3M 是道瓊(Dow Jones)工業指數選定 30 家美國經濟的代表公司之一，它在世界六十餘國(包括台灣)有分支機構，2004 年的營業額高達 200 億美元(約 6000 億台幣)，是「中砂」規模的約 400 倍。

3M 可能是全球最具創新文化的公司，每天產出一個半專利，「3M Innovation」的廣告在許多國家樹立，是每個大公司都想司法的模範。3M 長期鼓勵員工發明改進，因此銷售的產品越來越多元。1977 年 3M 規定每個事業部每年營業額的 1/4(後增爲 4 成)必須來自問世未及 5 年(後降爲 4 年)的新產品。爲了鼓勵創新，3M 明文規定支持「深思熟慮」後的失敗計畫。3M 認知個人的主動研究是創新的源頭，它乃推動「私釀酒法則」，允許個人隱瞞上司，私底下祕密研究。此外，員工可以不需報備，自行使用 15%的上班時間追求個人的創意。1984 年起它甚至資助員工自行提出的研究計畫，並重賞執行成功的個人。1977 年推出現成爲每個辦公室必備的「多次貼」標示紙即爲員工利用業餘時間應用「失敗」產品而成功的商品。

3M 的創新使它獲得大量的專利，爲了維護其智權，3M 又成立了獨立的智權公司(3M Innovative Properties Company)，據稱擁有約三百人的律師團隊。這個智權公司主導了許多對外的訴訟案件，包括下述對「中砂」的攻擊性官司及對宋健民的防衛性訴訟。

3M 的核心技術爲披覆磨料，從早期含粗粒的砂紙開始，到現代含微粉的拋光片，包括平滑光纖套筒(Ferrule)的微米鑽石拋光片及刻劃(Texturing)電腦硬碟(Hard Drive)的奈米鑽石拋光帶等。3M 的拋光技術也延伸於拋光晶圓的 CMP 領域，除了推出孕鑲傳統磨料(如 CeO_2)的拋光墊(Fixed Abrasive Pad)外，也銷售修整不含磨料拋光墊的「鑽石碟」，3M 與「中砂」的衝突就肇因於雙方爭奪「鑽石碟」全球市場的衝突。

3M「鑽石碟」和「中砂」「鑽石碟」的設計非常相像，都以銲料附著鑽石，而且鑽石分佈都具有矩陣排列，就是這種「英雄所見略同」使台灣的家庭企業踩到了美國跨國集團的痛腳，演出了東方「獅子搏兔」的戲碼或西方「大衛迎戰哥利亞」的故事(大衛 David 爲以色列少年，而哥利亞 Goliath 爲非利士巨人)。本來「中砂」與 3M 在商場上的競爭應由客戶決定優勝劣敗，但 3M 卻寧願動員它強大的律師軍團來進行國際訴訟，冀圖嚇倒連公司律師都沒有的「中砂」。

金錢的遊戲

美國是個律師王國，其律師的總數(近百萬人)是日本的 50 倍，美國在美京華府一地的律師數目(近兩萬人)就和日本全國律師的總數相當或台灣律師人數的 10 倍。若干國家的律師人口密度有如下表所示。

表 2-1　2004 百萬人口的大約律師數

美　國	3000
英　國	1500
法　國	600
日　本	150

註：梵蒂岡的律師人口密度是美國的百倍，居世界之冠。

東方儒教薰陶下的社會是建立在倫理的基礎上，所以人際的衝突多可以忍讓或以協調的方式解決。但西方強調的功利主義常會擴大糾紛而且動輒興訟。西方的審判常採用陪審團的制度使沒有專業的市井小民可以不按常理判決，甚至會處以高得離譜的賠償金，因此更多人敢於冒險打官司。東方文化的道德規範及家庭的人際關係大幅降低了訴訟的需求及律師的人數(但仲裁及法律顧問人數卻並未減少)，西方普遍的人口遷徙使放手一搏的機會主義者勇於訴訟，因此也「養肥」了大量的律師。

跨國專利的訴訟可以長達數十年，例如美國「GE」告日本「東名鑽石」侵犯其鑽石合成的專利，這個官司從 1960 年代打到 1990 年代，最後只好以和解收場，而其費用高昂，甚至可超過千萬美元。台灣的小公司碰到這種跨國公司的凌厲攻勢根本無法招架，即使勉強在訴訟期間硬撐，其產品的銷售也會因客戶流失而大幅萎縮。如果官司敗訴時公司會被禁賣或查封，情況嚴重時甚至會被拖垮而倒閉。

打國際專利侵權官司不僅支出可能是個無底洞，其結果也難以預期。雙方律師爲了積聚對己方有利的證據多會勞師動眾大舉搜證，因此常產出數十乃至數百箱的文件。法官審理案件時，不僅要從無數的文件裏讀到有關的論述，而且要在兩造數千個相反的證詞內拼湊出爭論的重點。在汗牛充棟的資訊內要找到淹沒的真相，猶如在大海裏撈針一樣困難，因此，除非有「所羅門王」的智慧，一般法官判決正確的可能性不會比丟擲硬幣獲得正面的機率大多少。

法官判案除了要像「霧裏看花」般的猜測它到底是「玫瑰」或是「薔薇」外，也常受到錯綜複雜法律程序的干擾。許多案件因取得證據的時間較遲，或使用的法律條文有誤，即使一方「鐵證如山」也會被判敗訴。法院的判案不乏這種因程序不符而導致是非顛倒的判例，1990 年代喧騰一時的美國黑人足球明星 O. J. Simpson 在同謀殺害妻子及其男友之後，被判無罪即爲一例。

律師的貪吝更會讓訴訟欲罷不能，由於律師乃以時間(每小時動輒數百美元)計費，因此所作虛功越多其收入也就越大，會賺錢的律師都會「小題大作」而且頻頻出招，甚至彼此重複做球給對方，使訴訟費用有如滾雪球般迅速加大。訴訟開始時當事人都氣憤塡膺，因此兩造都鬥志高昂，但訴訟費用不斷累積而官司宣判遙遙無期，雙方都會「騎虎難下」，只好庭外和解草草了事，所以大部份的官司並未等到最後宣判，合解的當事人常爲輸家，只有律師是永遠的贏家。

綜上所述，美國的訴訟除少數黑白分明的案件外，必須靠法官的明察秋毫，才能伸張正義。但大部份的案件法官會搞不清楚細節，因此勝敗乃決定於律師的強弱與花費的高低。3M 因有「深口袋」(Deep Pocket)支撐，所以可以玩這種金錢的遊戲，它預料「中砂」在玩不下去後只好就範，這樣它就可以在「鑽石碟」的全球市場上稱霸。

3M 的「鑽石碟」

3M 事實上在 1998 年就開始發展「鑽石碟」，比「中砂」還早了一年。3M「鑽石碟」的設計已在其 Brian Goers 申請的專利裏詳細描述，該專利說明「鑽石碟」乃以「熱壓法」製造，熱壓時的金屬粉末會「燒結」(Sinter)成一體而將其內的鑽石固定。3M 所用的金屬粉末爲耐酸的鎳鉻合金(Nichrome)，因其「燒結」(Sintering)溫度很高(＞ 1500℃)會傷及鑽石，而且其「燒結體」又只能機械式的卡住鑽石，所以 3M「鑽石碟」的金屬粉末內又混入一種可以在低溫(如 950℃)熔融的銲料(如含鎳鉻磷的 BNi7 合金)。熔融的低溫銲料滲透入金屬顆粒的孔隙可以加速其「燒結」並減少殘存的氣孔，銲料液體也會流到鑽石周圍，由於其內含有可以和鑽石化合成碳化物的金屬(如鉻)，所以鑽石會被表面形成的化學鍵牢牢銲住。

Goers 專利的重點並非金屬粉末之間的「燒結」，而實爲鑽石和銲料產生化學反應的「硬銲」(Brazing)，所以這個製程和「中砂」DiaGrid®的「硬銲」製程差別不大，其中不同之處即爲 Goers 在銲料裏加入了耐酸的金屬粉末而已。但 3M「鑽石碟」的這項特點卻早被宋健民預期，宋健民已在 3M 發明「鑽石碟」的一年以前申請並獲得一個涵蓋 3M 製程的專利，有如下表所示：

表 2-2　專利優先日期對比

	U.S. Patent		U.S. Patent
專利	Sung, 6,039,641		Goers (3M), 6,123,612
申請日期	1997.4.4		1998.4.15
生效日期	2000.3.21		2000.9.26
產品形狀	平面	立體	平面
鑽石排列	有	有或無	有或無
基材成份	不限		耐酸金屬
銲料成份	含 Cr		含 Cr

由上表可知，3M 的 Goers 專利雖可用於控告「中砂」在其專利申請日後所發展的「鑽石碟」，卻意外的受制於宋健民爲發展石材工具(如鑽石拉鋸)所預先申請到的專利，這是個決定「鑽石碟」「台美大戰」勝負的關鍵。由於 3M 不能用後申請的 Goers 專利控告「中砂」，才給「中砂」一個反敗爲勝的機會，而宋健民「石材」的專利反而成爲未來控告 3M「鑽石碟」侵權的利器(見下述)。

美國「應用材料公司」(AMAT)自 1997 年起開始向全球半導體工廠銷售美國「磨料技術公司」(ABT)所生產的「硬銲」「鑽石碟」。但「ABT」「鑽石碟」上的鑽石分佈不均勻，其較孤立之處的鑽石會被拉扯掉落，因此經常在 CMP 拋光時刮傷客戶的晶圓，AMAT 因此一直在找一個比「ABT」「鑽石碟」更好的代替品。在台灣的「AMT」於 1999 年到「中砂」找宋健民發展「鑽石碟」之前一年，其美國總部的 AMAT 已與 3M 合作開發 Goers 專利所述的新型「鑽石碟」，準備用來取代「ABT」的「鑽石碟」。因爲「中砂」在更早的 1997 年就發展出用於製造串珠的「鑽石陣®」(DiaGrid®)的技術，所以發展成功 DiaGrid®「鑽石碟」只用了幾個月的時間，「中砂」就靠這個運氣「後發先至」，才能搶先 3M 及其他競爭者推出全球第一片鑽石具有矩陣排列的「鑽石碟」。「中砂」的 DiaGrid®「鑽石碟」在「台積電」及「聯電」測試後居然「一發命中」，所以奇蹟式的在同年開始在全球推出相似的產品。3M 則用了兩年的時間更改了六十幾次所謂 SA「鑽石碟」的設計才在 2000 年在 AMAT 測試成功並成爲後者所謂的 BKM(Best Known Method)。與 3M 的研發能力相較，「中砂」會唱獨角戲顯然比 3M 和 AMAT 合唱更爲叫座。「鑽石碟」台美大戰的關鍵年代有如下表所示。

表 2-3　鑽石碟商業化里程碑

公司	中砂	3M
技術開發	1997	1998
「鑽石碟」開發	1999	1998
「鑽石碟」銷售	1999	2000

3M 的挑釁

3M 比「中砂」早一年發展「鑽石碟」卻晚一年經 AMAT 推出，那時「中砂」已在台灣及美國銷售，也在日本及韓國宣傳 DiaGrid®「鑽石碟」，3M 在面對「中砂」的競爭時，原可以 Goers 的專利控告「中砂」侵權，現在不但不能如此做，它反而會侵犯宋健民的「硬銲」專利。面對這種困局，強勢的 3M 智權公司找到了一個比宋健民專利更早(1996 年申請)的其他專利做爲控告「中砂」的依據，這個專利是購自 Ultimate Abrasive System 的 Naum Tselesin(俄裔美人)發明之專利(U.S. Patent 5,620,489)。Tselesin 專利的內容爲先將金屬粉末混以過量的膠製成一種所謂「柔軟、易變形及可撓屈」的「前置物」(Soft, easily deformable, and flexible preform 或「SEDF」)，再將鑽石加入「SEDF」並將之「燒結」，使集結成塊的金屬粉末將鑽石機械式的卡住成爲鑽石工具。

由於百年以來幾乎所有的鑽石工具(如鋸齒)都來自「燒結」的「前置物」(如冷壓成形的胚片)，這些「前置物」通常以粉末(如金屬)混入有機質的黏膠成爲可變形的粉團再以模具壓製成形，黏膠的功能爲使粉末成形後能黏成一塊。爲了避免和傳統的「前置物」混淆，Tselesin 特別在專利的摘要強調「SEDF」內液態膠的體積必須遠高於其內所含的金屬粉末，在專利的文內更提及「SEDF」像泥漿(Slurry)或漆料(Paste)，因此它可以像液體一樣傾倒或噴灑。尤有進者，Tselesin 更以圖片強調「SEDF」內的粉末是懸浮在液體的膠液中，所以顆粒是分開的，鑽石在加入這種稀泥似的「SEDF」之後，必須另以有氣孔的框架固定，這樣鑽石或金屬粉末才不會沈下或漂走。此外，因為「SEDF」本身沒有強度，必須依附在其他的支撐物(如膠帶)上，所以它沒有所謂的自形體(Free Standing Object)。

DiaGrid®製程的「前置物」內所含的膠液只佔體積的 1/4，並沒有像「SEDF」般的過量(＞ 1/2)。尤有進者，銲料粉末形成的「前置物」已被壓成一種沒有支撐的薄片。這種「壓片」上黏附具有矩陣排列的鑽石，再在真空爐裏將「壓片」完全融化使其熔液潤濕鑽石並將之牢牢抓住。3M 和「中砂」生產的鑽石碟製程剛好相反，有如下表所示。

表 2-4　鑽石碟製程對比

	3M **Tselesin** 專利	中砂 **DiaGrid®**製程
前置物	膠液為主 (軟)(無氣孔)	金屬為主 (硬)(有氣孔)
金屬粉末	幾乎不熔 (硬)(有氣孔)	全部熔融 (軟)(無氣孔)

3M 的「打打談談」

「中砂」的「鑽石碟」製程如果侵犯 3M 的專利，「壓片」內必須含過量的膠而且在加熱時「壓片」不能全熔，兩者缺一不可。3M 不知「中砂」的製程為何，但如果他們檢驗「中砂」的產品，就會發現 DiaGrid®製程一定是「硬銲」而不可能是「燒結」，因此根本不會侵犯 Tselesin 的專利。3M 的材料專家極多，它卻違反常理沒有分析 DiaGrid®產品而直接控告「中砂」侵權。更有甚者，3M 不僅在 2001 年 1 月 5 日在美國的外貿協會

(International Trade Commission 或 ITC)控告「中砂」，在三天後又在 Rodel 總部所在地(Phoenix)的 Arizona 州的地方法院也控告「中砂」侵權，因此 3M 也試著要嚇跑和「中砂」聯盟的 Rodel。

3M 的這些大動作的確非比尋常，「中砂」一直是 3M 的長期客戶，每年購買數公噸做高級磨料(如 Cubitron®123)，「中砂」更曾一度在台灣代銷過 3M 的產品(Scotch Brite)。如果 3M 懷疑「中砂」製程侵犯其專利應先循業務管道查詢或者可來信要求說明，但 3M 不願探究真相就突然使出「殺手鐧」在美國兩地控告「中砂」，其欲置「中砂」於絕路的意圖相當明顯。

「中砂」是在收音機上的新聞播出時聽到 3M 這項莫名其妙的指控，當天宋健民和「中砂」的林心正總經理正在韓國訪問 Adico 公司。有趣的是 3M 在「中砂」還未接到訴狀時(1 月 31 日)，其業務主任 Debora Rectenwald 就知會宋健民要求談判和解，宋健民立刻回信說明可以證明「中砂」並未侵權，並歡迎 3M 的研發主任 Robert Visser 或其他專家來現場查看 DiaGrid®的所有製程，這樣 3M 就可以親自目睹「中砂」並未侵權。

2001 年宋健民前往 3M 總部的 Stint Paul 談判，卻發現 3M 不僅不願討論專利的侵權問題，反而提議「中砂」可經由商業合作來解決爭端。其後 3M 的 Superabrasives & Microfinishing Division 的副總裁 Hak-Cheol Shin(韓裔辛學哲)偕上述的 Visser 在 3 月 21 日訪問「中砂」，當時他們就露骨的表示 3M 要取代 Rodel 銷售 DiaGrid®「鑽石碟」，更讓人意外的是 Shin 居然願把它們的 SA「鑽石碟」改由「中砂」製造，3M 並要求「中砂」給以象徵性的賠償做爲撤銷 ITC 訴訟的下台階。當時 Rodel 堅持「中砂」不要和 3M 直接談判以免吃虧，所以 Shin 和 Visser 其實是瞞著 Rodel 密訪「中砂」，在雙方達成協議後爲了假裝事先曾知會 Rodel 有此訪談，3M 與「中砂」雙方的簽字日期乃改爲一週後的 3 月 26 日，有趣的是 Shin 後來在其他官司的證詞中，爲了解釋他曾在 3 月 26 日的確曾在「中砂」簽約，還特別解釋他爲此又再訪問了「中砂」一次。

由 3M 不願追求專利侵權真相而只談判商業合作的操作，可看出 3M 要取代 Rodel 在全球銷售「中砂」「鑽石碟」才是它在 ITC 興訟的主要目的。3M 與「中砂」的合作談判初期以撤銷對「中砂」的控訴爲前題，其後涉及商業合作的項目越來越多，4 月初 3M 更表明要投資「中砂」及關係企業金敏精研公司，3M 最後乾脆將談判的主軸改爲全面併購「中砂」及經由「中砂」掌控「金敏」。在談判期間，3M 的副總裁 H. C. Shin、事業主任

(Business Director)Chuck Kummeth、研發主任(R&D Director) Bob Visser 及其他幹部曾多次訪問「中砂」，在「中砂」不僅參觀工廠製程，討論研發計畫，而且查閱「中砂」財務報表。3M 又多次要求「中砂」降低超過營業額的龐大負債，最後 Shin 及 Kummeth 又聲明宋健民專利的價值是 3M 併購「中砂」的主要原因，因此又逼迫宋健民將專利權賣給「中砂」，做爲併購的先決條件。3M 早知宋健民爲國際鑽石專家，所以另外堅持要以百萬美元薪資聘僱宋健民，3M 要宋健民在併購「中砂」後，轉往 3M 總部幫助 Visser 開發新的鑽石產品及設立製造新產品的工廠。

一直到 2001 年的 11 月初，3M 及「中砂」雙方仍在準備年底完成併購的交割細節，但 11 月 12 日 H. C. Shin 卻突然表示因受美國 911 恐怖攻擊事件的影響，3M 已暫時擱置所有新的投資案，因此併購「中砂」的計畫要延後一年再考慮，但雙方產品互銷的項目可以開始執行，然而這些承諾最後都不了了之。

圖 2-1　2001 年 4 月 8 日宋健民(左二)在美國 3M 總部所在地 Saint Paul 內的聖保羅旅館修改 3M 草擬的合約，該合約說明雙方以合作銷售及製造「鑽石碟」做爲 3M 撤回控告「中砂」侵權的條件，在場的爲 3M 的研發主任 Bob Visser(左一)，事業主任 Chuck Kummeth(右二)及副總裁 H. C. Shin(右一)(白文亮攝影)。

圖 2-2　由於 3M 要求取代 Rodel 成爲 DiaGrid®「鑽石碟」的國外通路，乃由宋健民(右二)協調 3M 的副總裁 H. C. Shin(左三)和 Rodel 的總裁 Tony Khouri(右三)及副總裁 Karen Johnson(左一，2005 年過世)在美國舊金山附近(Burlingame)的 Hyatt Hotel 談判，雙方在拍照後因利益衝突話不投機，大家就不歡而散。不僅 3M 要與 Rodel 爭 DiaGrid®「鑽石碟」的銷售權，AMAT 未來也要加入這場代理權的爭奪戰(見下文)，DiaGrid®「鑽石碟」在全球半導體 CMP 事業的國際聲譽由此可見。

圖 2-3　3M 的副總裁 H. C. Shin(中)邀請林心正(左)和宋健民(右)到 Saint Paul 的總公司談判時，大家在 3M 擁有的高爾夫球場打球時所攝。

圖 2-4　3M 爲準備併購「中砂」，進行所謂的「追蹤評估」(Due Diligence)來「中砂」實地考察(圖的中間爲林心正)。2001 年 5 月 30 日 3M 的副總裁(中間高人)H. C. Shin 帶領大批管理及專業經理來「中砂」「刺探軍情」，事後 3M 認爲滿意而且決定進行併購，但到年底卻又藉口 911 攻擊事件影響美國經濟，因而取消了原定在年底完成的併購計畫。

ITC 的戰役

就在 3M 管理階層密集拜訪「中砂」之時，3M 控告「中砂」的案子卻在 ITC 加速的進行。爲了節省昂貴的律師費，「中砂」同意和 3M 先行擱置在 Arizona 對峙的相似侵權案而等待 ITC 判決後再進行。由於當時「中砂」的財務負擔很重，宋健民爲減輕「中砂」的官司風險，乃以「策略聯盟」爲由堅持 Rodel 必須支援 ITC 官司的一半經費。宋健民並指出 3M 控告「中砂」只是訴訟的第一步，其下一階段必會追告 Rodel，因此 Rodel 協防「中砂」其實只是先行保衛自己而已。Rodel 的總裁 Tony Khouri 不得已乃勉強答應支付「中砂」一半的訴訟費用，但要求 ITC 的答辯律師要由其指派。其後 Rodel 的母公司 Rohm and Haas 先委託芝加哥的 Brinks Hofer Gilson & Lione 的律師為「中砂」辯護，其後不久又改以美京華盛頓的 Morgan, Lewis & Bockius 接戰，主要的答辯律師改為溫文爾雅的 Anthony Roth。

Roth 的學位專長是美國近代史，因此對技術的細節不太能掌握。更有甚者，他信仰的基督教派講求的是謙沖及忍讓，所以 Roth 在法庭上交火的功擊力道相當薄弱。相反的，3M 乃雇用 Heller Ehrman White & McAuliffe 的 Ralph Mittelberger 為主攻律師，此人不僅凶猛剽悍，而且具有 MIT 的工程學位，所以常可主導爭論的議題。更讓「中砂」居於劣勢的是 Mittelberger 曾在 ITC 工作兩年，具有地緣之便。他和 ITC 的法官及律師都相當熟悉，因此還有人和之利。

美國 ITC 本為防止外國仿冒公司或傾銷產品入銷美國的衙門機關，因此對外國的被控公司都有疑心。ITC 主掌的是處罰外國產品入銷美國的權力(如實施懲罰性貿易的 301 條款)，它的法官稱為「行政法律法官」(Administrative Law Judge)，這種法官擅長審理貿易糾紛，可以「快刀斬亂麻」，但他們對技術層次很高的專利侵權訴訟則並不專精。3M 控告「中砂」侵權原本只是擺出姿態，現在卻見有機可乘，3M 律師與 ITC 的關係密切可以「近水樓台」之便發揮影響。ITC 對外國公司多不信任，對名不見經傳的「中砂」更會懷疑，這一場在美國審理美國對抗外國的官司對「中砂」相當不利。

Tselesin 的專利雖明指其「SEDF」內的膠量必須多於金屬粉末，但其申請範圍卻只以性質描述而並未特別指明膠的含量。通常申請範圍若不以數量定義會對專利的主張不利，但由於 ITC 的法官及律師對專利較為外行而 Mittelberger 又為其前同事，因此 3M 反而可以利用專利的模糊內涵自行解釋並擴大其申請範圍。

要證明「中砂」的製程侵權必須同時證明 DiaGrid®的「壓片」是軟的，而且乃由「燒結」製成產品。3M 明知「中砂」的「鑽石碟」為「硬銲」製程，其訴訟文件早已附上宋健民介紹 DiaGrid®產品為「硬銲」製造的文章。但 Mittelberger 卻試圖以「硬銲」之前粉末必須先行「燒結」來誤導法官，使他以為「中砂」的「硬銲」製程乃建立在「燒結」的基礎之上。

爲了進行上述兩項詭辯(「壓片」爲軟的及「硬銲」爲「燒結」)，3M 聘請了兩個專家爲其佐證。第一個是在 Brigham Young 大學任教的塑膠專家 Brent Strong，他負責證明「中砂」DiaGrid®的「壓片」是柔軟的。Strong 的策略很簡單，他辯稱 Tselesin 專利所述「SEDF」內膠量多於金屬只是特例，而柔軟才是「SEDF」的真正定義。Strong 在參觀「中砂」DiaGrid®的製程時，特別找了一片薄的「壓片」做爲證物。雖然每個「壓片」內的膠量不多，但由於它只比紙略厚，所以可以來回折疊。Strong 就把這個薄「壓片」給了法官，由他在把玩時親自感覺到「壓片」的柔軟、易變形及可撓曲性(即「SEDF」的性質)。殊不知「SEDF」是膠液爲主體因此是本質的柔軟，而「中砂」「壓片」的本質其實並不柔軟，它只是因爲太薄才顯出柔軟的假象。但不專業的法官根本分辨不清，因此很容易就被誤導。

專家的誤導

3M 的兩個專家對鑽石工具並無深入的研究，但他們卻可以使法官以爲「中砂」的製程侵權。3M 的律師對真相的查證並無興趣，反而對一些似是而非的現象特別專注，並將之大爲渲染，冀圖顯示「中砂」侵犯了 3M 的專利。

3M 的第二個專家是國際知名的「燒結」學者(前 RPI 教授，後改在 Pennsylvania State University 任教) Randall German。他的責任是幫 3M 證明「中砂」的「硬銲」製程其實是「燒結」爲主的工藝。German 不僅發表過 600 篇以上的論文，而且著作了十餘本專書，所以他說的話很有份量，不知情的法官很容易就信以爲真。

「中砂」DiaGrid®的「硬銲」製程乃將銲料加溫至其熔點之上，因此會使銲料流動並爬上鑽石表面形成「潤濕坡度」。尤有進者，由於銲料已成液體，鑽石就會被這種液體的「表面張力」拉沈至觸及底部的基材。如果銲料粉末沒有全部熔化，雖然其內部也許會產生若干「燒結」現象(如粉末已漸熔合在一起)，但因銲料不會流動所以不會爬上鑽石，這時的鑽石仍然被頂在固體的銲料表層，根本就沈不下去。尤有進者，由於銲料沒有熔化，粉末的顆粒原形仍然清淅可辨。除此之外，由於「燒結」時銲料內的氣孔會縮小，所以整體會收縮使銲料的表面產生裂紋。

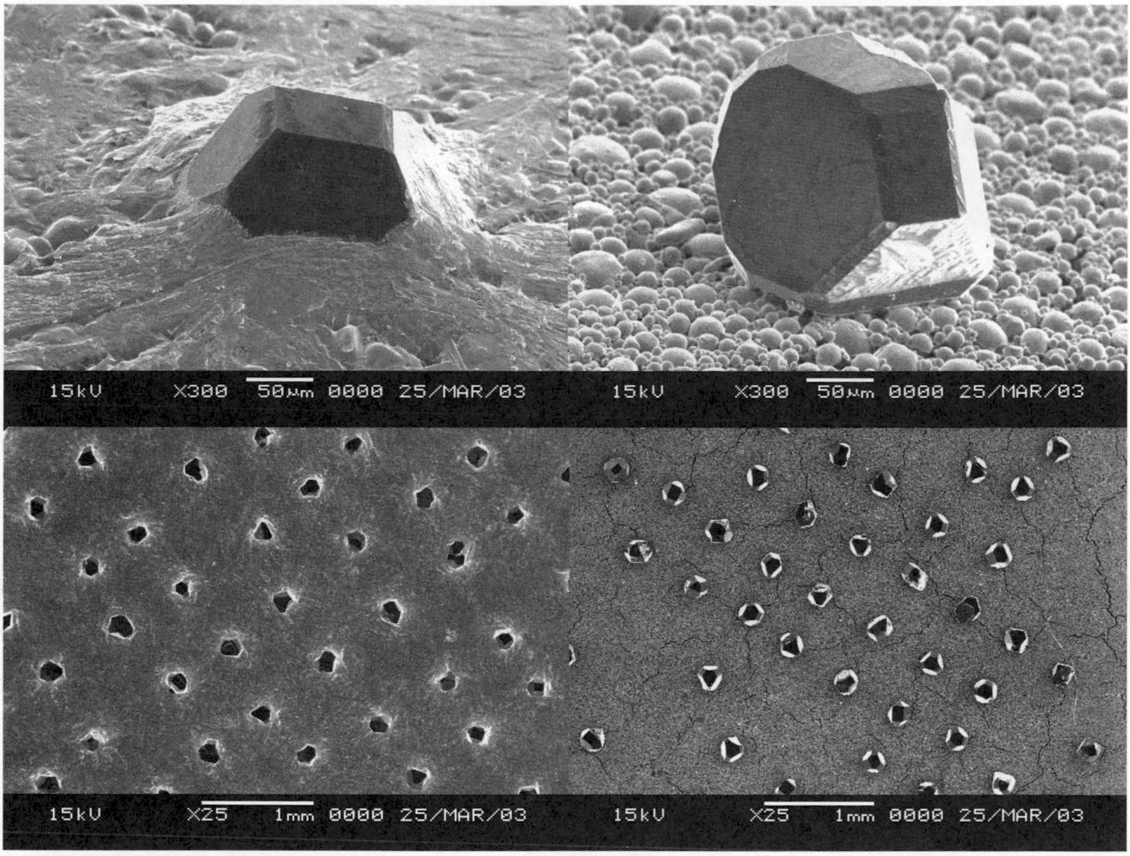

圖 2-5　「硬銲」的熔融銲料流動時會填滿空隙(左下)，熔液也會爬上鑽石，並將它拉沈至底部(左上)。「燒結」的固體銲料收縮時會產生裂紋(右下)，它也不會爬上鑽石，這時鑽石仍被頂在銲料的表層之上(右上)。因此「硬銲」或「燒結」很容易就可由不同的外觀判定。

雖然「硬銲」的液體和「燒結」的固體其外觀明顯不同，即使是外行人也能一眼就可看出，但專家 German 卻要故意誤導法庭，以完全不實的圖片強指「硬銲」爲「燒結」。

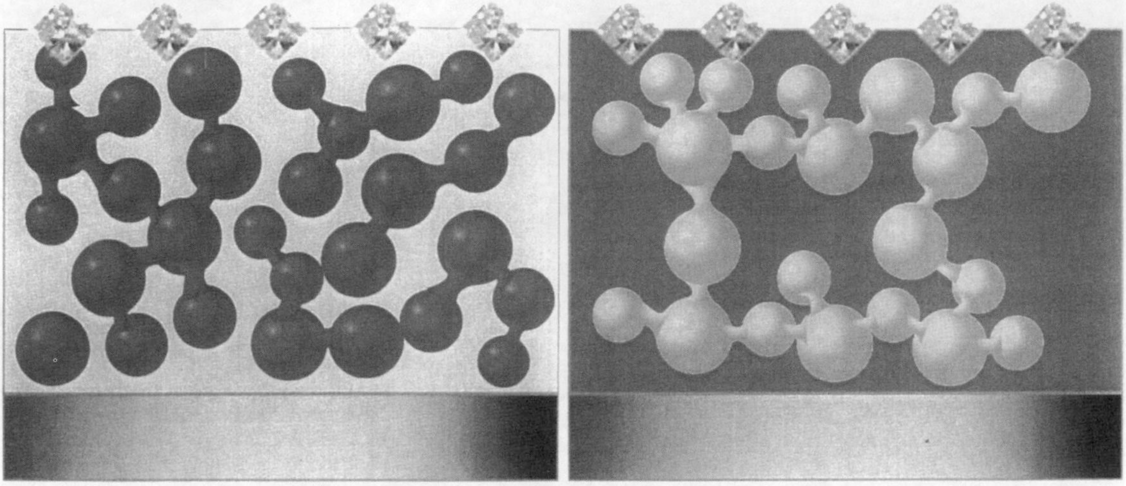

圖 2-6　German 在法庭上以卡通圖片顯示「硬銲」金屬在熔融前會「燒結」(左圖)，而在熔融後更會生成不會熔化的新物質並再「燒結」成能握持鑽石的集結體(右圖)。German 的理論謬誤百出，其卡通圖片更與事實完全不符。例如他把比鑽石小十餘倍的金屬粉末畫得比鑽石大，而他虛構的新物質居然在銲料熔化後還能成爲基材的主體，更屬荒腔走板。

German 首先指出「硬銲」金屬粉末在熔化前會先彼此黏住，這就是「燒結」的現象。German 以電子顯微鏡(SEM)的圖片證明「中砂」的「壓片」在未熔前的確開始「燒結」。German 又假設銲料合金粉末在半熔時，液體之內會發生反應並生成熔點更高的新物質(如 CrB_2)。German 更異想天開的指出這些新物質會在銲料熔化後彼此「燒結」，因此「中砂」DiaGrid®的產品爲這種新物質「燒結」後的產品。殊不知 DiaGrid®產品所用的銲料本身爲一「共晶」(Eutectic)成份，因此不會在熔化時生成具有更高熔點的新物質。German 的假設毫無根據，他的證詞顯示他對「中砂」所用特殊銲料在高溫熔化時的「相圖」(Phase Diagram)及冷凝結構的「金相圖」(Metallograph)毫無所知，但 German 卻以他的學術權威誤導對材料科學完全外行的法官。

鑽石工具的製造已有百餘年歷史，大部份的工具製造時都是把鑽石混在金屬粉末(如鈷或青銅)裏「熱壓燒結」而成。但所有的鑽石工具使用者(如 3M 的上述 Goers)都知道「燒結」的金屬粉末根本抓不住鑽石，因此就算「硬銲」粉末在熔化前有「燒結」的現象，這種「燒結體」也只能機械式的卡住鑽石。3M 的 Goers 專利已承認「燒結」產品內的鑽石常會掉落，所以 3M 自己的「鑽石碟」還需另加入會完全熔化的銲料來進行「硬銲」。只有靠液體銲料和鑽石產生化學反應才能在介面上形成碳化物，這樣才能牢牢的握持鑽石。

由於大部份的鑽石在使用時會掉出，所以「燒結」的鑽石工具(如圓鋸)一定含有多層鑽石(如鋸齒)，才能在鑽石不斷掉出後持續補充。尤有進者，「燒結」鑽石工具的鋸切或研磨方向不能改變，以免鑽石被來回撞擊時更容易掉出。「鑽石碟」只含單層鑽石，而且研磨的方向一直在改變，所以決不能只以「燒結」法製造。單層的鑽石工具必須以電鍍的鎳層或「硬銲」的合金附著鑽石才能使用。

DiaGrid®製程的銲料粉末在熔化前就算它會「燒結」，銲料熔化後也不會留下任何「燒結」的痕跡。除此之外，就算銲料熔化時會沈澱出少量的新生物質，這種在熔液裏懸浮的新生物質又如何會彼此接觸並進行「燒結」？即使偶爾有幾顆新生物質會彼此碰到甚至黏住「燒結」，這個不連續的結構又如何能卡住鑽石？更遑論這種新生物質會和鑽石反應生成化學鍵了。這些都是 German 的假說所不能回答的問題。

German 不僅誤導法官銲料熔化以後仍會「燒結」，還指出銲料熔化前其「燒結」體已經抓住鑽石並能用以切割玻璃。German 的這種不負責說法使法官誤以為「中砂」DiaGrid®製程的主要功能為「燒結」，而「燒結」之後銲料的熔化現象反而不足輕重。法官就根據 German 的說法輕率的判決 DiaGrid®製程侵犯了 Tselesin 的專利。

專家的對決

宋健民早知 3M 的官司難纏，因此不敢大意。他曾徹底分析了 Tselesin 的專利並舉出 DiaGrid®製程不可能侵權的諸多證據。由於必須靠專家向法官說明證據，宋健民初期鎖定的兩名專家是台灣大學的黃坤祥及 MIT 的 Thomas Eagar；前者是台灣「燒結」的頂尖專家(粉末冶金期刊主編)，後者為國際「硬銲」的權威學者(前 MIT 材料科學暨工程學系主任及美國科學院院士)。宋健民邀請黃坤祥來「中砂」參觀製程後，他即表示願意出馬證明 DiaGrid®製程並不侵權，但其後他發現 3M 所聘僱的專家居然就是自己博士論文的指導人 German，黃坤祥就打了退堂鼓。宋健民乃找到另一位專家東華大學的薛人愷，剛好他的博士論文的指導人就是 Eagar。

薛人愷和 Eagar 這對「師生檔」是 3M 專家的剋星，可惜「中砂」的律師 Roth 可能因 Eagar 太貴並未聘請他爲專家，反而到英國找了一位機械專家 Brian Williamson 來做證。Williamson 沒緣訪問「中砂」所以從未觀察 DiaGrid®製程。在這場專家的戰爭中，他只寫了一篇專利的分析報告，指出 Tselesin 的專利內容屬於已知的技術，所以應該是無效的。法官沒留意到這項文件，所以 Williamson 的報告並未產生任何效果。這是「中砂」在 ITC 敗陣的另一原因。

宋健民在 1980 年代爲世界最大鑽石工具公司美國 Norton 的研發主任，並曾協助其發展初期的 MSL(Metal Single Layer)「硬銲」技術。薛人愷在 1990 年代也爲 Norton 發展過新的 MSL 銲料，所以他熟知 Norton 的 MSL 技術層次。他曾告訴宋健民 Norton 雖極力發展鑽石的排列技術卻一直未能成功。薛人愷在實地觀察過「中砂」的製程後認爲 DiaGrid® 的技術遠在他所知 Norton 的 MSL 技術之上。

「硬銲」鑽石工具的鼻祖爲 Abrasive Technology，他們自 1971 年起即開始發展鎳基銲料(PBS)的「硬銲」鑽石工具(U.S. Patent 3,894,673)。Norton 則從 1985 年開始研究銅基銲料(MSL)的「硬銲」鑽石工具。但上述兩家「硬銲」鑽石工具的主導者都開發不出鑽石具有矩陣排列的「硬銲」鑽石工具。宋健民卻在 1997 年領先全球推出「鑽石陣®」DiaGrid®「硬銲」鑽石工具，使在鑽石科技史上名不見經傳的「中砂」具有世界最先進的鑽石工具製造技術。

「中砂」在鑽石技術的「蛙跳」(Leap Frog)超前，摧毀了 3M 冀圖推出全界第一個鑽石具有矩陣排列「鑽石碟」的美夢。3M 比「中砂」早一年開發「鑽石碟」，卻讓「中砂」拔得頭籌至感「鬱卒」，因此乃發動其智權公司奇襲「中砂」，企圖以法律手段逼迫「中砂」在商場上就範。

真相的揭露

薛人愷對 DiaGrid®「硬銲」製程的了解遠在 3M 的專家 Strong 及 German 之上，他因此是這場官司最熟悉技術細節及最了解「中砂」是否侵權的真正專家。薛人愷提供了下述透徹的分析，其內容的深入遠勝 German 粗淺的描述。對真正要了解真相的人來說，薛人愷提供的證據可以使 German 的誤導現出原形。

薛人愷在 ITC 法庭上指出 DiaGrid®的「壓片」絕非是「SEDF」，因爲其內所含膠液只佔總體積的約 1/4。Tselesin 專利所描述的「SEDF」其內的膠量不只遠超過金屬粉末，其金屬粉末根本是懸浮在膠質的液體內有如稀泥一般。而 DiaGrid®的「壓片」內的金屬粉末顆粒則彼此擠壓，就像是傳統冷壓成形的「前置物」一樣。薛人愷的電子顯微鏡(SEM)圖片證明 DiaGrid®「壓片」內的膠只是稀落的依附在銲料顆粒的表面而已，因此整個「壓片」內的氣孔極多，使膠所佔的體積比例更不及 1/5。由於金屬粉末乃靠在一起所以整個組織是脆性的，根本不像柔軟的「SEDF」。DiaGrid®薄片看起來像是軟的原因是它太薄了。即使是鋼鐵，如果它薄得像紙一樣也會很容易被撓曲，讓人產生「軟的」的錯覺。

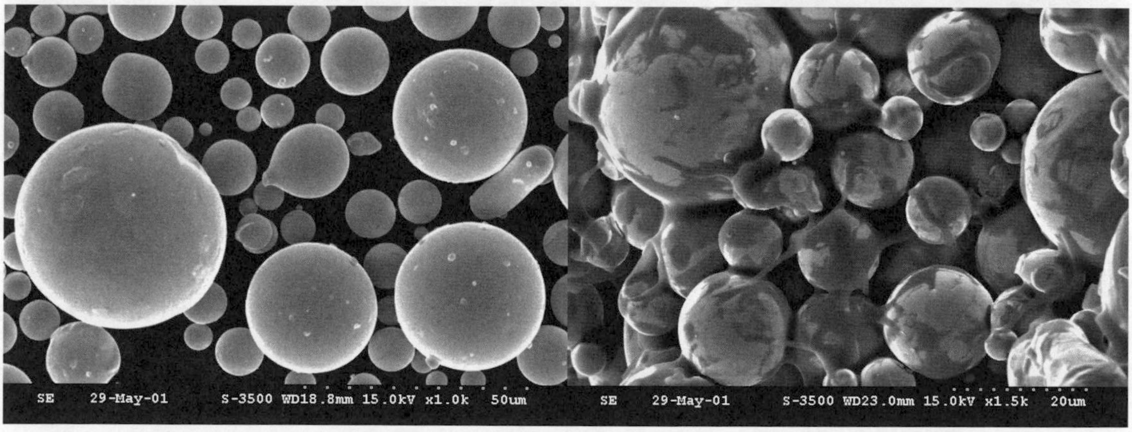

圖 2-7　DiaGrid®的銲料粉末是熔液經吹氣(氮或氬)急冷而形成的球狀物。這種顆粒的組成是極堅硬的合金(左圖)。這些顆粒以膠附著表面就成了「DiaGrid®」的「壓片」(右圖)。「壓片」內含有許多孔隙，雖然外觀看似柔軟，其實它卻會脆裂。

DiaGrid®「壓片」的脆性可由「中砂」的製程驗證。當鑽石排列在「壓片」的表面時，根本壓不進去；如果將鑽石勉強壓入，「壓片」受壓處會被擠撐而裂開，因此鑽石只好以膠黏在「壓片」的表面上。

圖 2-8　DiaGrid®所用薄層「壓片」的本質是脆性的。如果將鑽石壓入「壓片」會產生裂紋(左上)，所以鑽石在「硬銲」之前只能以膠黏附在「壓片」表層(右上)。如果銲料不熔而「燒結」，鑽石仍會附在「壓片」表層，這時其晶形的平面向上(左下)。但「硬銲」時銲料會完全熔化，鑽石才會被拉沈而幾乎淹沒，這時鑽石常會旋轉使尖端向上(右下)。

除了「壓片」並非所謂的「SEDF」外，薛人愷也以專業的冶金學家證明 DiaGrid®的銲料已經完全熔融。本來這項證明已經明顯的呈現在 DiaGrid®產品的外觀上；例如原在表面的鑽石顆粒會沈入銲料之內，而銲料液體還會爬昇至鑽石表面形成「潤濕緩坡」(Wetting Slope)……等。除此之外，熔融的銲料凝固時更會形成冶金學家熟知的斑紋狀或「樹枝狀」(Dendritic)的「共晶」(Eutectic)。與此形成對比的是「燒結」的銲料，其表面的鑽石不僅不會沈入，銲料也不會流動，更不可能潤濕並披覆鑽石。更有甚者，由於「燒結」的粉末顆粒並未完全熔化，所以其「集結體」內仍含有極多的孔隙，「燒結」時其「集結體」收縮也常會形成裂縫。這些都是「硬銲」製造的 DiaGrid®產品上所見不到的。

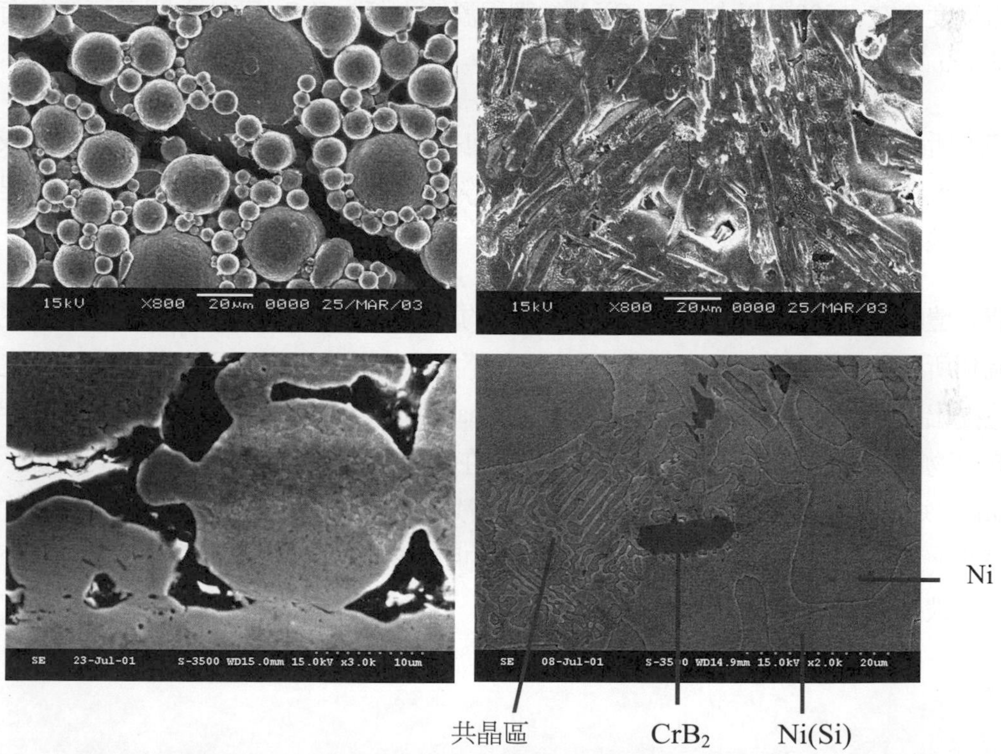

圖 2-9　銲料粉末「燒結」時其原始顆粒仍然完好，顆粒結合後其整體的體積會收縮而產生裂紋(左上)。「燒結」體內的顆粒之間仍含有大量的孔隙(左下)。與此形成強烈對比的是熔融凝固的銲料表面(右上)及內部(右下)都會形成斑紋狀的「共晶」結構(並排沈澱具不同矽含量的鎳合金)。銲料熔化後根本看不到熔化前的粉末顆粒。「硬銲」和「燒結」不能並存，所以兩者很容易分辨。

薛人愷的深入分析更駁斥了 German 所說銲料熔化時，其內會發生化學反應並生成具有更高熔點的新物質，更遑論這些新物質會靠在一起並「燒結」成塊了。上面的冶金「金相圖」證明銲料內的確具有少許的新生物質(CrB_2)(上圖右下)，但這些新物質具有不完整的結晶形狀，顯示其曾在一度全熔的液體內懸浮，所以它們乃在凝固時沈澱而出，而非如 German 所說是半熔銲料內反應生成的新物質。宋健民則認爲製造銲料的熔液因偏離共晶成份，所以會在冷凝時沈澱出少許 CrB_2，因此 CrB_2 並非在「硬銲」時銲料再熔生成，而爲銲料第一次冷凝時就已沈澱出來的原始成份。

不管 CrB_2 的來源爲何，其數量少至只能懸浮在熔液內，因此顆粒彼此根本碰不到，也就無所謂「燒結」。即使 CrB_2 的顆粒偶而會碰在一起，由於它們爲陶瓷材料，其「燒結」的溫度會在 1500℃以上。DiaGrid®的製程溫度太低，CrB_2 顆粒之間不可能會有任何「燒結」，更遑論其「燒結體」會抓牢鑽石了。

綜上所述，冶金「金相學」的所有證據，包括鑽石的「硬銲」、「共晶」的形成及氣孔的消失，在在都證明 DiaGrid®的銲料確實已經完全熔化，所以 German 在法庭所呈示的卡通圖片根本只是他幻想的天方夜譚。

薛人愷的精闢分析原可徹底說服法官 3M 的專家已經誤導法庭，但可惜薛人愷的英文不夠流利所以必須依靠翻譯解說，結果不僅辭不達意，而且過程沈悶讓法官難以專心。當薛人愷提出要以艱深的「三元相圖」(Ternary Phase Diagram)駁斥 German 所說銲料半熔時會有新生物質的假設時，宋健民在法庭看到坐在下面聆聽的 German 竟樂不可支的大笑。German 深知，法官連「燒結」是什麼都搞不清楚，怎麼還會透過翻譯了解 German 自己都不懂的「三元相圖」呢？果不其然，薛人愷的所有證詞，法官不知是聽不懂還是不願聽，根本沒被採用做爲判決的依據。

聽審像看戲

專利訴訟所爭論的多爲技術的細節，一般法官並沒有科學或工程的背景，很難知道這些細節哪些重要或哪些不重要，因此法官必須依靠一些專家來爲其解說。爲了要讓法官聽得懂，專家說明時要儘量避免難懂的術語而使用簡單的說明，最好以日常生活的例子爲比喻，這樣才更容易讓人了解。由於法官對案情的認識全靠專家的說明，所以整個審判過程有如觀看專家演戲一樣。因此不管物件真假及事情對錯，誰演得像而且讓法官聽得懂，誰就可能被判勝訴。

German 經常以專家身份在法庭上做證，所以他深諳此中三昧。他曾告訴他在台灣的博士論文學生黃坤祥說他在法庭做證之前會先把證詞說一遍給他的妻子聽，如果她聽不懂，他就假定法官也會聽不懂。所以 German 會把說辭更加簡化直到他妻子聽得懂為止。

由於 German 告訴法官「燒結」的「鑽石碟」可以刻劃玻璃，所以法官就誤以為「燒結」的「鑽石碟」已經可以成為產品，而「燒結」以後銲料的熔化及鑽石的「硬銲」則只是使「燒結」產品「錦上添花」而已。法官完全不了解「硬銲」所形成的「化學鍵結」才是決定「鑽石碟」是否可用的關鍵，法官的這一判決真是錯得離譜。

圖 2-10　「中砂」銲料在熔化前會有短暫的「燒結」現象。German 宣稱「燒結」後鑽石已被牢固的附著，而且可以切割玻璃。圖示銲料「燒結」時鑽石仍然鬆散的放在銲料的表面，而且輕輕一碰它們就會掉落(左圖)，所以「燒結」的銲料根本不可能成為產品。只有當銲料完全熔化後才會「潤濕」鑽石，並以「表面張力」將鑽石拉沈進入熔液使其幾乎沒頂(右圖)，這樣鑽石才會永遠掉不出來。

因爲掉落的鑽石會刮傷工件(如晶圓)，「燒結」後的鑽石一刮就掉，所以其產品比沒有用還糟。還有製造「鑽石碟」時，「燒結」的銲料已經全部熔化，因此「燒結」的東西根本就不存在，「中砂」怎麼可能還侵權？但是 Mittelberger 卻詭辯「中砂」在製造「鑽石碟」的「燒結」過程中已經侵犯了 3M 的專利，其後雖將「侵權產品」破壞卻改不了侵權的事實。

ITC 的糊塗法官居然採信 3M 的這種硬拗，其荒謬程度猶如說熟肉曾經生過，所以可以改稱之爲生肉，或好比清朝曾統治大陸，所以現在的中國即爲清朝。以日常生活熟知水的三種狀態爲例，「雪球」可以說是「燒結」的，而「冰塊」則好比是「硬銲」的，「雪球」要先熔融成水液才能凍結成「冰塊」。3M 的律師爲求勝訴不擇手段，硬說「冰塊」是「雪球」也就罷了，但法官居然會以司法曲解科學，這就使 ITC 仲裁國際訴訟的的公信力蕩然無存了。

第 3 章 – 「侵略者」的「損兵折將」

(轉載自 KINIK JOURNAL 10 期，2004 年 10 月)

「中砂」的危機

2002年2月8日 ITC 的行政法律法官(Administrative Law Judge)Delbert Terrill, Jr.裁決「中砂」侵犯了 Tselesin 授權給3M 的專利(U.S. Patent 5,620,489)。他在判決書中指出 DiaGrid® 的「壓片」是柔軟的，因此是所謂的「SEDF」。除此之外，「中砂」在「硬銲」製成產品之前已先「燒結」。這兩者都符合 Tselesin 專利所主張的要件。然而 DiaGrid®的抽片含膠量不及總體積的1/4，所以不可能是含膠量常多達9成的「SEDF」。尤有進者，「燒結」的粉末只能機械式的卡住鑽石，而 DiaGrid®產品乃依靠熔融銲料與鑽石反應生成的「化學鍵結」來抓牢鑽石。除此之外，固體「燒結」的痕跡也早被熔化的液體完全消除。法官罔顧「中砂」所提出多種無可抵賴的證據而作出類似「熟牛肉」就是「生魚片」的荒謬判決。Roth 代表「中砂」在2月21日指出法官判決的錯誤並要求他重新考慮，但法官仍在3月29日拒絕了這項請求。

Roth 在2002年台灣1月22日(農曆年大年初一)的凌晨，打電話給宋健民告知「中砂」已在 ITC 敗訴的消息，宋健民只好硬著頭皮在向林總經理拜年時報告這件壞消息。宋健民又隨即打電話通知 Rodel 負責和「中砂」「策略聯盟」的副總裁 Karen Johnson。Johnson 和其夫婿都是律師出身，但他們後來都退出只要金錢而不問是非的律師行業。Johnson 早就告訴宋健民3M 的律師厲害，因此雖然「中砂」雖未侵權但在 ITC 卻可能會敗訴，事後發展果然如她所料。Johnson 認為「中砂」輸了 ITC 的官司後果不堪設想，因為3M 必將乘勝在全球，包括台灣，封殺「中砂」的 DiaGrid®產品。Johnson 要求「中砂」要不計代價和3M 忍辱求和以免未來蒙受更大的損失。宋健民只好仍在大年初一上午打電話給3M

的副總裁 H. C. Shin 要求儘快和3M 談判。Shin 立刻安排和宋健民及林總會面，但兩天後他卻取消了這個約會，反而經雙方律師通知宋健民3M 和解的條件。3M 要求「中砂」先付300萬美元頭款做爲賠償金，除此之外，「中砂」銷售所有 DiaGrid®的產品要另付〝兩位數〞(Double Digit)的權利金。如果「中砂」同意這些條件，3M 更要以勝利者的姿態和「中砂」聯合發佈這項新聞。

3M 提出這種投降式的和解條件，「中砂」當然不會同意。當宋健民告知 Johnson 3M 並無和解的誠意時，她卻表示愛莫能助。Johnson 再指出「中砂」若不與3M 和解，Rodel 就不能在美國，甚至全球銷售 DiaGrid®產品。面對這種壓力，宋健民只好硬著頭皮要求3M 降低美國銷售的權利金至8%(美國以外5%)，而且建議賠償金可以雙方未來產品交易產出的利潤支付。但3M 的律師態度蠻橫，根本不理會宋健民的請求，甚至不願將宋健民的建議轉達給3M 的 Shin。

ITC 的敗訴對「中砂」是個極大的打擊，由於和解不成，3M 即將「兵臨城下」到台灣控告「中砂」侵權。「中砂」在面對下一波更凌厲的攻勢之前還要立刻解決下述的財務危機。

1. 首先需要支付積欠的巨額律師費。律師是不管輸贏都要賺錢的，Roth 雖然吃了敗仗，但卻頻頻催討那時「中砂」仍未付分文的訴訟費。宋健民雖曾逼 Rodel 共同分擔律師費用，但 Rodel 在訴訟初期見3M 的攻勢銳不可擋，因此在支付了80萬美元後就再也不願多出。ITC 敗訴時「中砂」仍欠了 Morgan, Lewis & Bockius 約200萬美元的債務。這筆債務如果不立即歸還，不僅 Roth 會到台灣追討，其他的律師也不敢再爲「中砂」辯護。當時「中砂」的財務吃緊並沒餘錢清償這筆債務，更遑論雇用其他律師來迎戰3M 即將「泰山壓頂」的攻勢了。

2. ITC 頒佈禁令(Limited Exclusion Order)後，「中砂」不僅不能出口美國 DiaGrid®產品，任何人(包括 Rodel)都不能在美國宣傳及銷售該產品(Cease and Desist Order)。Rodel 不僅不可以在美國銷售 DiaGrid®「鑽石碟」，甚至連在其實驗室測試也不行。「中砂」的商譽將因產品侵權而受損，DiaGrid®「鑽石碟」在美國以外地區的銷售也會受到客戶質疑。

3. Rodel 認爲3M 即將主導美國的「鑽石碟」市場，既然「中砂」已不可恃，Rodel 乃另尋出路開始接洽美國本土的 Norton，試圖由其供應「中砂」已不能出口美國的「鑽石碟」。Johnson 乃要求宋健民授權 Norton 製造具有矩陣排列的「鑽石碟」。Norton 一直希望 Rodel 幫助他們發展 CMP 可用的「鑽石碟」現在終於有機可乘，因此未待宋健民授權就立刻提供產品在 Rodel 總部 Phoenix 的實驗室進行測試。

4. 「中砂」即將面臨 Arizona 地方法院的另一侵權訴訟。3M 挾 ITC 勝訴的餘威將要求「中砂」賠償3M 因「中砂」銷售 DiaGrid®產品所造成的「損害」。這項訴訟已不受限於美國的市場，而爲全球的銷售。「中砂」不僅要再付鉅額的訴訟費用來答辯這個新官司，而且更要冒未來可能付不出賠償金而破產的風險。

5. 3M 使用的 Tselesin 專利在全球的主要國家都有分版。3M 必將「將至壕邊」到台灣法院以 ITC 勝訴爲由，提出對「中砂」侵權的「假處分」。法院可能會在兩個月內判決「中砂」停止製造及銷售「鑽石碟」及所有的硬銲產品。更可怕的是3M 在台灣民事訴訟法修改(2003年9月)之前到台灣控訴可以秘密申請「假處分」，而法院不需檢定專利侵權的細節就可能主觀裁定3M 的請求。果真如此，「中砂」的「鑽石碟」市場會在一夕之間「豬羊變色」。「中砂」在接到「假處分」之後，即使進行「抗告」亦爲時已晚，那時「中砂」對台灣及全球客戶的供貨會被立刻切斷。「假處分」造成「中砂」營業和商譽的損失及客戶停產的法律責任將難以估計。3M 的訴訟將鋪天蓋地，「中砂」似乎逃避不了這個即將「變天」的大災難。「鑽石碟」是「中砂」成長的動力，也是2005年公司股票上市的依據。3M 的「山雨欲來風滿樓」使「中砂」猶如甕中之鱉，好像已經走投無路。

危機即轉機

既然「山窮水盡疑無路」，宋健民只好自求多福希望可以找到「柳暗花明又一村」。首先必須解決積欠律師費的問題，宋健民乃藉口 Morgan, Lewis & Bockius 前由 Rohm and Haas 聘僱，所以「中砂」並未簽定任何付費合約。宋健民乘機建議 Roth 如果他願將所欠的訴訟費用減半，而且他能在未來「將功抵罪」，那麼「中砂」可以正式聘僱 Roth 爲辯護律師並清償欠款。所謂「將功抵罪」乃以象徵性的價格到聯邦上訴法院爲「中砂」平反以及在 Arizona 地方法院爲「中砂」辯護。Roth 雖然對「中砂」未付分文相當生氣，但他怕「中砂」會因 ITC 敗訴而賴帳，因此不敢和「中砂」翻臉，Roth 只好答應宋健民的「

無理」要求，因此「中砂」所付的訴訟費已因 Rodel 的補貼及 Roth 的折讓而不及3M 控訴「中砂」支出的1/3。

減低財務負擔仍不能解決專利侵權的問題，要突破美國 ITC 的禁制令並擺脫3M 未來的持續騷擾，必須立刻大幅改變 DiaGrid®「鑽石碟」的製程。理論上 Tselesin 專利的兩項要件，「SEDF」及「燒結」只要改變其中一項就可以不侵權。然而「中砂」DiaGrid®的「壓片」及「硬銲」製程都與 Tselesin 專利的申請範圍相反，有如上述。但即使如此，神通廣大的3M 仍可叫 ITC 判「中砂」侵權。有這種該贏卻輸的痛苦經驗，要改變 DiaGrid®的製程，「壓片」及「硬銲」就必須徹底改頭換面，使3M 再吹毛求疵也找不到毛病。但是如果製程改變的幅度這麼大，那麼不僅 DiaGrid®產品會走樣，現有的客戶也將流失。若不更改產品就侵犯了3M 的專利，而更改產品又會失去現有的市場，「中砂」已經陷入維谷而進退失據。

如何才能大改製程(如左掌變右掌)而完全不改變產品(如左掌是右掌)呢？這個「是即不是」矛盾猶如「禪宗」「單掌自擊發聲」的「空」(Koan)一樣，必須跳開現有思考模式才可能悟出道理。宋健民晝夜苦思對策終於像阿基米德高喊 Eureka 似的找到了答案。如果銲料的粉末能夠改爲片狀的合金，那麼根本就沒有膠液來黏結粉末，也就不可能有「SEDF」。尤有進者，「燒結」是粉末聚合的現象，既然沒有粉末那怎麼可能「燒結」？如果能以銲片的合金來製造「鑽石碟」，3M 再挑剔也找不到把柄。更妙的是，銲片和粉末熔融後的液體完全相同，所以「硬銲」的結果也會一樣。使用這種新製程製造的產品會和 DiaGrid®製程所生產的不分軒輊。這種新「鑽石碟」不會影響客戶的製程，所以它可以替換現有的產品。「禪宗」的六祖慧能曾將「風吹旗動」闡釋成「心動」。銲粉猶如「風動」，銲片好比「旗動」，但真正發生的事不是「風動」的粉末也不是「旗動」的銲片，而實爲「心動」的熔液。

雖然因果似乎是一對一的相應，其實真正的對應是一因可以造成多果。牛頓力學說物體的運動軌跡是唯一的，所以前因必定會造成單一的後果。然而量子力學卻指出物體的運動軌跡可以是多重的，所以前因可以造成多重的後果。但也有多因造成單果的時候，例如陸上的百川總會將水流入大海。同樣的道理，銲粉和銲片都會熔化成同樣的銲液，因此本質(液體)並不會因枝節(銲粉或銲片)的不同而改變。

以銲片取代銲粉雖然是個「天衣無縫」的解決方案，但是若買不到具有完全相同成份的商業化銲片也是枉然。「中砂」DiaGrid®所用的「硬銲」合金其成份是極特殊的所謂BNi2粉末。宋健民向供應商要求提供同樣成份的銲片時，卻被告知沒有這種產品。由於銲片是突破3M封鎖的最佳利器，宋健民必須找到貨源「中砂」才能「絕處逢生」。經宋健民再三打聽終於獲知有另一家廠商製造這種特殊合金的銲片，有趣的是這種銲片乃以極獨特的急速冷凝技術製造而成。由於熔液的冷卻速率太快，它凝固時來不及結晶，以致形成所謂的玻璃金屬(Glassy Metal)或「無晶合金」(Amorphous Alloy)。「無晶合金」不僅不是粉末，甚至連晶粒都不存在。3M再有三頭六臂也不可能把「無晶」銲片的「硬銲」硬拗成粉末顆粒的「燒結」。「無晶合金」很難製造，所以只有少數幾種成份成爲商業化產品(如鐵)，而其中之一竟有BNi2這種極特殊的合金，這真是讓人喜出望外。更巧的是這種特殊成份的粉末銲料和「無晶」銲片在全世界都只有單一的供應者，而它們製造這種特殊銲料的應用都與鑽石無關。國外的公司似乎早爲「中砂」預備了這種即使預先訂購也沒人願做的特殊銲片。畢竟「人算不如天算」，上帝「看不見的手」做出的奇妙安排使「中砂」對抗3M有如神助。「中砂」的擁有人應是積德甚廣，才有這種幸運的福報。

國外「無晶」銲片的台灣代理人剛好又是宋健民在台北科技大學教書的同事(蕭立帆)，「中砂」立刻請他供應「無晶合金」銲片並迅速以之製造出與DiaGrid®外觀相同的「鑽石碟」。由於新「鑽石碟」具有同樣的鑽石排列，宋健民乃將之取名爲DiaTrix™(即Diamond Matrix的組合字，Matrix指矩陣排列)。宋健民在1997年將鑽石的矩陣排列命名爲DiaGrid®時也曾考慮過DiaTrix™這個組合字，現在終於可以同時用上了。DiaGrid®指的是單層鑽石的平面排列，而DiaTrix™則可涵蓋多層鑽石的立體排列。DiaTrix也是一語雙關，因爲Trix的發音與Tricks完全相同，後者具有「巧計」或「魔術」的含意。美國萬聖節(魔鬼節)孩童挨家接戶要糖果時所問的威脅用語〝Treat or Trick？〞指的就是「要請客還是要被整？」。宋健民的所謂DiaTrix™乃以「鑽石魔術」來揶揄3M對「中砂」鑽石技術的高深莫測而感到的莫可奈何。

Rodel聽到「中砂」開發出DiaTrix™「鑽石碟」時也以爲「中砂」只是換湯不換藥，很可能過不了ITC這一關。爲了確定DiaTrix™「鑽石碟」不會再侵犯3M或其他公司的任何專利，Rodel的母公司Rohm and Haas要求與3M有來往的德州休士頓大律師Bill Durkee來獨立評估DiaTrix™「鑽石碟」是否會侵權。Durkee詳細比對DiaGrid®及DiaTrix™的製程後認爲兩者都不可能侵犯包括Tselesin專利在內的任何專利。Durkee認爲ITC的法官根本沒搞清楚狀況就糊里糊塗的判決。更有甚者，Tselesin的專利應該是無效的，因爲它的申請範圍與1975年 Lowder 硬銲專利的內容重疊。Durkee 的明確結論給了 Rohm and Haas 一顆定心丸，因此 Rodel 就開始在美國推出 DiaTrix™「鑽石碟」。

由於 DiaTrix™ 不可能侵犯3M 的 Tselesin 專利，ITC 立刻同意「中砂」可以將之輸入美國。3M 的 Mittelberger 以爲「中砂」準備使詐，立刻向 ITC 遞狀指出「中砂」居然將 DiaGrid®產品直接改名爲 DiaTrix®而冀圖在美國蒙混闖關。宋健民早知法官可能不相信當事人的證詞乃請出「無晶合金」薄片的發明人，即在美國 Honeywell 任職的日本科學家 Ryusuke Hasegawa 博士，出面證明「中砂」的確使用這項獨特的產品。此人的名氣不在 German 之下，所以 ITC 法官只好同意「中砂」可以將 DiaTrix™「鑽石碟」輸美，自此3M 就再也阻擋不了「中砂」在美國乃至全球銷售「鑽石碟」。3M 後來沒有乘勝到台灣追殺「中砂」絕非動了惻隱之心，而是因爲「鑽石魔術」突破了 ITC 的封鎖線。3M 知道「霸王硬上弓」已沒有用才不敢到台灣來「太歲頭上動土」。

然而 Mittelberger 仍然懷疑「鑽石魔術」的真實性，他曾親自和 Strong 到「中砂」來實地查證，希望能揭穿「中砂」「鑽石魔術」的「謊言」。但他們在看到「無晶合金」的銲片後知道「鑽石魔術」的確是真實的。Mittelberger 再心懷叵測也不敢誣指「無晶合金」的銲片爲柔軟的「SEDF」，因此他不得不承認 DiaTrix™「鑽石碟」沒有侵犯3M 的專利。German 更是早有自知之明，根本沒有同來「中砂」查證，此後他也就銷聲匿跡，不再爲3M 證明「中砂」侵權。Eagar 曾多次告訴宋健民，他在後續的 ITC 法院做證時曾指出 German 在 ITC 的證詞誤導了法官。German 指出「燒結」後的鑽石可以刻劃玻璃，卻沒有說明「燒結」後的鑽石很容易脫落。外行的法官不知道鑽石能刻劃玻璃並非重點，所以並沒有追問鑽石還在不在工具上，這是他誤判「中砂」侵權的主因。Eagar 是美國科學院的院士，而 German 卻沒有這項榮譽。Eagar 曾對宋健民說下次若評審到 German 的研究計畫或院士的申請書時，他會指出 German 沒有學術道德。German 知道矇騙不了真正的專家，他曾向 Eagar 爲誤導法官而致歉。German 後來不願上法庭和 Eagar 對壘應是他此後不再爲3M 做證的原因。

當3M 擋不住「中砂」DiaTrix™「鑽石碟」進軍美國後，就不敢到台灣繼續控告「中砂」侵權，「中砂」因「假處分」而可能崩盤的危機就解除了，這是孫子兵法中「不戰而屈人之兵」的實證。自此之後，「中砂」的「鑽石碟」在全世界就通行無阻。「中砂」在2003年及2004年的業績及獲利因此得以快速成長，並在2005年1月如預期順利推出股票上市。

3M 兵敗如山倒

如果以第二次世界大戰來比喻「中砂」與3M 的戰爭，3M 在 ITC 及 Arizona 地方法院控告「中砂」的突擊有如「希特勒」在歐陸的閃電戰爭或「東條英機」在珍珠港的偷襲轟炸。這些突如其來的攻勢都曾獲得初期的勝利，但其後勝利的果實都變成失敗的負擔。當戰火最後延燒到自家後院時，侵略者就只好投降求和。

DiaTrix™「鑽石碟」的登陸美國是「中砂」反攻3M 的轉捩點，就像是歐洲戰場盟軍的諾曼地登陸或太平洋戰爭美軍在中途島的搶灘一樣。3M 的進攻轉為敗守後，2002年5月20日宋健民和「中砂」在台灣控告3M 侵犯宋健民的中華民國專利。2002年8月19日宋健民更在美國東德州控告3M 的「鑽石碟」侵犯宋健民的美國專利(見下文)。

除了轉守為攻外，宋健民也積極佈局準備取消 Tselesin 在1996年申請到的專利，或至少使其功能徹底癱瘓，這是避免3M 持續騷擾「中砂」的「釜底抽薪」之策。Tselesin 專利的內容即為將含有磨粒的「SEDF」「燒結」成工具。由於百年來絕大部份的磨粒工具就是「燒結」產品，所以「燒結」的製程了無新意。另一方面，製造陶瓷(如花瓶的「手拉坯」)、金屬(如「射出成型」的流動混料)或塑膠複合產品(如「人造石」的可塑材)都曾使用「柔軟，易變形及可撓曲」的「SEDF」。Tselesin 只是「拾人牙慧」把「燒結」和「SEDF」這兩道舊菜混在一起重炒一次而已。但專利局那時沒有明查就糊里糊塗發給 Tselesin 這種不是發明的專利。事實上在 Tselesin 申請專利之前(1996年前)已有許多把「SEDF」「燒結」製造成磨粒工具的前例，「中砂」本身早自1969年開始製造的塑膠及橡膠砂輪就是把含磨料的所謂「SEDF」「燒結」製成砂輪。宋健民更找到一個1950年就在奧地利申請到的英國專利678,787，這個半世紀前的專利很清楚的說明將含磨料的塑性體，即「SEDF」，「燒結」後可製成砂輪。宋健民乃在美、日、韓、台委託專利律師向各國專利局舉發 Tselesin 的專利。有趣的是這次3M 在保衛 Tselesin 專利時，為了將其和「硬銲」鑽石工具的前案區隔，竟改口說「燒結」絕不是「硬銲」。這個說詞和3M 在 ITC 控告「中砂」「硬銲」製程侵犯其「燒結」專利的狡辯完全相反，可見3M 為達到目的可以拋棄立場而不擇手段。即使如此，美國專利局仍在2003年的10月3日判決 Tselesin 專利的主要(1至8項)主張無效。日本的專利局也在2004年4月5日跟進，判決 Tselesin 專利的1、2、4、5、8及35項主張無效。雖然3M 仍在上訴冀圖平反專利局的認定，但專利局即使同意再議，也會將 Tselesin 專利的申請範圍明顯壓縮，因此重新認證的 Tselesin 專利對「中砂」而言將成一疊廢紙，不會再有任何威脅。

「中砂」的平反

1984年前的「聯邦巡迴上訴法庭」(Court of Appeals for the Federal Circuit 或 CAFC)對專利的訴訟並不專業，法官寧願審理非技術性的案件(如謀殺、車禍、合約)，卻無法理清專利內錯綜複雜的細節，由於掌握不了專利的重點，以致有高達7成的專利被判無效。1984年後 CAFC 改由技術專長的法官組成，它乃成爲主審專利的法院，結果專利被判有效的比率由3成提高到7成。由於專利的威力可以發揮，許多公司因 CAFC 的專業開始對專利侵權採取攻勢，以德州儀器公司爲例，1986-1998年間，其專利的權利金收入就高達20億美元，IBM、Lucent(即前 AT&T 的 Bell Lab)等亦在本業之外另闢鉅額的專利收入，有時後者的收益甚至比前者更豐厚。由於專利可以維護(Enforceable)，日本公司也開始趕搭美國專利快車，它乃成爲美國專利獲得國家的亞軍。

1984年前 CAFC 的法官比較輕視專利，3M 若在那時在 ITC 告贏「中砂」，「中砂」上訴翻盤的機會比較大。然而1984年後 CAFC 已變成專利的「守護神」，即使 ITC 判決專利無效的案子，CAFC 仍會讓約一半的專利敗部復活。以 Philips(飛利浦)在2002年控告台灣的巨擘(Princo)和國碩(Gigastorage)侵犯其光碟(CD-R 及 CD-RW)的專利爲例，ITC 在2003年10月雖認定飛利浦的專利有效，但卻判決飛利浦濫告，因而並未禁止台灣產品輸入美國，但 Philips 在上訴後，CAFC 就出手維護其專利，判決台灣光碟不能賣到美國。1985-1993年 CAFC 審理過332件專利敗訴的上訴案，結果只有86件(26%)獲得平反，可見 CAFC 的確傾向保護專利勝訴者的利益。3M 深知 CAFC 偏袒專利，ITC 既然已經判決它的專利有效，CAFC 當然會維持 ITC 的原判，即使 ITC 誤判3M 勝訴，「中砂」在 CAFC 翻盤的機會仍微乎其微，這就是爲什麼姿態強硬的3M 不願和「中砂」和解的原因。

2002年8月16日「中砂」要求 CAFC 重審 ITC 的判決，這次雙方不需爲重新搜證而大費周章。三名聯邦法官只要根據 ITC 法庭已有的資料獨立思考後再次判決就可以了。2004年3月25日美國聯邦上訴法院終於判決 ITC 的認定錯誤。上訴法院平反「中砂」的理由至爲淺顯，因爲 Tselesin 專利明言其「SEDF」內的膠含量必須過半，而「中砂」DiaGrid®

「壓片」內者則遠低於此比率。3M 不服判決，在4月20日要求聯邦上訴法院重新考慮這項覆判，但上訴法院在5月14日拒絕了3M 的請求。

法律的正義來自法官的良心，法官心中的一把尺並非建立在政府或學者的道德標準上，而只要訴諸市井小民的常識就可以正確判斷。所以老子曾說「大道廢，有仁義，智慧出，有大僞」。3M 以「維護專利之名，興虛假的仁義之師」，其實乃包藏禍心，冀圖殲除異己。幸虧法官不採信詭辯之辭，而只憑常識就看出3M 的「大僞」。CAFC 沒有開庭重審(De Novo)ITC 的案件，它只是根據已有的 ITC 文件中重新判決而已。由於沒有新的事證可以翻案，只要 ITC 的判決不要過份離譜，上訴法院一定會維持原判。CAFC 平反地方法院案件的比率很低，這次對「中砂」的平反，也只是依據 Tselesin 專利白紙黑字的說明而已。這件事實證明 ITC 判決的偏頗程度的確異乎尋常。3M 挾其資源、律師、種族及文化的優勢以爲可以一手遮天，但卻明顯露出破綻。聯邦上訴法院只用常識認知就已看到它是明顯錯誤的(Clearly Erroneous)，ITC 的行政法律法官 Terrill, Jr.在接到聯邦上訴法院的判決書後知道自已理虧就不再抗爭。3M 雖可再到美國最高法院提出非常上訴，但最高法院每年只審查不及200件的重大案件，對這種「雞毛蒜皮」的民間糾紛根本不會受理，3M 提出最高法院的非常上訴只是讓 Mittelberger 口袋多賺些錢而已，所以它最後只好認輸，放棄在6月23日截止前向最高法院提出非常上訴。ITC 則在6月21日已「回頭是岸」，撤回了「中砂」DiaGrid®產品不得出口美國的禁制令。「中砂」此後不僅可以在全球銷售 DiaGrid®產品，也可以同時供應 DiaTrix™「鑽石碟」讓客戶有更多的選擇。「中砂」的「失之東隅，收之桑榆」，是「塞翁失馬，因禍得福」的另一註解。

「鴻海」和國外公司的訴訟經過和「中砂」相似(參考張殿文著，「虎與狐：郭台銘的全球競爭策略」)。「鴻海」的連接器在1989年被 AMP 在 ITC 控告，其後「鴻海」乃全力改變製程並在一年後繼續銷售，「中砂」在 ITC 敗訴後改變製程則只花了三個月，這比以機動性著名的「鴻海」快多了。「鴻海」的前法務長周延鵬說：「其實所有的訴訟都是爲了搶市場」，這句話更適用於3M 對「中砂」的控訴。他的另一句話：「一打就是生死存亡，連過年的時候都在打官司」。宋健民在2002年過年時也有這個痛苦經驗，他必須硬著頭皮向林心正總經理在拜年時報告 ITC 的敗訴及可能的嚴重後果。

周延鵬爲「鴻海」打過許多官司，他點出「打專利官司是高科技公司的象徵」。3M 是世界最著名的創新公司，事實上台灣沒有幾家公司值得3M 控告。3M 有三百多位律師，他們花了千萬美元處心積慮要置「中砂」於死地。然而「中砂」不僅能全身而退，而且還能獲得3M擁有專利的免費授權。「鴻海」的法務室也有「三百隻老虎」，周延鵬認爲要把所謂的「知識經濟」做好必須「錢多、人多、命長」。「鴻海」光是去了解競爭者智財的花費每年就不只1億台幣。「中砂」不須法務室只由宋健民一人應戰，而打了四年官司只花了200萬美元。這個費用當做是3M打不敗「中砂」的國際宣傳就值得了。

由於風水逆轉，3M開始「屋漏偏逢連夜雨」。目前仍擱置在Arizona地方法院的3M控訴案對「中砂」不再是個負擔，反而是一項利基。美國聯邦上訴法院的平反勝訴給了「中砂」一個「東方不敗」的基礎。除此之外，美國專利局極可能「閹割」Tselesin的專利使其喪失主要功能。因此3M在Arizona挑起的戰爭贏了沒用，但輸了卻會給「中砂」反控濫告而要求賠償的機會。Mittelberger現在已經「黔驢技窮」，他乾脆孤注一擲，居然在Arizona的案件裏更宣稱「中砂」的DiaTrix™也侵犯了3M搖搖欲墜的Tselesin專利。這種「色厲內荏」的亂告可以證明3M在ITC及Arizona的訴訟都是惡意的誣告。3M知道這種明顯的亂告將會對其不利，2004年9月22日也終於承認「中砂」不可能侵犯Tselesin的專利，並撤銷了這個在Arizona地方法院擱置了近四年的控訴案。

綜上所述，美國司法制度的不公正、無效率及高浪費可由上述3M攻擊「中砂」的案件明顯呈現。3M冀圖以大吃小，藉其法律軍團的攻擊來彌補其「鑽石碟」商業競爭的劣勢。3M不僅不給「中砂」解釋機會，甚至不分析DiaGrid®產品就貿然在ITC及Arizona的地方法院控告「中砂」。在ITC開始進行訴訟(2001年2月5日)之前，宋健民已提供了許多證據(如膠液的含量及銲料的熔化)證明「中砂」並未侵權，宋健民甚至願意邀請3M的專家到「中砂」來實地檢查DiaGrid®製程，讓他們能心服口服而撤銷控訴，但3M並不願找尋真象，反而指使其律師團衝撞司法。經過兩年多的纏訟及雙方高達約1000萬美元的花費後，美國聯邦上訴法院的判決就如同宋健民早已料到的一樣，即只憑常識就可判定「中砂」並未侵權。3M有無數的材料及冶金專家(上述的Goers即爲其一)，他們只需花一天的時間就可驗證「中砂」的產品是否侵權，雙方根本不需要勞師動眾纏訟數年。3M的傲慢與蠻橫不僅使其財務受損，其國際創新的形象(3M Innovation)也會大打折扣。3M固然「偷雞不著蝕把米」，「中砂」被拖下水都花了許多冤枉錢，但幸虧還能「破財消災」。然而雙方律師打這場糊塗官司反而大有斬獲，可堪諷刺的是輸家3M律師的進帳口袋卻遠比贏家飽滿得多。

獵殺 3M

要徹底避免3M 的糾纏，「中砂」只在3M 選擇的戰場上防衛自己顯然不夠，「中砂」必須採取攻擊行動才能制止侵略。雖然如此，「中砂」並沒有能力向3M 進軍，不僅師出無名，也沒有適當武器，更遑論資源短缺，因此無法在美國本土反擊3M。

宋健民擁有多項專利，這些專利彼此環環相扣，所以他們是控告3M 侵權的利器，但宋健民向3M 攻堅卻沒有後勤支援，要在 Minnesota 的3M 老巢發動全面攻擊並使其就範需千萬美元的訴訟經費。更有甚者，3M 在這場本土保衛戰時，必定「花招百出」，甚至會使用焦土策略把戰線無限延伸。3M 可動用的律師軍團無數，一般律師根本不敢輕啓戰端以免惹禍上身。果不其然，當宋健民請 Roth 評估控告3M 專利侵權的可能性時，他不僅不敢領軍出征，甚至不願提出預算。Roth 更向宋健民透露3M 的 Mittelberger 曾撂下狠話，若宋健民敢在「太歲頭上動土」，3M 必將摧毀宋健民的專利。Roth 的律師公司(Morgan, Lewis & Bockius)規模在美國已經名列前茅，他尚且不敢與3M 交鋒，更遑論其他一般的律師團隊了。

不僅律師不敢挑釁3M，連只爲客觀事實做證的專家也避不出面。在 ITC 爲「中砂」做證的薛人愷(現爲台大教授)看到3M 在法庭上可以翻雲覆雨，因此他心生畏懼不敢再爲「中砂」做證。當宋健民邀請他分析3M「鑽石碟」時，他表示怕被3M 控告，因此不願提出報告。宋健民指出，即使如 German 這種顛倒是非的專家也不怕被告，何況薛人愷只是呈現事實而已，但他仍堅持不再淌這灘渾水，宋健民乃請薛人愷在台大的論文指導教授陳鈞出馬爲3M 侵犯專利做證。宋健民又請 German 的博士論文學生林舜天(台灣科技大學教授)分析3M 產品，證明它的確侵犯了宋健民的專利。German 的另一博士學生，台大的黃坤祥教授更早就不敢爲「中砂」在 ITC 辯護。然而林舜天卻沒有這個顧忌，他說 German 其實不懂鑽石工具，他願意仗義執言爲「中砂」和其老師辯論。其後因 German 已不再爲3M 做證，所以這對師生就沒機會在法庭上「對著幹」了。

3M「鑽石碟」侵犯宋健民專利的證據充分，宋健民也曾數度警告3M 侵權，並在 ITC 的口訴文件(Deposition)上留下記錄。宋健民深知如果明知3M 侵權卻長期不採取行動，那麼他的專利將喪失法律效力。既然如此，宋健民當初何必辛苦申請到專利呢？爲了保護這些專利，宋健民乃向 Rodel 遊說，請其支援控告3M 侵權。Rodel 的母公司 Rohm and Haas

的規模有3M 約一半，因此應有能力挑戰3M。宋健民乃向 Johnson 說明控告3M 侵權的必要性。宋健民更指出他和 Rodel 的利益是相同的，如果宋健民能以專利封殺3M 的「鑽石碟」，Rodel 應可接收3M 大部份的市場。但 Rodel 和3M 之間的生意十分密切，例如3M 供應 Rohm and Haas 大量的工業用膠帶，Rodel 也代銷3M 的 Fixed Abrasives Pad。與此相較，Rodel 銷售「中砂」「鑽石碟」的數量極少。由於 Rodel 與3M 的商業利益太大，因此不願幫助宋健民控告3M。Johnson 乃以 Rodel 本身忙著控訴其他公司(如 Cabot)專利侵權，並無餘力開啓另一戰場爲由，拒絕了宋健民的請求。

既然 DiaGrid®「鑽石碟」的兩個最大受益人：「中砂」及 Rodel 都不能維護宋健民的專利，宋健民乃向一名美國友人 Willard Olson 求助。Olson 在數年前曾設計一套電腦軟體程式可以模擬人腦的運作，但這套程式卻被其僱用的一名員工私自售給 Motorola，Olson 乃僱請律師控告 Motorola 盜用其程式。Olson 以一已之力和 Motorola 的律師團交鋒的結果當然是功敗垂成。在心力交瘁之餘，Olson 經友人介紹認識了一個著名的「公司殺手」(Corporation Killer)，即律師 Ken Peterson。Peterson 爲位於 Kansas 州 Wichita 鎮 Morris Laing 律師事務所的王牌律師。他常爲弱勢團體或個人挑戰大型公司。Peterson 在法庭上可一人力戰對手多人並取得上風，其勇猛可比關雲長在亂軍中直搗敵陣要害。Peterson 爲瑞典裔美人，具有古代維京海盜(Viking)的血統，因此他天生勇猛善戰，跟他交手時，公司大及律師多並不能佔到便宜。Peterson 仗義出馬在東德州控告 Motorola 爲 Olson 討回公道。Motorola 初期輕敵只派小律師出面應戰卻被 Peterson 迎頭痛宰。等到 Motorola 發現事態不妙而出動律師大軍增援時已經難挽危勢。爲了避免全軍覆沒，Motorola 乃在法官判決前一天，同意以鉅額賠償金與 Olson 達成和解。Olson 乃像押中樂透頭彩一樣，在一夕之間由貧困潦倒的布衣小民搖身一變成爲超越豪門的巨富。

Peterson 的輝煌戰績讓許多大公司聞其名而喪膽，由於他客戶太多所以不輕易接新的案子。宋健民乃請 Olson 強力遊說請 Peterson 撥冗相助。爲了證明宋健民的專利的確有效而且其火力強大，宋健民提供了大量3M「鑽石碟」侵權的證據。宋健民又請專利律師 Wayne Western 親自向 Peterson 分析宋健民專利的強弱之處。除此之外，宋健民更請 MIT 的 Eagar 教授做證解說專利的內容。Peterson 認爲宋健民的勝算很大，乃同意出馬爲宋健民討回公道。Peterson 在2002年8月19日在東德州控告3M 侵犯宋健民的美國專利6,039,641，宋健民以一已之力彎弓「射鵰」的「獵鷹計畫」於焉開始。

專利的訴訟策略

專利本身是人類的一大發明，可用以加速科技的發展。在專利制度建立之前，發明者多不願將其所知公諸於世，而寧可私相傳授成爲「祖傳秘方」。許多偉大的發明因找不到合適的接班人而只能曇花一現(如華陀的醫術)，人類智慧及經驗的結晶因怕外人抄襲而失傳，這是物質文明成長的重大損失。

爲補救發明不能爲多人用的缺失乃有專利的實施。專利爲政府和發明人所訂的契約，由發明人將「秘方」公諸於世以換取長期的專用權(美國爲申請後20年)。自從有了專利保護，發明家開始爭先恐後將各種技術公諸於世，使科技發展的速度得以大幅超前。有趣的是「微軟」的創始人 Bill Gates 曾說過早年的美國專利局認爲人類所能發明的東西數量有限，因此專利的申請數目會有如礦產一樣越挖越少，但事實卻證明創意可以像滾雪球般越積越快，專利增加後在其內容的組合可以變化無窮，以致專利局不得不加入諸多限制(如徵收累進的維持費)才能遏止專利數目爆炸性的成長。

專利的取得必須符合新穎性(Novel)，即從來沒有的發明；及進步性(Non-Obvious)，即不容易想到的組合。由於審查員的判斷很主觀而且他們的學識差異很大，因此專利的取得有時易如反掌也有時難如登天。專利取得後其實仍有許多不確定性，首先它可能會受限於其他更廣專利的涵蓋範圍，因此有了專利並不能保證自己就可以實施。其次，專利若用以約束他人也會被挑戰其有效性。例如：當初申請若有不實之處(如發明人只爲掛名者)，或被人舉發(如找到專利局還未考慮過的前案)時，專利雖已頒發仍可能會被撤回專利，被重新鑑定後其申請範圍也會大打折扣甚至失效。例如上述3M 用以控告「中砂」侵權的 Tselesin 專利即爲專利範圍縮小而失效的例子。

宋健民當時有兩個現成的專利可以控告3M「鑽石碟」侵權，其中的一個爲鑽石的「排列」(U.S. Patent 6,286,498)。這個專利乃在賓拉登攻擊美國世貿中心的當天(2001年9月11日)頒發，所以極具殺傷力。另一個專利則爲鑽石的「硬銲」(U.S. Patent 6,039,641)，有如前文所述。宋健民「排列」的專利涵蓋的範圍極廣，不論鑽石附著的基材爲何(如電鍍鎳層、燒結陶瓷或硬銲合金)，只要基材內的鑽石具有規則性的排列就屬於該專利主張的專利範圍。專利的範圍越廣別人就越容易侵權，但它也越會被人舉發失效。由於3M 是一個會強力反擊的被告，宋健民若以範圍廣但維護難的專利控告其侵權，3M 必然會地毯式的找尋前案來舉發宋健民的「排列」專利。為了先行預防3M可能的舉發，宋健民乃決定向專利局自首，使其重新認定(Redetermination)他專利的有效範圍。自我舉發有個好處，即3M或任何第三者都不能參與宋健民和專利局重新認定專利範圍的討論，因此原有的專利範圍就可以儘量保留。等到專利局重新頒發宋健民的「排列」專利後，它已有相當的「免疫」力，這樣就可以大幅減少3M抗爭宋健民專利有效性的殺傷力。

宋健民「硬銲」專利涵蓋的範圍較窄，但卻剛好罩住3M「鑽石碟」的罩門(見前述3M Goers 的專利)。「硬銲」的專利範圍包括三個要件，即(1)鑽石具有排列，(2)未熔的金屬基材含有孔隙，(3)含鉻的熔融銲料「滲透」進入未熔金屬基材的孔隙之內。3M的「鑽石碟」的確符合這三個要件。3M侵權的事實不僅已由台灣工研院分析其產品得知。宋健民另委託台灣大學的陳鈞、台灣科技大學的林舜天及金屬工業發展中心的陳嘉昌各自獨立分析3M的產品。他們也都確認了3M侵犯宋健民中華民國版的「排列」及「硬銲」兩項專利。3M侵權的鐵證，即所謂的「冒煙的槍」(Smoking Gun)事實上早已呈現給ITC的法庭。那時3M正如火如荼的控告「中砂」侵權，所以並未料到宋健民會在一年後反向控告3M侵權，因此3M毫無保留的把自己「鑽石碟」的製程(包括書面資料及R.Visser親身說明的錄影帶)都交給了法庭做為參考。

既然3M早已門戶洞開無法抵賴其侵權的事實，因此其防衛的重點乃改為(1)將東德州的官司移到對其有利的Minnesota審判，(2)以不同的解讀縮小宋健民「硬銲」專利的主張範圍，及(3)舉發宋健民的專利。但3M在這三個主要戰役上卻都輸了。首先，東德州的法官拒絕了3M要轉移案件的請求。其次，3M請出Strong企圖證明宋健民專利內的所謂「滲透」乃指銲料自外部流入基材的孔隙而言。如果法官同意這項說法，3M自忖其銲料乃先行混入基材，所以熔化後不會再滲透基材，這樣3M「鑽石碟」就不會侵權。然而Strong其實只是一個塑膠專家，他在ITC法庭做證時曾自稱對「硬銲」相當外行，因此其在東德州的證詞並無威信可言。

3M的另一「燒結」專家German卻因曾被MIT的教授Eagar指責在ITC法庭上誤導法官，並未參與東德州法庭的辯論。相反的，代表宋健民的Eagar則在法庭上雄辯滔滔，指出宋健民的專利乃針對產品設計，因此與製程的「滲透」無關(事實上宋健民當初申請專利時可以不須將「滲透」的製程用字寫入專利範圍)。尤有進者，「滲透」乃為一種毛細力(Capillary Force)的作用，它可以在顆粒間吸引液體流過其間的孔隙，因此「滲透」與液體所在的位置無關，即「滲透」可在內部流動或自外導入。由於毛細力比重力大數十倍，「滲透」時熔液甚至可以由下往上倒流，全視基材內哪一邊有孔隙而定。法官在聆聽雙方的說詞後，判定「滲透」時熔融的銲料並不一定要從外部流入，而可以先行混入基材並自內滲透，法官的這一判定對3M 極其不利。除非3M 並未使用熔融的含鉻銲料，否則其侵犯宋健民「硬銲」專利的事實幾乎已經確定。

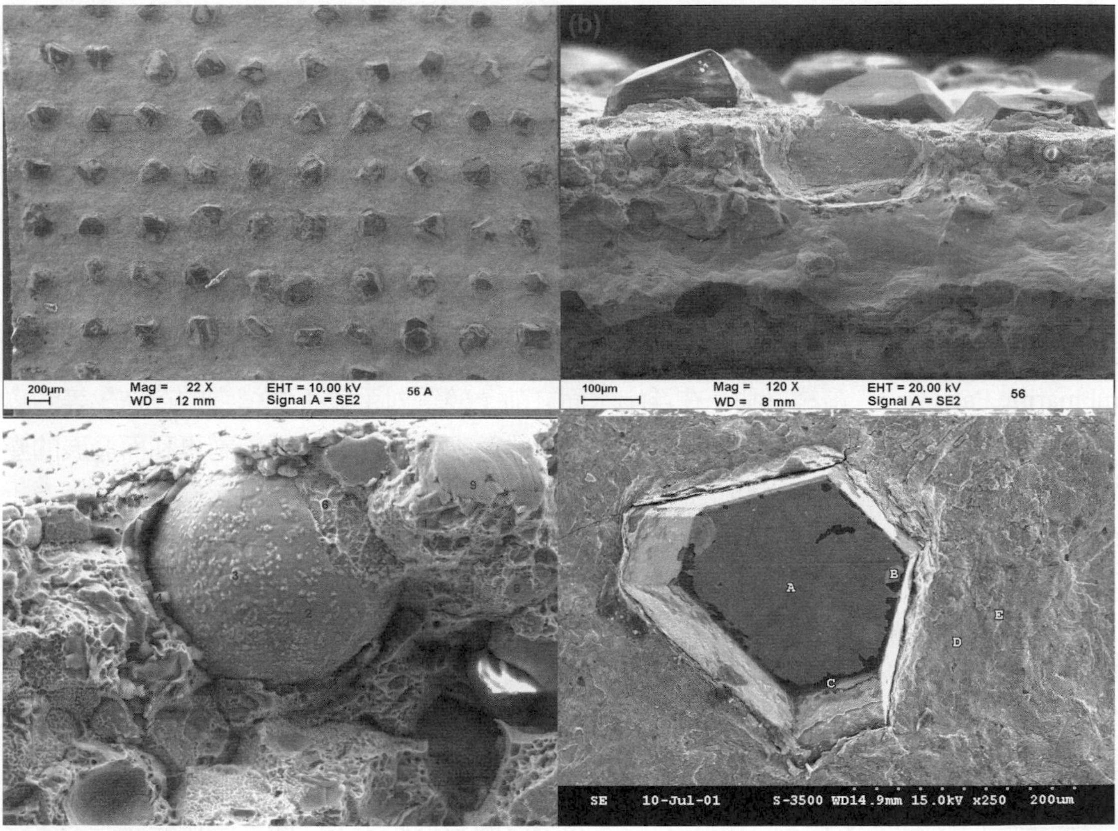

圖 3-1　3M「鑽石碟」的侵權證據。首先，它的鑽石磨粒形成矩陣排列(左上)。其次，其金屬基材內含有不熔的鎳鉻合金(約 80：20)顆粒(左下圓球)。除此之外，其基材內也含熔化的含鉻(BNi7)銲料(鑽石的邊緣及不熔銲球的邊緣)。有趣的是 3M 的銲料不足(基材的約 20 V%)，所以基材折斷時鑽石會掉出(右上)。為了提高鑽石的附著強度，3M 的鑽石外部鍍了一薄層鈦(右下的 A 及 B)。【資料來自台灣大學材料研究所陳鈞教授的專利侵權報告】

3M 在失去兩個重要戰役後只能在審判前舉發宋健民「硬銲」專利，希望會有奇蹟出現。但因宋健民「硬銲」專利的主張範圍已經非常狹窄，3M 找到的前案早已被專利局考慮過，因此宋健民的「硬銲」專利被專利局確認有效而在2005年7月19日重新發出，亦即3M 最後仍將難以逃避侵犯宋健民「硬銲」專利的判定。

3M 的本土保衛戰

3M 知道宋健民還有其他專利可以陸續加入戰局，其中包括一個全新的「硬銲排列」專利(U.S. Patent 6,679,243)。原來美國專利的申請可以「連續改進實施」(Continuous Improvement Practice)來不斷延伸。在延伸的過程中，其內容仍可持續修改，因此申請人可在數年內不僅可以加入自己的新發明，也能把競爭產品的特性納入，但其有效日期常可追溯到原始專利的申請日期。這種可以「後發先至」的隱形專利被比喻成「潛艦專利」(Submarine Patent)。「潛艦專利」在浮出水面之前，競爭對手並不知道它的存在。等到專利局頒發專利之後，「潛艦專利」就可以用來封殺競爭對手以爲沒人申請專利而發展的產品。宋健民的「硬銲排列」專利正是一艘現身的「潛艦專利」，而其涵蓋範圍包括所有「硬銲排列」的鑽石工具，當然也鎖定了3M 的「鑽石碟」。

3M 在獲知宋健民的「潛艦專利」即將加入戰局時曾大吃一驚，但其產品已經定型無法大幅修改逃離宋健民「潛艦專利」的射程範圍。不僅如此，3M 未來將更加灰頭土臉。2004年6月15日宋健民的 U.S. Patent 6,286,498經美國專利局重新檢定之後，也加入東德州的戰局。這個專利的主張範圍雖已縮小但卻仍涵蓋3M「鑽石碟」的製程。由於專利局已重新檢定這個專利的有效性，所以3M 再舉發的可能性就很小了。除了這個已有免疫力的專利之外，3M 仍不知宋健民有另一艘「潛艦專利」，它即將浮出水面準備從另一邊加入攻擊。因此3M 是「四面楚歌」的身陷重圍，它已經是插翅難逃了。

爲了避免再在東德州等著挨打，3M 乃使出奇招，它在2004年1月20日突然在 Minnesota 地方法院控告宋健民及「中砂」。有趣的是3M 的這項控告並非因爲宋健民或「中砂」侵犯了3M 的任何權力，而只是3M 在東德州被宋健民打怕了，所以希望 Minnesota 的法官判決宋健民仍未控告3M 的其他專利必須在3M 的後院與其一決勝負。3M 宣稱宋健民準備以多項專利在東德州逐一提出控告對其進行「凌遲」性的懲罰，因此要求在其總部所在地的

Minnesota 全面攤牌做 Armageddon 式的總決戰(Armageddon 爲新約聖經預言耶穌和魔頭撒旦最後的殊死戰)。3M 已將敗事的 Mittelberger 解職而由公司的律師 Kevin Rhodes 領軍出擊。Rhodes 向法庭宣稱宋健民的諸多專利所產生的威脅已使3M 的「鑽石碟」事業冒了很大的風險，以致難以有效經營。「鑽石碟」事業部的負責人 Kummeth 曾多次打電話給宋健民及「中砂」的林總經理要求能夠和解，3M 甚至願意支付宋健民的律師費，但這些建議都被宋健民拒絕了。因此3M 現在已無處可退，只好在其「老巢」發動這種少見的「防禦性攻擊」。3M 以爲這樣就能以逸待勞並「誘敵深入」，希望以「口袋戰術」在自家後院殲滅宋健民的增援部隊。

3M 深知其在 Minnesota 具有龐大的影響力，因此在該地的審判會有地緣之利。3M 知道宋健民在東德州的攻勢難以抵擋，所以曾試圖將該訴訟案移到其總部所在地的地方法院審理，但東德州地方法院的法官 John Ward 卻拒絕了這項請求。3M 這次故技重施，先行在自家後院發動這場未來的戰爭。雖然這個策略很有創意，但 Minnesota 的地方法院在2004年6月15日也拒絕審理這項別開生面的訴訟，該法庭也將3M 冀圖轉移到 Minnesota 的宋健民浮出水面的「潛艦專利」(U.S. Patent 6,679,243)發回東德州審判。這項判決是空前的，因爲有百年歷史的3M 在 Minnesota 法院要求審理的案件從未被「自家法庭」拒絕過。3M 最怕的宋健民「潛艦專利」將移回到對3M 不利的東德州審判。

3M 以大欺小控告「中砂」及宋健民、以柔克剛扳倒巨人的故事已被台灣政治大學 EMBA 的李汝宣寫成故事登在「TrustMedia 信任媒體」網站上。這個智權對抗也成政治大學科技管理研究所楊謹瑋的碩士論文。

圖 3-2　李汝宣的 Trust Media 及楊謹瑋報導台美鑽石碟大戰碩士論文的封面。

根據上述的碩士論文，宋健民的專利較新，而且比3M 的專利品質較高，這是他在雙方互控時能以實力勝出的主因。

表3-1　3M 及宋健民專利優劣的比較

	專利編號	2005年被其他專利引用次數/總引用次數
3M 專利	5,620,489	0.20
	5,380,390	0.17
宋健民專利	6,039,641	0.25
	6,286,498	0.42
	6,679,243	0.50

弱點攻百次，巨人也會倒，3M 在法律訴訟現已一敗塗地。除此之外，3M 在商場上也是險象環生，其主要的策略伙伴 AMAT 已放棄推銷其「鑽石碟」。AMAT 更「西瓜偎大邊」的向「中砂」「帶槍投靠」。在這次全球「鑽石碟」市場即將來臨的「大洗牌」中，「中砂」正是最大的贏家，不僅 DiaGrid®/DiaTrix™「鑽石碟」的產品在技術上高人一等，ITC 被控的官司也反敗爲勝。除此之外，宋健民安排的 ARK (AMAT/RHEM/Kinik)國際策略聯盟(見下文)也使「中砂」成爲世界「鑽石碟」之爭的「武林盟主」。「中砂」的技術、品牌、智權及通路都遠勝公司規模大很多的同業，難怪「中砂」已在2004擠下 Abrasive Technology 成爲全球最大的「鑽石碟」製造者。

然而孫子兵法有云〝圍城必闕，窮寇莫追〞。如果3M 能夠學習謙卑而不再霸道，那麼宋健民仍可以合作代替對抗，這樣才可能創造「中砂」、3M 和宋健民三贏的局面。2004年6月23日宋健民及林總經理由 Peterson 等律師陪同在舊金山和3M 的副總及律師面談和解。當時宋健民就提出這個三贏的建議，並說明3M 可以未來合作所產出的效益支付宋健民15萬美元的賠償金。但3M 只願支付宋健民約100萬元的律師費。Peterson 不願和對方討價還價，因此雙方未開完會就宣佈談判破局。當時與會的3M 製造副總裁(Vice President of Manufacturing)Jesse Singh 正準備接 Kummeth 的半導體事業部，他爲了要在其同事前擺出強硬姿態，竟聲稱3M 所花的律師費只不過是他部門支出許多費用中的「一欄」而已。Singh 並揚言將再發動新一波的專利侵權攻勢以扳回其可能「全軍覆沒」的劣勢。

Singh 在幾個月後已看出雙方智權的實力懸殊，他乃在9月8日訪台時拜會宋健民和林總經理。由於「好漢不吃眼前虧」，這時 Singh 的身段十分柔軟，他表示願意加碼支付宋健民律師費之外的賠償金，希望雙方能化干戈為玉帛，但因他的讓步有限，宋健民仍未接受。東德州的戰爭雖然仍然方興未艾，但因3M 的敗象明顯他們只能「買時間」(Buy time) 延後攤牌而已，所以3M 接受「城下之盟」將是早晚的事。英諺有云：「你能逃跑，但卻躲不了」(You can run, but you can not hide)，這正是3M 當時的寫照。

表 3-2 「鑽石碟」大戰里程碑

日期	美攻台守	台攻美守
2001.01.05	3M在ITC及Arizona地方法院(01.08)控告「中砂」DiaGrid®產品侵犯Tselesin美國專利5,620,489(燒結)	
2001.02.05	ITC開始調查3M控訴「中砂」案	
2002.02.08	ITC判決「中砂」侵犯Tselesin專利的第1、4、5、8項主張(02.21「中砂」要求重新考慮，03.29法官拒絕)	
2002.05.20		宋健民及「中砂」在台灣控告3M侵犯中華民國專利115958(排列)及125249(硬銲)兩項專利
2002.05.09	ITC頒佈禁止DiaGrid®產品輸美的命令(07.24開始執行)	
2002.08.16		「中砂」在美聯邦上訴法院上訴ITC的判決
2002.08.19		宋健民在美國東德州控告3M侵犯美國專利6,039,641(硬銲)
2002.09.10	3M舉發宋健民中華民國專利115958(排列)	
2002.10.01	3M舉發宋健民中華民國專利125249(硬銲)	3M要求宋健民在東德州的控訴案移到Minnesota州審判
2002.10.16		宋健民自我舉發美國專利6,286,498(排列)
2002.11.15		東德州法官拒絕3M轉移宋健民控訴案的請求
2003.03.31		「中砂」舉發Tselesin美國專利5,620,489(燒結)
2003.04.18		「中砂」舉發Tselesin日本專利(燒結)
2003.08.26		東德州地方法院拒絕3M對宋健民美國專利6,039,641的狹義解釋
2003.11.13		美國專利局判決Tselesin「燒結」專利的1、2、3、4、5、6、7、8項主張範圍無效

表 3-2　「鑽石碟」大戰里程碑(續)

日　期	美　攻　台　守	台　攻　美　守
2003.11.12	3M在韓國控告「中砂」侵犯Tselesin的韓國專利(燒結)	
2004.01.14		「中砂」舉發Tselesin的中華民國專利(燒結)
2004.01.19		「中砂」在韓國舉發Tselesin專利(燒結)
2004.01.20	3M要求Minnesota地方法院判決未侵犯宋健民及「中砂」多項仍未提出控告的專利	
2004.03.25		聯邦上訴法院判決ITC決定DiaGrid®產品侵權錯誤
2004.04.05		日本專利局判決Tselesin「燒結」專利的1、2、4、5、8、35項主張範圍無效
2004.04.13	3M撤銷韓國對「中砂」的侵權控訴	
2004.06.15	Minnesota地方法院拒絕3M要求審判宋健民及「中砂」未提出控告的專利侵權訴訟	
2004.06.15		美國專利局重新認定縮小範圍的專利6,286,498(排列)
2004.06.21	ITC撤消DiaGrid®產品禁止輸美的命令	
2004.06.23	3M放棄非常上訴最高法院重審ITC案件	
2004.01.30		宋健民在東德州加告3M侵犯美國專利6,679,243(硬銲燒結)(2004.04.21認定)
2004.09.22	3M撤消Arizona地方法院控訴「中砂」案	宋健民在東德州加告3M侵犯美國重新頒發的美國專利6,286,498(排列)
2004.11.11	3M在東德州控告「中砂」及宋健民侵犯Tselesin美國專利5,380,390	
2005.03.07		3M賠償宋健民300萬美元，雙方撤回互控案，未來可使用訴訟相關的專利

第 4 章 －「金力王」的「天下掃蕩」

(轉載自 KINIK JOURNAL 11 期，2005 年 1 月)

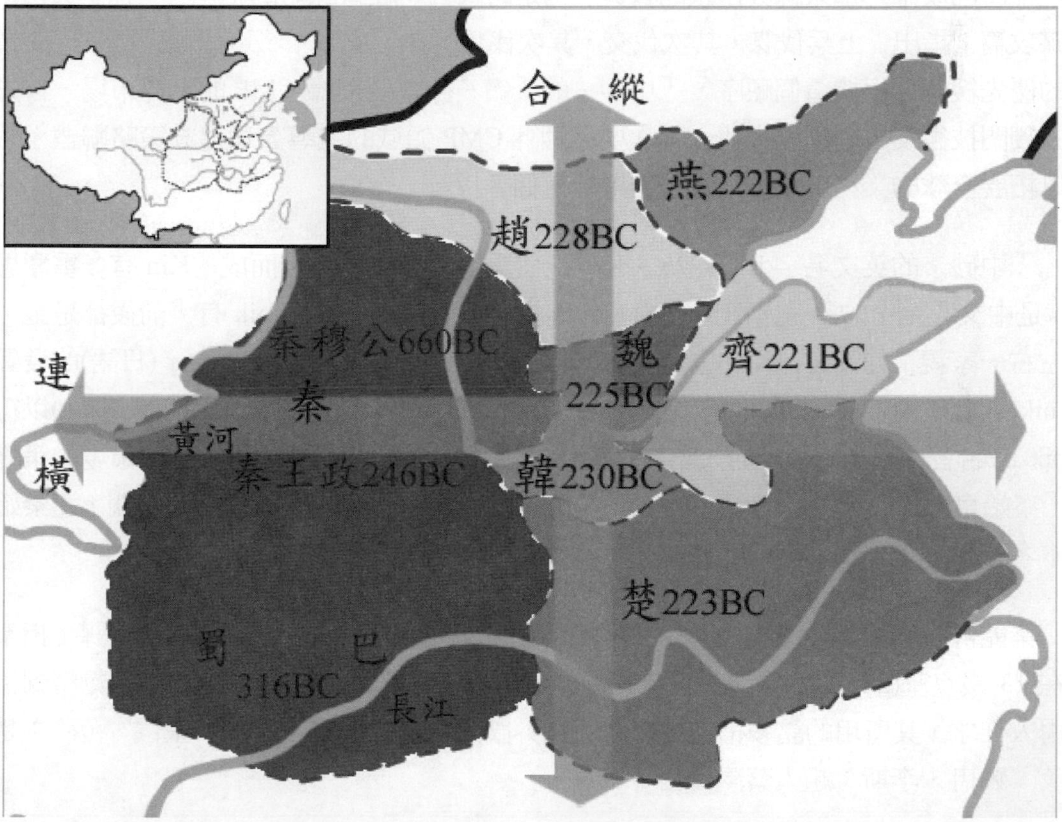

圖 4-1　戰國七雄的爭霸策略乃以「連橫」尊秦對抗「合縱」抗秦。圖示春秋五霸之一的秦穆公及平定六國的秦王政他們各自繼位的時間。各國被秦王政滅亡的年代也如標示，B.C.指紀元前(Before Christ)。

秦始皇的統一中國

商場有如戰場，公司在市場爭取客戶需要步步爲營，就像軍隊在戰場攻城掠地一樣。商務的持續拓展好比軍事要不斷勝利應有一套策略。國際企業要在世界的市場勝出好比戰國七雄要在中國的天下稱霸中國必須「合縱連橫」。「中砂」的 DiaGrid®「鑽石碟」要行銷全球也可參考戰國時代(475-221B.C.)秦國統一中國的兵法。

春秋時代(770-476B.C.)齊國田氏之後的孫武曾在 512B.C.爲吳王闔閭治兵。吳國整軍經武之後開始威震相鄰的楚越兩國。孫子應爲世界第一大戰略思想家，他傳世的兵法十三篇現不僅已成中外軍人練兵作戰的寶典，也是跨國公司經營謀略的指南。「孫子兵法」的「謀攻篇」指出「上兵伐謀，其次伐交，其次伐兵，其下攻城」，這個順序已點出商業策略的優先緩急。根據這個順序，「中砂」的「鑽石碟」要橫掃 CMP 的世界市場，首先須建立獨門技術及申請國際專利，其次要與國外 CMP 領域的主導公司建立策略聯盟，然後可以拓展全球的業務，最後才直接推銷給每個客戶。

「中砂」的英文名字 Kinik 乃以 Kin 這個單字前後對稱組合而成。Kin 有多重意思，Kin 是中文「金」的諧音，而英文的 Kin 則指親人而言。所以 Kinik 有「前後都是金」及「左右一家親」的涵意。Kin 也是王(King)的簡稱。Ni 爲「你」或「力」(日語)的發聲，而 nik 則有技術性(Technic)的字尾。宋健民將 Kinik 譯成「金力王」(Kin-Ni-King)以符合 Kinik 命名者林心正總經理的人格特質。「金力王」以「鑽石碟」佔領全球市場的策略類似「秦始皇」統一天下的過程。秦(Kin)始(in)皇(King)這個名字也和 Kinik 相關，連秦始皇的本名「政」竟也和林總的名字「正」剛好呼應。

秦能併吞六國所行的正是「孫子兵法」「謀攻篇」的策略。所謂「上兵伐謀」指秦王政在 13 歲登基(246B.C.)之前約百年間所進行的富國強兵政策。在這期間秦國勵精圖治而且用人唯才，其所用的諸多相國中近 7 成爲外國人，包括魏人公孫鞅、張儀、范雎；楚人甘茂、魏冉、李斯；趙人蔡澤、呂不韋等。

361B.C.秦孝公用公孫鞅大刀闊斧進行改革。公孫鞅編組居家戶口並實行連坐之法，他又獎勵生育而且重農抑商。這是中國第一次的主要變法，也是政治改革罕見的成功特例。後來的變法，如宋代王安石的農業改造及清朝戊戌的政治改革都以失敗收場。公孫鞅改革了二十年，秦國人民普遍富足，國家乃逐漸強盛。當時社會治安良好甚至路不拾遺。

然而公孫鞅嚴厲推行法治卻得罪了許多宮廷貴人，包括當時的太子。340B.C.公孫鞅受封於商改名商鞅。338B.C.太子秦惠王繼承王位，他因懷恨曾被商鞅處罰乃將他車裂而死。

戰國時秦為西方的強國，但仍無力統一中國，因此乃以避免兵戎相見號召各國順服秦國，這就是所謂的東西「連橫」策略。秦東的六國不願「連橫」尊秦反而組織南北的「合縱」同盟避免被秦各個擊破。「縱橫家」的鼻祖為「鬼谷子」王詡(390-320B.C.)，他曾在清溪鬼谷隱居並創立「合縱連橫」之術。其徒張儀曾遊說各國「合縱」抗秦，未蒙採納乃轉而說服秦王推行「連橫」策略。鬼谷子的另一門徒蘇秦則在張儀之後說秦「連橫」，不被接受乃轉往其他六國進行穿梭外交並建立了反秦的「合縱」聯盟，蘇秦因此曾拜六國相印。

328B.C.秦惠王用張儀為相推行「連橫」策略，各國只好尊秦以求偏安自保。323B.C.魏將公孫衍提倡「合縱」同盟，他聯合南北各國抗秦卻兵敗垂成。316B.C.秦相司馬錯乘南方巴蜀相爭之際攻佔了兩國，秦國因此據有直通南方大國楚國的地緣。310B.C.秦武王即位，張儀失勢一年後他卒於魏。287B.C.齊相蘇秦恢復「合縱」策略並聯合各國逼迫秦國退回西垂。266B.C.秦昭王以范睢為相國開始執行「連橫」的軍事行動，其後十年間(至255B.C.)范睢進行「遠交近攻」。他首先攻打弱小的鄰國韓及魏，自此各國不敢再「合縱」抗秦，秦國併吞六國的基礎於焉建立。246B.C.年方 13 歲的秦王政即位，秦國就整軍經武準備統一中國。230B.C.秦滅韓，228B.C.秦滅趙，225B.C.秦滅魏，223B.C.秦滅楚，222B.C.秦滅燕，221B.C.秦滅齊。諸侯爭霸近三百年的春秋及攻伐頻仍兩百五十餘年的戰國至此天下乃定於一尊。

秦王政既併吞六國乃下詔「名號不更，無以稱成功，傳後世」。丞相王綰、廷尉李斯歌功秦王「德兼三皇，功過五帝」並上尊號為「泰皇」。秦王去「泰」取「皇」，自稱「皇帝」並號「始皇帝」。秦始皇是中國第一個大型帝國的皇帝，他稱帝比西方羅馬帝國皇帝(Octavian Augustus)在 27B.C.登基早了近兩百年。秦始皇只當了十年皇帝就在 210B.C.突然病發死亡，它的帝國也隨後在 206B.C.覆亡。雖然秦朝為中國最短命的朝代，但秦始皇在統一中國後，徹底掃除了夏(2033-1562B.C.)、商(1562-1066B.C.)、西周(1066-771B.C.)及春秋戰國以來近兩千年的地方割據，他使中國成為一個天下無敵的大帝國。

秦始皇將全國分為 36 郡(後增為 40 郡)，並在各地築寬 50 步的馳道，堪稱真正給馬跑的「馬路」，李斯並製定小篆成為全國通行的文字。秦又重劃土地(每畝為 240 方步)、改革幣制(黃金為上幣)、頒佈新曆(十月為新歲)及統一法律(政、經、軍)。秦始皇為了鞏固帝國又遷遷徙移民(搬六國富豪 12 萬戶於咸陽)、修築長城，他又用兵北伐匈奴及南攻南越。除此之外，秦又建築可居萬人的阿房宮，燒製萬餘兵馬俑並陣列於驪山墓園。秦始皇還焚萬卷書又坑了 460 個儒生使知識份子噤若寒蟬，不敢再批評他的專制。秦始皇固然暴虐，但他聚合了散沙似的中國使其發揮驚人的整體力量。接踵秦朝而至的漢朝(206B.C.-220A.D.)、隨後而來的隋朝(589-618A.D.)及唐朝(618-907A.D.)乃中國成為世界最富強的帝國，中國地理及制度的統一使皇帝可以號令天下達近八百年之久。相形之下，西方的羅馬帝國只延續了約 500 年(27B.C.-476A.D.)就被日耳曼人滅亡了。剩下的東羅馬帝國已經式微，它在現今土耳其一帶苦撐直到 1453 年才被土耳其人滅亡。

「鑽石陣®」、「鑽石碟」的統一世界

「中砂」建立的「鑽石碟」王國雖非軍事的帝國，但其佔領全球市場的企圖比秦國統一中國的野心卻不遑多讓。「中砂」的「總殺」(台語諧音)策略與秦國的殲滅六國也有類似之處，兩者都符合「孫子兵法」「謀攻篇」的原則，其對照有如下表所示。

表 4-1　秦國與中砂統一天下的策略比較

孫武	秦國	中砂
上兵伐謀	秦王以外國人爲相國，推行富國強兵之策	林總僱用「外籍兵團」並投資生產設備
	公孫鞅發展農業並建立法制	宋健民建立硬銲技術及申請 DiaGrid® 專利
	司馬錯攻略巴蜀使其成爲秦國腹地	李偉彰佔領台灣「鑽石碟」市場使台積電成爲中砂靠山
其次伐交	張儀進行「連橫」，說服鄰國共事秦國	宋健民說服 Rodel 爲中砂推銷「鑽石碟」
	范雎推動「遠交近攻」，秦軍進兵鄰近魏國	宋健民與 AMAT 建立策略聯盟並攻佔 3M 在台灣的市場
其次伐兵	秦國滅韓國及魏國	中砂進駐新加坡及中國市場
	秦國滅楚國、趙國、燕國及齊國	中砂稱霸韓國、日本、歐盟及美國市場
其下攻城	秦國統一中國	中砂直銷全球

韓國市場的不戰而敗

「中砂」是一個小公司，從 1985 年起才開始製造鑽石工具。與「中砂」競爭「鑽石碟」市場的不乏鑽石界的老前輩，如自 1937 年就生產鑽石工具的日本 Asahi Diamond(在 Saint-Gobain 併購 Norton 及 Winter 之前爲世界最大鑽石工具公司)及自 1974 年就發明「硬銲」鑽石產品的美國 Abrasive Technology。這兩個大公司在「中砂」推出「鑽石碟」之前都已經是「鑽石碟」的主要生產者。「中砂」除了製造鑽石工具經驗不足外，2000 年前在 CMP 的應用領域裏更是名不見經傳，因此極需 CMP 行業「老大哥」的提攜，希望他們在銷售 CMP 耗材時能順便介紹「中砂」的「鑽石碟」。

CMP領域的巨人包括佔有全球約65%設備市場的Applied Materials(AMAT)及銷售世界約95%「拋光墊」的Rodel(後改名為Rohm and Haas Electronic Materials或RHEM)。AMAT與Rodel都是CMP市場的主宰者，它們的規模都比「中砂」大百倍以上。這兩個「巨無霸」對其供應商通常是予取予求，供應商為了獲得生意也只能逆來順受。戰國時代強大的秦國要「連横」各小國已經非常困難，渺小的「中砂」要使兩個CMP巨人為其效力更是談何容易。但奇蹟發生了，AMAT及Rodel自2004年5月起，竟都成為「中砂」的銷售通路，它們甚至「爭寵」要求「中砂」在兩大之間不能偏袒其他一方。這種有悖常理的事到底是怎麼發生的呢？

賣CMP設備的AMAT與賣耗材的Rodel本來彼此並無太大的利益衝突，但2004年AMAT計畫爭食CMP耗材的龐大市場，因此與Rodel開始變成競爭對手。在這個耗材的爭霸戰中，雙方都冀圖控制「鑽石碟」的通路。「中砂」在2000年8月已與Rodel締盟，幾乎在同時AMAT則與3M有約，因此「中砂」與3M的「鑽石碟」大戰已由Rodel與AMAT代理開打，雙方陣營早已在全球各地捉對廝殺。3M在ITC控告「中砂」勝訴時，AMAT似乎已經在「鑽石碟」市場上壓倒Rodel。然而「中砂」在聯邦上訴法庭的平反及宋健民在東德州攻擊3M，使得「鑽石碟」的勝負大局「豬羊變色」。AMAT銷售可能侵犯宋健民專利的3M「鑽石碟」反而成為一個燙手山芋。2003年9月AMAT在三年合約期滿後不再與3M續約。為了制衡Rodel，AMAT準備另覓夥伴，它在評估多家「鑽石碟」的性能及其製造者的聲譽之後卻屬意韓國的小公司Saesol。

Saesol以抄襲DiaGrid®「鑽石碟」的設計起家，甚至在文宣及展覽會上也曾多次引用宋健民的文宣圖片(如顯示鑽石分佈規則與位置零亂的對比圖片)。即使Saesol現在的宣傳品仍延用宋健民的用辭(如強調「鑽石碟」鑽石等高的 Leveling)。Saesol的產品使用廉價的電鍍製程，它的銷售策略就是以低價爭取客戶。在韓國Saesol更以本國的文化為訴求加上政府的施壓Samsung、Hynix及Anam等半導體公司「愛用國貨」。Saesol乃成為韓國「鑽石碟」市場的壟斷者。

宋健民在2001年即在韓國佈局委託Kodis Tech推銷DiaGrid®「鑽石碟」，那時Saesol才剛起步，其「鑽石碟」仍未被韓國半導體公司接受。Kodis Tech的擁有人金正洪來自現代電子，因此他對韓國的半導體產業知之甚詳。金正洪曾說服Samsung、Hynix及Anam使用DiaGrid®「鑽石碟」以取代當時他們所用的Abrasive Technology產品，那時「中砂」原有機會可以即時佔領韓國市場。但Samsung要求將「鑽石陣®」「鑽石碟」的價格降到

Saesol 的報價(當時每片爲$400)時，宋健民雖強烈建議接受，但「中砂」卻強勢的拒絕了。孫子兵法有云「凡先處戰地而待敵者佚，後處戰地而趨戰者勞」，因此先下手爲強可以長期佔山爲王，而後攻山者除非有 10 倍的優勢兵力，否則會功敗垂成。以 CMP 拋光墊的壟斷者 Rodel 爲例，能在全球市場通吃不僅是「早起的鳥兒有蟲吃」，而且 CMP 的客戶使用它的產品都已習慣，因此不願更名。所以 Rodel 佔了「凡先處戰地而待敵者佚」的便宜，可以一個小公司起家而縱橫天下，與它形成對比的是另一個 CMP 巨擘 AMAT，它雖已是一個跨國的大公司，但在 CMP 機台的領域裏卻是後起之秀，因此有「後處戰地而趨戰者勞」的小勢力。但 AMAT 不像 Rodel 由小佔山爲王坐大，乃以優勢兵力以極大的投資介入市場。但即使如此，因「趨戰者勞」其市場佔有率卻遠遠不如 Rodel。「中砂」原可循 Rodel 模式在韓國「佔山爲王」卻自動退出韓國市場，Saesol 乃乘機長驅直入賣進 Samsung 等公司。「中砂」因此將每年約 3 億元台幣的生意拱手讓給 Saesol。Saesol 在韓國市場佔穩了腳步後開始外銷到世界各地。在美國 Saesol 已攻佔 Motorola(2004 年改名爲 Freescale)、Samsung-Texas、Philips，並在 2005 年進軍 Texas Instruments 及其他半導體客戶。Saesol 更大挖「中砂」的牆角並把「中砂」踢出美國「台積電」的附屬公司 WaferTech。Saesol 不僅在美國的銷售超越「中砂」，更在全球各地(如中國的「中芯」)極力遊說客戶冀圖取代「中砂」的產品，讓人嘆息的是在 Saesol「佔山爲王」後，「中砂」反而「後處戰地而趨戰者勞」，2005 年「中砂」甚至願以每片$200 的低價也無法在韓國扳回一城。

全世界製造「鑽石鍱」的公司有十餘家，但未來能和「中砂」爭雄的不是一些大型企業，而爲最小的公司 Saesol。3M 對「中砂」的威脅其實只是癬疥之疾，而 Saesol 未來與「中砂」的對決才是心腹大患。以國共的對抗比喻，如果「中砂」爲國民黨，3M 可比日本，而 Saesol 則像共產黨。國民黨失去大陸並非爲日本強佔，而爲共產黨的顛覆。AMAT 已看出「中砂」與 Saesol 的競爭態勢，因此在和 3M 解約後就往韓國訪問 Saesol。由於 Saesol 是個小公司(2003 年營業額約爲 800 萬美元)，AMAT 開始考慮併購 Saesol。AMAT 在 2002 年即曾併購生產鍍膜設備的台灣小公司「慶康」做爲零件的供應者。如果 AMAT 真的與 Saesol 聯手，對「中砂」將是一場災難。「中砂」在國外有 Rodel 撐腰已經被 Saesol 打得招架乏力，Saesol 有 AMAT 加持更無異如虎添翼。「中砂」在未來的全面對決(聖經啓示錄耶穌與撒旦的毀滅戰 Armageddon)已明顯居於劣勢。「中砂」要扭轉乾坤必須在 AMAT 仍未與 Saesol 簽約前策動 AMAT 轉向投靠「中砂」，這樣才可以避免 Saesol 的「鑽石碟」成爲全球 CMP 的主流產品。但如何使 AMAT「懸崖勒馬」，「中砂」卻束手無策。

CMP 的爭霸戰

1983 年 IBM 發明 CMP 製程，1987 年它將 CMP 技術移轉給 Intel，用於生產電腦 CPU 的 Pentium 晶片。1988 年 IBM 出錢在 Sematech 研究 CMP 的抛光行為，其後 IBM 曾裁員而且 Sematech 的研究人員也曾離職，因此 CMP 的技術乃逐漸擴散至其他的半導體公司。1995 年起半導體積體電路的線寬降到 0.35 μm，CMP 乃成為不可或缺的製程。2004 年全球半導體約一半以 CMP 生產，其中用於大晶片的 ULSI 佔 70%，而記憶體的 DRAM 則佔 30%。由於半導體的線路越來越窄(2004 年已達 110 nm)，層數越來越多(2004 年 ULSI 已達 10 層而 DRAM 也增至 4 層)，預期 CMP 的成長率(＞ 30%)將比半導體者高約 3 倍。除此之外，非半導體的陶瓷基材，包括光學玻璃、電腦硬碟、磁讀寫頭及任何光滑的平面都可能以 CMP 抛光，因此 CMP 在未來會成為製造精密產品成敗的關鍵。

CMP 發展初期使用的機台(Polisher)為 IPEC 製造，「磨漿」(Slurry)由 Cabot 提供，「抛光墊」(Pad)則屬 Rodel 生產。隨著 CMP 應用的持續擴大，這些供應商也逐漸建立起各自的王國。1995 年起 AMAT 異軍突起推出機台，其後就迅速在國際市場坐大。1998 年 AMAT 擠下其他品牌成為世界最大的 CMP 機台供應者。自此 CMP 的大戶就形成三強鼎立的局面：AMAT 主導機台、Cabot 專賣「磨漿」、Rodel 壟斷「抛光墊」。三強各有其主打的產品，所以彼此仍能「和平共存」。其後 Rodel 發難介入「磨漿」市場。當 Cabot 開始製造研磨晶片內鎢通路(W Via)的「磨漿」時，Rodel 就控告 Cabot 侵犯其專利。2002 年 2 月雙方在庭外達成合解由 Cabot 支付 Rodel 一百萬美元取得後者專利的授權後才合法製造。

AMAT 本來全力投入昂貴機台的產銷，但由於銷售的機台的數目逐漸累積，AMAT 察覺原本金額不大的單機耗材其整體銷售額竟可直逼金額龐大的設備投資。2004 年全球的半導體公司總共買了約 300 台 CMP 的抛光機，但同年共有約 15 倍(4500 台)的機器使用耗材。機台和耗材的總營業額幾乎相當，各約 10 億美元，有如下表所示。

表 4-2　2004 CMP Ballpark Sales ($Millions)

Category	Sales	Major Manufacturer	
CMP Total	2,000		
Polisher	1,000	AMAT	650
Slurry	600	Cabot	360
		RHEM	60
Pad	300	RHEM	285
Disk	100	Kinik	25

Total semiconductor sales (50% for computer CPU): $200 billions.

Total semiconductor equipment sales: $35 billions. Total printed circuit board sales: $40 billions.

Total silicon wafers sales $7.3 billions, wafer starts: $60 millions (8” equivalent); CMP passes 315 millions. Metal/Oxide = 1:1; USA (30%), Japan (20%), Taiwan (20%), Korea (10%), Singapore (10%), others (10%).

CMP polisher sales: AMAT 65%, Ebara 20%, Novellus 5%, Lam Research 5%, others 5%.

Pad sales: RHEM 95%, Thomas West 3%, Freudenberg Nonwovens 1%, JSR Micro 1%, SKC, PPG, Praxair, Emerging.

Slurry sales: Cabot 60%, RHEM Eternal 15%, Hitachi Kasei 5%, Fujimi 5%, Planar 5%, JSR 5%, others 5%.

Slurry types: fumed silica 40%, fumed alumina 20%, colloidal silica 30%, ceria 8%, others (MnO_2, ZrO_2) 2%.

Diamond disk sales: Kinik 25%, 3M 23%, Saesol 12%, Abrasive Technology 20%, Asahi Diamond 6%, Mitsubishi Materials 6%, Fujimori 3%, Noritake 2%, others 3%.

AMAT = Applied Materials, RHEM = Rohm and Haas Electronic Materials (Formerly Rodel), Cabot = Cabot Microelectronics

表4-3　2005年50個最大的半導體公司

Rank	Company	Headquarters	2005($M)	Rank	Company	Headquarters	2005($M)
1	Intel	U.S.	35,395	26	SanDisk**	U.S.	2,067
2	Samsung	South Korea	17,830	27	National	U.S.	1,962
3	TI	U.S.	11,300	28	Elpida	Japan	1,953
4	Toshiba	Japan	9,116	29	Spansion	U.S.	1,912
5	ST	Europe	8,870	30	Avago***	U.S.	1,825
6	Infineon	Europe	8,297	31	ATI**	Canada	1,810
7	Renesas	Japan	8,266	32	Oki	Japan	1,775
8	TSMC*	Taiwan	8,217	33	Sanyo	Japan	1,715
9	Sony	Japan	5,845	34	Atmel	U.S.	1,676
10	Philips	Europe	5,646	35	Maxim	U.S.	1,670
11	Hynix	South Korea	5,599	36	Agere***	U.S.	1,669
12	Freescale	U.S.	5,598	37	Xilinx**	U.S.	1,645
13	NEC	Japan	5,593	38	Marvell**	U.S.	1,631
14	Micron	U.S.	4,970	39	Powerchip	Taiwan	1,603
15	Matsushita	Japan	4,070	40	Nanya	Taiwan	1,546
16	AMD	U.S.	3,936	41	Media Tek**	Taiwan	1,444
17	IBM	U.S.	3,495	42	Mitsubishi	Japan	1,345
18	Qualcomm**	U.S.	3,457	43	LSI Logic***	U.S.	1,321
19	Fujitsu	Japan	3,370	44	Fairchild	U.S.	1,310
20	UMC*	Taiwan	3,259	45	ON Semi	U.S.	1,261
21	Sharp	Japan	2,850	46	SMIC	China	1,172
22	Rohm	Japan	2,813	47	Vishay	U.S.	1,142
23	Broadcom**	U.S.	2,643	48	Chartered*	Singapore	1,132
24	Analog Devices	U.S.	2,370	49	Altera**	U.S.	1,124
25	Nvidia**	U.S.	2,353	50	IR	U.S.	1,115

*Foundry **Fabless ***Transitioning to Fabless

Source: IC Insights' Strategic Reviews Database

註：2006年TSMC已進階至全球第六大半導體公司

當 AMAT 感覺到槍彈(耗材)比槍枝(機台)好賣時，又懊惱的發現 Rodel 及 Cabot 銷售耗材的利潤竟比 AMAT 銷售機台高 2 倍以上。AMAT 認爲 Rodel 及 Cabot 搶了它機台應有的利潤，因此準備討回公道。爲了要壓低耗材的「暴利」，AMAT 決定自己兼營耗材。

應用材料挑戰 Rodel

由於 AMAT 本身並不製造耗材，因此乃向 3M 要求代銷其獨特的「無磨漿拋光墊」(Slurry Free Pad)或「固定磨料拋光墊」(Fixed Abrasive Pad)。3M 發明的這種「拋光墊」其內已孕鑲磨粒，因此可以不需使用「磨漿」而只用水溶液就可以拋光晶圓。1999 年 3M 開始借 Rodel 的通路代銷「無漿墊」。Rodel 推銷「無漿墊」有如販賣「磨漿」可以藉機打擊 Cabot，但「無漿墊」是一把「雙刃劍」，它的銷售也會壓低自己「拋光墊」的業績。由於猶豫不決，Rodel 根本賣不出幾片「無漿墊」。2001 年 AMAT 認爲有機可乘，乃藉口與 3M 在「鑽石碟」上有策略聯盟要求也銷售「無漿墊」。3M 乃強迫 Rodel 讓出專賣權而由 AMAT 同時兼賣。Rodel 的總裁 Tony Corey 不得已乃向 3M 的副總裁 H. C. Shin 要求撤銷那時剛告「中砂」「鑽石碟」侵權的遞狀做爲交換條件。其後 3M 並未遵守承諾，但 AMAT 則自 2002 年開始兼賣 3M 的「無漿墊」。自此 3M、AMAT 及 Rodel 形成 ARM 聯盟，三家都可向同一客戶競銷「無漿墊」。

AMAT 原希望藉賣「無漿墊」同時打擊 Cabot 的「磨漿」及 Rodel 的「拋光墊」，但因「無漿墊」需使用特殊的研磨機，AMAT 乃併購了專門製造使用 3M「無漿墊」機台的 Obsidian 公司。其後 AMAT 根據 Obsidian 機台的設計推出能裝載 3M「無漿墊」的機台(Reflexion)，但卻已經失掉拓展「無漿墊」的商機。由於全球 CMP 工業已有 4500 台使用「磨漿」的拋光機，CMP 業界不願再投資購買昂貴的「無漿墊」研磨機，因此除少數公司(UMC、IBM 及接受 IBM 製程的 Samsung)用於特殊(STI)的拋光外，「無漿墊」在 2004 年似乎並未被其他公司用於生產晶圓。

AMAT 原擬銷售「無漿墊」同時打擊 Cabot 及 Rodel，但這個「一箭雙鵰」之計沒有成功，AMAT 乃開始著手「聯合次要敵人來打擊主要敵人」。由於「磨漿」已有許多競爭者加入行業，Cabot 的全球市場佔有率在 2004 年已經下滑到 60%。相反的 Rodel 卻採取強勢的專利維護手段壓迫可能的競爭對手，Rodel 的「拋光墊」多年維持了 95%以上的市場佔有率。2002 年半導體晶圓的尺寸開始由 8 吋(200 mm)增加到 12 吋(300 mm)時，Rodel 乘機大幅抬高「拋光墊」的售價(如由$300 跳加至$1200)，Rodel 因此獲得讓 AMAT 眼紅的「暴利」。由於「拋光墊」是 Rodel 獨佔的賣方市場，半導體公司雖然怨聲載道卻也無可奈何。許多客戶乃試用新的拋光墊，例如韓國的 SKC 就趁機推出拋光墊在 Samsung 測試。Rodel 乃控告 SKC 侵犯專利，但 2005 年韓國法庭初審判決 Rodel 敗訴，但 Rodel 仍可提出上訴。然而 Rodel 的 IC 拋光墊早已因「佔山爲王」，成爲全球標準品牌，SKC 的拋光墊仍難被客戶接受。半導體的 CMP 製造者受不了 Rodel 拋光墊的高價，因此極力壓低 AMAT 等機台的售價以減少 CMP 的生產成本。Rodel 追求暴利使 AMAT 受損，後者乃極思報復之策。

Rodel 維持其專賣權的主要專利(U.S. Patent 4,927,432, Filed 3.25.1986)爲一含兩種熔點不同的樹脂。當高熔點的樹脂黏合時，低熔點的樹脂處會留下大量(約佔體積的 1/3)的氣泡(大小約 30-50 μm)。這種「拋光墊」(IC1000)內的氣泡可減少和晶圓接觸的面積，這樣可以增加接觸處的壓力，使拋光的速率加快。氣泡也可蓄存磨漿，減少它在「拋光壁」表面的流失。Rodel 以此專利壟斷 CMP「拋光墊」的市場快二十年。Rodel 製造 Pad 時乃把 Polyurethane 原料加熱反應膨脹成俗稱 Cake 的圓柱，其後再以鋼刀將 Cake 切成數十片的薄片製成「拋光墊」。由於 Cake 內的反應並不均勻，氣泡在其內會偏析，所以不同「拋光墊」的性質差異很大，這個問題一直爲 CMP 業界所垢病。2000 年時，Rodel 曾授權 Freudenberg 研發更穩定的「拋光墊」。Freudenberg 以分開壓製成形的方法減少了「拋光墊」的變異性，但 Rodel 後來禁止 Freudenberg 生產這種優質的「拋光墊」。然而 Rodel 有氣泡的「拋光墊」專利在 2006 年失效，因此它主宰「拋光墊」市場的嚇阻力量已經喪失。

1990 年代，Rodel 曾和 AMAT 合作開發 CMP 的偵測技術，但 Rodel 卻自行申請了裝設透明窗口的「拋光墊」專利(U.S. Patent 5,605,760, Filed 8.21.1995)。根據這項發明，CMP 拋光進行時，裝設在「拋光墊」之下的雷射紅外線可以透過這個窗口照射被拋光的晶圓，由被拋光材料反射的光譜就可判定晶圓是否已被拋薄至露出標示層(如 TaN)。有了這個監測的機制，CMP 就可以不必經常停機檢查拋光的進度，晶圓也不會因拋光過度而損毀晶圓，例如造成金屬層的凹陷(Dishing)。

AMAT 爲避免 Rodel 壟斷偵測窗口的設計，乃以發明重合(Interference Proceeding)向美國專利局挑戰 Rodel 專利的發明日期。AMAT 聲稱它正在專利局審核申請案(U.S. Patent 5,893,796, Filed 8.16.1996)乃在 Rodel 專利發明之前就已開始實驗。專利局後來判定 Rodel

專利的發明日期乃在 AMAT 之後，因此取消了前者的主要申請範圍。這時 Rodel 擔心它不但不能禁止別的公司製造有窗口的「拋光墊」，自己反而會被 AMAT 封殺這項技術。2003 年 Rodel 在 AMAT 專利未頒發前和後者達成和解並接受 AMAT 授權生產有窗口的「拋光墊」。AMAT 更乘勝追擊在同年 6 月也授權給 Rodel 的對手 Cabot、TWI、JSR、PPG、Praxair 等製造這種設有偵測窗口的「拋光墊」。

Cabot 早對 Rodel 搶攻其主導的「磨漿」市場不滿，Cabot 又因 Rodel 告它專利侵權準備還以顏色。2002 年 Cabot 開始轉售 Freudenberg 的 Nonwoven Pad 及 Dow Chemical 的 Polyurethane Pad，但 Cabot 打擊 Rodel 的效果不彰。AMAT 授權生產開窗口的「拋光墊」後，Cabot 開始製造這種以前只有 Rodel 才能生產的產品。Cabot 更準備將「拋光墊」以成本價回饋，讓 AMAT 也競賣「拋光墊」以報 Rodel 當初興訟的一箭之仇。

AMAT 的這一招似乎打到了 Rodel 的罩門，看來 Rodel 的「拋光墊」在 Cabot 及 AMAT 雙重夾殺下，其市場佔有率將會迅速下滑。但 Rodel 畢竟薑是老的辣，2004 年以優厚條件說服 Cabot 暫時放棄製造「拋光墊」，因此解除了兵臨城下的危機。隔岸觀虎鬥的 AMAT 原希望 Cabot 和 Rodel 的鷸蚌相爭會使「磨漿」及「拋光墊」的價格大幅下滑，看來 AMAT 的這個如意算盤又落空了。但 2008 年 Cabot 卻有意外斬獲，由於「台積電」強力扶植 Cabot，開始大量採用仍未優質化的 Cabot 拋光墊。Cabot 乃以二氧化碳噴入單層的 PU 熔液產生氣泡，這個方法和 Rodel 以發泡劑混入 PU 熔液，再在冷凝後削片的製程大不相同。Rodel 專利因此並無用武之地。

AMAT 對扶植能和 Rodel 抗衡「拋光墊」的公司仍未死心，2005 年它和 Praxair 聯手在全球各地(如 Texas Instruments、Sony)推出 Praxair 的「拋光墊」。為了讓客戶願意使用這種新的「拋光墊」，AMAT 竟將它和「中砂」的「鑽石陣®」「鑽石碟」綁在一起成為「套餐」。2005 年德州儀器公司(Texas Instruments)就因 Praxair「拋光墊」的性能不佳，反而拒絕採購「中砂」的「鑽石碟」。然而 Rodel 卻以「鑽石陣®」「鑽石碟」與新發展較軟的 Vision Pad 搭配成功的賣給了 Samsung 及其他公司。2005 年 AMAT 和 RHEM 鬥法時，「鑽石陣®」「鑽石碟」成為不可或缺的致勝「法寶」，這是台灣產品在國際科技產業小兵立大功的經典實例。

Rodel 的驕兵輕敵

AMAT 為了突破 Rodel「拋光墊」的長期壟斷，它的 AGS(Applied Global Services)砸下巨資協助 Praxair 發展廉價的「拋光墊」。由於半導體早對 Rodel「拋光墊」的高價不滿，因此多願配合測試 Praxair 的實驗產品。AMAT 和 Praxair 的聯盟不像 Freudenberg 或 Cabot 一樣會被 Rodel 的專利嚇阻，Rodel「拋光墊」的主要專利即將過期，如果蠻幹很可能佔不了便宜。2008 年起，Rodel「拋光墊」獨大的長年趨勢將開始逆轉，繼 Cabot「磨漿」市場的瓦解之後，「拋光墊」終將進入戰國時代。在台灣，Cabot Pad 已由「台積電」加持，進入 12 吋的主流銅製程，台灣的智勝科技(IVT)也攻佔了 DRAM 的老大哥「力晶」。在韓國，SKC 則搶食 Samsung 的「拋光墊」大餅。在日本，JSR 的「拋光墊」也開始介入市場。在美國，TWI 則早已分得鎢 CMP「拋光墊」的市佔率。

Rodel 原可避免多家「拋光墊」公司進入市場的崛起，甚至可遏止 AMAT 在本世紀初的坐大，卻因其成功的傲慢而失去一個可以重挫 AMAT 的機會。2000 年時，美國的 Lam Research 發展出一種比 AMAT 優越的拋光機。AMAT 使用圓形「拋光墊」旋轉時，其外部的移動速度比裏面快很多，因此拋光晶圓時必須克服這種速度的差異。Lam Research 採用一種履帶式的設計，其「拋光墊」運動的速度一致，因此拋光晶圓的效果較好。除此之外，Lam Research 的「拋光墊」接觸晶圓的面積比率較少，所以它可以在更低的溫度拋光，這樣晶圓及「拋光墊」就比較不會受熱損傷。

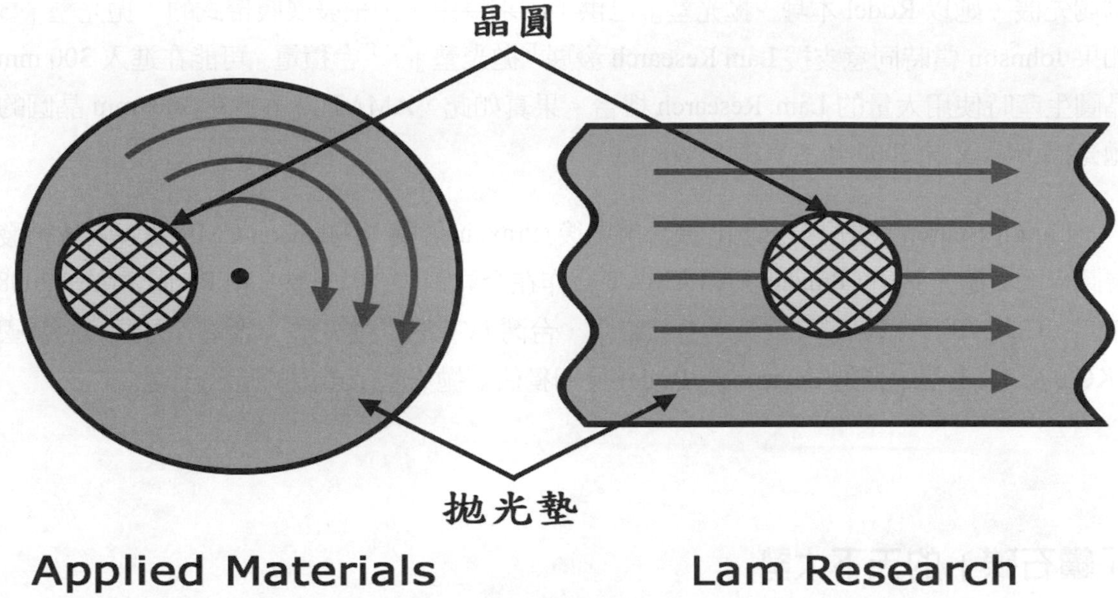

圖 4-2　CMP 抛光機的對決。AMAT 採用旋轉的「抛光墊」，其外緣與內部的相對速度差異甚大。Lam Research 採用橫移的「抛光墊」，它具有均勻的相對速度。

「台灣積體電路公司」(TSMC)的 CMP 規模是世界第一，它是 AMAT 及 Rodel 最大的客戶。2000 年「台積電」已有百台的 AMAT(Mira)機台，但也裝設了 7 台 Lam Research 的機台。他們正在評估這兩種機台性能的差異，做為晶圓由 8 吋(200 mm)加大到 12 吋(300 mm)時可以大量採購的參考。

「台積電」有意採用 Lam Research 的機台做為 300 mm 晶圓的主力機，這樣應有製程的優勢，「台積電」也有意挾 Lam Research 制衡 AMAT 以達到分散風險與壓低售價的雙重目的。然而 Lam Research 製造的機台並不穩定。更有甚者，Lam Research 委託 Madison CMP 製造的履帶式「抛光墊」問題叢生，接縫處並不平整，它也常撕裂。「台積電」對是否要捨 AMAT 的機台而採用 Lam Research 猶豫難決。

2002 年宋健民和 Rodel「抛光墊」的副總裁 Karen Johnson 訪問「台積電」時，由 CMP 的負責經理王英郎接待。當時他就當面要求 Rodel 協助開發 Lam Research 機台的「抛光墊」。Johnson 為律師出身，剛被 Rodel 的總裁 Tony Khouri 躍昇為副總裁。Johnson 未能洞燭先機，她以 Rodel 本身「拋光墊」已供不應求爲由，拒絕發展履帶式的「拋光墊」。如果 Johnson 當時同意支援 Lam Research 發展「拋光墊」，「台積電」可能在進入 300 mm 晶圓生產時使用大量的 Lam Research 機台。果真如此，AMAT 就不會在 300 mm 晶圓的拋光機市場獨霸(2005 年佔有率 85%)。

Lam Research 失敗退出 CMP 機台市場後，Praxair 併購了 Madison CMP 並以其技術發展圓形的「拋光墊」，Praxair 乃和 AMAT 合作在全球銷售「拋光墊」和 Rodel 對抗。2008 年起，Cabot 的「拋光墊」攻入「台積電」，台灣 IVT 的「拋光墊」佔領「力晶」，韓國 SKC 的「拋光墊」打進 Samsung，Rodel 長期獨佔「拋光墊」市場的時代出現缺口。

「鑽石碟」的天下大勢

1999 年 CMP「鑽石碟」的全球市場以美國爲主，日本爲輔，而台灣、韓國及新加坡則爲次要市場。那時美國的 AMAT 機台以 Abrasive Technology 的硬銲「鑽石碟」爲 BKM(Best Known Method)，而日本的 Ebara 機台則掛上了 Asahi Diamond 或 Noritake 的電鍍「鑽石碟」。這些「鑽石碟」的設計延用傳統研磨石材的工具，所以其上的鑽石分佈都是雜亂無序的。1999 年「中砂」推出全球第一批具有「鑽石陣®」(DiaGrid®)的「鑽石碟」，自此具有矩陣排列的「鑽石碟」就逐漸取代雜亂無序的傳統產品。2004 年前者的市場佔有率已達 60%，而後者則由 100%滑落到 40%。「鑽石陣®」的製造者都是生產「鑽石碟」的後起之秀，其中 Kinik 和 3M 生產的是高階的硬銲產品。3M 雖宣稱其產品爲燒結製程，但燒結的只是基材的金屬粉末，鑽石仍以熔融的銲料附著。由於鑽石表面具有碳化鉻的化學鍵，所以 3M 的「鑽石碟」其實也是硬銲產品。韓國的 Saesol 則以電鍍的鎳層附著陣列的鑽石，它的「鑽石碟」在全球市場也佔有一席之地。「鑽石碟」的「老大哥」Abrasive Technology、Asahi Diamond 及 Noritake 的「鑽石碟」都已被排除在 CMP 製程的主流之外。爲了挽救這個頹勢，這些公司都準備推出具有鑽石排列的新產品，以避免未來會在 CMP 市場全軍覆沒，因此它們都可能要求宋健民授權製造這些新產品。

2003 年「鑽石碟」的兩大對抗陣營爲 Kinik/Rodel 和 3M/AMAT。由於 AMAT 準備發展耗材，因此與耗材龍頭 Rodel 的關係已由夥伴轉爲對手。在 CMP 耗材這個領域裏，AMAT 的策略是「連橫」Praxair 及 3M 以對抗「合縱」的 Rodel 與 Kinik。爲了提昇機台的售價，

AMAT 要極力壓低客戶耗材的成本。耗材最大宗的磨漿其價格已由 Cabot 和 Rodel 及其他對手的競爭而壓低，耗材第二大宗的「拋光墊」已由 Praxair 的加入戰局使它的價逐漸下滑。耗材第三大宗的「鑽石碟」則因 3M 的成本居高不下難以壓低。AMAT 乃在 2003 年的 9 月不再延續與 3M 合作三年的合約並準備另覓夥伴提供低價的產品。那時 AMAT 相中的是韓國的 Saesol。Saesol 的電鍍排列產品由於價格低廉已在 2001 年席捲韓國市場。Saesol 在韓國坐穩「鑽石碟」龍頭的位置後亟思攻入西方世界。Saesol 早就希望和 AMAT 合作但苦無機會，因此在 AMAT 與 3M 解約後，雙方來往密切。AMAT 更在訪問 Saesol 後，考慮將其併購並將其「鑽石碟」做爲 BKM 在全球推出。

Saesol 的「鑽石碟」獨佔韓國市場對「中砂」的全球佈局影響有限，但若有 AMAT 撐腰，它會成爲世界主要品牌，甚至可能擠下「中砂」成爲最大的市場佔有者。Saesol 以低價傾銷仍不成氣候，若在世界各地通過 AMAT 的銷售網路競價，將使國際「鑽石碟」的行情徹底崩盤，那時不僅「中砂」的市場佔有率會萎縮，「中砂」的主要利潤也將化爲烏有。AMAT 與 Saesol 的可能聯盟對「中砂」可謂「山雨欲來風滿樓」，但「中砂」對這個醞釀中的災難卻不知如何應付。

上文提及 2000 年時 AMAT 的台灣分公司 AMT 曾試圖代銷 DiaGrid®「鑽石碟」，那時「中砂」雖希望藉 AMAT 之助將「鑽石碟」打入國際市場，但因 AMT 堅持必須由其轉銷台灣客戶而遭到「台積電」等的反對，因此「中砂」並未簽署 AMT 準備的全球代銷合約。但即使「中砂」願接受此合約也是枉然，因爲 AMAT 已支援 3M 開發新產品準備取代 Abrasive Technology 的 BKM「鑽石碟」。AMAT 並在當年簽署了要在全球推銷 3M「鑽石碟」三年的合約，但 AMAT 原希望由 3M「鑽石碟」取代 Abrasive Technology 產品的目標並未達成。由於 3M 的「鑽石碟」價格昂貴而且技術支援速率太慢，AMAT 所代銷的 Abrasive Technology 的 BKM 產品在客戶處反而多被「中砂」的 DiaGrid®「鑽石碟」取代，AMAT 銷售「鑽石碟」的數量因此大幅下滑。3M 也對 AMAT 銷售的成績不滿，因此早已準備自己在全球直接銷售「鑽石碟」。2003 年 9 月 AMAT 與 3M 的合約期滿雙方不再續約。其後不久 AMAT「鑽石碟」的評估專家 Romain Beau de Lomenie 就率「鑽石碟」的銷售經理訪問「中砂」。在會議時 Romain 說明 AMAT 非常後悔當初被 3M 的合約綁死，因而坐失了全球「鑽石碟」銷售的主導權。Romain 並說 AMAT 要找一個取代 3M「鑽石碟」的供應者，可以極低的價格大量供應可用的產品，他並強調 Saesol「鑽石碟」的價廉物美，說明這是 AMAT 鎖定的目標產品。

宋健民在接待 Romain 一行的訪問時，認爲機會難得可以試圖說服 AMAT 也銷售 DiaGrid®「鑽石碟」。宋健民在會議上一方面說明 Saesol 電鍍產品的缺點，希望 AMAT 不要因銷售 3M 高價產品遇到挫折就矯枉過正反而要改賣不可靠的廉價貨。宋健民並建議 AMAT 與 Rodel 合作共同銷售已成全球 CMP 製程標竿的 DiaGrid®「鑽石碟」。宋健民還指出如果 AMAT 銷售 Saesol「鑽石碟」，其機台的性能將難以發揮，因此和使用 DiaGrid®「鑽石碟」的 Ebara 機台競爭時可能會失去優勢。換言之，「鑽石碟」的良窳不僅決定了 AMAT 客戶半導體的製造效率，也會影響 AMAT 機台的銷售數量。Romain 最後接受宋健民的建議，願儘快安排一個三方的高層會議，由 AMAT 的副總裁 Trung Doan 和 Rodel 的執行副總裁 Mario Stanghellini 及代表「中砂」的宋健民在 AMAT 位於矽谷的 Santa Clara 總部討論共同銷售「中砂」「鑽石碟」的可能方案，其後宋健民乃擬就一個 ARK Alliance(方舟聯盟或神聖聯盟)的草案並送交 AMAT 及 Rodel 做爲會議討論的依據。

ARK 爲 AMAT、Rodel(2006 年更名 Rohm and Haas)及 Kinik 的字首代號，含有 Ark「諾亞方舟」或「神聖約櫃」的意涵。根據聖經故事，上帝曾降下洪水消滅當時地球所有的「罪惡生物」，但諾亞以他所建的一個方舟事先裝載成對的生物，這些倖存者乃成爲現今生物的祖先。ARK 聯盟的目標是促成 CMP 業界淘汰其他劣質的「鑽石碟」後，擴大使用碩果僅存的 DiaGrid®「鑽石碟」。Ark 也爲上帝與人類誓約(如十誡)的收藏櫃，它一直是猶太人的至寶，曾長期存放在所羅門王所建上帝聖殿中心最隱密的「至聖所」內，所以 ARK 聯盟也有「神聖聯盟」的含意。2004 年初 ARK 的三方人馬在 AMAT 舉行高鋒會，在會前 Rodel「鑽石碟」的銷售經理 Asa Yamata 已多次告訴宋健民 AMAT 沒有誠意要銷售「中砂」的「鑽石碟」，Mario 更「鐵口直斷」認爲 ARK 聯盟不可能組成，Mario 還嘲諷說 Rodel 銷售的 CMP 耗材其金額雖不及 AMAT 機台價值的一半，但利潤卻是對手的多倍。

圖 4-3　Rodel 的資深副總 Mario Stangehellini 極力反對宋健民和 AMAT 走得太近。

AMAT 和 Rodel 都想當 CMP 市場的老大，因此在 ARK 高峰會彼此互別苗頭。ARK 聯盟應合作銷售「中砂」的「鑽石碟」，但 AMAT 和 Rodel 都要掌控 DiaGrid®「鑽石碟」的通路，雙方也都不願對方參與自己和「中砂」的合作關係。由於兩個 CMP 巨人鬥爭激烈，AMAT 的 Doan 在開會不久就因話不投機先行離席。會後 Rodel 再度表示 AMAT 的加盟對「中砂」並無好處，Rodel 指出 AMAT 不僅不會擴大「中砂」市場，反而會搞壞了 DiaGrid®「鑽石碟」的行情。不僅 Rodel「唱衰」ARK 聯盟的可行性，「中砂」的管理階層也沒人看好宋健民與 AMAT 的談判結果。雖然達成 ARK 聯盟是項「不可能的任務」(Mission Impossible)，但因它的成立與否決定了未來全球「鑽石碟」的主導者到底是「中砂」還是 Saesol，因此宋健民決不能輕言放棄。他要試圖說服 AMAT 和 Rodel 這兩個巨無霸放棄它們在 CMP 耗材的對抗而與「中砂」「連橫」合作共同推銷 DiaGrid®「鑽石碟」。

談判的藝術

兵法的精髓是「不戰而屈人之兵」，談判的藝術爲「不逼而引人之欲」。如何要使對方做原本沒意願的事，這是談判的高度藝術。戰國時代「縱橫家」的師父鬼谷子之談判藝術爐火純青。他說「捭闔第一，敵暗我明」，捭闔乃「開合之術」，鬼谷子認爲談判時的資訊必須在「給」和「留」做一取捨，這樣對方就會因資訊不足而做出對自己有利的判斷。鬼谷子的徒弟張儀和蘇秦就以「開合之術」說服各國達到「合縱連橫」的目的。然而「捭闔第一」可能引導對手誤判形勢，因此雖然可以獲得自己要的合約，但這項合作的基礎薄弱，在對方領悟到做出錯誤的決定後，雙方可能由朋友變成敵人。例如供應商可能以「捭闔」的訣竅暫時獲得客戶的訂單，但卻可能會得罪了客戶而失去了長程的商機。談判更高明的策略是以誠待人並提供所有的資訊，再以對方的利益分析其得失，最後證明和自己合作是最好的方案。這樣達成共識，雙方的關係才會久遠。

在談判之初，切忌讓對方迅速的關起大門。爲了引起注意，必須讓對手知道你有他想要的東西。當對方開始試探合作的可能條件時，你已成功了一半。然而對方提出的條件通常很嚴苛，這時不要逕行拒絕，而應提出對己有利的附帶要求做爲接收的條件，對方若同意此附帶條款，雙方就可達成雙贏的共識。若對方不能接受附帶的要求，可以「以子之矛，攻子之盾」以對方的相似條件要求退讓。這時一定要以理服人，最好提出數據佐證自己的想法，這樣雙方可以在各讓一步後達成協議。

宋健民多次單槍匹馬「深入敵營」談判，雖然「知其不可而爲之」，但在「舌戰群儒」之後反而可以「攻城掠地」。1988 年宋健民說服韓國的「日進集團」及中國的機械工業部和他個人合作移轉生產工業鑽石的技術，這兩個計畫各需投資數千萬美元。這應是跨國公司及國家政府不需擔保而接受個人合約的空前記錄。

宋健民說服他人做沒意願的事的另一個例子爲促成中國的「富耐克(Funik)超硬材料」和日本的「東名鑽石」(Tomei Diamond)之間的大規模合作。「富耐克」是中國最大的立方氮化硼(Cubic Boron Nitride 或 cBN)生產者。cBN 爲僅次於鑽石的超硬材料，它是精密加工合金鋼材(如汽車零件)不可或缺的極緻磨料。「東名鑽石」爲世界最大的鑽石微粉製造者，鑽石微粉爲精密拋光非鋼材製品(如硬碟磁頭)常使用的磨料。中國的「富耐克 cBN」和日本的「東名鑽石」文化迥異而且市場也不相同，因此雙方未曾接觸過。cBN 的主要市場在日本，而「東名鑽石」本身也生產 cBN，但宋健民說服後者不再自行製造而改銷「富耐克」的 cBN，這種作法違反了保守日本公司的傳統。

2004 年「東名鑽石」開始製造世界最大(直徑 10 公分)的「多晶鑽石燒結體」(Polycrystalline 或 PCD)。PCD 是最耐磨的切削刀具，可用於加工汽車所用的鋁矽合金及電子工業所用的印刷電路板。宋健民建議「東名鑽石」以剛開發的巨型 PCD 胚片和「富耐克」交換 cBN 超硬磨料，這樣「東名鑽石」的實驗 PCD 產品可以大量賣入中國測試，而富耐克的廉價 cBN 也可以深入日本的市場。宋健民憑其「三寸不爛之舌」說動兩個不可能互動的公司，使雙方自 2005 年起成爲互補雙贏的戰略伙伴。除此之外，宋健民也說動韓國的「日進鑽石」減少生產 cBN 而改賣「富耐克」的產品。宋健民又介紹「富耐克」的產品給日本的 Asahi Diamond、Mitsui Grinding Wheel、美國的 Abrasive Technology、歐洲的 cBN 大盤商及台灣的「中砂」及「鴻記」。「富耐克」的 cBN 因此可以擴大市場佔有率成爲世界最大 cBN 製造者。

圖 4-4 宋健民安排「富耐克」的擁有人李和鑫和韓軍訪問日本的「東名鑽石」(Tomei Diamond)(上左)、旭鑽石(Asahi Diamond)(上右)及韓國的「日進鑽石」(Iljin Diamond)(下左)和「亞洲多晶」(Asia Polydiamond)(下右)。

在門檻很高的 CMP 領域裏，宋健民在 1999 年尙未正式生產「鑽石碟」時，就先說服 IBM 購買「中砂」正在試做的樣品，他也「逼迫」「聯電」在還沒測試完成時，先以高價(每片 4 萬元爲當時行情的 4 倍)購買 20 片「鑽石碟」並直接投入 CMP 生產精密的半導體晶片。

「台積電」爲全球晶圓代工的龍頭，它根本不願測試任何新產品。「台積電」尤其不會浪費資源評估在 CMP 領域不知名公司的實驗產品，但宋健民第一次訪問「台積電」就說動負責的工程師王庭君測試「中砂」才試做的「鑽石碟」。王庭君首次見到「鑽石碟」上的鑽石能排列成「鑽石陣®」，宋健民又解說他發明的「鑽石陣®」上還披覆了一層類鑽碳(Diamond-Like Carbon)的保護膜，因此可以泡在酸液中使用。由於酸液會溶蝕握持鑽石的金屬並使鑽石掉出刮傷昂貴的晶圓，因此「鑽石碟」在修整拋光墊之前必須先行將酸液沖洗乾淨。王庭君爲考驗宋健民的能耐，乾脆把他的樣品在拋光晶圓時直接泡在酸液裏使用，結果證明鑽石的確不會掉出。王庭君讚賞之餘，乃在「台積電」大力擴廣。此後經「中砂」李偉彰等持續推銷「鑽石陣®」「鑽石碟」，「台積電」乃成爲「中砂」最大的買家，其每年採購金額高達數億元，這種訂單是「中砂」傳統砂輪最大客戶的百倍。

「鑽石碟」的「神聖聯盟」

有人說「沒有辦不到的事情，只有想不到的方法」，這句話尤其適用於促成 ARK 聯盟的談判。一個「灰姑娘」以自己有限的關係，因緣際會就可能「飛上枝頭做鳳凰」。同樣的道理，一個具有關鍵技術的公司也可四兩撥千斤發展成爲全球企業。要善用這個槓桿原理必須說服可能的伙伴做它們本來並不想做的事，這就需要智慧、技巧、彈性及耐心。在雙方接觸的初期如果都堅持己見，容易產生衝突而陷入僵局。但談判其實是一種動態的過程，在彼此出招時會湧現許多以前沒有的想法，一些必然發生的事情也會被意外的議題改變。「山窮水盡疑無路」時，如能逆向思考就可能「柳暗花明又一村」。除此之外，人畢竟是感情的動物，是可以激將的，長期會商撐不住的一方也會兩手一攤，乾脆讓步了事。

談判的大忌是被侷限在原始的議題上，如果雙方在地面僵持不下，要看看天上和地下是否仍有轉進的空間。一項重要的談判應「決不說不」(Never say no)，這並非接受對方的條件，但卻可以使談判持續進行。以上述 ARK 聯盟的談判爲例，AMAT 開出的條件有兩個，一是「中砂」以極低的價格供應「鑽石碟」，這是「中砂」不能同意的；二是 AMAT 不經 Rodel 取得「中砂」「鑽石碟」，這是 Rodel 決不接受的。這兩道否決權似乎使 ARK 的談判註定失敗，但這是只用陸軍平面作戰的思考模式，它忽略了以海空立體支援的效果。

根據「孫子兵法」的「虛實篇」，兩軍對峙時應「避實而擊虛」；又其「軍事篇」談及要「避其銳氣，擊其惰歸」。「避實」是在對方強勢的議題上妥協，「擊虛」則是在對方不堅持的議題上予取予求。AMAT 的強勢要求是大幅降低「鑽石碟」的價格，如果「中砂」的「鑽石碟」像 Rodel 專賣的「拋光墊」一樣可以壟斷市場，「中砂」當然不必理會。但 AMAT 乃以 Saesol 的價格做爲底線要求「中砂」比照辦理，「中砂」若在這個議題上堅持，談判必將破局。然而這個低價卻可以成爲「中砂」談判的籌碼逼 AMAT 在其他的議題下讓步。孫子兵法的「兵勢篇」有云「凡戰者，以正合，以奇勝」；與 AMAT 妥協價格是「以正合」，而迫 AMAT 同意「中砂」所要的其他條件則爲「以奇勝」。「以奇勝」時，孫子兵法的「虛實篇」有云「進而不可禦者，衝其虛也」。由於 AMAT 在其他議題沒有設限，所以是「虛」的，這樣「中砂」就可以「進而不可禦」而獲得重大戰果。這些戰果包括 AMAT 須承諾只銷售 DiaGrid®/DiaTrix™「鑽石碟」(原來 AMAT 只想兼賣而已)及每年達成若干數量的指標。AMAT 要和其競爭者 Rodel 同時銷售一樣的產品，甚至「中砂」也可直銷等。尤其是後者通常爲大盤經銷商所不能容忍的，但宋健民卻以「衝其虛」強迫 AMAT 接受了。

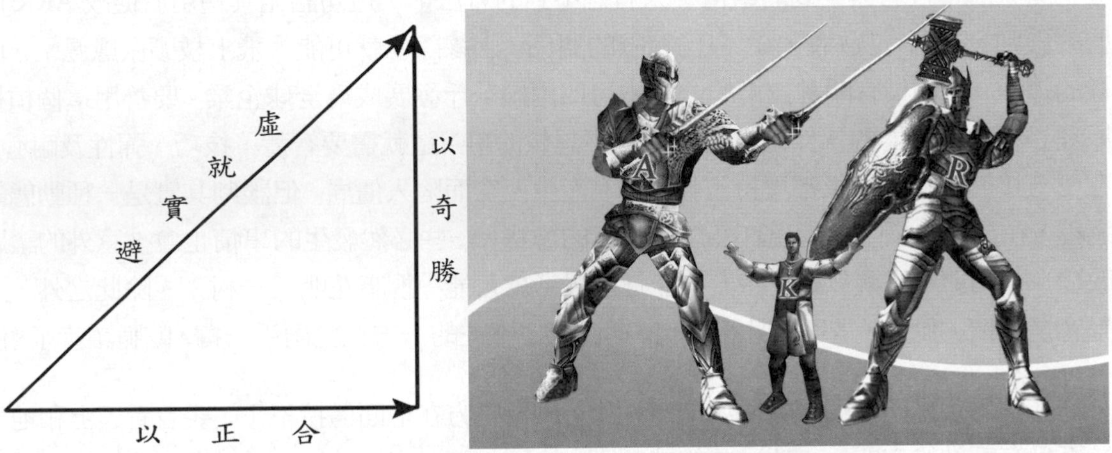

圖 4-5　談判有如棋局應防堅攻弱，這樣才能獲致意想不到的戰果(左圖)。就是使用這種迂迴策略，原本對抗的兩個 CMP 國際巨人才會暫時擱置彼此的恩怨，甘願被「中砂」驅使銷售台灣的產品(右圖)。

採取高價政策是「殺雞取卵」的短視做法，它會把忠實客戶推給競爭者。「中砂」賣「鑽石碟」一年可以賺好幾個資本額，但這樣只會引來更多躍躍欲試的新對手。台灣最大民間企業「鴻海」的掌舵者郭台銘就深知低價格爲介入障礙的個中三昧，他常把價格壓低爲客戶創造利潤。「鴻海」降低價格後必須把成本壓得更低，因此郭台銘也逼自己提高製造效率。就是因為有這個提昇競爭力的遠視，郭台銘在 1985 年建立的「富士康」(Foxconn)品牌才會由當年 4 億台幣的銷售額成長到 2004 年的 4500 億元。

高價策略只適合賣壟斷性的產品(如 De Beers 的鑽石原石)或只做一次的買賣(如觀光景點的紀念品)。如果「聯電」當初採取高價的代工政策，它可能會被國外的後起之秀取代(如新加坡的 Charter)。幸虧「台積電」的加入競爭壓低了價格，台灣才能在晶圓代工的領域成為全球的長期盟主。半導體的長期客戶對高價的供應者極為反感，因此它們會主動引來更多的競爭者，Rodel 在推出 12 吋(300 mm)「拋光墊」時漲價不當使得客戶抱怨連連就是另一個例子。AMAT 乘機向 Rodel 搶回專利並授權給其他製造者使「拋光墊」市場不致被 Rodel 壟斷。Rodel 的總裁 Tony Corey 因而下台，新上任的總裁 Nick Gutwein 在 2004 年訪台時告訴宋健民他上任初期的主要工作就是追回過去高價政策所流失的客戶。

中國人說「吃虧就是佔便宜」，「中砂」在價格上讓步避免了 Saesol 藉 AMAT 為跳板攻佔韓國以外的廣大市場。「中砂」雖然犧牲了短程利潤卻成就了長期的市場佔有率。「中砂」在 2000 年不願在韓國降價讓 Saesol 先下手為強而席捲了韓國的市場，現在亡羊補牢猶未為晚。

「中砂」的「鑽石碟」要長期經營必須像郭台銘一樣為客戶創造物超所值的服務，這樣才會擴大市場的佔有率，客戶也才會對「中砂」忠誠，不致主動尋求替代的產品。客戶對「鑽石碟」的價值滿意，也不會引進可能廢除「鑽石碟」的新技術(如 3M 的「無磨漿拋光墊」)。低價格壓縮了利潤，卻迫使「中砂」發展更先進的技術，這樣就可以更低成本製造出更好的「鑽石碟」(如宋健民在 2006 年已開發成功低成本的 ODD 及高性能的 ADD(見附錄)，這樣不僅「中砂」可以擴大市場的佔有率，也能延長「鑽石碟」的產品壽命，使其不致被未來的新技術淘汰出局。

Rodel 加入 ARK 聯盟

2004 年初宋健民與 AMAT 達成協議，AMAT 向全球客戶只推薦 DiaGrid®「鑽石碟」，這是一個 CMP 耗材銷售歷史的里程碑。所有「鑽石碟」的製造者(如 Norton)都希望藉 AMAT 或 Rodel 之名推銷產品，卻只有 Abrasive Technology 和 3M 在 2003 年之前和 AMAT 合作過，但 DiaGrid®「鑽石碟」在 2004 年起卻可同時由這兩個 CMP 的巨無霸向全球 CMP 的客戶推薦及背書。3M 及 Saesol 在這場激烈的競賽中可能成爲輸家；3M 喪失了一個重量級的策略伙伴，而 Saesol 卻飛走了一隻煮熟的鴨子，「中砂」則有機會大小通吃。

與 AMAT 簽約之前必須修訂與 Rodel 已簽的銷售合約，根據這個合約，Rodel 可以在台灣之外專賣 DiaGrid®「鑽石碟」。換言之，Rodel 可以禁止「中砂」直接供應「鑽石碟」給 AMAT。由於宋健民逼迫 Rodel 加入 ARK 聯盟，Rodel 僅勉強同意可以經由其轉銷 AMAT DiaGrid®「鑽石碟」。但因 AMAT 與 Rodel 已在 CMP 的耗材上競爭，AMAT 不願在「鑽石碟」上受制於 Rodel，因此堅持 Rodel 必須退出「中砂」供應 AMAT「鑽石碟」的通路。ARK 聯盟的成立好事多磨，由於爭奪 DiaGrid®「鑽石碟」代理權的 AR 雙方僵持不下，ARK 聯盟可能胎死腹中。

1999 年前「鑽石碟」的市場先由電鍍產品(如 TBW)獨佔，其後由硬銲產品(如 ABT)勝出，但這些「鑽石碟」上的鑽石分佈都是不規則的。宋健民自 1999 年推出「鑽石陣®」「鑽石碟」後，其他公司(3M 及 Saesol)迅速跟進，2004 年起具有規則排列的「鑽石碟」乃成爲 CMP 耗材的主流，幾乎所有的公司都推出具有「鑽石陣」的「鑽石碟」，其中又以硬銲的產品居多，這些產品都侵犯了宋健民的專利。

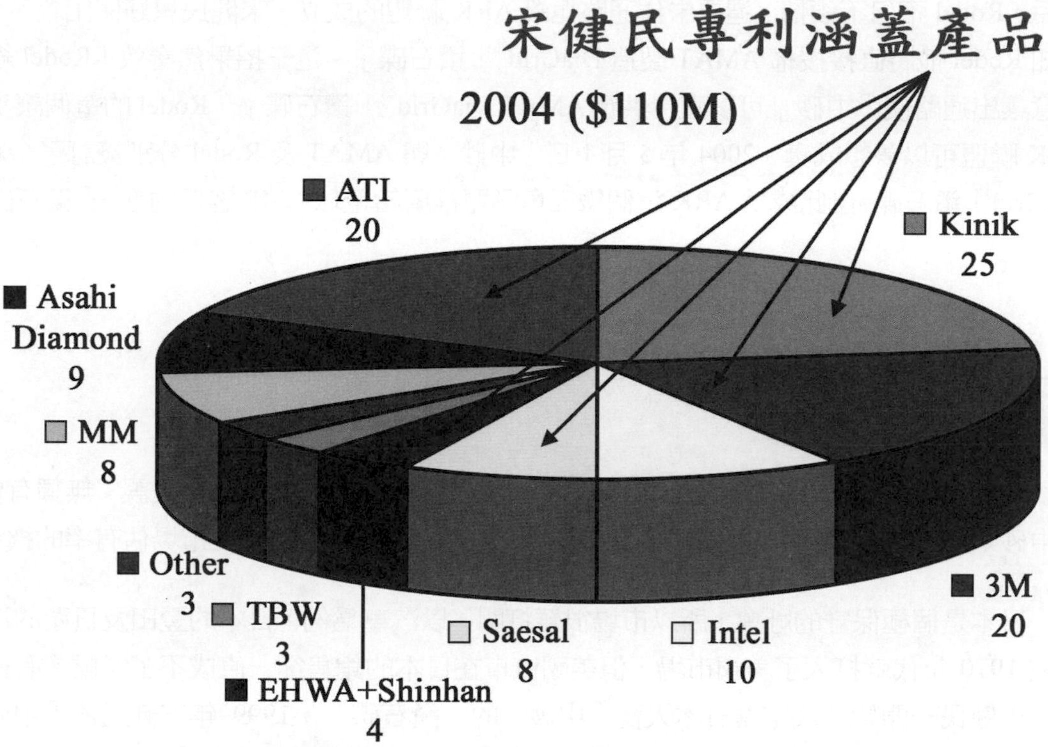

Notes: ATI (ABT) = Abrasive Technology, Inc.
MM = Mitsubishi Materials
Intel = Dedicated Supplier

圖 4-6　2004 年「鑽石碟」的市場佔有率顯示「中砂」只是小幅領先其他競爭對手。如果 AMAT 在全球推銷韓國的「鑽石碟」對「中砂」將是一場災難。ARK 聯盟可以成立使 CMP 領域的三巨頭可以共同向半導體業促銷 DiaGrid®「鑽石碟」。圖中的 Intel 乃使用自己設計的鑽石修整器。

2004 年宋健民要成立 ARK 聯盟時，必須徵得 Rodel 及 Rodel Nitta 的同意。為了說服兩者允許「中砂」直接供應「鑽石碟」給 AMAT，「中砂」寧願再付 Rodel 及 Rodel Nitta 更多的佣金。換言之，「中砂」使用拱手讓給兩者的通路自己還需另付買路錢，Rodel 及 Rodel Nitta 甚至可以不必推銷「中砂」產品而坐收漁利。但即使如此，Rodel 與 AMAT 在 CMP 爭霸仍以 DiaGrid®「鑽石碟」為棋子因此不肯放手。宋健民建立 ARK 聯盟其實是幫助 Rodel 及 Rodel Nitta 解套，使 AMAT 協助兩者銷售 DiaGrid®「鑽石碟」給自己機台的客戶。Rodel 不但不領情，還要卡住通路扼殺 ARK 聯盟的成立。宋健民只好使出殺手鐧，通知 Rodel 他將直接授權 AMAT 製造 DiaGrid®「鑽石碟」。這一招果然奏效，Rodel 終於同意讓出通路使「中砂」可以直接供應 AMAT DiaGrid®「鑽石碟」，Rodel 的這個讓步使 ARK 聯盟可以夢想成真。2004 年 5 月 1 日「中砂」與 AMAT 及 Rodel 分別簽訂了合約，DiaGrid®「鑽石碟」自此成爲 ARK 這個鐵三角聯盟推薦給全球 CMP 客戶的唯一「鑽石碟」。

日本市場拱手讓人

2000 年「中砂」在韓國不戰而退讓 Saesol 乘機坐大，這是一項策略失誤。無獨有偶，「中砂」在日本也把市場拱手讓人，使「中砂」喪失一個可以大幅擴大市場佔有率的機會。

日本是個極保守的社會，所以市場很難打開。以汽車為例，日本的豐田及日產的汽車早在 1970 年代就打入了美國市場，但美國汽車在日本的銷售卻一直成不了氣候。有鑑於此，宋健民一開始就決定讓日本人賣「中砂」的「鑽石碟」。1999 年宋健民藉「中砂」副董事長白陽亮訪問日本「富士模具」(Fuji Die)的機會說動其擁有人及董事長 Takayoshi Shinjo(新庄鷹義)代銷 DiaGrid®「鑽石碟」，宋健民後來參加東京石材展時年邁的 Takayoshi Shinjo 還專程拜訪宋健民並告訴他「富士模具」要代銷「鑽石碟」。

圖 4-7　宋健民和白陽亮(右)訪問富士模具負責人 Takayoshi Shinjo(左圖)及 Takayoshi Shinjo 訪問東京石材展參展的宋健民(右圖)。

「富士模具」代銷「中砂」的「鑽石碟」不到一年就賣進日本最大的半導體公司 NEC。可惜 Takayoshi Shinjo 的年齡已超過 80 歲，注重經營的細節已經力不從心。他有 4 個女兒卻沒有兒子，所以只好把公司業務交由女婿 Norihiko Kinoshita(木下德彥)負責。Kinoshita 為律師出身，他的作風極端保守，不願承擔任何風險。他乃決定不再代理「中砂」的「鑽石碟」。律師通常是不求有功但求無過，因此判斷乃著重風險而忽略了機會。以開車為例說明律師決策可能犯的錯誤，律師會把精力放在汽車肇事時必須負擔的責任，卻不考慮發生事故的機率甚低，因此律師會做出不能開車的決定。與律師形成對比的是冒險家，他們只看到成功後的光榮，忽略執行過程的危險。企業家投資應衡量獲利的大小和風險的高低。由於 Kinoshita 不是企業家，他不願開疆闢土而只注重財務管理，因此「富士模具」的格局就只能守成。

2000 年宋健民與 Rodel 達成的協議中明言 Rodel 必須在 2001 年底銷售 1200 萬美元的 DiaGrid®「鑽石碟」，結果 Rodel 只做到約 100 萬美元。2002 年「中砂」再將合約延長一年，結果 Rodel 的銷售業績仍然沒有起色。2003 年宋健民建議將 Rodel 改為非專屬銷售，這樣「中砂」就可以藉機建立自己的銷售通路，可惜建議不被採納。其後「中砂」和 Rodel 直接談判卻將合約一口氣延長了三年，而且將銷售額壓低至只有象徵性的 200 萬美元。這項新約可使 Rodel 輕鬆的再壟斷「中砂」的海外銷售權長達三年。不僅如此，Rodel(2004 年改名為 Rohm and Haas Electronic Materials)的日本合作夥伴 Rodel Nitta(2004 年改名為 Nitta Haas)在日本銷售 DiaGrid®「鑽石碟」多年卻根本毫無建樹，「中砂」卻也同時給予長期的專賣權。

「富士模具」退出後，宋健民曾找了一個「中砂」可以完全掌控的專業小公司代銷「鑽石碟」，這個小公司也可以成為 Kinik Japan 做為「中砂」直接進軍日本的據點。但可惜那時「中砂」卻執意要委託 Rodel 的日本伙伴 Rodel Nitta(後改名為 Nitta Haas)全權代理。然而 Rodel Nitta 的核心產品為拋光墊，所以並未全力銷售「鑽石碟」，因此「中砂」一直到 2004 年仍只有 NEC 這家「富士模具」四年前就攻佔的橋頭堡，2005 年時竟連這一塊在日本碩果僅存的灘頭堡也丟失了大半。幸虧當時 ARK 在日本發揮影響力，Rodel Nitta 在 Applied Materials Japan(AMJ)的支援下終於有了成績。2006 年 ARK 已經瓦解，但 Rodel Nitta 持續拓展「中砂」的「鑽石碟」，開始有新的客戶(如 Toshiba)。

「中砂」直銷「鑽石碟」

「中砂」的「鑽石碟」具有知名的品牌優勢(DiaGrid®在CMP領域已名聞遐邇)，也有強勢的國際專利護航，現在更有世界CMP的兩大霸權共同加持，因此它乃一枝獨秀成為CMP「鑽石碟」全球的標準產品。然而由於銷售通路仍掌握在兩個彼此對立的大公司手中，「中砂」「鑽石碟」的未來經營仍然會受制於人。AMAT及Rodel各有其核心產品，「鑽石碟」只是它們錦上添花的工具，它是隨時可以被犧牲掉的。Rodel在銷售DiaGrid®「鑽石碟」的頭兩年發現它會延長「拋光墊」的壽命，因此不願主動推銷「鑽石碟」以免打擊到自己的主力產品。其後Rodel礙於執行合約不得不銷售DiaGrid®「鑽石碟」，它的副總Karen Johnson乃採取一個高價政策(如賣給Micron 約$1,300/片)冀圖以「鑽石碟」的利潤來貼補「拋光墊」售出數量減少的損失。Rodel的自私策略曾扼殺了DiaGrid®「鑽石碟」的海外市場達三年之久。

2000年「中砂」在半導體CMP的領域裏沒沒無名，但Rodel則是所有CMP客戶「拋光墊」的供應者，因此那時與Rodel結盟可以大幅提昇「中砂」的能見度。2003年時DiaGrid®「鑽石碟」的知名度已經打開，那時還和未履行合約的Rodel續約，對「中砂」其實並沒有好處，「中砂」直銷「鑽石碟」不僅會比Rodel代銷有效而且可以節省大量佣金。尤有進者，「中砂」可順勢把「鑽石碟」的價格壓低並持續擴大市場的佔有率，這樣不僅可以成就「鑽石碟」的霸業也可掌握自己的通路，這應是「中砂」長期經營「鑽石碟」的上上之策。

2004年由於AMAT有意擁抱Saesol或Shinhan，宋健民促成ARK聯盟切斷了這些韓國公司的國際通路。然而AMAT是一隻CMP事業的大恐龍，「中砂」雖然能暫時以ARK聯盟控制住它，但時間一久AMAT可能將「中砂」棄之如蔽屣，就像它在2003年甩掉3M一樣。為了掌握自己的命運也為了降低昂貴的管銷費用，「中砂」必須建立直銷的通路。為此宋健民早已未雨綢繆在與AMAT的合約預留伏筆，即AMAT可以容許「中砂」直銷。這個直銷許可是一個求之不得的良機，「中砂」可搭乘AMAT銷售DiaGrid®「鑽石碟」的便車，建立起自己指揮的銷售系統。

讓製造者直接銷售並和自己競爭是所有代理商的夢魘，因為這樣代理商辛苦建立的銷售管道將來會被製造者佔為己有，大盤的代理商不會簽署這樣沒有保障的合約。然而宋健民與AMAT簽訂的合約竟明文規定「中砂」可以直銷「鑽石碟」，甚至取代AMAT銷售的成果。這是宋健民依「孫子兵法」「以奇勝」所獲得的成果。「中砂」應乘此合約執行期間迅速建立起自己的銷售網路，這樣才不會在 AMAT 變節或 Rodel 拿翹時束手無策。爲了因應「中砂」直銷「鑽石碟」的時代到來，宋健民又在美國組成了 Kinik U.S.A.；一方面協助 AMAT 及 Rodel 銷售「鑽石碟」，另一方面建立「中砂」直接的銷售網路。只有自己掌握通路，「中砂」和客戶才會雙贏，這樣 DiaGrid®「鑽石碟」的銷售就能長長久久。

爲了建立「中砂」的直銷通路，宋健民乃以 2006 年不再延續 AMAT 的合約爲籌碼，希望 RHEM 再行修改合約。本來合約已被「中砂」延長到 2008 年，但因 RHEM 的首要敵人爲 AMAT，因此可以配合宋健民「中砂」直銷全世界的條件。ARK 成立的兩年期間，AMAT 和 RHEM 因爭奪 CMP 的市場，雙方不斷發生糾紛，「中砂」夾在兩大之間並不討好。AMAT 又以實驗性的 Praxair「拋光墊」「綁架」DiaGrid®「鑽石碟」，RHEM 則以新開發的 Vision「拋光墊」套牢 DiaGrid®「鑽石碟」。由於 ARK 未能達成 AMAT 預設的目標，「中砂」乃在 2006 年廢止 AMAT 銷售 DiaGrid®「鑽石碟」的合約。雖然 AMAT 已不能再經銷「中砂」產品，但它開發的 Praxair「拋光墊」已與 DiaGrid®「鑽石碟」綁在一起，其測試的花費已超過$2.5M，包括使用了超過 70 萬片的晶圓(200 mm)，「中砂」乃把 AMAT 由經銷商改成客戶，節省了銷售的佣金。ARK 雖未達到迅速擴大「中砂」市場佔有率初衷，卻避免了 Saesol 或 Shinhan 藉 AMAT 的名氣和「中砂」正面對決的危機。ARK 的過渡也促成了「中砂」全球直銷的戰略佈局。

綜上所述，當「中砂」仍在 CMP 領域沒沒無名時就藉 Rodel 之名使產品打入國際市場。當 Rodel 以合約綁住「中砂」時，宋健民又以 AMAT 合約逼 Rodel 交出國外的代理權，最後再切斷 AMAT 合約使「中砂」可以直銷全世界。AMAT 雖然失掉了合約，但因已不能走回頭路，所以未來也只能繼續推銷「中砂」的「鑽石碟」。「中砂」的蛙跳策略使其從無到有推出「鑽石碟」，再借力使力成功的主導世界的市場。

普通產品(Commodity)爲「我一樣」(me-too)的可替代貨。「我一樣」時，產品必須價格低廉而且交貨迅速，否則客戶不會選用。由於競爭激烈，「我一樣」產品的毛利很低而且常會被取代(如中國砂輪的砂輪可能會被中國製的砂輪取代)。獨特產品(Specialty)爲「我唯一」(me-only)的高值產品，它的競爭力乃建立在性能、品牌、智權與全球通路上。例如 DiaGrid®「鑽石碟」就是具有特色的「我唯一」產品。即使如此，半導體業的產品壽命仍然很短，「中砂」的 CMP 事業要能永續經營，「鑽石碟」不能只靠小幅改進而必須有革命性的設計突破。畢竟天下沒有不散的筵席，DiaGrid®「鑽石碟」再好，它的產品壽命也會有限。DiaGrid®「鑽石碟」適用目前半導體積體電路(IC)線寬(110 nm)的 CMP 製程，2005 年 ULSI 的線寬將持續縮小爲 90 nm，以後數年更將縮小爲 65 nm，甚至 45 nm。那時 DiaGrid®「鑽石碟」修整 CMP「抛光墊」時，會有如以砂紙研磨豆腐一樣會把表面拉扯走樣，所以必須使用更精緻的鑽石工具。

爲了因應 CMP 下一階段的發展，宋健民已設計出可能終極使用的產品。這些「殺手級」「鑽石碟」的性能遠勝於現有的任何產品，它們也有全球專利的護航。這是沒有競爭對手的「白天產品」，它們將成爲製造病毒尺寸(＜ 65 nm)線路晶片未來唯一可用的產品。由於宋健民和 AMAT 有合作關係，他乃藉這條管道和 AMAT 的新機台研發機構建立先進「鑽石碟」(Advanced Diamond Disk 或 ADD™)的開發計畫。ADD™「鑽石碟」後來居上取代了競爭者(如 3M)的「鑽石碟」，成功的成爲 AMAT 下一世代 CMP 機台的「鑽石碟」。

應用材料的原子彈

第二次世界大戰如火如荼展開的 1942 年，美國開始祕密進行所謂的 Manhattan Project，準備製造威力遠超過傳統炸藥的原子彈。美國本來想用原子彈對付德國，但歐戰後期，希特勒的軍隊在俄美的東西夾擊下迅速崩潰，原子彈似乎沒有用武之地。然而在太平洋戰爭中，美軍雖然消滅了日本的空軍及海軍，但佔領東部中國的皇軍陸軍仍然強大。美國爲了儘速結束雙方傷亡慘重的大戰，1945 年在長崎及廣島各投下一顆剛做好的原子彈。日本在震撼之餘，終於在原子彈轟炸九天後宣佈投降。

在 CMP 的領域裏，AMAT 也進行了一項多年的祕密計畫——eCMP(Electrolytic CMP)，它乃準備導入電流加速抛光晶圓，這樣就不必使用磨漿以蠻力磨除晶圓，因此可以避免刮壞脆弱的積體電路。由於 eCMP 不使用傳統的抛光墊及磨漿，AMAT 可以將 Rohm and Haas 及 Cabot 等 CMP 耗材大廠排除在主流製程之外。如果 eCMP 的計畫成功，AMAT 可以不僅獨霸 CMP 機台的市場，也能掌控其耗材的供應。就像美國投射原子彈終止了日本的對抗，AMAT 希望在推出 eCMP 後排除 Rohm and Haas 及 Cabot 的競爭。

2006 年起，半導體的摩爾定律(Moore’s Law)正式進入病毒(Virus)的尺寸(30-90 nm)，「台積電」及「聯電」的晶圓代工(Foundry)開始生產線寬爲 90 nm 的晶片，而半導體龍頭的 Intel 及 IBM 正在開發 65 nm 的製程。當柔軟的銅導線只有一隻病毒寬時，以磨漿拋光的力道太猛，銅層極易被磨過頭。除此之外，爲了降低銅線微弱電流的阻抗，銅線之間乃以中空的低介電(Low-K)材料隔離，這種類似珊瑚結構的絕緣層極爲脆弱，它根本經不起磨料撞擊的拉扯，所以當 Moore's Law 走到線寬 32 nm 或更細時，eCMP 有望取代 CMP 成爲製造 IC 的主流製程。

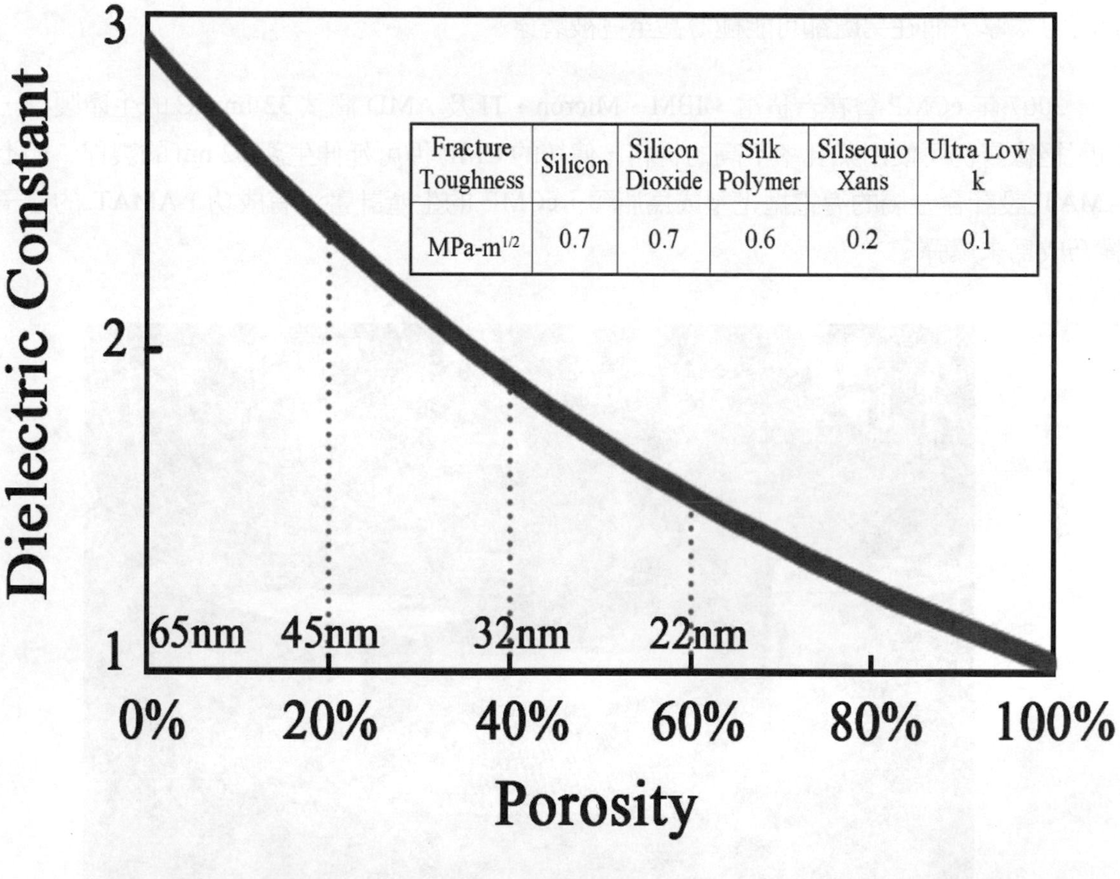

Fracture Toughness	Silicon	Silicon Dioxide	Silk Polymer	Silsequio Xans	Ultra Low k
MPa-m$^{1/2}$	0.7	0.7	0.6	0.2	0.1

圖 4-8　介電常數越低則材料的氣孔率越大，其衝擊強度(韌性)就越差，因此 CMP 拋光時的接觸壓力要顯著降低才不會破壞介電層。

要避免摧毀脆弱的積體(集成)電路，晶片拋光的壓力(如 2 PSI)必須降低 10 倍以上(如 0.1 PSI)。然而拋光的壓力降低後，拋光速率會變得太慢，CMP 的成本就會顯著增加。爲了在低壓下提高拋光速率，eCMP 乃以通電方式氧化銅層使其變軟，這樣就可以加速拋光。

爲了使電流通過銅層的接觸處，拋光墊之內要滲入軟質的金屬使其導電。更重要的是這種拋光墊的表面必須有極均勻的紋路(Asperities)使其均勻的接觸銅層。只有這樣，以電流拋光的銅層才會保持同樣的厚度。然而 CMP 所用的「鑽石碟」其磨粒頂點的高度差異太大(＞ 50 μm)，在拋光墊上刮出的紋路參差不齊，以致各處的拋光速率不一，這樣銅層有時會太厚，而在另處卻可能極薄甚至會被磨穿。

2007 年 eCMP 曾在台積電、IBM、Micron、TI 及 AMD 測試 32 nm IC 的生產製程，但因絕緣層仍可使用氣孔率不高的材料，傳統的 CMP 仍可延伸生產 32 nm 的製程。加上 AMAT 設計含金屬的導電拋光墊成爲瓶頸，eCMP 的生產計畫沒有成功，AMAT 的原子彈乃成爲未爆彈。

圖 4-9　eCMP 乃以導電的拋光墊氧化晶圓表面的銅層後將之擦拭移除。

「鑽石碟」的殺手鐧

創造的藝術爲「無中生有」。但「無中生有」可以相反的方式達成，一個是由下往上(Bottom Up)的建築，另一個是由上往下(Top Down)的移除，前者爲西方宗教(猶太、基督及回教)創造宇宙的方法，後者爲東方哲學(佛教及道教)呈現世界的途徑。這兩種技術都已用在製造「鑽石碟」。

圖 4-10　法國巴黎的凱旋門(Arc de Triomphe)爲「由下往上」的加法建築(左圖)。美國猶他州的「脆弱拱橋」(Delicate Arch)則爲「由上往下」的減法雕刻。兩者都屬「無中生有」，但前者的「無」爲「沒有」，而後者的「無」爲「全有」。

現有的「鑽石碟」乃以「增加法」在基材上排列鑽石磨粒，由於磨粒大小及形狀都不一樣，所以其頂點高度不能統一。2006 年宋健民改以「減少法」在多晶鑽石(Polycrystalline Diamond)層上雕刻出結構，這樣就可以使切點的頂點高度一致。宋健民稱這種 PCD Dresser 爲 ADD™(Advanced Diamond Disk)。ADD™「鑽石碟」乃以移除的方式成形，因此錐形的切刃不僅外形相同，而且高低一致。

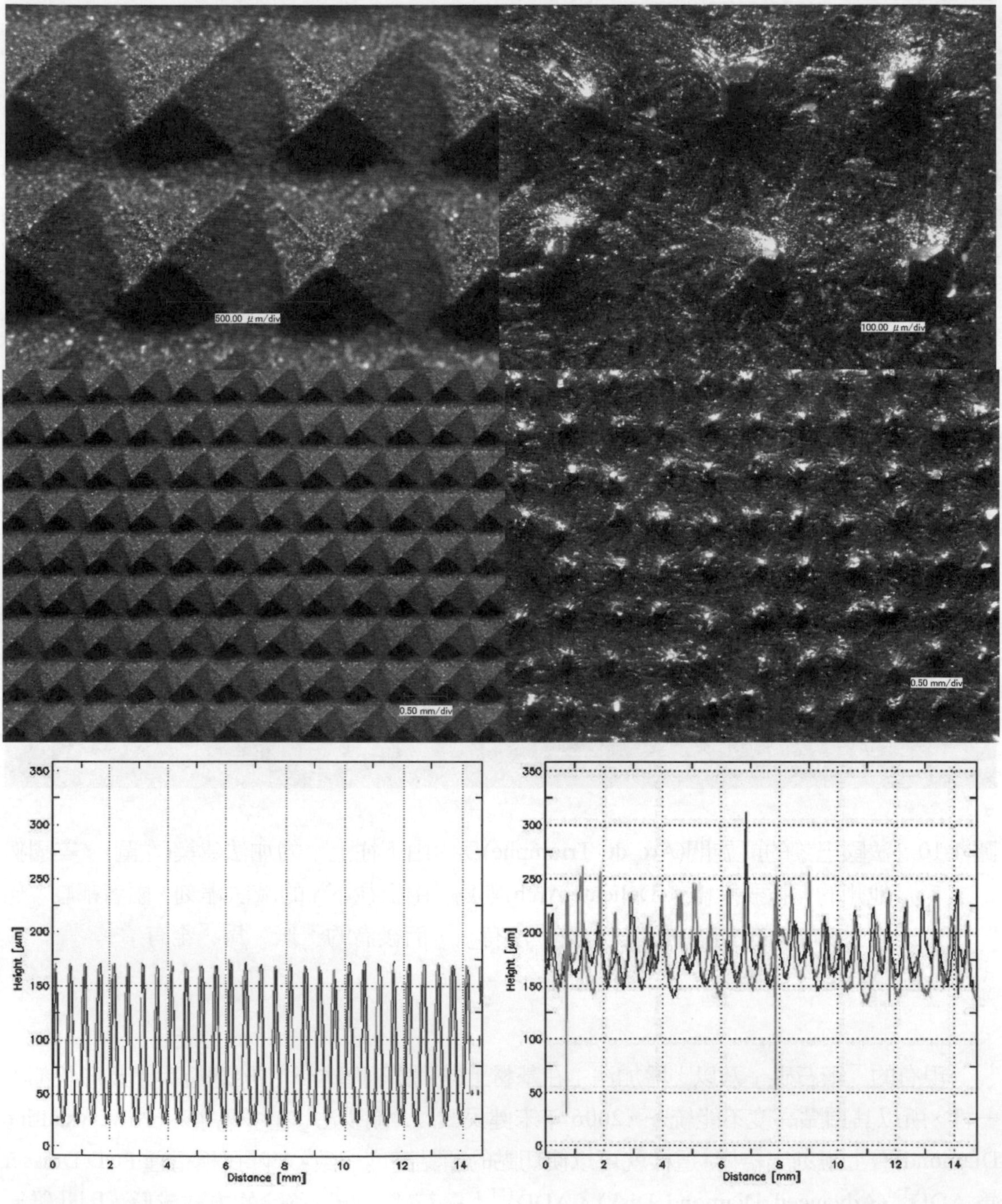

圖 4-11　「減少法」(左圖)雕刻的鑽石尖錐比「增加法」(右圖)規則，而且頂點高度一致。

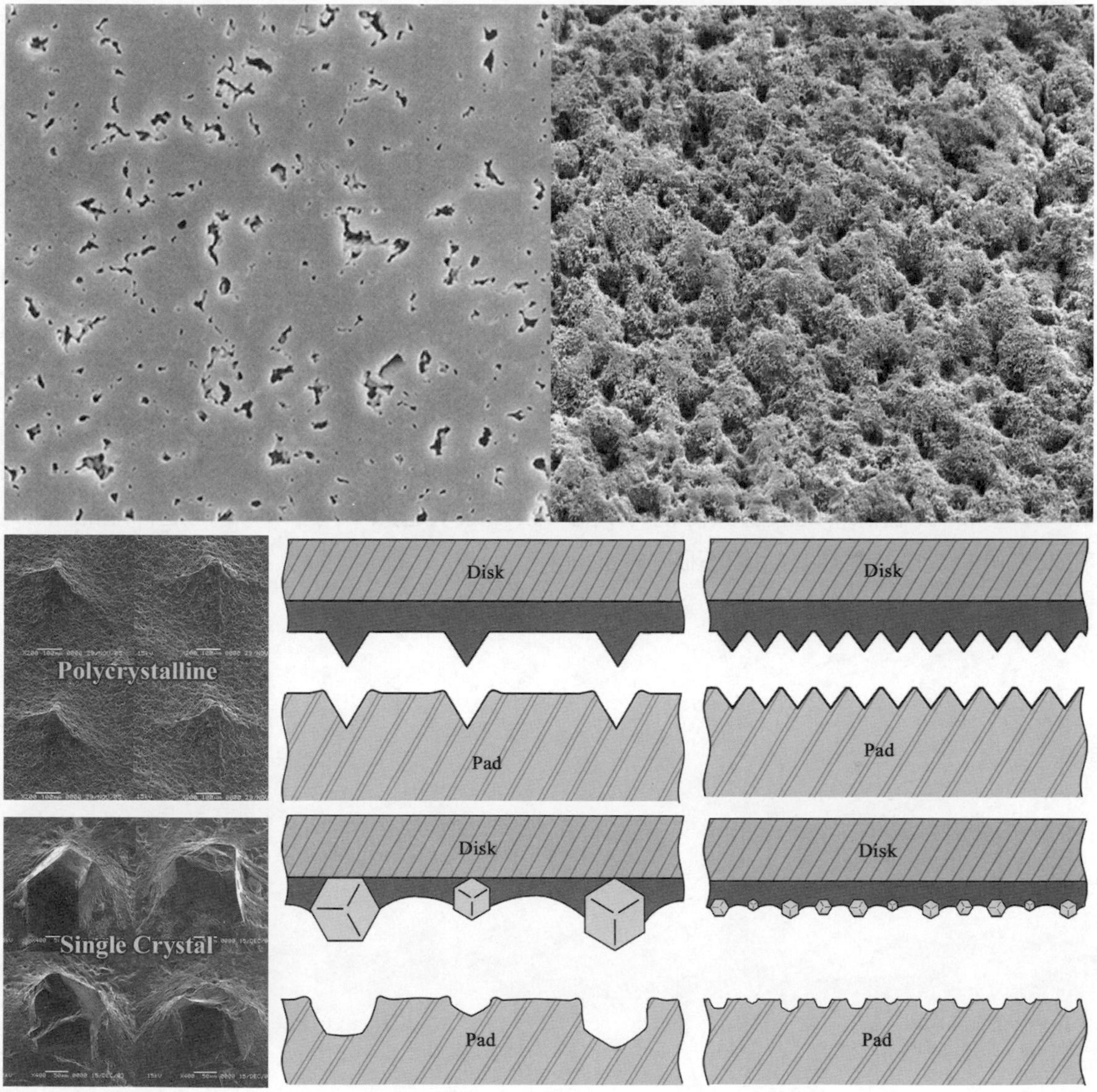

圖 4-12　多晶鑽石的結構(上圖)及其形成尖錐的規則性(中圖)。單晶鑽石的磨粒形狀不規則，因此難以控制切點的高度和拋光墊上切溝的深度(下圖)。

AMAT 自 2000 年開始發展 eCMP，但因找不到適當的「鑽石碟」，這項革命性的技術就一直難以突破。但 2004 年 AMAT 測試 ADD™「鑽石碟」後就解決了「拋光墊」修整的困難。eCMP 採用導電的「拋光墊」及無磨漿的電解液，在這場半導體製程的大革命中，ADD^{TM}「鑽石碟」似已成爲推手(Enabler)。然而半導體的產業已大幅改善傳統的 CMP 製程，原先以爲脆弱的介電層必須以 eCMP 拋光卻仍可使用傳統的方法。AMAT 乃取消了 eCMP 計畫，因此 ADD^{TM}「鑽石碟」乃成爲技術成功但商業失敗的例子。

在傳統的 CMP 的領域裏，ADD^{TM}「鑽石碟」也可使製造 IC 的技術自 90 nm 延伸至 65 nm 乃至 45 nm。不僅如此，ADD^{TM}「鑽石碟」修整拋光墊的損耗極小，因此拋光墊的壽命可以大幅提高。除此之外，拋光墊的表面吸附的磨漿也會較多，因此磨漿的使用效率也可以提高。ADD^{TM}「鑽石碟」因此是 CMP 耗材的節省器(Consumable Saver)，它可顯著降低 CMP 的製造成本。雖然 ADD^{TM}「鑽石碟」的商品化似乎遙遙無期，但宋健民已採用新的設計，把 ADD 的技術應用到更有效的 UDD(Ultimate Diamond Disk)上。由於多晶鑽石 ADD^{TM}「鑽石碟」的設計與傳統的單晶「鑽石碟」迥然不同，ADD 的延伸產品 UDD 在未來可能成爲獨佔性的「鑽石碟」。

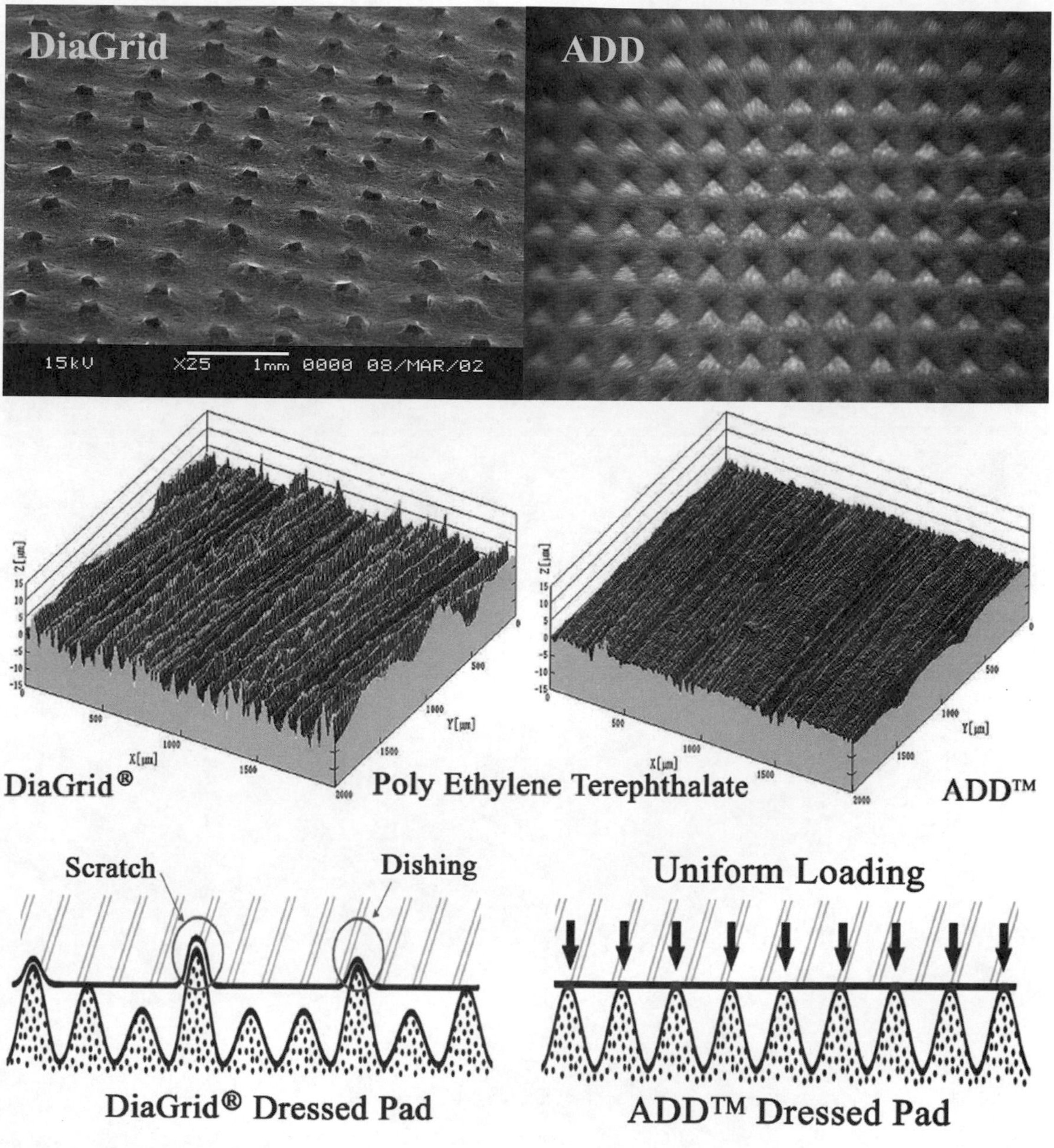

圖 4-13　ADD™「鑽石碟」的尖錐比 DiaGrid®「鑽石碟」整齊劃一(上圖)，前者在拋光墊上切出的紋路更爲細緻(中圖)，所以拋光晶圓時不會刮壞線路(下圖)。

第 5 章 －「MMM」的「回頭是岸」

(轉載自 KINIK JOURNAL 12 期，2005 年 4 月)

3M 賠償宋健民及撤回控告「中砂」

以創新享譽國際的美國明尼蘇達礦業製造公司(Minnesota Mining and Manufacturing Company 或 3M)在 2005 年 3 月 7 日和宋健民及中國砂輪企業股份有限公司(中砂)達成和解。3M 因被宋健民控告專利侵權而賠償宋健民美元 3M(3 Million)，3M 也撤消了為期約 3M(3 Months)對「中砂」及宋健民的反控訴案。在這場全面和解中，「中砂」是最大的贏家，不僅未付分文賠償而且可以免費使用多種 3M 被專屬授權的專利。3M 自 2001 年 1 月 5 日控訴「中砂」侵權開始和「中砂」纏訟超過四年至此塵埃落定。3M 不僅未達到其控告「中砂」的目的，現在除了賠錢和撤案外，還承諾在雙方競爭的領域──「鑽石碟」不能再控告「中砂」侵權。「鑽石碟」是半導體製程「化學機械拋光」(Chemical Mechanical Planarization 或 CMP)的必要耗材，其全球的市場每年超過 1 億美元。2004 年「中砂」「鑽石碟」的市場佔有率為世界第一，它的獲利佔「中砂」總毛利的約 3/4，這是「中砂」能在 2005 年股票上市的主要推力。

1997 年 4 月 4 日宋健民在美國申請鑽石具有矩陣排列的硬銲產品及製程專利(U.S. Patent 6,039,641)，當年宋健民在「中砂」生產這種他命名為「鑽石陣®」(DiaGrid®)的細鋸及磨盤。1999 年「中砂」再次領先全球售出第一批(聯電、IBM)DiaGrid®「鑽石碟」。自此「鑽石陣®」的工具設計就成國內外競爭者師法的對象。3M 在 1998 年 4 月 15 日也申請「鑽石碟」的專利(U.S. Patent 6,123,612)，但其優先日期已落後宋健民一年。

「中砂」一向爲 3M 磨粒(Cubitron®)的重要客戶，也曾代銷過 3M 的產品(Scotchbrite®)。2000 年 3M 推出具有矩陣排列的「鑽石碟」開始成爲「中砂」的競爭者。3M 深知它不能以「鑽石碟」的設計專利控告「中砂」侵權，它乃以被其他公司授權的另一專利(U.S. Patent 5,620,489)訴訟，3M 聲稱「中砂」在製造「鑽石碟」時其「前置物」(Preform)侵犯該專利。2001 年 1 月 5 日 3M 未知會「中砂」即在美國外貿協會(ITC)及美國 Arizona 州的地方法院遞狀。然而就在同一個月，它就通知宋健民要求和「中砂」和解談判。經過密集的會談後，3 月 26 日 3M 半導體事業部的副總 H. C. Shin 和「中砂」簽了以合作代替對抗的合解草約(Tentative Agreement)。在這個草約內 3M 同意「中砂」代工製造它的「鑽石碟」，3M 則要代理「中砂」的「鑽石碟」並在全球銷售；3M 因「鑽石碟」的競爭而控告「中砂」的用意至此暴露無遺。其後 3M 又表示要併購「中砂」並以此名義獲得「中砂」財務及研發的產業機密。在談判期間，3M 又數度派遣經理及技術人員參觀「中砂」的工廠。2001 年 11 月「中砂」正準備交接過戶時，3M 卻取消併購案，那時 3M 仍表示願意進行商業合作並會在一年內評估是否要在未來再行併購「中砂」，然而這些承諾後來都成爲空頭支票。

2002 年 2 月 8 日 ITC 判決「中砂」DiaGrid®產品侵權，並在 5 月 9 日禁止該項產品輸美。宋健民立刻改變「中砂」製程並生產全新的 DiaTrix®「鑽石碟」，「中砂」因此可以持續銷售給美國客戶。2002 年 8 月 16 日「中砂」在美國聯邦上訴法庭上訴 ITC 的判決。2003 年 3 月 31 日「中砂」又在美國專利局舉發 3M 控訴「中砂」侵權的美國專利。美國專利局在 2003 年 11 月 13 日判決該專利的主要申訴範圍(1-8 項)無效。2004 年 3 月 25 日聯邦上訴法院的三位法官裁定 ITC 的法官 Delbert Terrill 誤判。這項覆判證實了「中砂」DiaGrid®產品其實從未侵權。2004 年 6 月 21 日 ITC 撤銷了此產品輸美的禁令。3M 不僅在美國控訴「中砂」侵權，2003 年 11 月 12 日它也在韓國控告「中砂」的 DiaGrid®產品侵犯了上述美國專利的韓國版專利。然而 3M 在美國聯邦上訴法院平反「中砂」之後，認爲在韓國勝訴無望，它乃在 2004 年 4 月 13 日撤銷了在韓國的控訴。2004 年 11 月 23 日 3M 爲了避免支出龐大的律師費，也撤銷了在 Arizona 地方法院控告「中砂」近四年的訟案。3M 律師團對「中砂」前仆後繼的法律攻勢至此都已徒勞無功。

3M 以大吃小在 ITC 攻擊「中砂」勢如破竹時，由於「中砂」沒有能力反擊，2002 年 8 月 16 日宋健民在美國東德州(East Texas)Marshall 的地方法院自費控告 3M 侵犯其美國專利 6,039,641。10 月 1 日 3M 意圖獲取地緣的優勢，要求該案移到其總部所在地的 Minnesota 地方法院審判，但法官在 11 月 15 日拒絕了 3M 的請求。2003 年 8 月 26 日東德州的法官

John Ward 又拒絕了 3M 對宋健民專利申請範圍的狹隘解釋，這項關鍵性的判決使 3M 難以逃避未來會被判決侵犯宋健民的專利。3M 前在 ITC 控告「中砂」時，並未料到宋健民後來會控告他們侵權，所以他們曾提供法院生產「鑽石碟」的完整製程，因此 3M 可能已招供了侵權的事實。

3M 若被判侵權不僅要付出巨額賠償，還將面臨未來可能停產的巨大損失。爲了要侷限敗訴的可能災難，2004 年 1 月 20 日 3M 在其總部(Saint Paul)的 Minnesota 地方法院要求判決它並未侵犯宋健民及「中砂」尚未提出控告 3M 侵權的其他專利，但同年 6 月 15 日法院駁回了該項要求。2004 年 1 月 30 日宋健民在東德州加告 3M 侵犯其美國專利 6,679,243；2004 年 9 月 22 日再加告 3M 侵犯其重新鑑定的美國專利 6,286,498；宋健民並擬在未來以尚未現身的其他「潛艦專利」(Submarine Patent)加碼控訴 3M 侵權。面對排山倒海一波又一波的攻勢，3M 乃以緩兵之計向美國專利局舉發宋健民的專利無效，並要求法院安排和宋健民談判和解。

在東德州法官判決宋健民專利申請範圍不受 3M 狹隘解釋的限制後，3M 已看出敗勢。2003 年底，3M 撤換了主攻「中砂」及防守宋健民的律師 Ralph Mittelberger。其後接替 H. C. Shin 成爲半導體事業部副總的 Chuck Kummeth 曾數度要求和宋健民和解，並表示願意支付宋健民的律師費。那時聯邦法院仍未平反「中砂」在 ITC 敗訴的判決，所以 Kummeth 建議由未來「中砂」付給 3M 的權利金轉付給宋健民做爲侵權的賠償費。3M 挾「中砂」來制衡宋健民的策略至此昭然若揭。2004 年 6 月 23 日宋健民和「中砂」的林心正總經理與 3M 在舊金山談判和解，當時宋健民要求 3M 賠償$15M。3M 與會的 Kummeth 及其續任的半導體事業部副總 Jesse Singh 都只願賠償$1M。那時美國聯邦法院已平反「中砂」在 ITC 的敗訴，所以 3M 不能再以「中砂」做爲賠償宋健民的「擋箭牌」。3M 乃揚言再控告「中砂」侵權以獲取和宋健民談判的籌碼。2004 年 11 月 11 日 3M 果然在東德州反告「中砂」及宋健民侵犯其專屬授權的另一被 UAL 授權的美國專利(U.S. Patent 5,380,390)。其後不久 Singh 和其研發主任 Bob Visser 又數度(2004 年 9 月 8 日、2004 年 11 月 1 日)到台灣拜訪宋健民及林總經理要求和解。2004 年 2 月 25 日宋健民在美國加州 CMP-MIC 演講以奈米鑽石直接 CMP 晶圓時，Visser 也專程前往聆聽並再度和宋健民談判和解。

「中砂」在 2005 年 1 月開始股票上市，3M 新提出「中砂」侵權的控訴可能影響到「中砂」的股價及商務；「中砂」的蕭新意副總、白文亮副總、李偉彰副總及許惠婷財務經理都要求宋健民放棄要求 3M 鉅額的賠償以交換 3M 撤銷對「中砂」的控告。2005 年 3 月 7

日各方人馬又在德州的達拉斯由法官 John Ward 指派退休的法官 Robert Parker 協調和解。宋健民爲解除「中砂」的官司威脅，乃同意 3M 的要求將賠償費用降到$3M。

3M 在 2000 年獲知「中砂」已先銷售它正在開發的鑽石排列產品就不斷興訟控告「中砂」，3M 又表示要代銷「中砂」產品，甚至併購公司，但這些都只是說說而已。3M 在訴訟不利並撤回告訴後又再以其他專利來控告「中砂」。3M 的上述種種操作顯示它只是以侵權之名而行商業騷擾之實。「中砂」的 DiaGrid®製程與產品乃自行研發與自創品牌，DiaGrid®「鑽石碟」不僅行銷全球成爲半導體 CMP 製程的標竿品牌，宋健民並安排「中砂」與世界最大 CMP 機台公司(美國 Applied Materials)及最大 CMP 耗材公司(美國 Rohm and Haas，即前 Rodel)成立 ARK(Applied-Rodel-Kinik)的國際聯盟，ARK 以 DiaGrid®「鑽石碟」配合機台及其他耗材推銷給全球的半導體公司。這兩個 CMP 跨國巨人都有嚴謹的技術團隊獨立評估 DiaGrid®及 DiaTrix®鑽石碟的品質。在銷售「中砂」產品之前，它們各自的智權部門也分析過「中砂」產品侵權的可能性，並判定宋健民的發明不會侵犯任何人的智權。

3M 願意賠償宋健民可能是有史以來第一次在他們拿手的智權遊戲向個人低頭。3M 年營業額超過$180 億美元，它是極負盛名的智權公司。它各事業部及其直屬的創新財產公司(3M Innovative Properties Company)有超過 200 人的律師團隊。但在超過四年對「中砂」的興訟中，傲慢的 3M 可謂「賠了夫人又折兵」，不僅未獲分文賠償還須支付鉅額的律師費及賠償金(估計超過千萬美元)。台灣的公司在市場上若和 3M 有所競爭都戰戰兢兢，生怕不小心踩到 3M 痛角而惹禍上身。例如製造新光合成纖維的董事長吳東昇就告訴宋健民，他們不敢在市場上挑戰 3M，吳東昇對 3M 竟然會因怕宋健民控告而賠償感到不可思議。

3M 以龐大資源及律師團欺負台灣的小公司已經不只一次。3M 引以爲傲的一項民生產品爲「多次貼」(Post-It)的標示紙，1987 年台灣的一個小公司「聚合國際」也推出「多次貼」的相似產品，並逐漸搶得每年高達 10 億美元約 5%的市場。1994 年 3 月 3M 在 ITC 地方法院及聯邦巡迴法院控告郭聰田博士在 1964 年創立的「聚合國際」。3M 宣稱「聚合國際」的所謂「乳化聚合」技術侵犯了它的專利。這個官司纏訟六年最後以和解收場。在這次的攻擊中，3M 達到了騷擾台灣對手的目的。「聚合國際」喪失了迅速佔領市場的商機，也賠掉了約 500 萬美元(相當於 1/5 的股本)的訴訟費用。3M 後來食髓知味在 ITC 控告「中砂」侵權，但這次它踢到了鐵板，不僅要支出極高的律師費用，還得賠償宋健民 300 萬美元；這對以專利智權享譽國際的 3M 真是情何以堪？

台灣第一大民營企業「鴻海」在 1989 年曾被 AMP 在 ITC 控告外銷美國的連接器侵權；其後「鴻海」乃全力改變製程並在一年後繼續銷售。「中砂」在 ITC 敗訴後改變製程則只花了三個月，這比以機動性著名的「鴻海」快多了。「鴻海」的前法務長周延鵬曾為「鴻海」打過許多官司，他說「其實所有的訴訟都是為了搶市場」，這句話更適用於 3M 對「中砂」的控訴。周延鵬更點出「打專利官司是高科技公司的象徵」，這句話證明了以傳統產業起家的「中砂」已經脫胎換骨成為不折不扣的高科技公司。

圖 5-1　蠻橫的 3M(M)挾持無辜的「中砂」(K)和救援的宋健民(S)僵持不下的示意圖。宋健民「投鼠忌器」，為了保護「中砂」，只好和 3M 和解接受了 3M 象徵性的賠償。

宋健民靠專利 贏得3M賠三百萬美元

上月中，美國3M公司與中國砂輪副總經理宋健民達成專利權和解協議，3M賠償宋健民三百萬美金，結束雙方四年多來的訴訟纏鬥。

而資本額僅六．七七億元的中砂，讓營業額比它大三百倍、擁有三百名法務人員陣仗的3M，願意低頭和解，在這場專利官司中不落下風，的確極為罕見。

三年前3M和中砂為了爭奪鑽石碟（IC製程中的關鍵耗材），3M向美國外貿協會提出了中砂的侵權告訴，然而由於中砂當時所找來的專家證人，以艱澀的專業名詞解釋複雜的「硬銲」、「燒結」等技術問題，而對方所找來的專家證人，卻唱作俱佳，讓法官採信其證詞，因此導致中砂敗訴。

後來中砂和宋健民記取教訓，聘請一位曾為一名電腦程式設計師打敗摩托羅拉的「公司殺手」律師Ken Peterson，並找來有多次出庭作證經驗的美國科學院院士Thomas Eager擔任專家證人，而為徹底避免3M的糾纏，宋健民更反守為攻，以自身所擁有的多項專利反控3M侵權，而在業務上，又說動3M原本策略聯盟夥伴美國應用材料改與其聯盟，多管齊下之下，終於逼使3M讓步。

回顧中砂反敗為勝的過程，宋健民語重心長地說，國內廠商發展創新產品，必然會遭遇跨國大型企業的專利權戰爭；而碰到這樣的事情，要能打贏官司，除了自身實力要夠，禁得起打擊以外，最重要的是要找一位「會演戲」的專家證人，能夠以日常生活的例子，讓不懂技術的法官採信，往往就是制勝的關鍵。今

（陳翊中）

攝影．陳俊銘

2005.04.25 今周刊．20
第435期

「鑽石碟」的「台美大戰」劃下句點：
3M賠償宋健民及撤回控告「中砂」

中砂與3M鑽石碟訟案　和解落幕

專利權訴訟　中砂據理力爭獲平反　3M將付300萬美金賠償 並收回控訴

經濟日報 2005.3.23

Cover Story

換產品／以鑽石碟跨入科技產業

台灣黑手中國砂輪 打敗3M傳奇

撰文．陳翊中 攝影．陳俊銘

今周刊
422期 2005.1.24

第 6 章 － KINIK Company's News Release

(轉載自 KINIK JOURNAL 12 期，2005 年 4 月)

David Defeated Goliath

Frank S. Lin, Chairman, KINIK Company, 2005, 3, 21

On March 7, 2005, Dr. James Chien-Min Sung and KINIK Company of Taiwan reached a global settlement with 3M (Minnesota Mining and Manufacturing Company) of United States after a four-year long dispute over patent infringements. The three parties withdrew all pending accusations and made a covenant not to sue each other with relevant patents in the future. In addition, 3M agreed to pay Sung and his counsel $3 million.

Sung is the inventor of brazed tools that contain diamond grits set in a predetermined pattern, and starting from April 4, 1997, he applied for a series of related patents (U.S. Patents 6,039,641; 6,286,498; 6,368,198; 6,679,243; 6,193,770; 6,830,598). KINIK has taken Sung's licences since 1996 and introduced DiaGrid® diamond tools, the world's first with diamond grits distributed in a grid design. In 1999, KINIK offered DiaGrid® diamond disks, also known as pad conditioners, as consumable for Chemical Mechanical Planarization (CMP). CMP is indispensable for making sophisticate semiconductor chips that are urbiquitus drivers for computers and electronics. In 2000, 3M and others also introduced diamond disks with a patterned diamond distribution, so KINIK and 3M began competing in the world pad conditioner market with annual sales of about $100 million.

3M's diamond disks were manufactured based on their U.S. Patent 6,123,612 that claimed using a sintering process. 3M could not sue KINIK with this patent that was applied about a year after the priority date of Sung's brazing patents. However, on January 5, 2001, 3M complained KINIK for patent infringement with an earlier dated U.S. Patent 5,620,489 that they licensed from an outside source. 3M alleged that KINIK's DiaGrid diamond disks were manufactured from a precursor that infringed this patent.

Although KINIK was a customer of 3M for many years, 3M filed the cases without warning at both courts, the U.S. International Trade Commission (ITC), and the Arizona District Court. Within the same month of taking the legal action against KINIK, 3M's business director Debra Rectenwald contacted Sung for a possible settlement. In several meetings, Sung discussed settlement matters with Rectenwald, Robert Visser (3M's R&D Director), Chuck Kummeth (3M's product director), and their superior, H. C. Shin (Divisional Vice President). On March 26, 3M's Shin and KINIK's President Frank S. Lin signed a "Tentative Agreement" spelling out the major terms of settlement at KINIK. In the Agreement, 3M expressed the desire to sell KINIK's DiaGrid diamond disks, and in exchange, they would let KINIK manufacture their diamond disks. A similar "Settlement Agreement" was executed on April 8, 2001 by the two same signatories.

During the subsequent negotiations on possible business collaborations, 3M indicated the interest to acquire KINIK altogether. With this 3M obtained extensive proprietary information related to KINIK's production, R&D, finance, and sales. 3M also in the name of due diligence, sent several times business managers and key technologists to inspect KINIK's manufacturing technologies. For example, on May 30, Shin, Visser, Kummeth visited KINIK along with business managers Paul Behrens, Tim Thornton, Donald Place, and ex-GE consultant Bob Pung. On August 30, Shin finalized the acquisition terms that included the requirements to buy out all

Sung's patents. In order to help KINIK close the deal, Sung agreed to transfer all his patents to KINIK, and the signed transfer agreement was sent to 3M for approval. 3M also insisted that Sung work for them in St. Paul, initially as a consultant, after the acquisition of KINIK. On October 2001, Sung visited 3M to workout the remainder details of acquisition that was planned for December. While KINIK was preparing for the immured take-over, on November 11 Shin suddenly notified KINIK that 3M decided not to proceed with the acquisition, however, he indicated that 3M will reassess the situation in the following 12 months. Shin agreed to sell KINIK's products that 3M had evaluated extensively (e.g. turbo grinders) before then. But none of these promises materialized afterward.

On February 8, ITC ruled that KINIK infringed 3M licensed 5,620'489 patent. KINIK offered to settle by paying 3M 8% royalty for sales in US and 5%, overseas. But 3M demanded in receiving $3 million cash in front that must be added with an additional "double digits royalty" for KINIK's sales. To design around, Sung changed KINIK's manufacturing process by eliminating the disputed precursor. ITC then allowed KINIK to sell such DiaTrix™ diamond disks in United States. Sung also filed the request to invalidate the litigated patent at U.S. Patent Office. On November 13, 2003, the U.S. Patent Office determined that claims 1-8 of U.S. Patent 5,620,489 were not valid. Hence, KINIK products could not have infringed the redetermined patent. On March 25, 2003, the U.S. Federal Court of Appeals ruled that the Administrative Law Judge Delbert Terrill at ITC mistakenly judged in favor to 3M, so even the disputed patent were valid, KINIK could not have infringed it.

While the litigation was tense in the United States, 3M also sued KINIK in Korea on November 12, 2003 for infringing the Korean version of the U.S. Patent 5,620,489. After learning that their U.S. patent lost major claims and the ITC victory was reversed by the Federal Court of Appeals, 3M withdrew the case in Korea on April 13, 2004. In addition, 3M realized that its pending Arizona case had no merits, so they took it back on November 22, 2004. Thus, 3M lost all patent battles against KINIK.

On August 16, 2002, Sung sued 3M at the Eastern Texas District Court for infringing his U.S. Patent 6,039,641. On October 1, 3M tried to move the case to its home state of Minnesota but Judge John Ward rejected their request. On August 26, 2003, he denied 3M's another request to narrow the claims of Sung's patent. 3M could then risk losing their diamond disks business due to possible future injunction. On January 20, 2004, 3M filed a motion at Minnesota's court seeking a declaratory judgment of none infringement of Sung's other patents, but their hometown Judge rejected this request. On January 30, Sung sued 3M in Eastern Texas for infringing his another U.S. Patent 6,679,243. On September 22, Sung added U.S. Patent 6,286,498 that was reissued by U.S. Patent Office. Sung also planed to use other submarine patents to attack 3M.

In late 2003, 3M's Kummeth called Sung several times expressing 3M's wish to settle all disputes by paying Sung's legal fees up to $1 million. On June 23, Sung and me joined with our counsels, together we met with 3M's legal delegation in San Francisco to discuss the possible settlement. 3M's representatives include Kummeth and his successor, Jesse Singh, the new Divisional Vice President. 3M again suggested paying $1 million to sung for the settlement but he did not accept. On November 11, 2004, 3M counter-sued KINIK and Sung in Eastern Texas claiming the infringement their another licensed U.S. Patent 5,380,390. Subsequently, Singh and Visser visited Sung and me twice in Taiwan to explore the possibility of settlement. Further negotiations took place between Visser and Sung in San Francisco at the site of the international conference of CMP-MIC.

In late 2004, KINIK was preparing for the IPO in Taiwan. 3M pending litigation could fail the planed public offering, KINIK then requested Sung to settle the 4-years long litigation with 3M. On March 7, 2005, retired judge Robert Parker mediated a settlement meeting in Dallas among 3M, KINIK and Sung. The agreement was finally reached with 3M paying Sung and his counsel $3 million. The parties also agreed not to sue one another with related patents, nor to challenge the validity of these patents. After the settlement, Visser visited Sung in Taiwan, again indicating that 3M wanted to collaborate with KINIK and Sung, but as before, there was no action ensued.

The marathon law suits cost more than $10 million that benefited only lawyers. Such exercise of futility could have been avoided by following the common sense. When 3M filed the first complaints to KINIK, Sung invited Visser to inspect KINIK's plant so he could be certain that no infringement of 3M's patents. When this offer was turned down, Sung and KINIK complied with 3M's new demands of settlement, including 3M's acquisition of KINIK. Even after 3M backed off from this promise, Sung and KINIK were prepared to pay royalties to 3M for their invalid patent. Still 3M pressed on, trying to drive KINIK out of the business of diamond disks. Eventually Sung had to defend KINIK by enforcing his own patents right. Only 3M saw their own diamond disks business could be in jeopardy did they desire a true settlement.

Footnotes: KINIK's defense was represented by law firms of Morgan Lewis, and Morris Laing and Baldwin & Baldwin

Sung's offense was represented by law firms of Morris Laing, and Baldwin & Baldwin

圖6-1 3M held KINIK hostage and negotiated with Sung for a settlement.

Signatures on the Settlement Agreement

KINIK COMPANY

By:

Chien-Min ("James") Sung

ADVANCED DIAMOND SOLUTIONS
(a/k/a KINIK USA)

By:

3M COMPANY

By:

3M INNOVATIVE PROPERTIES COMPANY

By:

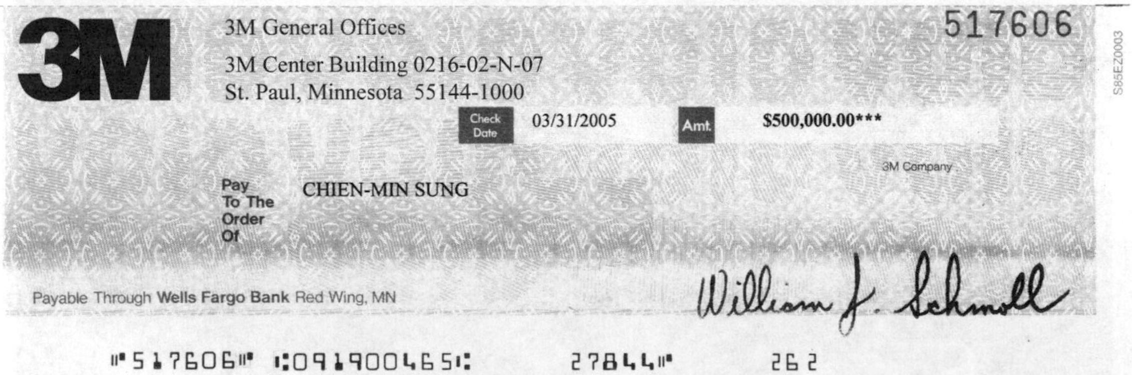
3M

3M General Offices
3M Center Building 0216-02-N-07
St. Paul, Minnesota 55144-1000

517606

S85E Z0003

Check Date 03/31/2005 Amt. $500,000.00***

3M Company

Pay To The Order Of CHIEN-MIN SUNG

Payable Through Wells Fargo Bank Red Wing, MN

⑈517606⑈ ⑆091900465⑆ 27844⑈ 262

517606

Check Date: 03/31/2005

Invoice Number	Invoice Date	Voucher ID	Gross Amount	Discount Available	Paid Amount
0000000000032905	29.Mar.2005	04848087	500,000.00	0.00	500,000.00

The first payment check from 3M

附錄 1

DiaGrid® Pad Conditioners for Chemical Mechanical Planarization

James C. Sung

Address: KINIK Company, 64, Chung-San Rd., Ying-Kuo, Taipei Hsien 239, Taiwan, R.O.C.
Tel: 886-2-2677-5490 ext.1150
Fax: 886-2-8677-2171
e-mail: sung@kinik.com.tw

[1] KINIK Company, 64, Chung-San Rd., Ying-Kuo, Taipei Hsien 239, Taiwan, R.O.C.
[2] National Taiwan University, Taipei 106, Taiwan, R.O.C.
[3] National Taipei University of Technology, Taipei 106, Taiwan, R.O.C.

Abstract

Diamond pad conditioners are the highest value diamond tools that are used for manufacturing expensive semiconductor chips. They are used to dress soft polyurethane pad rather than hard materials conventional diamond tools are designed for. As a result, the rules that govern the performance of ordinary diamond tools do not apply to diamond pad conditioners. For examples, normal diamond tools rely on microchipping to cut work materials; such applications also tolerate macrofracture of diamond or pullout of grits. In contrast, diamond pad conditioners cannot afford any chipping or loss of diamond grains. The dressing action depends on uniform attrition wear of the tips for all diamond grains. Hence, it is important that diamond grains are set in a predetermined pattern and their tips are leveled to the same height. Such stringent control of diamond placement makes diamond pad conditioners difficult to manufacture and they are harder to be qualified by the semiconductor industry. Kinik Company pioneered DiaGrid® design of pad conditioners back in 1998 (refer to Industrial Diamond Review, 1998, 4/98, p134-136). Currently, Kinik is the market leader of diamond pad conditioners that are used by worldwide semiconductor manufactures. DiaGrid® pad conditioner are distributed by Applied Materials, world's largest polisher builder; and Rohm Haas, world's largest pad manufacturer and consumable supplier.

Key Words: CMP, diamond dresser, pad conditioner, diamond adherence, diamond distribution

Diamond Distribution and Diamond Adherence

Diamond pad conditioners are the most valuable diamond grit tools commercially employed. A typical diamond pad conditioner is a flat disk of about 100 mm in diameter (e.g. for Applied Materials polishers). It has diamond grits (e.g. 150 microns) adhered on the surface. Such a tool, if it is used to grind a stone, may be purchased for less than $10. However, for diamond pad conditioners, their going prices are more than $200 a piece. There are reasons that diamond pad conditioners are so valuable. These pad conditioners are designed to dress delicate polyurethane pads, not hard materials normally encountered by conventional diamond grit tools. As such, the design principles of pad conditioners are totally different from that applicable to materials removal industry.

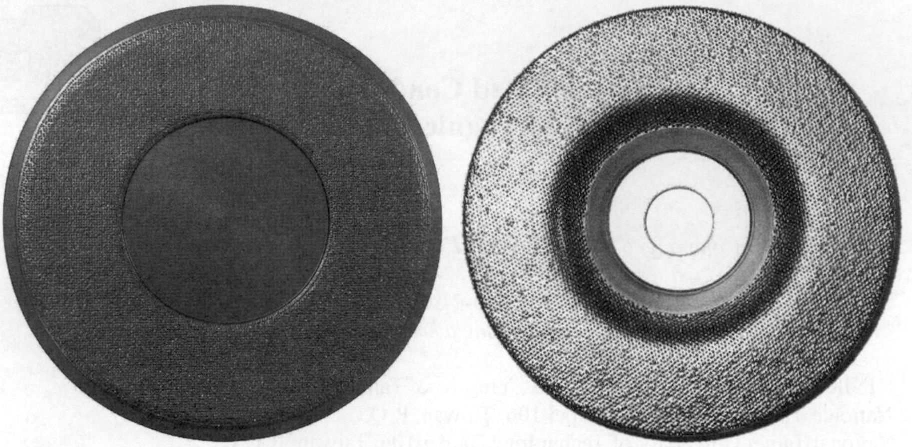

Fig. 1: A diamond pad conditioner (left diagram) sold at about $400 is compared with a stone grinder priced at $10 (right diagram). Both products contain diamond grits that are set in a predetermined pattern (Kinik's DiaGrid® products). However, diamond pad conditioners cannot allow diamond chipping, breakage or pullout that are common for conventioneer diamond tools. Hence, their manufacture and qualification are much more stringent than making ordinary diamond tools.

Diamond grits in a tool are dispersed inside a carrier medium (matrix or bond), typically made of metal. The performance of such a tool is dependent on how diamond grits are distributed and how they are adhered in the matrix.

Diamond distribution can be random or regular; and its adherence may be strong or weak. Conventional diamond tools contain randomly distributed diamond grits, and their adherence is intrinsically weak. Hence, their performance cannot be optimized for dressing polyurethane pads.

A typical conventional tool is made by burying randomly distributed diamond grits in electroplated nickel. In contrast, the most advanced tool is produced by brazing a diamond grid with a massive support. In this case, the diamond-to-diamond distance can be tailored for specific applications and the grits will never be pulled out because of the strong adherence to the substrate (Fig. 2).

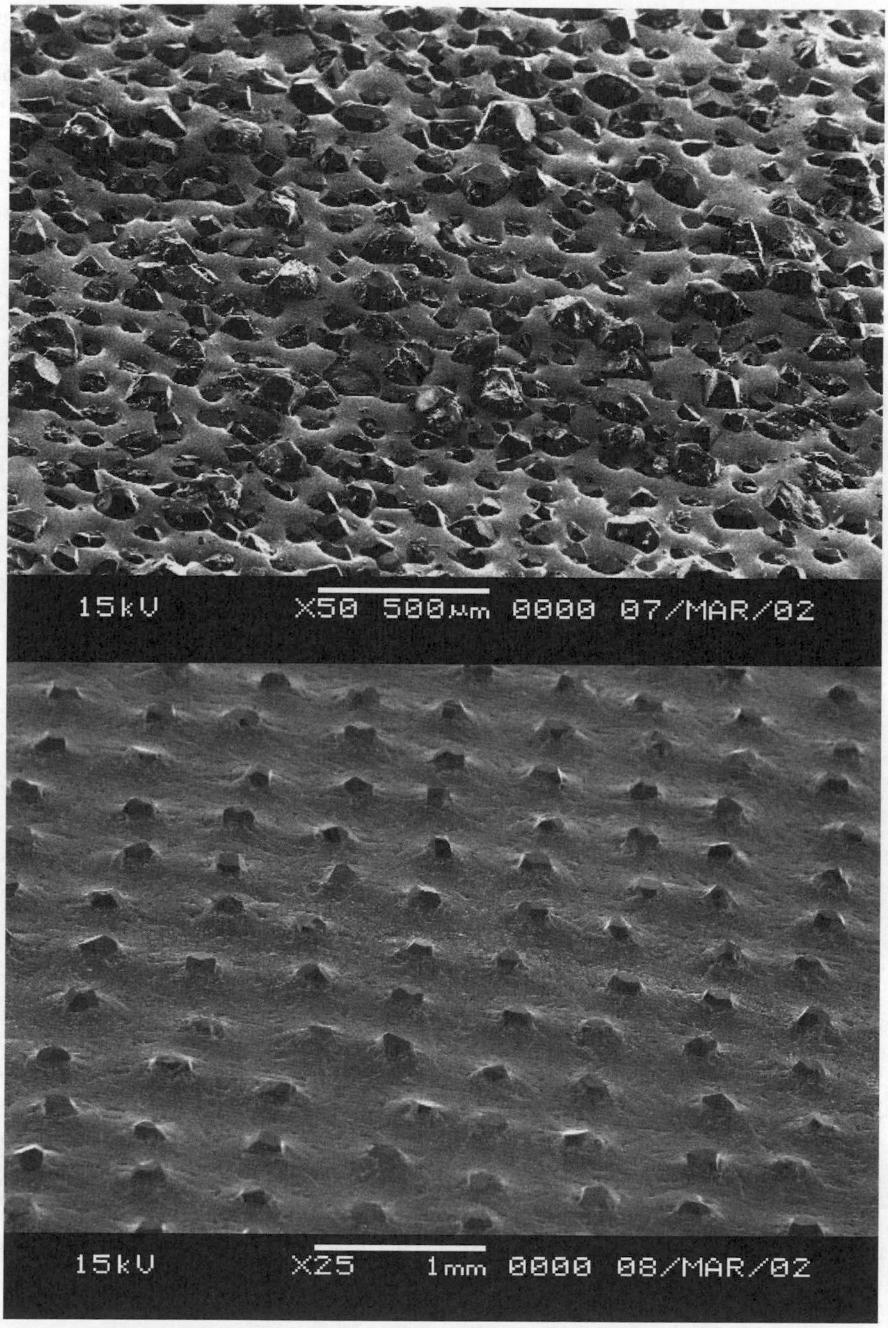

Fig. 2: Randomly distributed diamond grits buried in electroplated nickel (top diagram) is compared with a patterned diamond grid bonded by strong braze (bottom diagram).

To form a diamond grid, the grits must be anchored during the brazing process. If it is not so, the molten braze tends to pull the grits together to form local clusters. In these clusters, the braze becomes thickened. As a consequence, not only the diamond distribution of diamond becomes random, but also the diamond height varies considerably (Fig. 3). Such a design is not desirable for achieving a uniform cutting surface on a work piece.

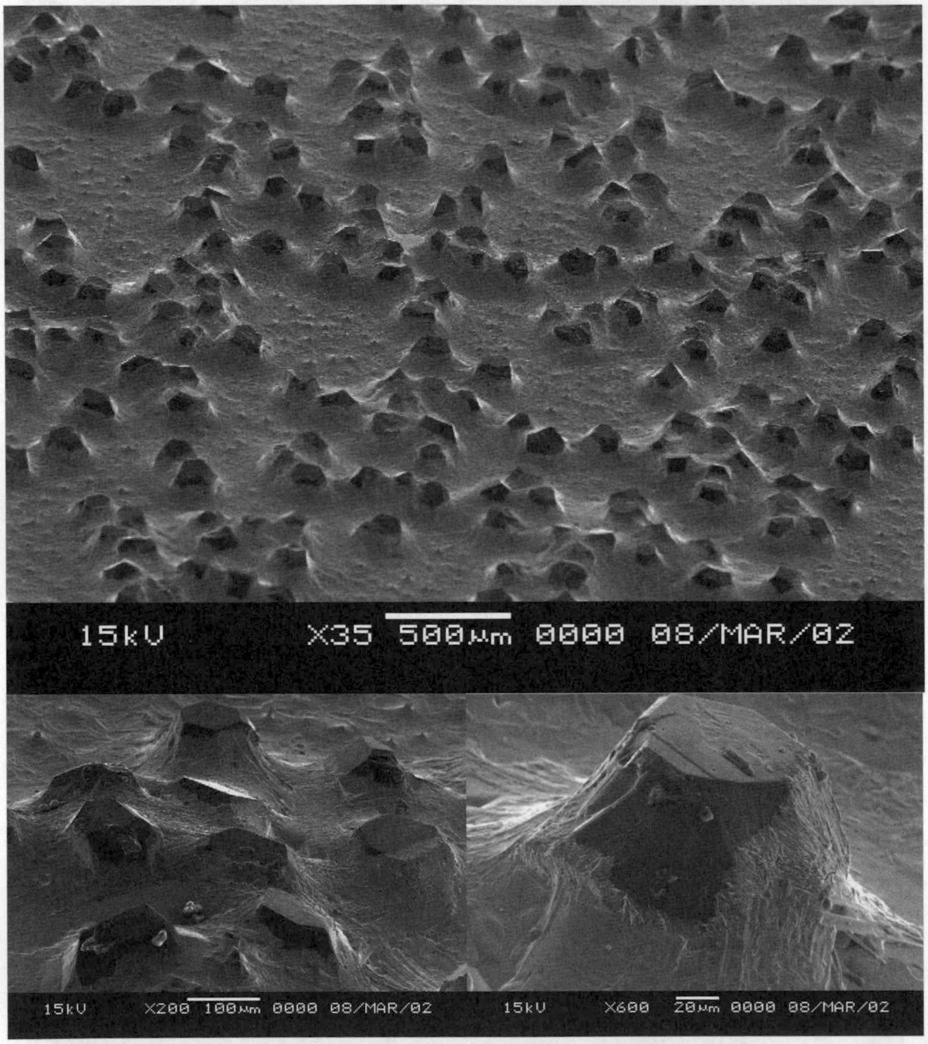

Fig. 3: The clustering of brazed diamond grits and the local thickening of the braze layer. Note the diamond is weakly held in braze because the steep rise of the wetting layer does not form massive support.

The electroplated nickel and the sintered metal can only hold diamond mechanically, hence, their bonding strength is weak. In both cases, diamond tends to fall out when it is impacted. The brazed bond can hold diamond chemically with a strong attachment, however, if the braze does not form massive support; it may break with the diamond together. Hence, the strongest way to hold diamond is by brazing it with a massive support (Fig. 4).

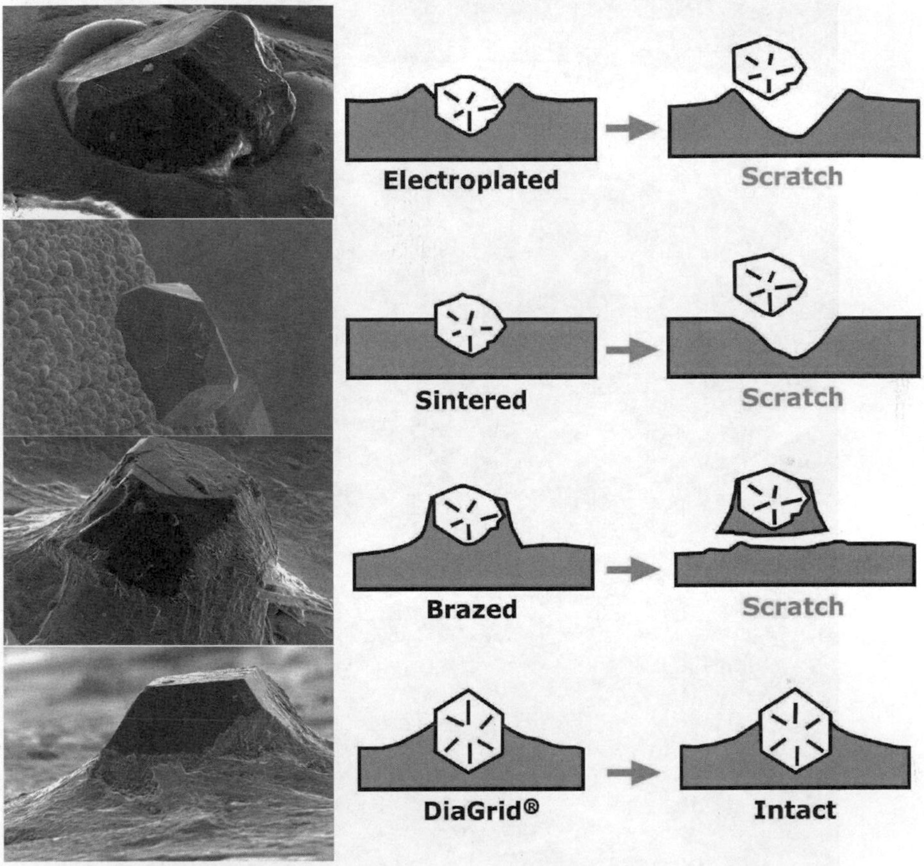

Fig. 4: Electroplated diamond has a convex profile that cannot hold diamond firm (top diagram). Sintered diamond has a flat profile that may also lose diamond (upper diagram). Weakly bonded diamond has a concave profile that may break along with diamond (lower diagram). Strongly bonded diamond has a massive support profile that will never lose any diamond (bottom diagram, DiaGrid® is the trademark of Kinik Company). Note that the falling diamond during a polishing process may scratch an expensive work piece such as a semiconductor wafer.

Conventional diamond tools are made by electro-deposition or sintering. In both cases, the matrix has never been melted, so the interface between diamond and matrix is primarily mechanical. Diamond falling out during action is therefore a common scene for these tools (Fig. 5).

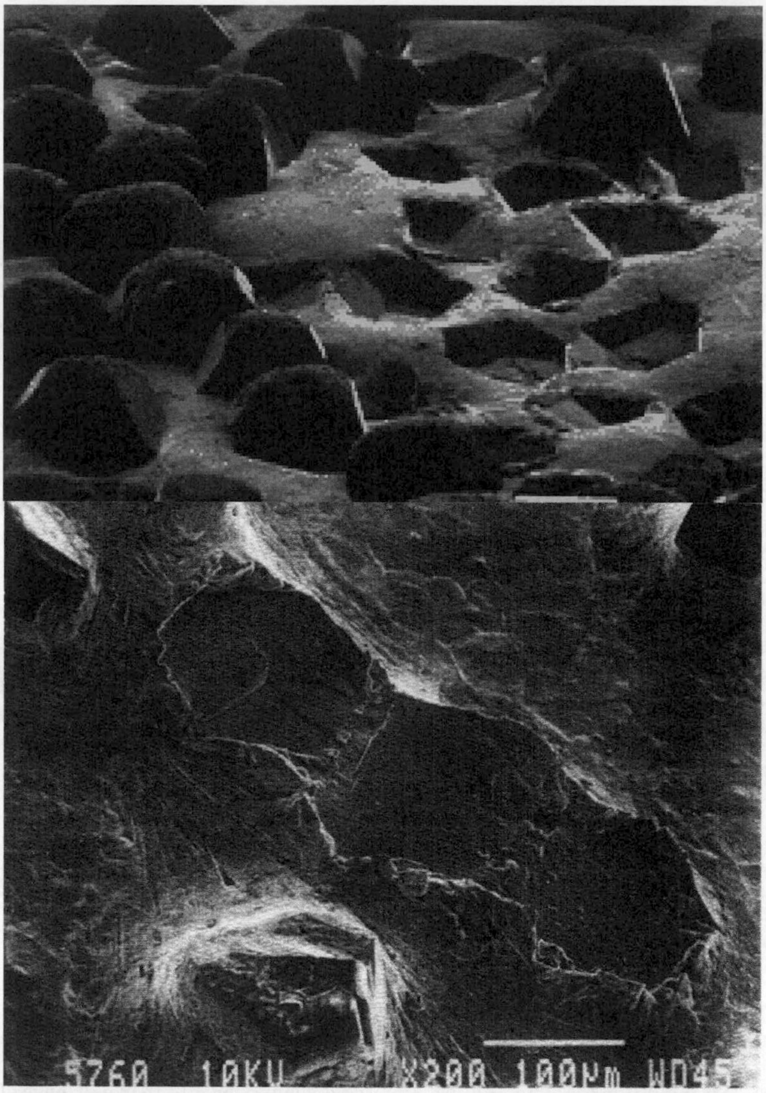

Fig. 5: Electroplated diamond tools are vulnerable to diamond's pullouts (top diagram). However, a brazed diamond tool may not immune to this deficiency if its braze does not form massive support around diamond (bottom diagram).

The best way to hold diamond is to braze it by forming chemical bonds at the interface. In this case, diamond is held atomistically rather than retained mechanically. In order to form the chemical bond, the brazed must be fully melted. Moreover, the molten alloy must contain active elements (e.g., Ti, Cr) that allow the braze to wet diamond. With such an intimate contact, the active elements may form carbide with diamond at the contact surface (Fig. 6). The strong carbide bonds will hold diamond firmly atom-by-atom.

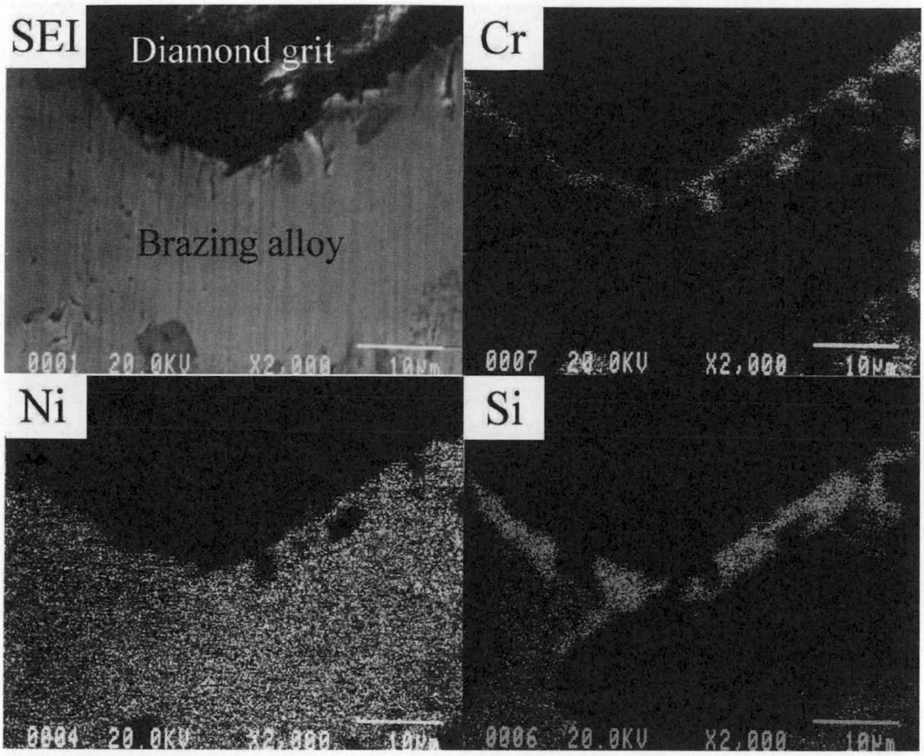

Fig. 6: The scanning electron micro image of diamond showing Cr and Si solutes in a Ni solvent has diffused preferentially toward diamond and form carbide at the interface. Note the complementary nature of Cr and Si near the vicinity of the diamond.

The chemical reaction on the diamond surface is evident when the diamond is freed from the braze by acid etching. The reaction takes place between diamond and the active solute elements (e.g., Cr, Si) to form carbide. It is the formation of carbide that constitutes the strong bonding of diamond.

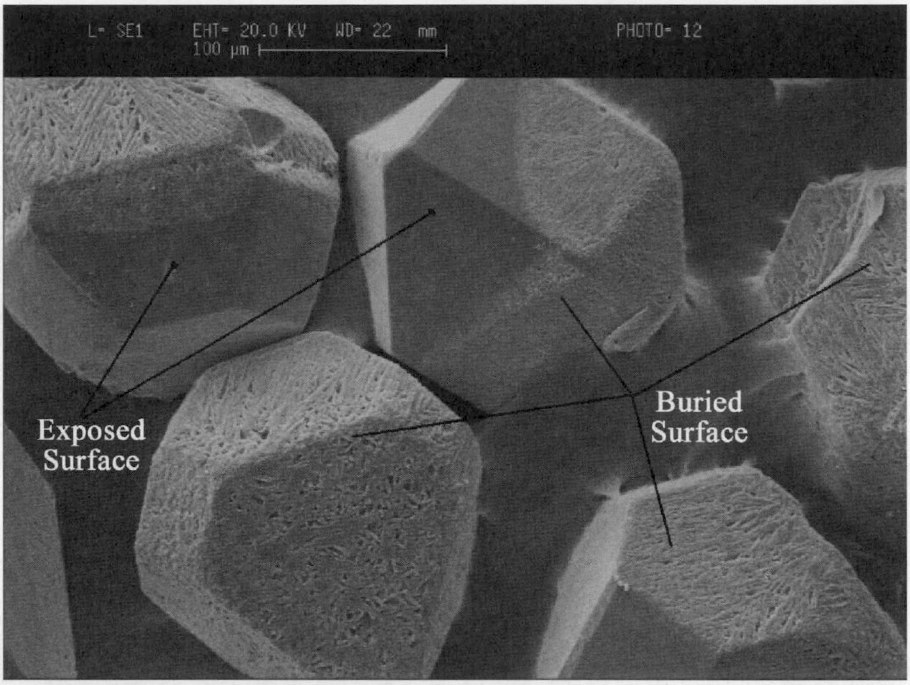

Fig. 7: The reaction of the diamond surface with the molten braze during the brazing process.

During the brazing of an exposed diamond, the wetting at the interface may exert capillary force to pull up the molten braze to form a gentle slope. This slope will form a massive support to anchor the diamond. If diamond is fully wetted by a strong braze, the adherence strength to diamond may reach 2 MPa that may be ten times higher than diamond held in electroplated nickel or sintered alloy. In the former case, diamond will never be pulled out. Even it is intentional smashed, its remnant will still be retained in the braze (Fig. 8).

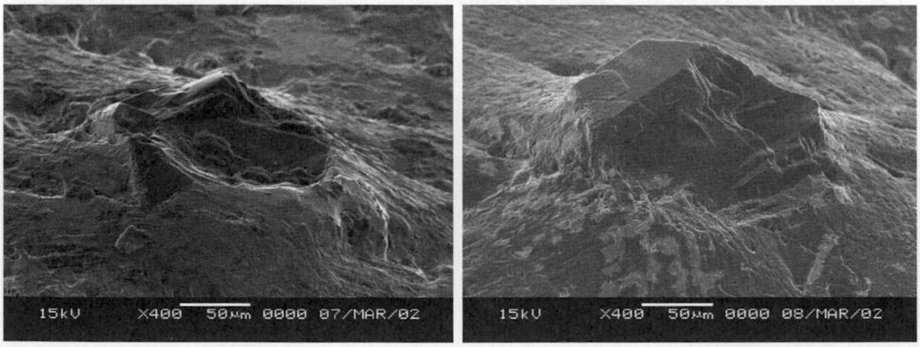

Fig. 8: The breaking away of a diamond bonded by the massive support of braze will leave its remnant behind, so pullout of diamond is completely avoided.

8

Of all diamond tools, the best place to show the superiority of regular diamond distribution and strong diamond attachment is to dress a polyurethane pad for polishing valuable silicon wafers that contain sophisticate electrical circuitry. In this delicate application, diamond cutting on the pad must be extremely uniform and gentle so the polishing of the wafer may also be uniform and gentle. Moreover, not even a crystal is allowed to fall out or chip off as the superhard debris may scratch deeply across the expensive wafer (Fig. 9).

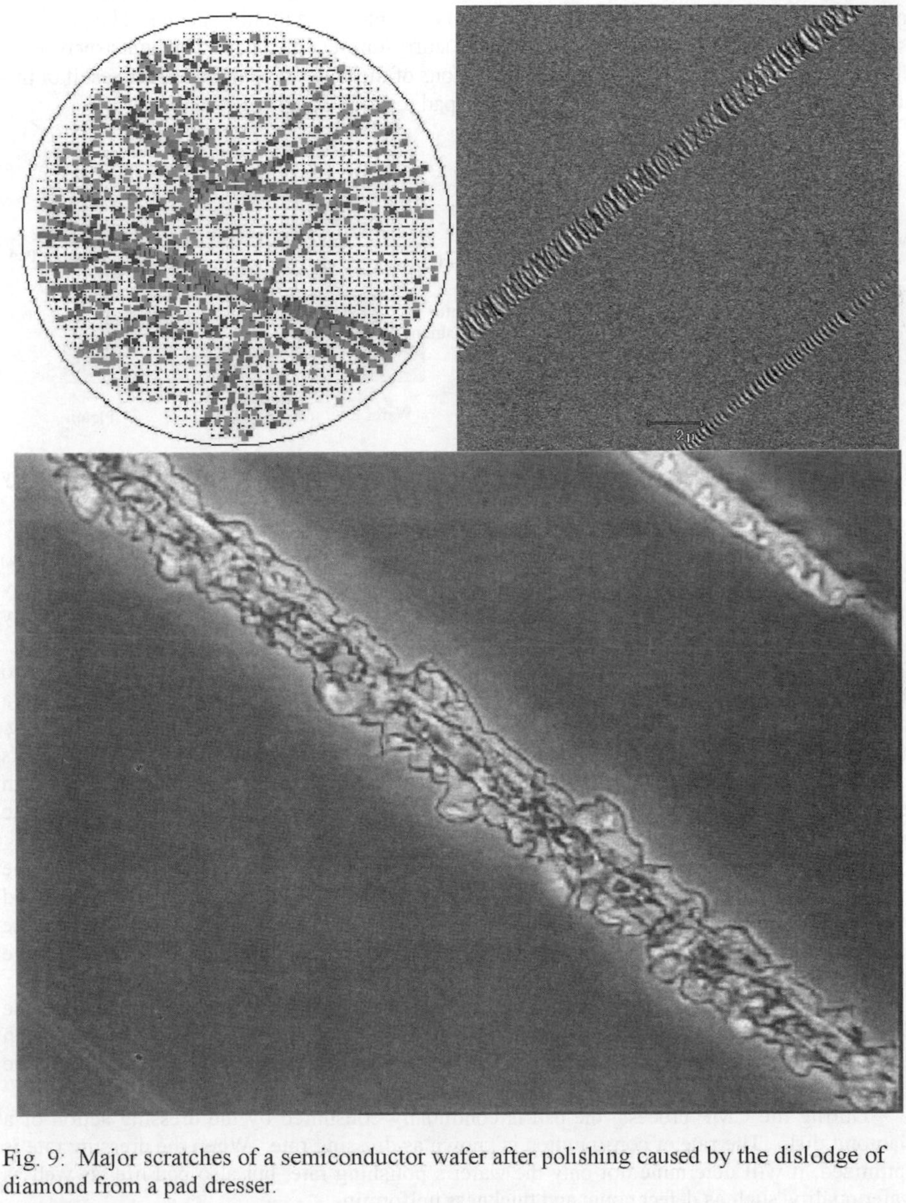

Fig. 9: Major scratches of a semiconductor wafer after polishing caused by the dislodge of diamond from a pad dresser.

Chemical Mechanical Planarization

Chemical Mechanical Planarization (CMP) refers to a polishing process that can remove excess stocks on a wafer material (e.g., silicon, quartz, glass) so as to make the surface flat and smooth. During the polishing process, the excess stocks are mechanically removed by the abrasives (fumed silica) suspended in a slurry or they may react with the chemicals (hydrogen peroxide) dissolved in the slurry and subsequently abraded away. The slurry is typically immersed on the top of a polyurethane pad that is mounted on a rotating platen. The polishing is accomplished by pressing a wafer against this slurry-impregnated pad. The high asperities of the pad top will brush against the protruded regions of the wafer continually. As a result of this abrasion action, both the wafer surface and the pad top will be worn down.

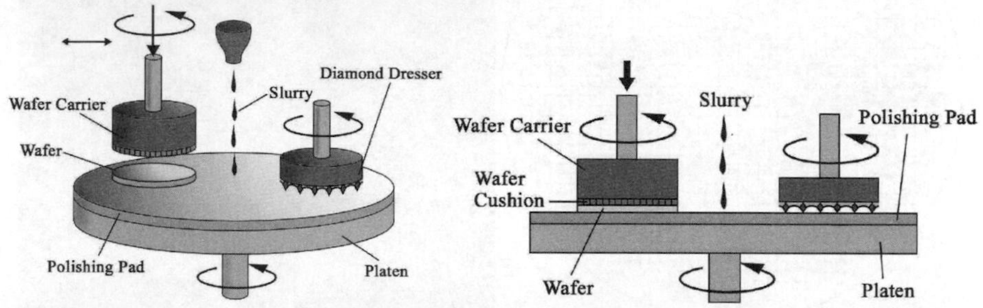

Fig. 10: The schematics of CMP operation. The top diagram shows a batch type rotary platform that is standard for the current CMP manufacture.

The leveling of the pad top will reduce the thickness of abrasive impregnated asperities so it can reduce the polishing rate. In addition, the polishing debris will accumulate that may cause micro scratches of the wafer. A diamond pad conditioner must be employed periodically to restore the pad top asperities and to remove the accumulated dirt.

In order to maintain the polishing efficiency, a diamond dresser is typically employed to scrape off the accumulated agglomerates on the pad surface. A typical diamond disk contains a multitude of diamond grits (e.g., 150 microns in size) that are attached to a metal substrate (e.g., stainless steel). During the dressing process, these diamond grits serve as the combing sticks that groom the surface of the polishing pad. This glooming action tends to create a rough texture on the pad surface to allow the storage of slurry for effective polishing. As a result, the polishing rate of the wafer can be sustained.

To make sure that the agglomerates on the pad surface is completely removed, the diamond dresser must cut into the pad top and strip part of it off. Because the pad is renewed from time to time, the polishing rate will decrease at a much slower rate. Without dressing, the pad can polish no more than 50 wafers efficiently. With dressing, the pad life can easily be extended ten folds.

In order to polish wafers effectively, the pad surface must be relatively rugged so the slurry can be held in place. If the pad is not dressed, the asperities of the pad surface will soon be leveled by the abrading action of the wafer. The polishing rate will decrease along with the reduction of the asperity height.

During the CMP process, the pad is continually consumed by the dressing action of a diamond disk. The rate of consumption is known as dressing rate. When the dressing rate is optimized, it will determine not only the wafer's polishing rate, but also pad life, as well as wafer quality, such as defect count and thickness uniformity.

The wafer-polishing rate will decrease by the flattening of the pad asperities. However, the restoration of the asperities depends on the sharpness of the diamond cutter. In general, with the gradual dulling of the diamond cutter, it becomes increasingly difficult to carve out sharp asperities on the pad top. Eventually, the dull diamond will translate into a dull pad surface and a low wafer-polishing rate. In the same time, the wafer defect count increases because the dull diamond cannot keep the pad top clean. Moreover, the increased dragging force exerted on diamond tends to pull it out or chip it off. Eventually, the pad dresser must be replaced to restore the sharpness of pad texture.

Harmonic Dressing Versus Noisy Dressing

The dressing of polishing pad will create a surface texture with crests and valleys analogues to a wave. Just as sound waves that may be harmonic or noisy, so do pad textures that may be uniform or irregular. The harmonic dressing will involve all diamond grits cutting simultaneously. As a result, not only the groove pattern is regular, but also no diamond is over loaded. The consequence of harmonic dressing is a sustained wafer-polishing rate with low risk of water scratch. Because the wear of diamond grits is uniform, the dressing life can be extended. In addition, as the pad is not overdressed, its service life may also be lengthened.

In the case of noisy dressing, the groove cut on the pad is not only irregular, but also it can be unnecessarily deeper. As a result, the thickness of slurry can be increased substantially. This is wasteful to both pad and slurry. However, the excess storage of slurry may boost temporary the polishing rate of wafer. However, as the few highly protruded diamond crystals are worn out, the dressing rate, and hence the polishing rate, will drop rapidly. This is the typical performance for using conventional diamond disks that contain randomly distributed diamond grits. Because the polishing rate varies greatly, the time of wafer polishing cannot be planned in advance, consequently, the rework rate increases substantially.

Figure 11 contrasts harmonic dressing versus noisy dressing, and their possible consequences in polishing performance. The major distinction between the two dressing patterns is that harmonic dressing can sustain the polishing rate much better than noisy dressing. Moreover, the higher the "frequency" of the dressing pattern, the longer the life of the diamond dresser. However, the polishing rate is determined by the optimized "amplitude" of the dressing pattern.

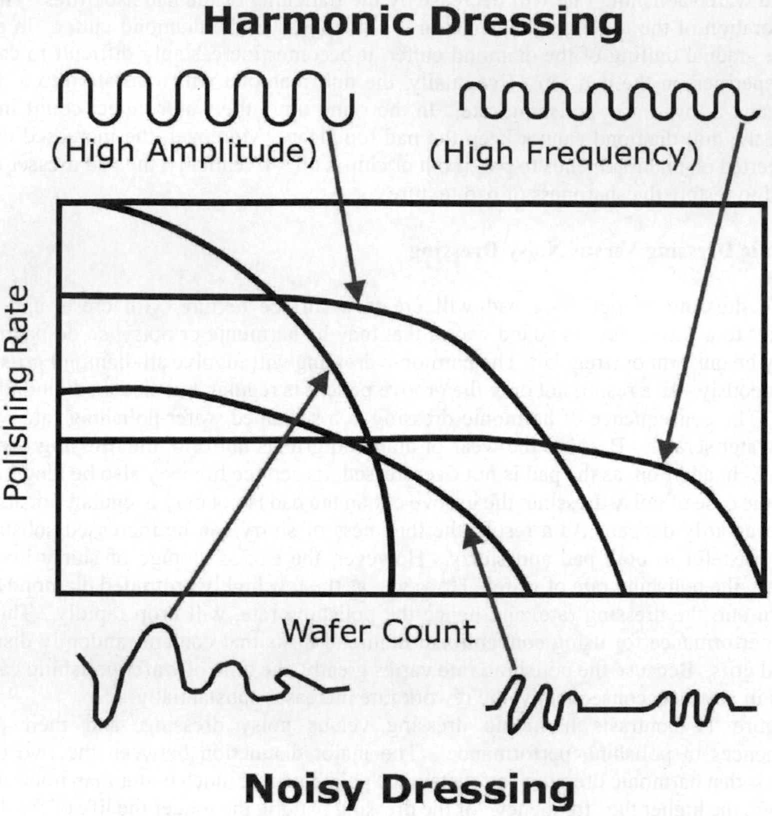

Fig. 11: The dressing pattern of the pad can affect the polishing performance of the wafer. The harmonic pattern may sustain the polishing rate longer. The polishing rate, however, is controlled by the optimized "amplitude" of the dressing pattern. But the service lives of the diamond dresser, and also the pad, are more dependent on the "frequency" of the dressed pattern.

The Design of Diamond Pad Conditioners

In order to dress the polishing pad effectively and efficiently, the placement and the protrusion of diamond grits are critical. Specifically, the design of the diamond disk must accommodate the following features:

1. Diamond grits must be firmly anchored to the pad so it would never fall off when they are dragged over the pad. A falling out grit can severely scratch the precious wafer and wipe out all gains in productivity.
2. Diamond grits must be separated at a fixed distance that compromises the surface coverage of the combing effect and penetration depth of the dressing action. Grits stay close together tend to dress too slow, whereas grits separate far apart will leave untilled areas. In either case, the polishing performance of the wafer is not optimized.

3. Diamond grits must be leveled on the tips, so they can penetrate to the same depth into the polishing pad. This is important to maximize the number of working crystals. Moreover, the overly protruded grit can plow too deep into the pad and leave dangling shreds on the surface. These dangling shreds are sources of microscratch. The uneven dressing may also deteriorate the uniformity of the wafer thickness.
4. Diamond grits must be fully exposed so the bond metal will not slide against the wafer and drag over the pad. Such dragging may accelerate the glazing and increase the occurrence of microscratches. Moreover, the high protrusion of diamond grits can facilitate the flow of slurry, so no stagnant areas are there to allow caking of slurry.
5. Diamond bond metal must be wear resistant and corrosion proof. The erosion of the bond metal by mechanical and chemical means may weaken the diamond retention and cause the grit to fall off prematurely.

The above criteria; diamond retention, diamond separation, diamond leveling, and diamond exposure, and bond resistance constitute the most critical factors that determine the performance of CMP and the quality of. In addition, there are some other lesser requirements that should also be met. For example, dresser dimensions must satisfy geometrical specifications. The substrate must also be flat. Moreover, it must be rust proof (e.g., stainless steel SUS 304 or 316), and in certain cases, also be magnetically susceptible (e.g., ferritic 420 or 430, martensitic SUS 440) for attachment purposes. In the case that the substrate is thinner than 5 mm, hardness must be high (e.g., H_RC 45) in order to maintain the rigidity and flatness.

The above designs have been incorporated into making diamond dressers of various shapes and applied to different makers of polishers (Fig. 12).

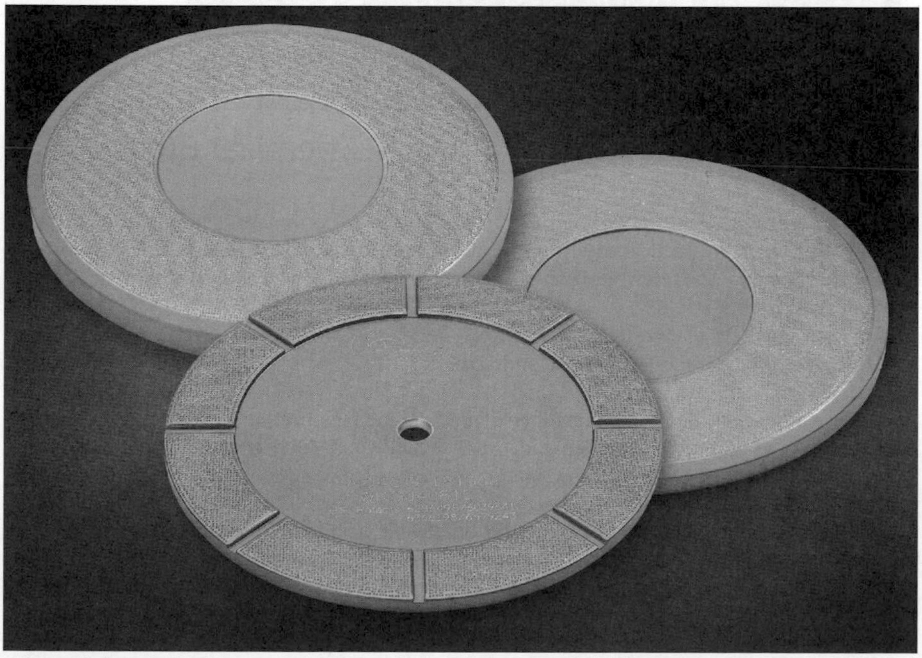

Fig. 12: DiaGrid® pad dressers manufactured by Kinik have been the world's market leader.

In 1999, Kinik pioneered diamond pad conditioners with diamond grits set in a predetermined pattern (Sung, U.S. Patent 6,286,498). Moreover, each diamond particle is bonded chemically with a strong braze alloy (Sung, U.S. Patent 6,039,641 and 6,679,243; Sung and Lin, U.S. Patent 6,368,198). In addition, every individual diamond grit is further supported mechanically with massive reinforcement (Sung, U.S. Patent 6,679,243). Furthermore, most diamond crystals are oriented with tips or edges facing the pad for sharp cutting. The metal surface of the pad conditioner is also uniquely coated with an acid resistant diamond-like carbon coating (Sung and Lin, U.S. Patent 6,368,198). Such a combination of design features has made DiaGrid®/DiaTrix™ pad conditioners the new standard for CMP manufacture.

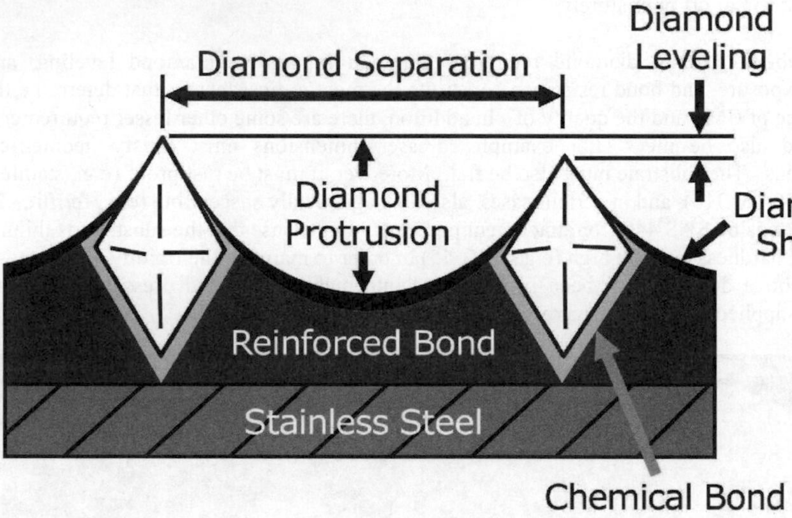

Fig. 13: The design features of DiaGrid®/DiaTrix™ pad conditioners. Note that the massive support profile of the reinforced alloy can allow high diamond protrusion but with limited diamond exposure. The results are increasing the flow rate of slurry and decreasing the cutting depth of pad.

The Performance of Diamond Pad Conditioners

The wearing out of the cutting edge will reduce the penetration depth of a diamond grit. As a result, the asperity height on the pad top will also decrease. The thinning of the slurry-permeated layer will slow down the polishing rate. Moreover, the dull diamond particles will press the polishing debris instead of scraping it off from the pad top. Consequently, micro scratching of the wafer due to the accumulation of the dirt in the slurry becomes more likely. The productivity decrease due to the declining of the polishing rate and the yield loss because of the surging of the scratch rate will make the CMP process unacceptable. At this time, the diamond pad conditioner must be replaced.

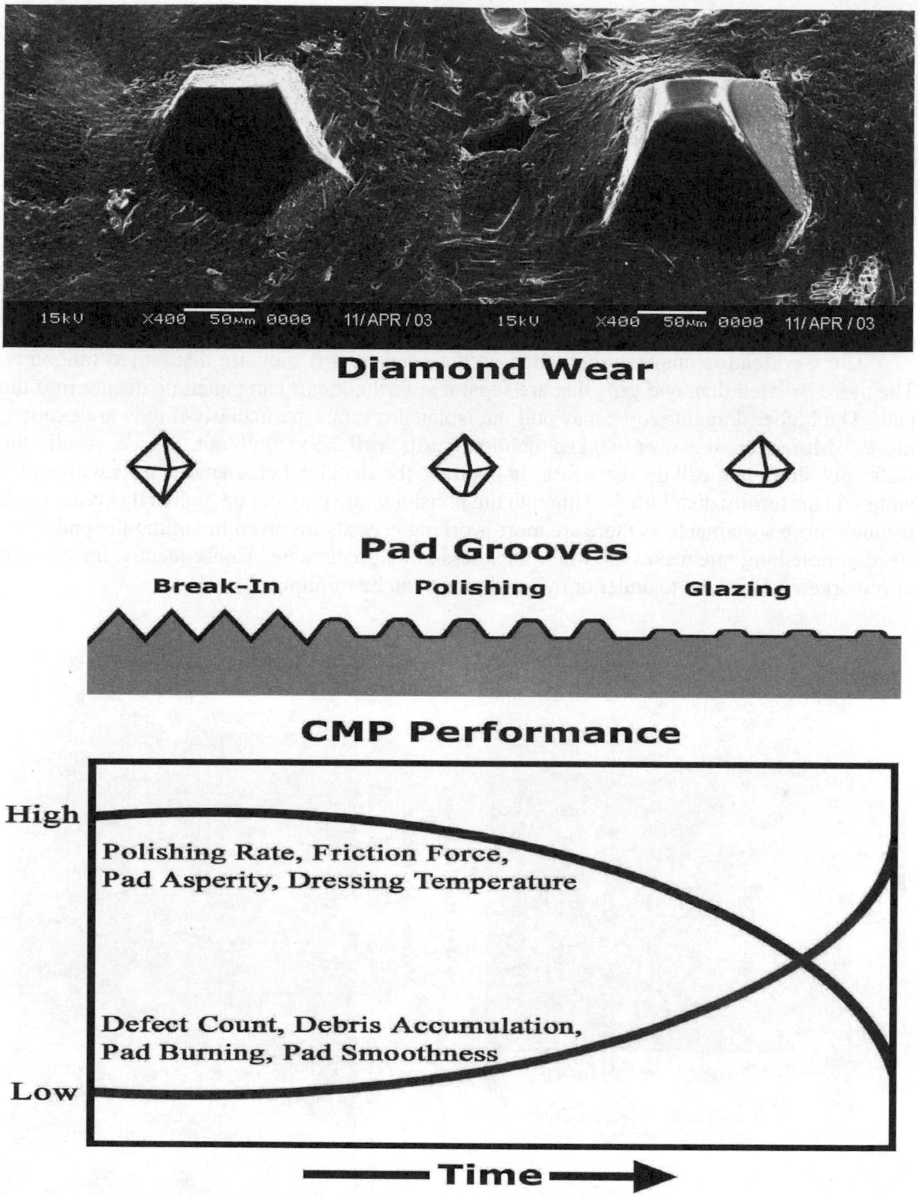

Fig. 14: The dulling of diamond grits (upper diagram) will reduce the sharpness of pad asperities (middle diagram) with the consequence of decreasing polishing rate and increasing defect count along with other accompanying phenomena (lower diagram).

The dressing of polishing pad will create a surface texture with crests and valleys analogues to a wave. Just as sound waves that may be harmonic or noisy, so do pad textures that may be uniform or chaotic. The harmonic dressing will involve all diamond grits cutting simultaneously. As a result, not only the groove pattern is regular, but also no diamond is over loaded. The consequence of harmonic dressing is a sustained wafer-polishing rate with low risk of wafer scratch. Because the wear of diamond grits is uniform, the dressing life can be extended. In addition, as the pad is not overdressed, its service life may also be lengthened.

In the case of noisy dressing, the groove cut on the pad is not only irregular, but also it can be unnecessarily deeper. As a result, the thickness of slurry can be increased substantially. This is wasteful to both pad and slurry. However, the excess storage of slurry may boost temporary the polishing rate of wafer. However, as the few highly protruded diamond crystals are worn out, the dressing rate, and hence the polishing rate, will drop rapidly. This is the typical performance for using conventional diamond disks that contain randomly distributed diamond grits. Because the polishing rate varies greatly, the time of wafer polishing cannot be planned in advance, consequently, the rework rate of polished wafers increases substantially.

The workload is unevenly burdened on diamond grits if they are distributed randomly. The more isolated diamond grits that are separated farther apart can penetrate deeper into the pad. The higher dragging force may pull out isolated crystals, particularly if they are exposed more. Moreover, the over worked diamond grits will soon dull out. As a result, the wafer-polishing rate will decrease fast. In contrast, the workload on diamond grits with a grid pattern is uniformly distributed. Although the polishing rate may not be high in this case, but it is much more sustainable as there are more working crystals involved in cutting the pad. The steadier polishing rate makes the wafer thickness more predictable. Consequently, the amount of reworked wafers due to under or over polishing can be minimized.

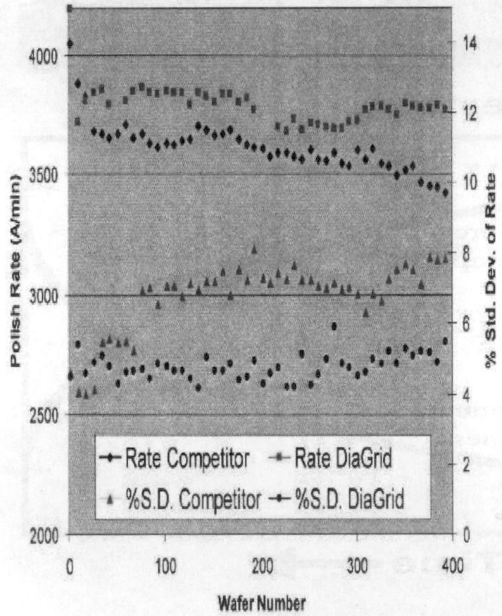

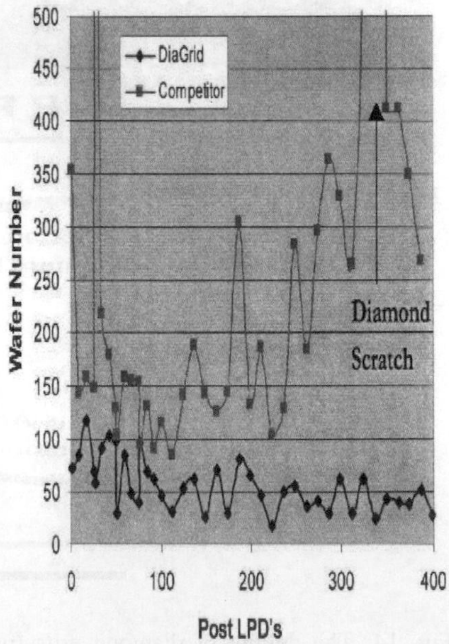

Fig. 15: The wafer-polishing rate cannot be sustained by dressing with a pad conditioner that contains randomly distributed diamond grits. Moreover, the uneven workload of the diamond grits may increase the wafer scratch rate. In contrast, the harmonic dressing by a diamond grid can maintain the polishing rate with reduced scratch rate. The data was obtained by former Rodel, now Rhom-Haas Electronic Materials.

The penetration depth of a diamond grit into the pad is dependent on two factors, separation distance and protrusion height. The penetration is deeper with more isolated diamond grits, in particular that rise higher. Consequently, the pad surface is rougher when it is dressed with randomly distributed diamond grits with uneven tip heights. This rougher surface can polish wafers unevenly. In contrast, the wafer polished with a pad surface of uniform asperities has less variation of thickness.

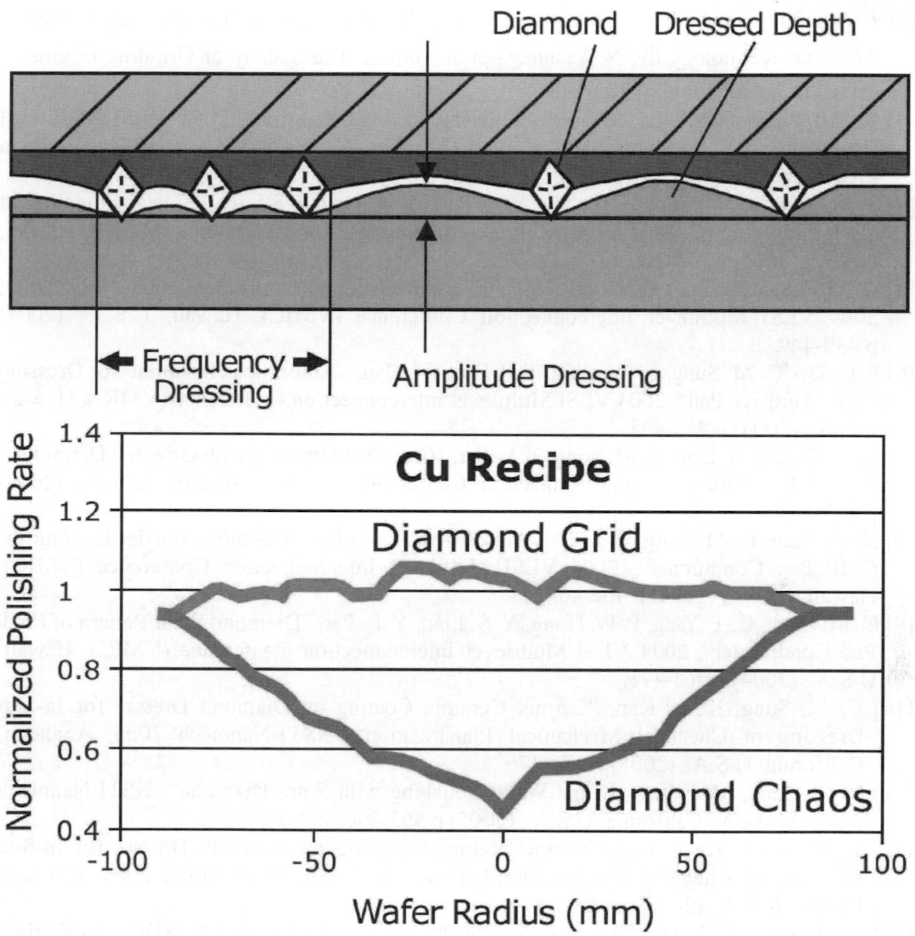

Fig. 16: The randomly distributed diamond grits can cause over dressing (amplitude dressing) in certain area and under dressing (frequency dressing) in other places (top diagram). The overdressing will consume pad unnecessarily and also cause uneven pad profile (middle diagram). The uniformity of wafer thickness is improved by polishing with a pad dressed by a diamond grid (bottom diagram).

DiaGrid® pad conditioners have been the world standard for dressing CMP pads. They are used by all semiconductor manufacturers for commercial production of sophisticated integrity circuitries. DiaGrid® pad conditioners are distributed by Applied Materials, the world's largest manufacturer of CMP equipment; and Rhom Haas (formerly Rodel), the world's largest supplier of CMP pads.

References:

[1] C. M. Sung, "Brazed Beads with a Diamond Grid for Wire Sawing", Industrial Diamond Review, (1998), 4/98, p.134-136.

[2] C. M. Sung, Y. L. Pai, "CMP Pad Dresser: A Diamond Grid Solution", Advances in Abrasive Technology III, N. Yasunaga et al. editors, The Society of Grinding Engineers (SGE) in Japan, (2000) p.189-196.

[3] C. M. Sung, "CMP Pad Dresser: A Diamond Grid Solution", 2001 VLSI Multilevel Interconnection, Specialty Short Course, Advance Chemical-Mechanical-Planarization Processes, Santa Clara, CA, (2001) p.181-220.

[4] S. M. Song, C. M. Sung, C. C. Hu, Y. L. Pai, M. Y. Tsai, Y. S.Liao, "Fractal Modeling of CMP Pad Texture", 2004 VLSI Multilevel Interconnection Conference (VMIC), Hawaii, U.S.A., (2004) p.255-260.

[5] C. M. Sung, "Nanom Diamond CMP Process for Making Future Semiconductor Chips", 2004 VLSI Multilevel Interconnection Conference (VMIC), Hawaii, U.S.A., (2004) p.439-449.

[6] P. L. Tso, C. M. Sung, C. W. Chiu, T. P. Hsu,Y. L. Pai, "Amorphous Diamond for Dressing Fixed Abrasive Pad", 2004 VLSI Multilevel Interconnection Conference (VMIC), Hawaii, U.S.A., (2004) p.450-455.

[7] M. Y. Tsai, Y. S. Liao, C. M. Sung, Y. L. Pai, "CMP Pad Dressing with Oriented Diamond", 2004 VLSI Multilevel Interconnection Conference (VMIC), Hawaii, U.S.A., (2004) p.459-463.

[8] Kevin Kan, C. M. Sung, Y. L. Pai, Amy Chen, James Hu, "Chemical Barrier Coating for CMP Pad Conditioner", 2004 VLSI Multilevel Interconnection Conference (VMIC), Hawaii, U.S.A., (2004) p.464-467.

[9] C. M. Sung, C. T. Yang, P. W. Hung, Y. S. Liao, Y. L. Pai, "Diamond Wear Pattern of CMP Pad Conditioner", 2004 VLSI Multilevel Interconnection Conference (VMIC), Hawaii, U.S.A., (2004) p.468-471.

[10] C. M. Sung, Kevin Kan, "Cermet Ceramic Coating on Diamond Dresser for In-Situ Dressing of Chemical Mechanical Planarization", NSTI-Nanotech 2005, Anaheim, California, U.S.A., (2005) p.373-376.

[11] C. M. Sung, M. F. Tai, "Direct Wafer Polishing with 5 nm Diamond", NSTI-Nanotech 2005, Anaheim, California, U.S.A., (2005) p.493-496.

[12] C. M. Sung, Kevin Kan, "Cermet Ceramic Coating on Diamond Dresser for In-Situ Dressing of Chemical Mechanical Planarization", ADC/NanoCarbon 2005, Chicago, Illinois, U.S.A., (2005).

[13] C. M. Sung, M. F. Tai, "Direct Wafer Polishing with 5 nm Diamond", ADC/NanoCarbon 2005, Chicago, Illinois, U.S.A., (2005).

[14] Sung, C. M., U. S. Patents 6,039,641, 6,286,498 and 6,679,243.

[15] Sung, C. M. and Frank S. Lin, U. S. Patent 6,368,198, 6,884,155.

附錄 2

The Organic Diamond Disk (ODD) for Dressing Polishing Pads of Chemical Mechanical Planarization

Cheng-Shiang Chou[1], James C. Sung[*,1,2,3], Yang-Liang Pai[1], Michael Sung[4]

Address: KINIK Company, 64, Chung-San Rd., Ying-Kuo, Taipei Hsien 239, Taiwan, R.O.C.
Tel: 886-2-2679-1931
Fax: 886-2-8677-1671
E-mail: jacky_chou@kinik.com.tw

[1] *KINIK Company, 64, Chung-San Rd., Ying-Kuo, Taipei Hsien 239, Taiwan, R.O.C.*
[2] *National Taiwan University, Taipei 106, Taiwan, R.O.C.*
[3] *National Taipei University of Technology, Taipei 106, Taiwan, R.O.C.*
[4] *Advanced Diamond Solutions, Inc., 351 King Street Suite 813, San Francisco, CA 94158, U.S.A.*

Abstract

Diamond pad conditioners can determine the efficiency of CMP processes and the quality of polished wafers. The polishing rate of a wafer is dependent on the amplitude (height) of pad asperities. The polishing uniformity is controlled by the frequency (density) of such asperities. Current diamond pad conditioners cannot dress the pad to produce microns sized asperities at high density. This is because the tips of diamond grits cannot be leveled to the same height so the grooved pad top is uneven with excessive asperities that may ruin the wafer and under sized asperities that is easily glazed.

New designs of diamond pad conditioners have markedly improved the leveling of diamond tips. Organic diamond disks (ODD) are manufactured by reverse casting of polymers. Due to the uniform spacing of diamond grits and their controlled tip heights, none of the diamond grits will be overly stressed. Moreover, all diamond grits are sharing the dressing work. Consequently, the number of working grits of ODD is significantly higher than conventional designs. Moreover, because no diamond will cut pad unnecessarily, the pad life is greatly lengthened. Furthermore, due to the uniform distribution of pad asperities, the slurry will be held efficiently so the run off is avoided. As a result, the slurry usage is reduced. ODD is therefore a significant savor of CMP consumables for semiconductor manufacture.

1

The bonding conditions of diamond in epoxy matrix.

Keywords: CMP, Diamond Dresser, Pad Conditioner, Epoxy

Organic Diamond Disks

Conventional CMP pad conditioners are made by bonding individual diamond grits with a metal matrix on a flat metal substrate. Due to the variation of grit sizes and diamond orientation, the tip height distribution is intrinsically large (50-100 microns). Hence, the cutting depth of the pad varies significantly. The deep grooving of the tall grits cannot only overly consume the pad, but also the diamond will be excessively stressed. The diamond may be chipped by such impact force, particularly if it was thermally damaged during the manufacturing process, as in the case of vacuum brazing or hot pressing. Even if the diamond is not weakened by heating, the high stress may pullout the diamond from the matrix, particularly if the bonding strength is weak, as in the case of electroplated pad conditioners.

A new design by reversing the diamond attaching process is made with an organic matrix (e.g. epoxy). The diamond grits are first leveled to a mold surface. Subsequently, they are cast by covering with a polymer. Due to the pre-leveling of the diamond tips, their height variation is within 20 microns. This organic diamond disk (ODD) will dress pad uniformly without excessive cutting. The result is a significant increase of pad life. In addition, the reverse casting process allows the use of larger diamond so the buried portion in the matrix is many times more than the protruded one. As no diamond grit is overly stressed, there is no risk of falling out grits. Because the fabrication process is at ambient temperature so the diamond strength is fully preserved to avoid chipping during the dressing process.

ODD disks are very light (e.g. 70 grams) and they can be transparent or color-coded. This versatility can make their inspections easier (e.g. to check the loss diamond) and also for the color management of CMP manufacture with different recipes (e.g. red disks for copper removal and black ones for oxide polishing). In contrast, conventional pad conditioners are made of heavy (e.g. 430 grams) metal and their appearances are the same for various designs.

Fig. 1: The monolithic ODD (left diagram) and the layered metal pad conditioner (right diagram).

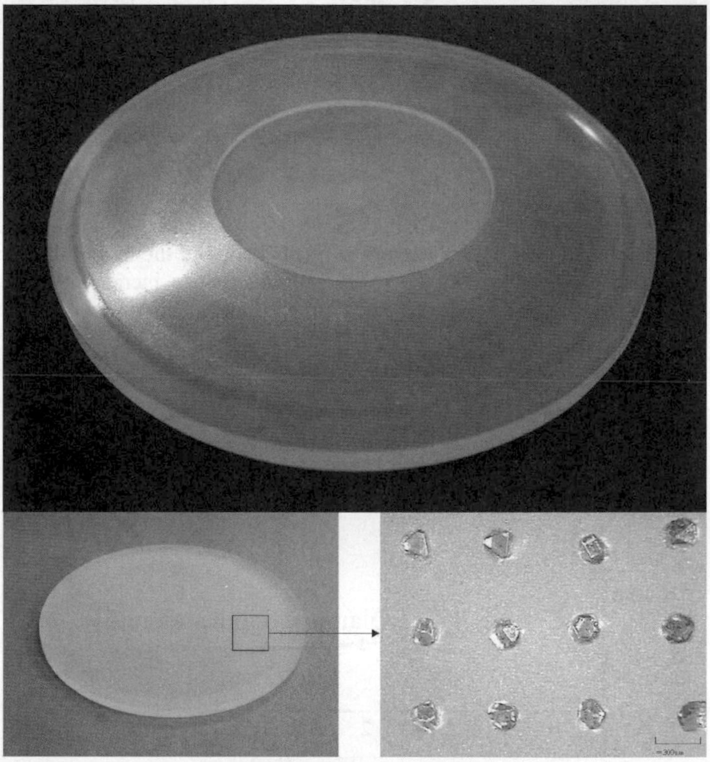

Fig. 2: Transparent ODD can allow defects (e.g. missing diamond) be spotted with naked eyes.

The Design Features

The bonding of diamond by epoxy resin is weak compared to metal bonding. However, because the diamond tips are leveled to a much tighter range, the distribution of the dressing stresses is much more uniform. Mover over, the burial depth for each diamond is about twice that of the exposed portion. Consequently, the risk of plucking away a diamond from the matrix during dressing the pad in minimal.

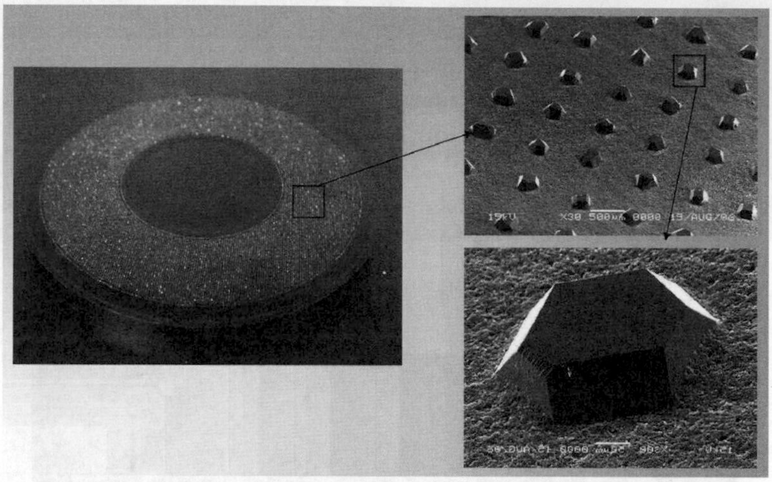

Fig. 3: The bonding conditions of diamond in epoxy matrix.

The dressing rate of the pad for ODD can be controlled by diamond to diamond separation, the higher the separation, the deeper the penetration to the pad, and the higher the dressing rate. Moreover, if shapes are less regular, the sharp cutting tips can increase the dressing rate. Furthermore, if more diamond tips are oriented facing the pad, the dressing rate can also be enhanced.

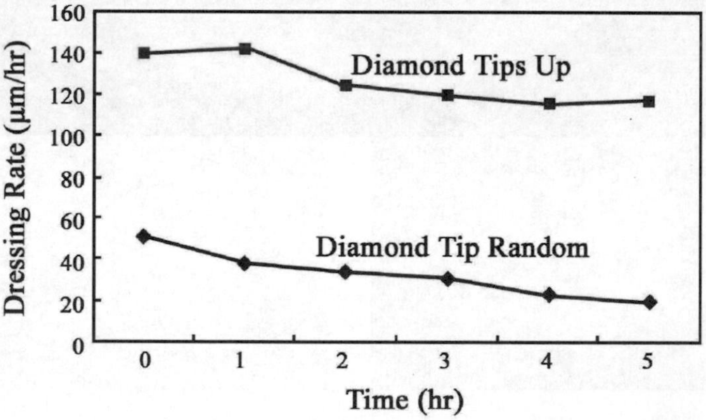

Fig. 4: The diamond orientation effect on the dressing rate of ODD.

The long dressing performance of ODD is comparable to the standard DiaGrid® pad conditioners made by brazing diamond with Ni-Cr alloy, although the decay rate may be slower.

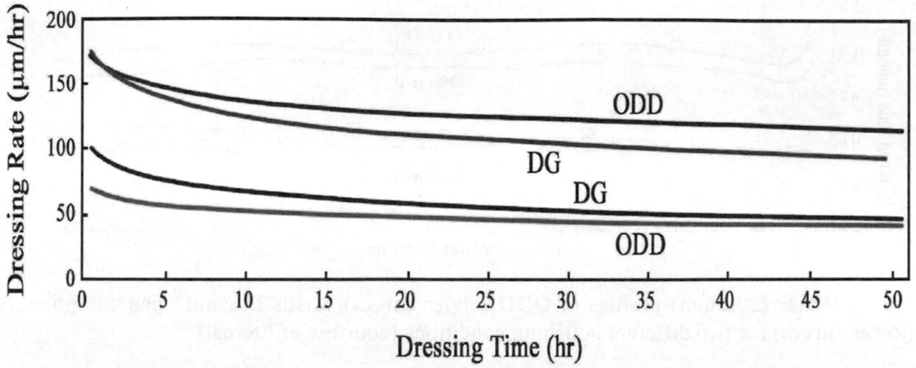

Fig. 5: The dressing rate of ODD is controllable and its decay rate is less than DiaGrid® pad conditioners (DG).

Preliminary Results

The prototype ODD samples were tested at Rohm-Haas, the leader of CMP consumables. The result indicate that the polishing performance of oxide wafer is comparable between ODD and the standard DiaGrid® pad conditioners. However, the asperities on the pad dressed by ODD are much more uniform.

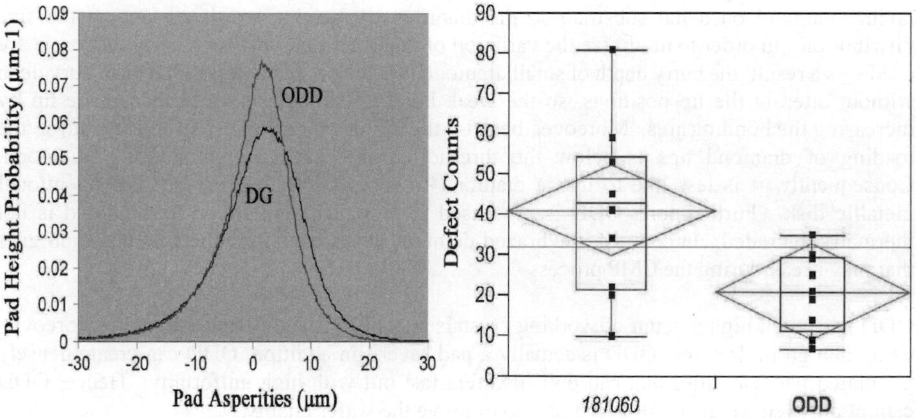

Fig. 6: The contrast of pad asperities distributions. Note that the spread of asperities heights of ODD was narrower than DiaGrid® pad conditioner (courtesy of RHEM-CMPT).

The more benign dressing of ODD can result in much longer pad life that may reduce significantly the cost of consumables.

The ODD and DiaGrid® samples were also compared with the wafer profiles when polished at different conditions. The results confirmed that ODD was fully capable to replace DiaGrid® pad conditioners for CMP manufacture of semiconductors.

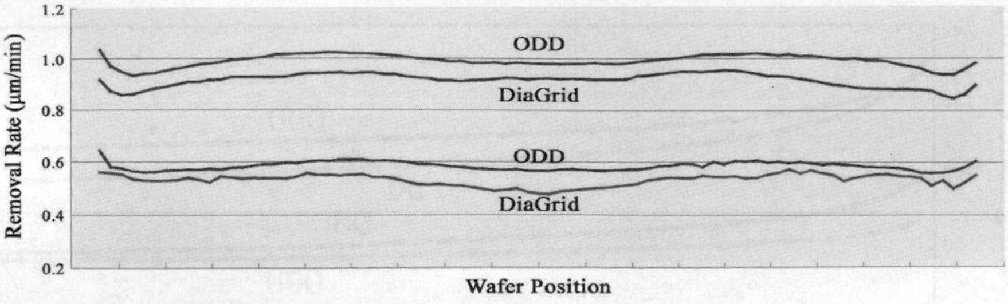

Fig. 7: Wafer (200 mm) profiles of ODD (upper curves) versus DiaGrid® pad conditioners (lower curves) for two different polishing conditions (courtesy of Eternal).

Additional data has confirmed at semiconductor fabs that the pad dress rate is half or less for achieving the same wafer removal rate. Moreover, the dressing time can be shortened by about 1/3 to restore the polishing effectiveness of the pad after polishing the wafer. These results imply that the CMP production pads will be consumed much less and the throughput of wafer passes can be increased significantly.

Conclusions

The major concern of using an organic matrix to hold diamond is that the adherence strength is weaker, about 5 times lower compared to a metallic matrix. However, this deficiency is made up by the tight height control of diamond tips. Conventional diamond disks are fabricated by laying diamond on a flat substrate so the diamond tip heights are dependent on the size distribution. In order to minimize the variation of diamond tips, smaller diamond crystals are used. As a result, the burry depth of small diamond is shallow. In contrast, ODD can bury deep without altering the tip positions, so the weak bonding strength is more than made up by increasing the bonding area. Moreover, because the tip heights are under stringent control, the loading of diamond tips is below the threshold limit that may pluck out a diamond. Consequently, it is less like to loss a diamond from an ODD dresser than a conventional metallic disk. Furthermore, ODD is processed at room temperature so its diamond is not thermally degraded. In contrast, the brazed diamond disks contain vulnerable diamond grits that may break during the CMP process.

ODD has much higher count of working crystals so its life is significantly longer. Moreover, being benign in dressing, ODD is actually a pad saver. In addition, ODD can create densely populated pad asperities that can polish wafers fast but with high uniformity. Hence, ODD cannot only reduce the CMP cost, but also improve the wafer quality.

References

[1] Chien-Min Sung, "Diamond Tools with Diamond Grits Set in a Predetermined Pattern", 2006 Powder Metallurgy World Congress, Bexco, Busan, Korea, p881-882.

[2] Chien-Min Sung, "Chemical Mechanical Polishing Pad Dresser", Taiwan Patent No. I264345.

[3] Chien-Min Sung, "Chemical Mechanical Polishing Pad Dresser", U.S. Patent Publication No. 20060143991.

[4] Chien-Min Sung, "Methods of Bonding Superabrasive Particles in An Organic Matrix", U.S. patent application filed in 2005.

附錄 3

The Fabrication of Ideal Diamond Disk (IDD) by Casting Diamond Film on Silicon Wafer

Ying-Tung Chen[1], James C. Sung[*,2,3,4], Ming-Chi Kan[2]
Hsiao-Kuo Chang[2,5], Michael Sung[6]

Address: Department of Mechatronic, Energy and Aerospace Engineering, National Defense University, Tahsi, Taoyuan 335, Taiwan, R.O.C.
Tel: 886-3-389-3850
E-mail: ytchen@ndu.edu.tw

[1] *Department of Mechatronic, Energy and Aerospace Engineering, National Defense University, Tahsi, Taoyuan 335, Taiwan, R.O.C.*
[2] *KINIK Company, 64, Chung-San Rd., Ying-Kuo, Taipei Hsien 239, Taiwan, R.O.C.*
[3] *National Taiwan University, Taipei 106, Taiwan, R.O.C.*
[4] *National Taipei University of Technology, Taipei 106, Taiwan, R.O.C.*
[5] *National Cheng-Kung University, Tainan 701, Taiwan, R.O.C.*
[6] *Advanced Diamond Solutions, Inc., 351 King Street Suite 813, San Francisco, CA 94158, U.S.A.*

Abstract

With the relentless densification of interconnected circuitry dictated by Moore's Law, the CMP manufacture of such delicate wafers requires the significant reduction of polishing pressure of integrated circuits, not only globally, but also locally on every tip of the pad asperities. Conventional diamond disks used for dressing the polyurethane pads cannot produce asperities to achieve such uniformity. A new design of diamond disk was fabricated by casting diamond film on a silicon wafer that contains patterned etching pits. This silicon mold was subsequently removed by dissolution in a hydroxide solution. The diamond film followed the profile of the etching pits on silicon to form pyramids of identical in size and shape. The variation of their tip heights was in microns of single digit that was about one order of magnitude smaller than conventional diamond disks for CMP production. Moreover, the diamond film contained no metal that might contaminate the circuits on polished wafer during a CMP operation. The continuous diamond film could resist any corrosive attack by slurry of acid or base. Consequently, in-situ dressing during CMP is possible that may improve wafer uniformity and production throughput. This ideal diamond disk (IDD) is designed for the future manufacture of advanced semiconductor chips with node sizes of 32 nm or smaller.

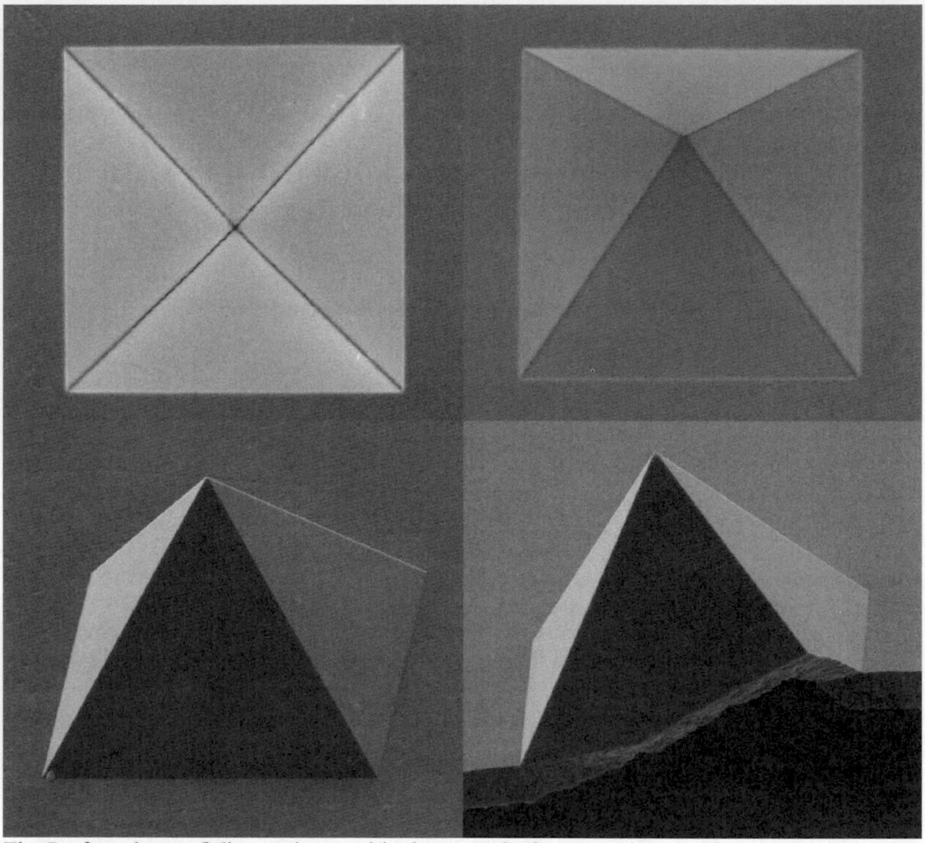

The Perfect shape of diamond pyramids that reveals the razor sharp cutting edges. Note that the fractured diamond film exposed uniform thickness.

Key Words: CMP, Pad Conditioner, Diamond Film, CVD, Moore's Law, 32 nm Node

CMP of Future Semiconductors

Chemical mechanical planarization (CMP) is the enabling technology for the manufacture of sophisticated interconnect circuits (IC). The future CMP must be capable to polish precursors of such circuits to within a few nanometers (nm) of the design across a wafer surface of possibly 450 mm in diameter. Thus, the local deviation of polished depth may be at most one tenth of one PPM (part per million) of the global scale of the wafer.

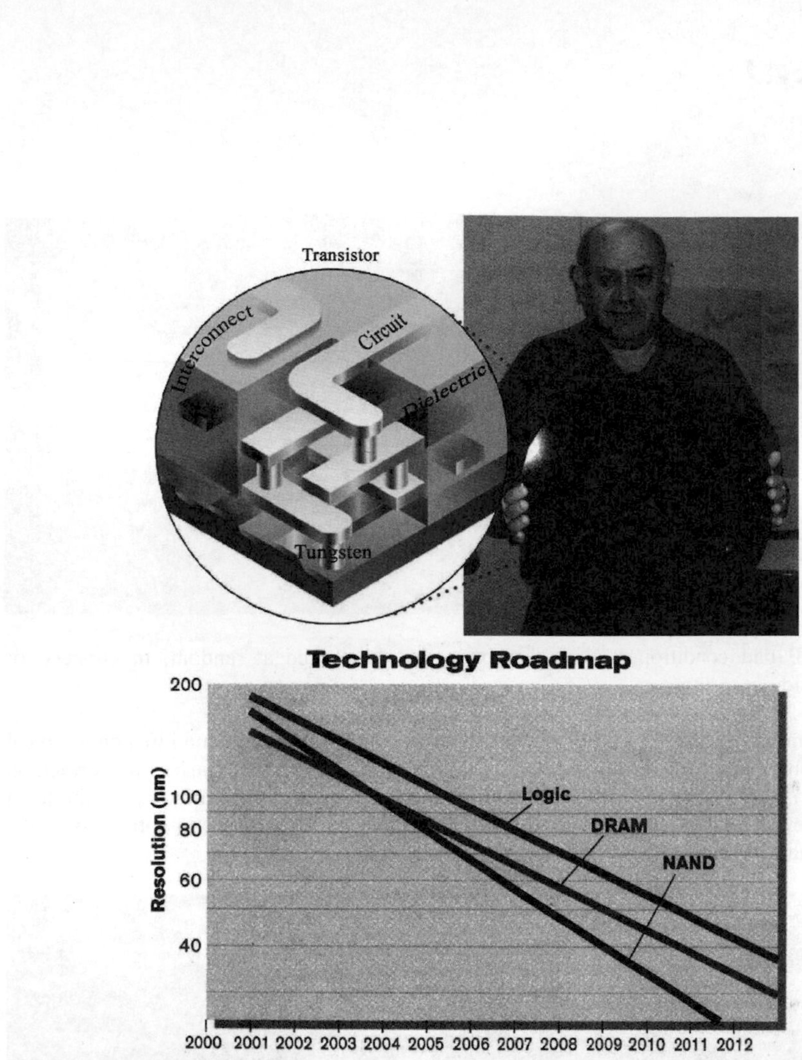

Fig. 1: The pace of IC miniaturization according to Moore's Law that requires doubling the performance for computer CPU every 18 months (left diagram). The magnification of a future pizza-sized wafer to reveal the circuitry of a virus-sized transistor (right diagram).

During the CMP operation, a diamond disk must be used to dress the polyurethane pad that is permeated with abrasive impregnated slurry. The diamond disk contains discrete diamond grits that remove the polishing debris and at the same time groove the pad surface to form asperities. This conditioning process may be concurrent (in-situ) with the polishing action of the wafer or in alternation (ex-situ). Although the in-situ dressing is more preferred due to the real time renewal of the pad asperities, but acidic slurry may attack the metal matrix that is used to bond the diamond grits. Consequently, ex-situ conditioning is prevalent when acidic (e.g. pH=3) slurry is used (e.g. for polishing tungsten vias).

Diamond Pad Conditioners

Diamond disks for dressing CMP pads are typically made by attaching discrete diamond grits onto a stainless steel substrate. The bonding matrix is typically a metal that can be formed by either electroplating or brazing. The distribution of diamond grits may be chaotic, clustered, or regular.

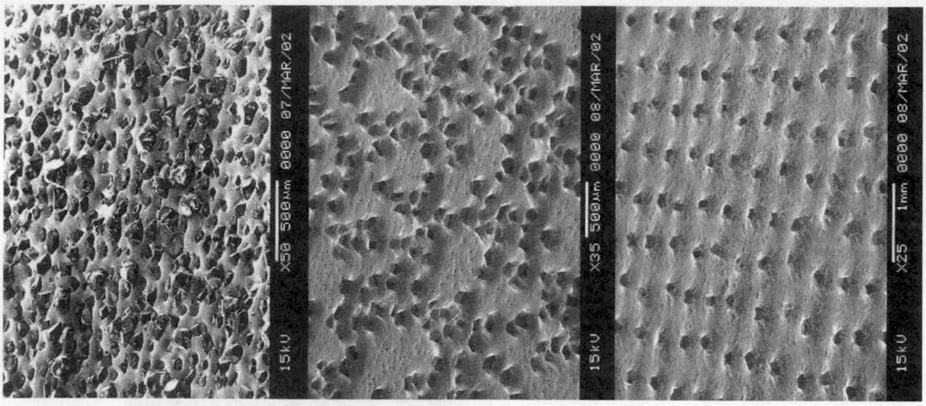

Fig. 2: CMP pad conditioners with diamond grits distributed at random, in clusters, or forming a grid.

Because diamond grits always vary in size and shape, the height of diamond tips on a typical pad conditioner may differ by more than 50 microns. Consequently, the asperities formed on a CMP pad is uneven, so the contact pressure on wafer may differ enormously on the local scale. The extreme variation of asperities can cause excessive polishing of soft spots of the wafer that may destroy the delicate circuits.

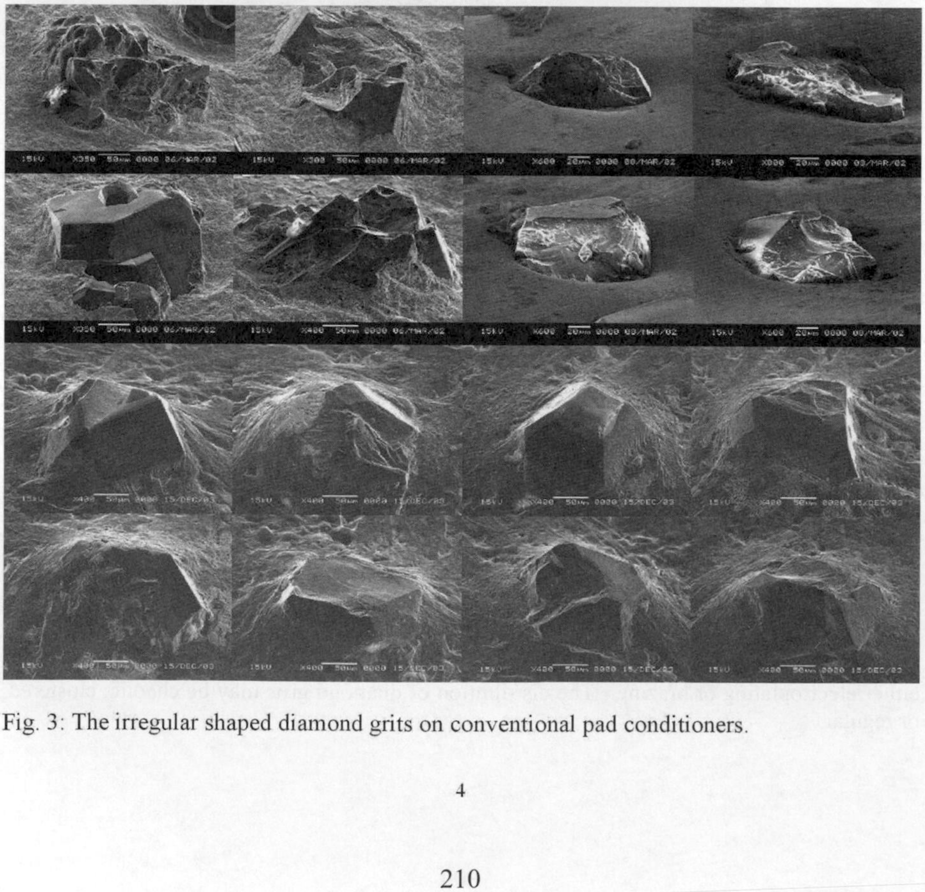

Fig. 3: The irregular shaped diamond grits on conventional pad conditioners.

The CVD Diamond Disk

In order to make a diamond disk totally voided with metal so it may be used for in-situ dressing during the polishing process of CMP manufacture, diamond disks were made by depositing diamond films on suitable substrates by chemical vapor deposition (CVD) using a gas mixture of methane and hydrogen. The experimental procedure are described below:

A cemented tungsten carbide substrate was cut by wire-EDM to form a pattern of tetragonal pyramids. The surface cobalt of the substrate was leached out by acid so the diamond deposited during the CVD process may not be catalytically converted to form amorphous carbon at high temperature. The cleaned substrate was placed in the reactor that was heated by tungsten filaments. The filaments were heated by passing electrical current to a temperature of about 2200℃. The gas mixture contained about 2% methane that was diluted in hydrogen gas with a flow rate of 3000 sccm. During the CVD deposition of diamond film, the gas pressure was kept at 30 torrs. The time for the deposition was about 20 hours.

The polycrystalline diamond film formed showed granular structure that could be too fragile for dressing CMP pads. The inevitable dislodge of even a minute diamond fragment may cause severe scratches of expensive wafers during the CMP operation. Moreover, the tip heights of CVD diamond film covered pyramids were larger than 50 microns. Consequently, such diamond disks are not suitable for CMP manufacture of sophisticated semiconductors.

Alternatively, CVD diamond film was grown on a flat silicon wafer to form sharp diamond grains that were packed together. Although the diamond tips might be leveled better this time, but the fragile nature of the diamond bonding between grains remains. Moreover, the diamond grains could not be separated so the slurry flow might be impeded during the CMP operation.

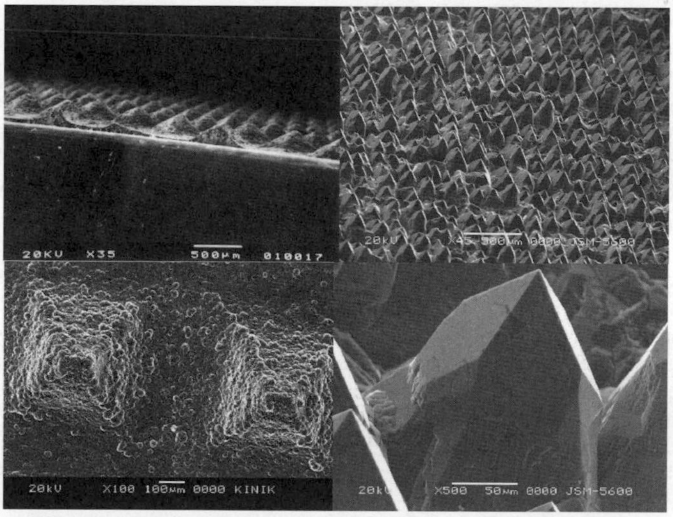

Fig. 4: The appearance of CVD diamond film coated pyramids made of cemented tungsten carbide (left diagram). The facetted diamond grains deposited on a flat silicon wafer (right diagram).

The Ideal Diamond Disk

A revolutionary design of diamond disk was fabricated by casting of diamond film on a silicon wafer that was etched to form a pattern of inversed pyramids.

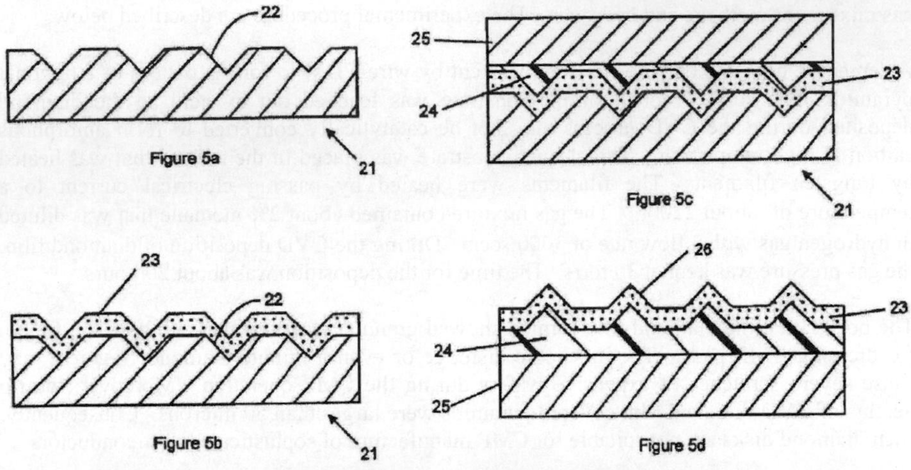

Chien-Min Sung US 6,659,161 B1

Fig. 5: The patented process for making the inversed pyramids of diamond film by using a mold.

The experimental steps are described below:

Double coatings of SiO_2 (650 nm)/Si_3N_4(150 nm) were deposited on both sides of a (100) oriented Si wafer by CVD. The pattern of the mask was produced on one side by drying etching using CF_4 plasma. The masked wafer was then dipped in a warm (65℃) solution that contained 30% KOH for about an hour. The atoms on (100) faces of silicon were preferentially dissolved away in solution to expose the more resistant (111) faces. After about one hour, the inverse pyramids with a characteristic tip angle of 109.5° were formed. These pyramids were about 100 microns across that they were separated 600 microns apart.

The etched wafer was then seeded with diamond particles of a couple of microns in size that were suspended in a methanol bath (10g diamond per liter) agitated by ultrasound for 60 minutes. The seeded wafer was etched slightly to remove surface absorbent by using acid that contained 8% HF. After then, the cleaned wafer was placed in a CVD reactor equipped with tungsten filaments. During the heating process, a gas mixture that contained 2.3% methane in hydrogen was maintained at 19 torrs with a flow rate of 3000 sccm. The time for depositing the diamond film took about 48 hours.

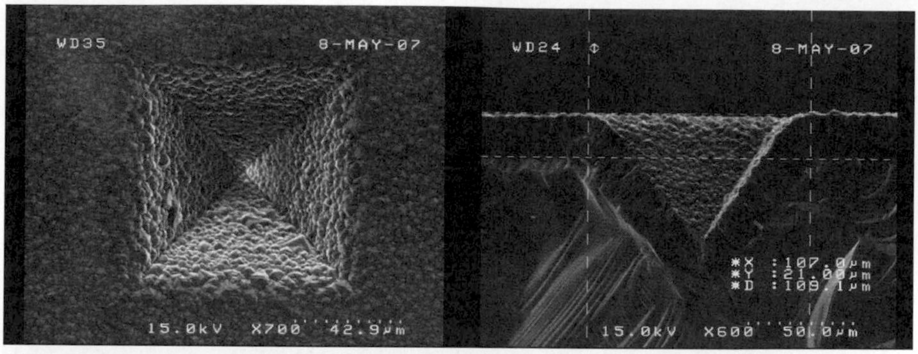

Fig. 6: The diamond film coated in inverted pyramids on silicon wafer (left diagram), and its cross section to reveal uniform thickness (right diagram).

After the dissolution of the silicon mold, the flipped diamond film showed remarkable diamond pyramids with identical size and shape.

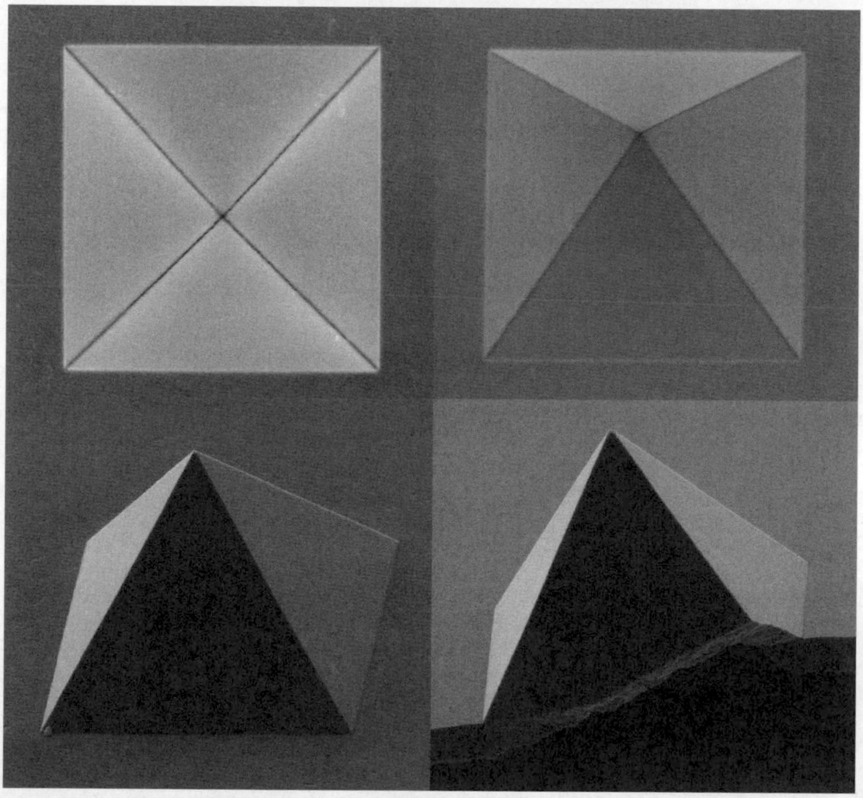

Fig. 7: The Perfect shape of diamond pyramids that reveals the razor sharp cutting edges. Note that the fractured diamond film exposed uniform thickness.

The CVD diamond film grown from densely populated nuclei on the silicon surface. As a result, the interface of the diamond pyramids became conformal after removing the silicon mold. Such a smooth surface can avoid flaking of diamond debris during CMP operation. Moreover, the very top of the surface of the diamond pyramids contained a veneer of silicon carbide (SiC) formed by reacting of diamond and silicon. The SiC coating has a lattice in parallel of (111) face of the underlying silicon mold. This orientation of SiC lattice along the tightest packing of atoms made the surface diamond pyramids seamless. Consequently, the frictional coefficient can be very low if these pyramids were used to dress a polyurethane pad for the CMP manufacture of semiconductors.

The Array of Cloned Pyramids

The casting of diamond film on silicon mold can produce identical pyramids of precisely controlled pattern. The tip variation of such pyramids can be smaller than 10 microns. Such a regular array of diamond pyramids can be the ideal diamond disk for dressing CMP pad. The asperities formed the pad can be highly dense and extremely uniform. Consequently, the polishing of delicate wafers will be efficient and with a high yield.

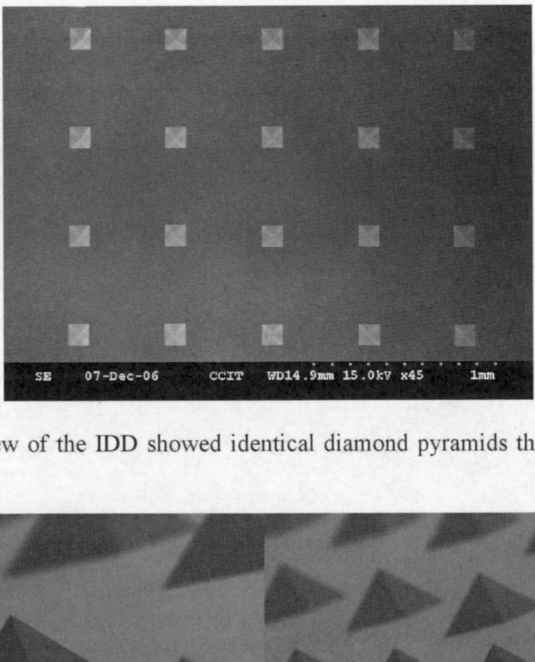

Fig. 8: The top view of the IDD showed identical diamond pyramids that formed a perfect grid.

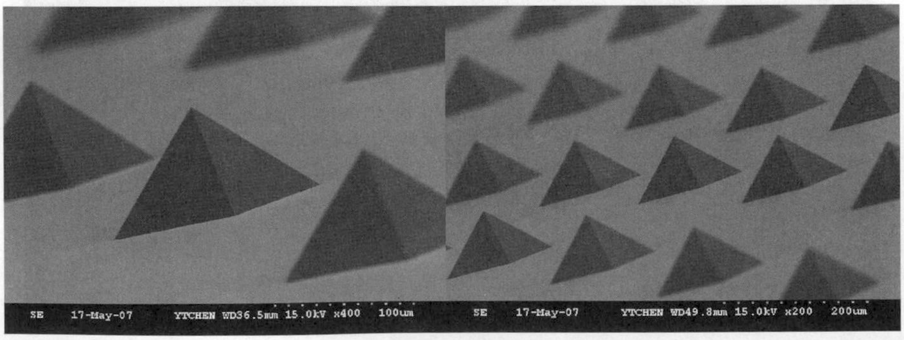

Fig. 9: Perspective views of diamond pyramids on IDD.

Conclusion

A CVD diamond film cast on silicon wafer with etched pyramids can form IDD with the array of identical pyramids. The tips of these pyramids may dress pads to create densely packed asperities of uniform heights. These asperities are capable to polish IC wafers to achieve unprecedented smoothness at local scale with superior flatness in global scale. The IDD can dress the pad in-situ in acidic slurry so the polishing of IC wafers can be more efficient due to the real time conditioning.

References

[1] Chien-Min Sung, "PCD Planer for Dressing CMP Pads", 2006 CMP-MIC, Fremont, California, U.S. A., (2006) p.613-616.
[2] Hiroaki Ishizuka, Hiroshi Ishizuka, Ming-Yi Tsai, Eiichi Nishizawa, Chien-Min Sung, Michael Sung, Barnas G. Monteith, "Advanced Diamond Disk for Electrolytic Chemical Mechanical Planarization", 2006 VMIC Conference, Twenty Third International VLSI/ULSI Multileven Interconnection Conference, State-of-the-art Seminar and Exhibition, Fremont, California, U.S.A.
[3] Michael Sung, Chien-Min Sung, Cheng-Shiang Chou, Barnas G. Monteith, Hiroaki Ishizuka, "Advanced Polycrystalline Diamond Pad Conditioners for Future CMP Applications", 2006 VMIC Conference, Twenty Third International VLSI/ULSI Multileven Interconnection Conference, State-of-the-art Seminar and Exhibition, Fremont, California, U.S.A.
[4] Hiroshi Ishizuka, Chien-Min Sung, Ming-Yi Tsai, Michael Sung, "PCD Planers for Dressing CMP Pads: The Enabling Technology for Manufacturing Future Moore's Law Semiconductors", 2007 CMP-MIC, CA, U.S.A.
[5] Hiroshi Ishizuka, Chien-Min Sung, Ming-Yi Tsai, Michael Sung, "PCD Pad Conditioners for Electrolytic Chemical Mechanical Planarization of Intergrated Circuit with Nodes of 45 nm and Smaller", 2nd International Industrial Diamond Conference, Italy, Rome.

附錄 4

CMP的超越技術-台灣主導全球半導體製造的契機(上)

The Excelled Technology for CMP-Taiwan's Opportunity to Lead the World in the Manufacture of Semiconductors (I)

宋健民 C. M. Sung
中國砂輪企業股份有限公司(Kinik Company Ltd.) 總經理

半導體積體電路(IC)的生產必須使用化學機械平坦化(CMP)，而CMP則需使用鑽石碟才能維持拋光的速率及提昇晶圓的良率。中國砂輪的DiaGrid® 鑽石碟是全球生產IC的利器，也是台積電晶圓拋光的重要耗材。中砂推出的下一世代鑽石碟(ADD)已成美商應用材料發展電解(Electrolytic) CMP (eCMP)不可或缺的 BKM (Best Known Method)。台積電若和中砂聯手開發低應力拋光的 CMP技術，可在 32 nm及 22 nm的製程上領先 IBM及 Intel。

Chemical Mechanical Planarization (CMP) is an indispensable process for making integrated circuits (IC) of semiconductors. With the IC becoming more and more delicate following the trend of Moore's Law, the CMP process must be less and less brutal lest the soft copper be eroded or the fragile dielectric be ruptured. CMP is proceeded by polishing the IC with a rotating pad. The polishing is achieved by brushing the abrasive perched asperities of the pad against the thicketed areas on the wafer surface. The size and distribution of the asperities are therefore critical in controlling the polishing uniformity and wafer defectivity.

Advanced diamond disks (ADD) are manufactured by wire-EDM cutting of sintered blank of polycrystalline diamond (PCD). The sculptured pattern is much more regular compared to attached grits so the cutting tips are increased by one order of magnitude. ADD is capable to dress conductive pads for electrolytic CMP (eCMP) with exceptional uniformity. ADD can also dress conventional polyurethane pads to even out the individual contact pressure between IC and asperities. As a result, CMP can proceed with high average pressure to achieve fast removal rate, but with low contact stress to avoid polishing defects. Moreover, ADD's uniform dressing can reduce the over cutting of pads, and the runoff of slurry. Hence, it can improve the longevity of both pad and disk, and at the same time reduce the slurry consumption. In addition, the IC wafers polished has a uniform thickness and with a reduced amount of defectivity.

關鍵詞 / Key Words
化學機械平坦化(Chemical Mechanical Planarization; CMP)、eCMP、鑽石碟(Diamond Disk)、PCD、半導體(Semicoductor)、32 nm、摩爾定律(Moore's Law)

工業材料雜誌
253期
01/2008

160
材料與技術專欄

半導體產業的現況

人類科技文明的代表作為電腦、電視、手機、相機、遊戲機、隨身聽、GPS、LED及其他光電產品。這些產品的心臟晶片（芯片）就是半導體的積體電路（即集成電路或IC）（圖一、圖二）。

台灣半導體的生產正是推動經濟成長的火車頭，其產值已在世界掌足輕重（表一）。

半導體的主要產出國家包括美、日、韓及歐盟。台灣在全球半導體的價值比重雖僅約1/10，但在晶圓代工(Foundry)的行業卻是世界第一。晶圓代工拱起了上游的IC設計及下游的封裝測試，成為台灣的兆元企業（2007年超過1.5兆元）（表二）。

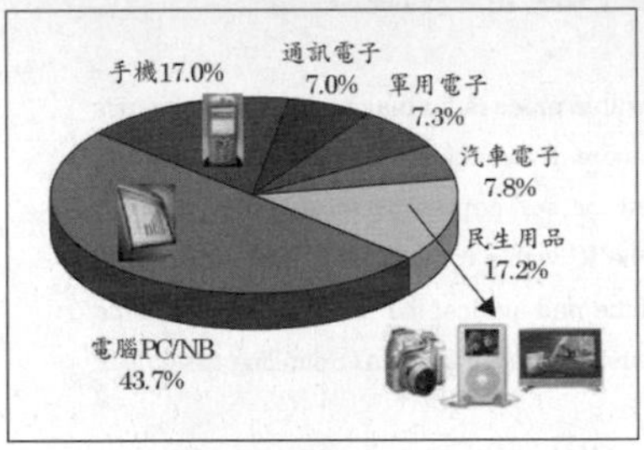

▲圖一　半導體的諸多應用，其總產值在2006年約為$1,400 B (B=Billion)

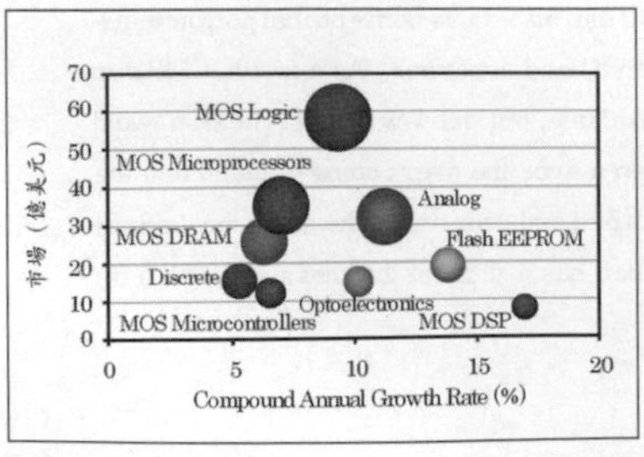

▲圖二　半導體的各種設計，其總產值在2006年約為$250 B

半導體製造的三國時代

製造未來半導體的投資越來越大，技術的門檻更不斷提高。除了半導體的一哥Intel之外，許多大公司已宣佈不再投資晶圓

▼表一　2006年台灣IC產業規模

產業鏈	NT億元
總體IC產業產值	13,933
IC設計業	3,234
IC製造業	7,667
晶圓代工	4,378
IC封裝業	2,108
IC測試業	924

▼表二　2007年全球半導體公司排名

排名	公司	營收($M)
1	英特爾(Intel)	33973
2	三星(Samsung)	20137
3	東芝(Toshiba)	12590
4	德儀(TI)	12172
5	台積電(TSMC)	10896
6	意法(ST)	9991
7	海力士(Hynix)	9614
8	瑞薩(Renesas)	8137
9	新力(Sony)	8040
10	飛利浦半導體(NXP)	6038
11	英飛凌(Infineon)	5864
12	超微(AMD)	5792
13	高通(Qualcomm)	5603
14	恩益禧(NEC)	5555
15	飛思卡爾(Feescale)	5349
16	美光(Micron)	4943
17	奇夢達(Qimonda)	4186
18	松下(Matsushita)	3946
19	爾必達(Elpida)	3836
20	博通(Broadcom)	3731

▼表三　IC晶圓生產的投資規模

晶圓(mm)	投資($B)
200	1
300	5
450	30

▼表四　IC晶片製程的開發費用

製程(mm)	費用($B)
130	10
65	50
45	200

廠，而改以策略聯盟或委外代工方式生產次世代的IC（表三、表四）。

世界半導體技術的先知者IBM（CMP的發明者）已組成45 nm聯盟，包括日本的Toshiba、Sony，韓國的Samsung，歐盟的ST Micro、Infineon、NXP，美國的Freescale、AMD及新加坡的晶圓代工廠Chartered都已加入為成員。這個IBM半導體聯盟將和Intel分庭抗禮，爭奪32 nm及22 nm的技術主導權（圖三）。Intel已先行宣佈成功地開發出High K Metal Gate的技術並成功地在45nm IC上量產。

▲圖三　2007年底，IBM技術聯盟展示開發以High K Metal Gate試製32nm SRAM的技術成果

在IBM全球集結及Intel整軍經武之際，台灣的晶圓雙雄－「台聯」（台積電＋聯電）應避免兄弟鬩牆並聯合對抗國外壓境的強敵。台積電已宣佈成功的製造32nm的SRAM（未用High K Metal Gate）並和比利時的奈米研究中心IMEC合作開發以HfC High K Metal Gate試製32nm的CMOS。IMEC研究聯盟的其化成員包括Infineon、Qimonda、Intel、Micron、NXP、Panasonic、Samsung、ST Micro及TI。在日本，Toshiba也和NEC合作開發32nm製程。

Intel及TSMC更計畫在2012年建立450nm（18吋）的晶圓廠，冀圖以擴大面積來降低芯片的製造成本（圖四、圖五）。

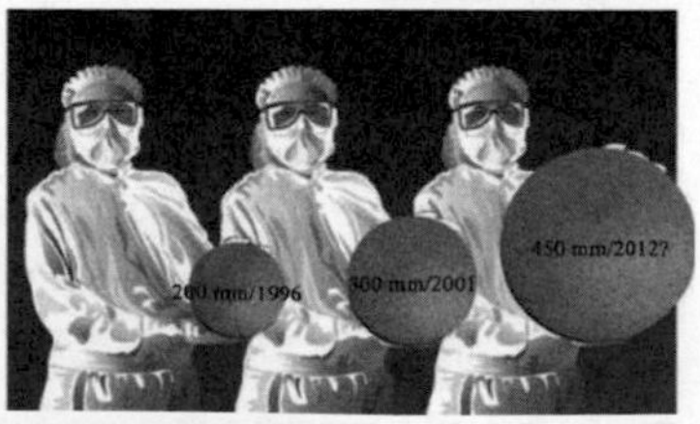

▲圖四　晶圓加大的三大階段。台積電及Intel都準備開發450 mm晶圓的IC製造技術

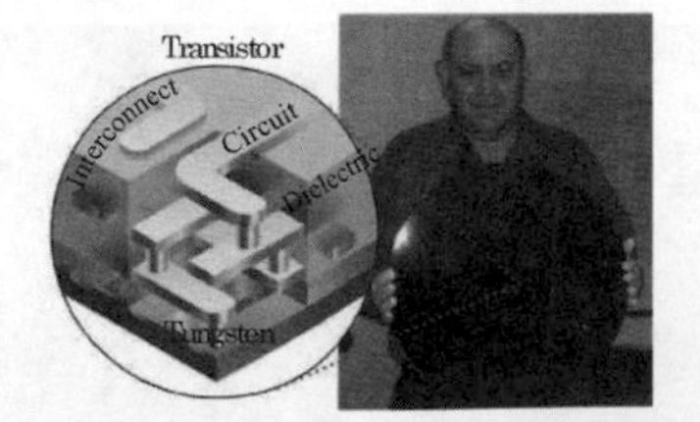

▲圖五　Intel發展未來的450mm晶圓及其內病毒大電晶體（電流開關）的示意。這種新科技製造的晶圓比線寬(32nm)大過千萬倍(10^7 x)。一片晶圓上的電晶體總數將超過全球人口總數的百倍

工業材料雜誌
253期
01/2008

晶圓大戰的局勢有如三國演義漢末天下即將三分的前奏。那時曹操統合北方各路梟雄冀圖統一天下，有如IBM盤算建立半導體的新生態。孫權則偏安江南準備鞏固既有江山，有如Intel將深化半導體的製程技術以深溝高壘拒敵。諸葛亮則隆中獻策叫劉備和劉表聯合並向西發展，建立第三勢力，這樣天下三分成為鼎立之局。這段歷史典故應啓發「台聯」向中國延伸做為腹地，有如劉漢收服巴蜀。

台積電雖和聯電搶單並和中芯在法庭互控，但這三個華人山頭將面對晶圓代工特許(Chartered)及Samsung藉IBM聯盟乘機坐大爭食未來委外代工的大餅。台積電最近公佈將開發450 mm晶圓並在2012年試產，這是甩開中芯避免直接競爭的好方法。台積電若放中芯一馬，效法諸葛亮七擒七縱孟獲，則可讓中芯成為「台聯」的後勤大隊。若「台聯中」的第三勢力可成形，中芯可輔佐「台聯」製造低階產品並佔領中國市場。中國的半導體市場現已佔世界的1/4，未來更將超越1/2。「台聯」若和中芯分進合擊可壟斷華人圈的芯片，這樣就可在未來對抗「外侮」時，立於不敗之地。

▲圖六　IC線路外觀的一例

台灣的CMP優勢

IC晶圓的製造已進入病毒尺寸(90~22 nm)。一個不及1公分見方的CPU芯片可佈滿超過人類總數（65億）的電晶體（0或1的電路開關）（圖六、圖七）。

IC的線路乃以微影顯像及光阻蝕刻的方法製造。但是線路的厚度卻必須藉由拋光的方式控制，這就是所謂的化學機械平坦化（Chemical Mechanical Planarization; CMP）。CMP在製造32 nm或更細的線路時必須改弦更張，才能避免電流的電阻太大及電路靠近致彼此干擾（圖八）。

半導體大戶的製程能力相若，Intel、IBM及台積電都將在2007年底試產45 nm IC。然而未來CMP的關鍵技術卻可能被台灣的中國砂輪公司（以下簡稱中砂）影響。中砂現為全球鑽石碟(Diamond Disk)的主要供應者，鑽石碟為CMP不可或缺的工具。台積電及聯電的CMP已長期使用中砂鑽石碟，若「台聯」可和中砂技術合作，未來450 mm晶圓上密佈32或22 nm線路的生產良率將可超越IBM及Intel，這樣「台聯」

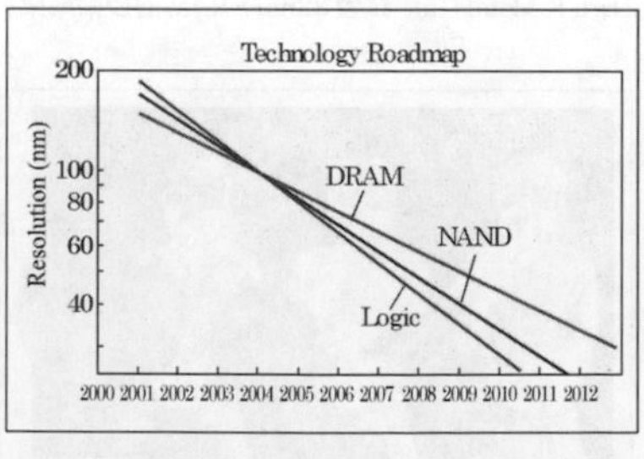

▲圖七　半導體芯片乃依摩爾定律(Moore's Law)每18個月電晶體的數目加倍，IC線路的線寬乃急速變窄，使製程的困難度大幅提高

就可成為晶圓製造規格的制定者，乃至全球未來芯片設計的領導者。

CMP的良率

CMP要使若大的晶圓平坦，同時使超微的電路平滑，其技術的困難程將越來越大（圖九）。

產品的良率決定了製造業的虧盈，良率高的公司不僅毛利高，而且可以降低價格佔領市場。台灣的晶圓代工賺的正是良率高的錢，未來製造內含小(32 nm)線路的大(450 mm)晶圓，良率將決定供應鏈的歸屬（圖十）。

在DRAM的領域裏，韓國Samsung當年就是以200 mm製程良率打敗日本的Hitachi，成為全球的霸主。現在日本的Elpida已和台灣的力晶聯手，準備以300 mm製程的良率擊倒Samsung，日本就可扳回一城（圖十一）。

「台聯」在200 mm及300 mm的晶圓代工良率稱王。但未來450 mm搭配32 nm線寬，其CMP的平坦化難度遠甚於既往，「台聯」若沒有中砂相助可能優勢不再，有如下述。

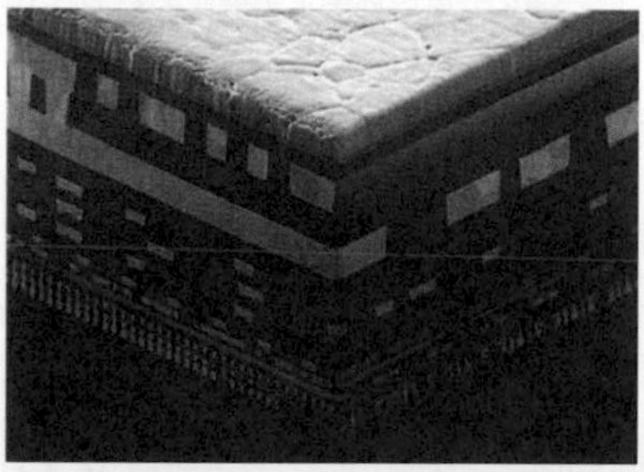

▲圖八　IC線路極小、厚薄稍有差異時，電流信號(Signal)與亂流雜訊(Noise)就難以區分。圖示為45 nm IC線路的一角

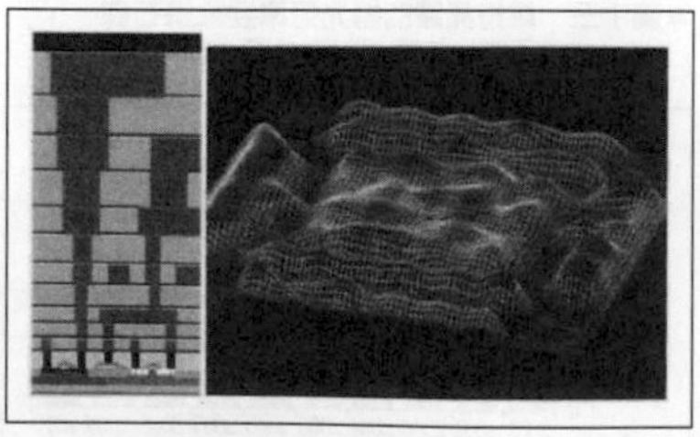

▲圖九　病毒尺寸IC疊床架屋的線路，其表面的平滑程度決定了電晶體的功能及可靠度

化學機械平坦化(CMP)

在生產IC晶圓時，除了微影顯像(Pho-

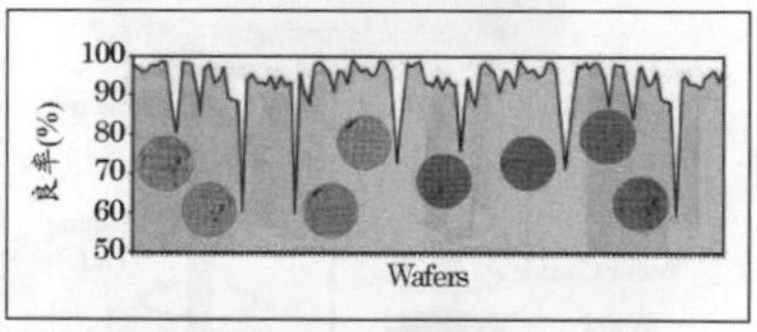

▲圖十　晶圓的良率決定代工業的優勝劣敗

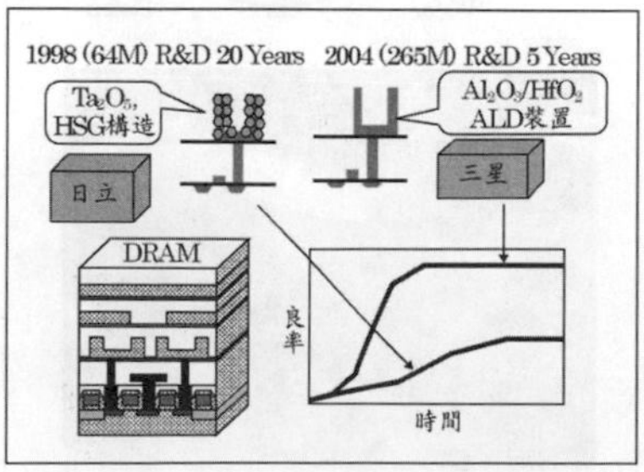

▲圖十一　Samsung引進DRAM技術再改進後，後來居上超越Hitachi成為全球DRAM製造的一哥

工業材料雜誌
253期
01/2008

tolithography)之外，最重要的製程為化學機械平坦化。CMP係將每層IC的薄膜磨平及擦亮，如此，微影顯像的光線才能在光罩上聚焦，奈米級的精密線路才能被蝕刻成形。

在CMP的過程中，晶圓IC的沈積層必須輪流研磨拋光。其方法乃將晶圓壓在一塗佈磨漿(Slurry)的旋轉拋光墊(Pad)上，磨漿內的奈米磨粒(Abrasive)會逐漸磨除IC表面的突出處，使其平坦及光滑（圖十二）。

在CMP過程中，晶圓和拋光墊不能全面接觸以免打滑，所以拋光墊的表面必須先行「開刃」(Dressing)。開刃可提高接觸點的壓力，這樣就可以增加拋光的速率。開刃時晶圓的磨屑、拋光墊的切屑及磨漿的廢料所凝結的硬質層(Glazing)也同時剔除。CMP要能持續，必須使用鑽石碟或調理器(Pad Conditioner)來不斷調整拋光墊（圖十三）。

CMP的普及率隨IC的線寬縮小而提高（圖十四）。

CMP的走勢

CMP的成長速率是半導體的數倍，IC的層數越來越多，CMP的需求就越來越大（圖十五、圖十六）。

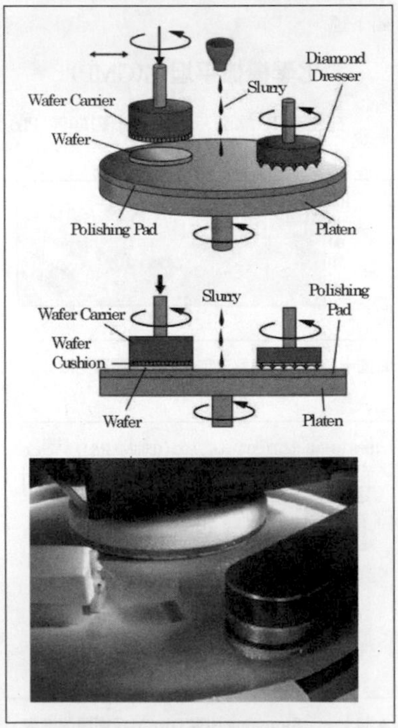

▲圖十二　CMP的示意圖及實物外觀

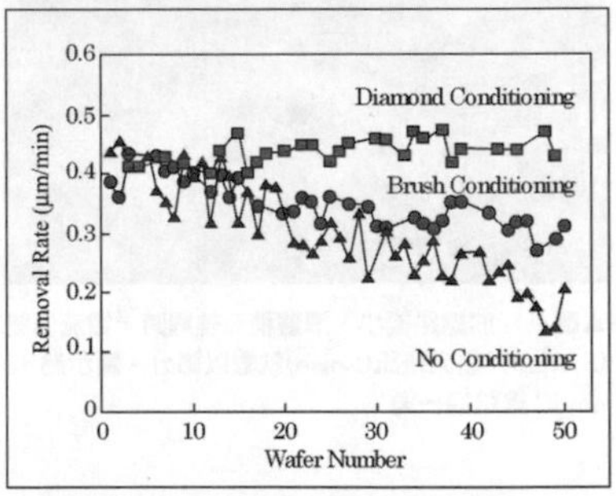

▲圖十三　維持晶圓的拋光速率要靠鑽石碟

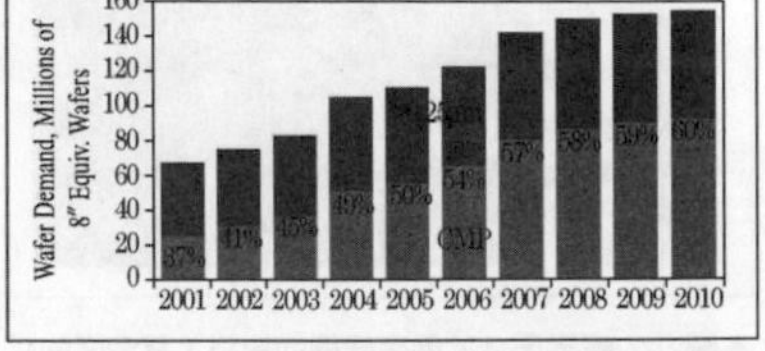

▲圖十四　CMP為拋光精密(<0.25 μm) IC所必須

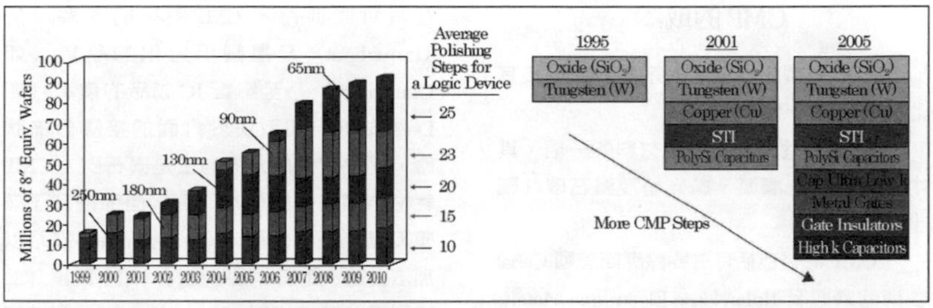

▲圖十五　晶圓上 CMP 的次數乃隨線寬的減少而快速增加，IC 的磨層數及種類將越來越多

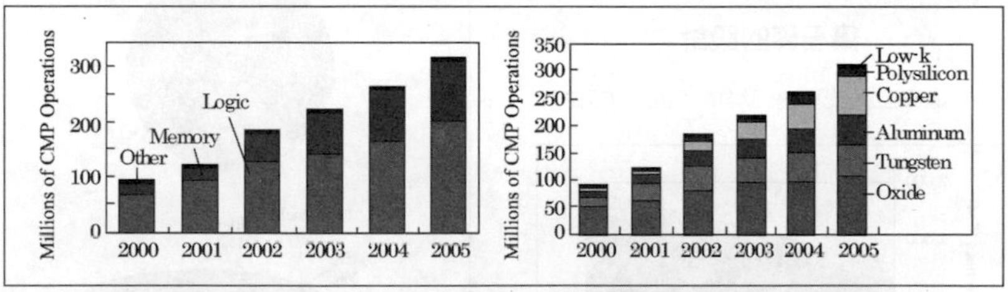

▲圖十六　CMP 的使用次數逐年加多，其種類有隨 IC 的設計而改變的趨勢

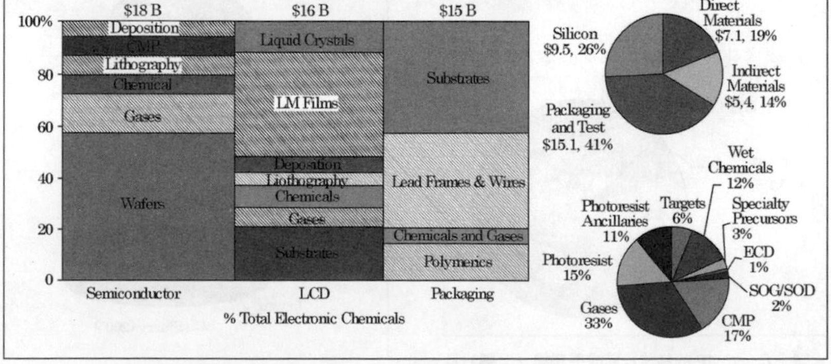

▲圖十七　半導體的耗材內容及其成本與 LCD 及封裝產業的比較

工業材料雜誌
253期
01/2008

CMP的成本

半導體製造成本的大宗為矽晶圓及其他耗材（圖十七）。

CMP的耗材為半導體材料的一環，其中的主項即為磨漿、拋光墊及鑽石碟（圖十八）。

CMP耗材包括有主要供應商美國Cabat製造的磨漿及Rohm Haas Electromic Materials (RHEM)的CMPT（前Rodel）所製造的拋光墊。台灣的中砂則為鑽石碟的領先製造者。（圖十九、圖廿）

鑽石碟的設計

晶圓及拋光墊為二維的平面，CMP乃在其介面進行。CMP製程的效率（如Throughput）及晶圓平坦化的品質（如Uniformity）乃至影響IC成品的良率（如Defectivity）都取決於介面的接觸分佈狀態，而決定這個分佈的正是鑽石碟。CMP耗材中鑽石碟的成本不高，但卻控制了磨漿及拋光墊的使用效率。傳統鑽石碟乃以加法製造，即在平坦的基材（如不銹鋼）上排列鑽石磨粒（如100 mm）。附著磨粒的

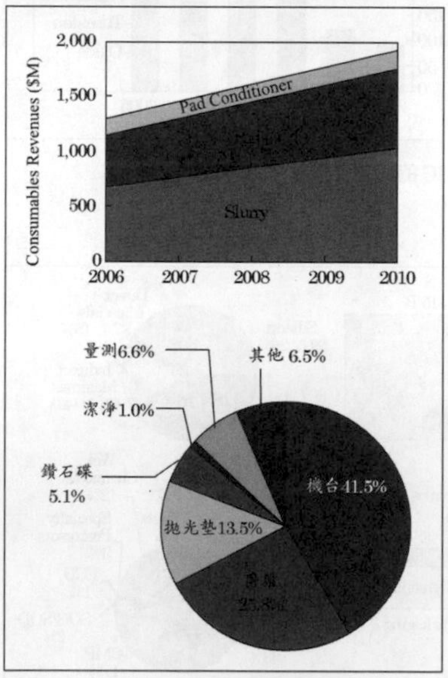

▲圖十八 CMP的耗材及其成長趨勢（上圖）及2006年耗材佔總成本的比率（下圖）

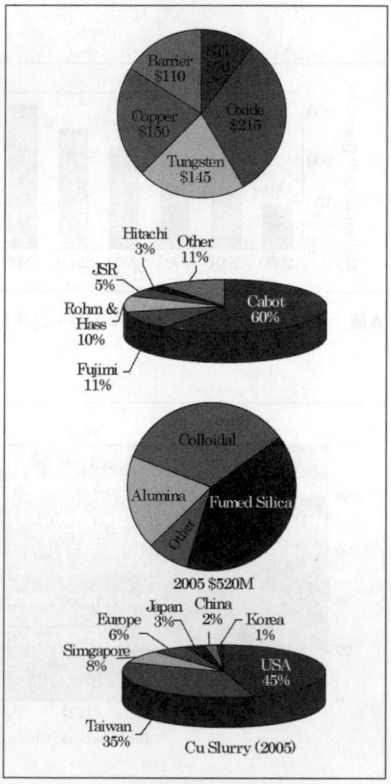

▲圖十九 2005年磨漿的種類及市場佔有率

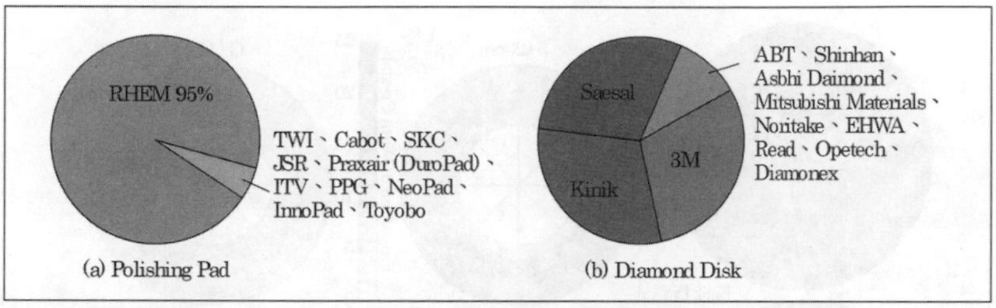

▲圖廿　2006年(a)拋光墊；(b)鑽石碟的市場分配

方法包括電鍍（如 Ni）、燒結（如 Ni-Cr）、硬銲（如 Ni-Cr-B）及披覆（如 CVD 鑽石膜）。由於磨粒的大小不一，而且形狀各異，其頂點高低的差別很大（約 100 mm），因此只有約 5% 的鑽石可以刺入拋光墊。這些鑽石的頂點磨平後，鑽石碟必須更換，因此它們的使用壽命偏短。

2006年筆者發明以超高壓製造的多晶鑽石燒結體為基材，再在其上以 EDM 火花放電的方法切割成對稱的金字塔。這種以減法製造的鑽石碟其尖點的高度差異很小(< 20 mm)，因此刺入拋光墊尖錐的頂比率大增(> 80%)，鑽石碟的壽命可以延長數倍（圖廿一、圖廿二、圖廿三）。

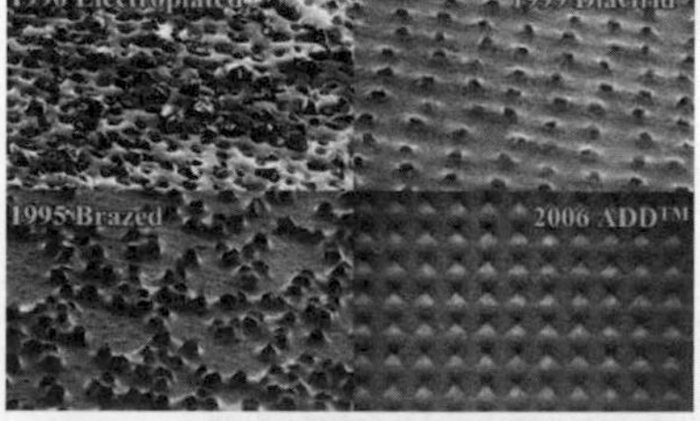

▲圖廿一　以加法附著的單晶鑽石碟及以減法雕刻的多晶鑽石碟的外觀對比。筆者為 DiaGrid® 及 DD™ 產品的發明人

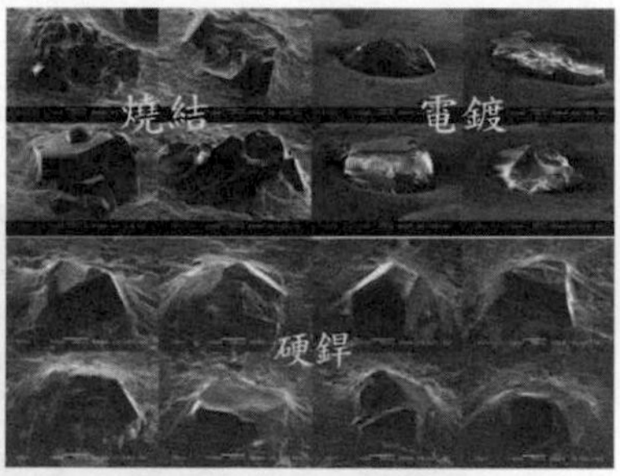

▲圖廿二　鑽石的附著方法，單晶鑽石出現不規則形狀

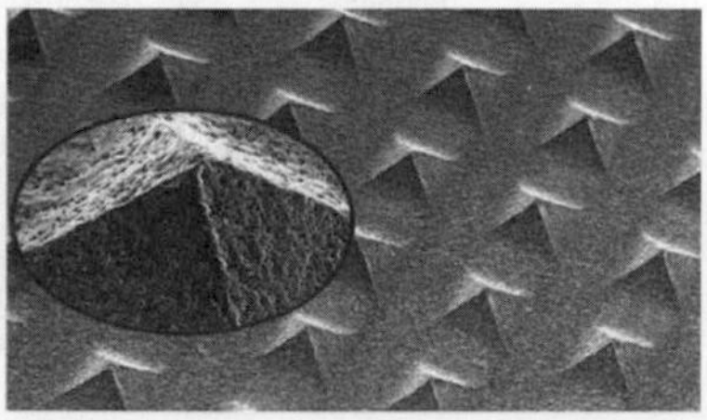

▲圖廿三　多晶鑽石的對稱金字塔

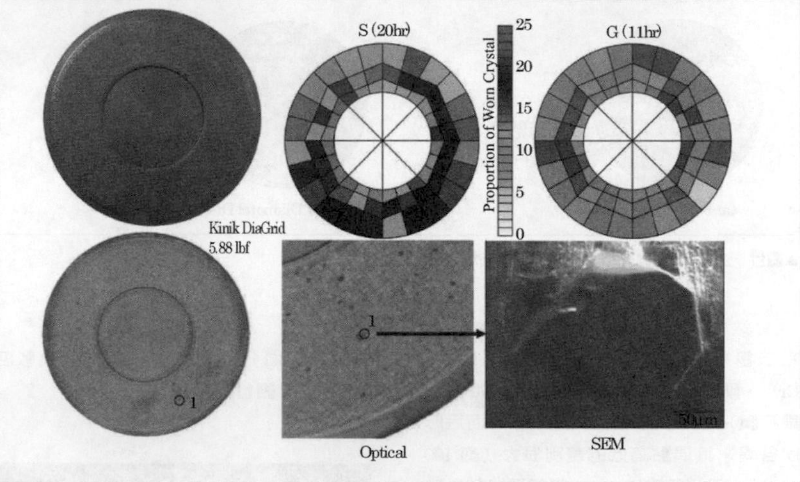

▲圖廿四　單晶鑽石碟的磨粒使用率少，而且分佈不均

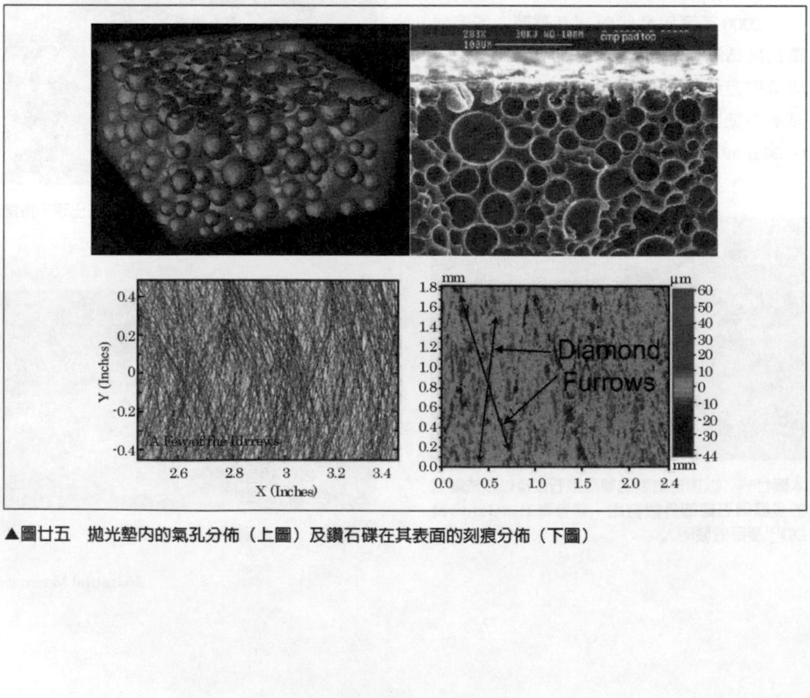

▲圖廿五　拋光墊內的氣孔分佈（上圖）及鑽石碟在其表面的刻痕分佈（下圖）

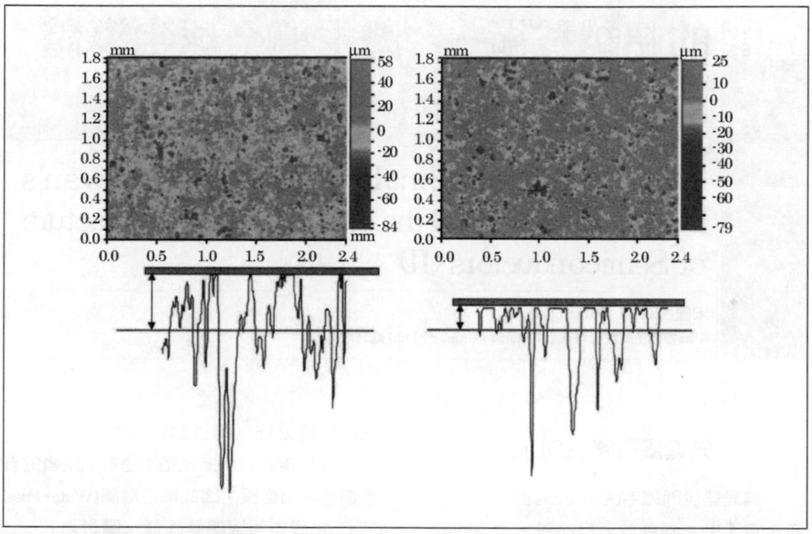

▲圖廿六　拋光墊經鑽石碟修整後（左圖）及晶圓研磨後（右圖）接觸面積的對比。上圖為高處的面分佈，下圖為剖面的高低差異（RHEM文獻）

單晶鑽石碟的缺點

單晶鑽石碟不僅磨粒的使用率偏低，而且磨粒的工作分佈更不對稱（圖廿四）。

拋光墊內含有多量（如體積的 1/3）的氣孔（如 30 mm大）。拋光墊的表面被鑽石開刃時暴露的氣孔可以儲存磨漿。氣孔之間的聚合物（Polymer，如 Polyurethare）也被鑽石的尖點刻劃出許多溝槽。溝槽之間的聚合物更被擠壓隆起。這些隆起處上沾滿磨漿就可以拋光晶圓的披覆層（如銅）（圖廿五）。

由於鑽石的頂點不在同一高度，少數較高的鑽石刺入拋光墊，刻出深淺不一的紋路。刺入鑽石的角度不同，所擠出聚合物的高度也不一樣，晶圓在其上的磨擦受到的應力就大小有別。IC表面的薄膜有些地方會磨過頭，產生所謂淺碟(Dishing)或侵蝕(Erosion)的缺陷；另有些地方磨不到位，必須在下一階段（如 P2）加工補足。

晶圓被拋光時，拋光墊也被晶圓拋光。當拋光墊的隆起處被磨平時，介面的接觸壓力大降。根據 CMP的拋光理論 Preston Equation，晶圓的磨除速率(Removal Rate; RR)與接觸壓力(Contact Pressure; P)成正比，即 RR=KP，其中 K代表受壓力以外（如接觸點的相對速度）的影響（圖廿六）。
（待續）

工業材料雜誌
254期
02/2008

CMP的超越技術－台灣主導全球半導體製造的契機(下)

The Excelled Technology for CMP-Taiwan's Opportunity to Lead the World in the Manufacture of Semiconductors (II)

宋健民 C. M. Sung
中國砂輪企業股份有限公司(Kinik Company Ltd.) 總經理

先進鑽石碟(ADD)

拋光墊表面纖毛(Asperities)的大小及分佈決定了拋光晶圓效率及品質。纖毛的底部由氣孔形成，而高點則由鑽石擠出。目前的拋光墊（如 IC1010）內的氣孔太大而且過多，所以 RHEM 已推出下一世代的產品（如 Eco Vision），其內含小而疏的氣孔，這樣就可以避免纖毛的底部太深。另一方面，使用 ADD 鑽石碟則可大幅改善纖毛高點的分佈（圖廿七）。

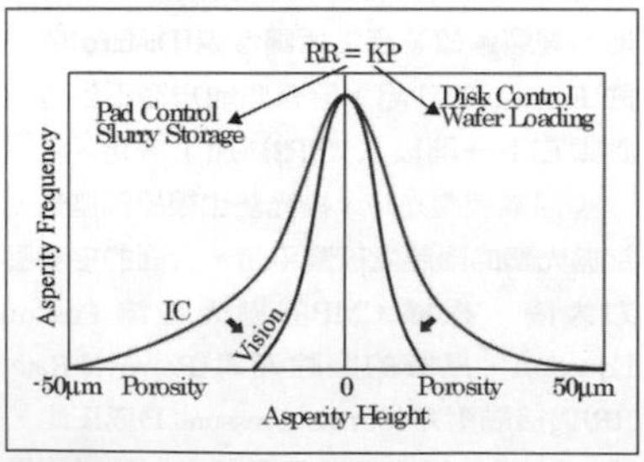

▲圖廿七　拋光墊纖毛下層的高低分佈取決於材料的軟硬及氣孔的疏密。上層的高低分佈則受制於鑽石碟刻劃的深淺及紋路的分佈

由於鑽石切削拋光墊不過量，兩者的壽命都可大幅延長，因此單位晶圓(Wafer Pass)的 CMP 成本可以明顯降低（圖廿八）。

ADD 也可大幅減少磨漿的消耗。大部份的磨漿流向拋光墊的溝槽深處而浪費掉了，少部份的磨漿則蘊含在纖毛內。然而若纖毛粗大，磨漿滲透不到其內緊壓晶圓處，纖毛會因乾燥磨擦而發熱，這時晶圓

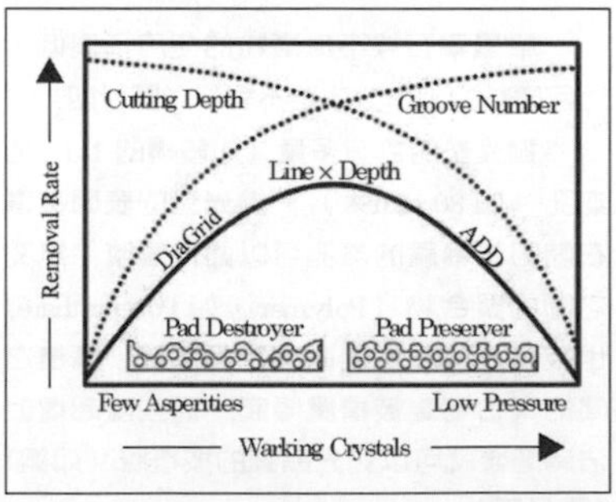

▲圖廿八　晶圓的拋光速率可由拋光墊纖毛的大小及疏密決定。小而密的纖毛不僅可使拋光更均勻，拋光墊及鑽石碟的壽命亦可延長

表層可能被拉扯脫離。反之，若纖毛細而密，蘊含液體的厚度均勻，磨漿就可以充分使用，所以ADD可有效降低磨漿的使用量。由於磨漿是最貴的CMP耗材，ADD能顯著的降低耗材成本(CoC)乃至CMP的整體成本(CoO)。

ADD的優勢

鑽石的形狀決定了它的利度，即刺入拋光墊的能力。通常越不規則的鑽石越利，但它們崩裂造成刮傷的機率也較高。反之，較鈍的鑽石不會崩裂，但它也不易刺入拋光墊，因此修整的效果不好，晶圓的磨除速率也低（圖廿九、圖卅、圖卅一、圖卅二）。

ADD的尖角(90°)比任何鑽石的結晶角小，所以它極為銳利。ADD的尖頂高度的差異不大，每個尖角的刺入深度較淺，所以它比較不會崩落刮傷晶圓。所以ADD具有銳利與安全的雙重優點（圖卅三、圖卅四）。

ADD的設計

ADD的切點外觀比傳統的鑽石碟規則得多，所以它的性能也極為優越（圖卅五、

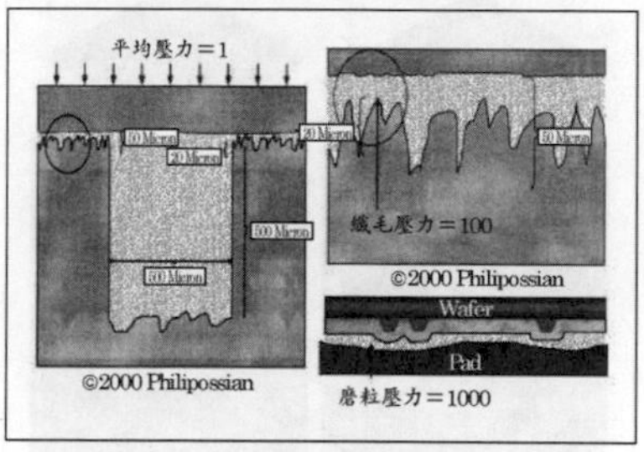

▲圖廿九　磨漿在拋光墊表面的分佈

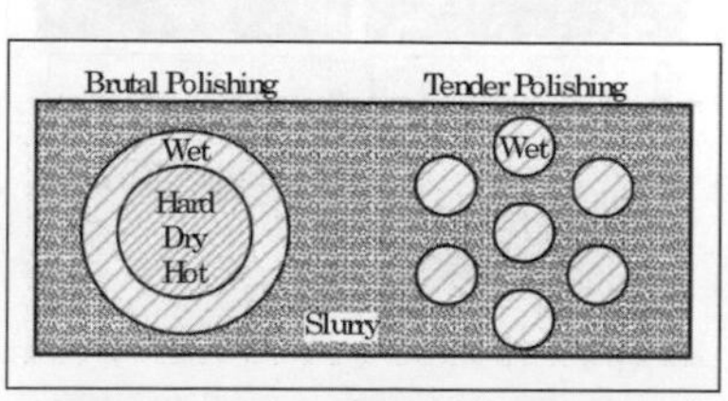

▲圖卅　磨漿在纖毛內的使用效率示意。圖示大而粗的纖毛（左圖）及小而細的纖毛截面的差異

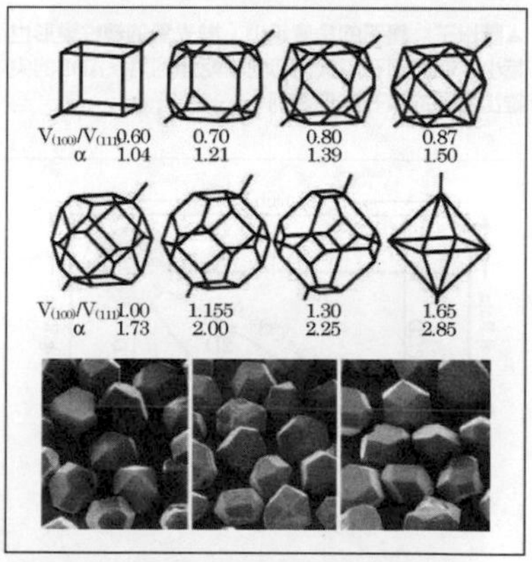

▲圖卅一　鑽石磨粒的形狀示意（上圖）及外觀（下圖）

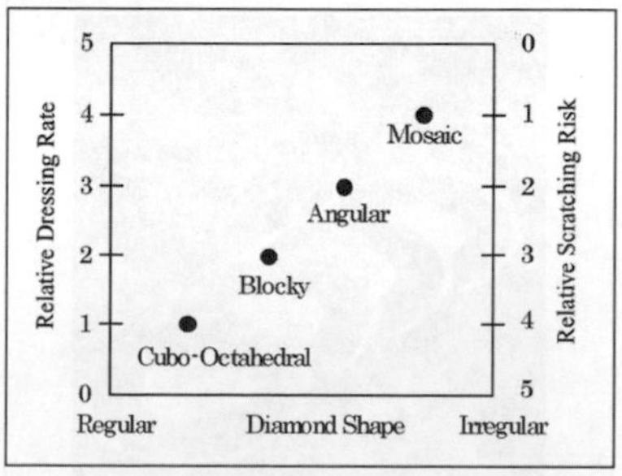

▲圖卅二　越對稱的鑽石越鈍，而不規則的鑽石則較利，但鑽石崩裂刮傷晶圓的風險則反其道而行

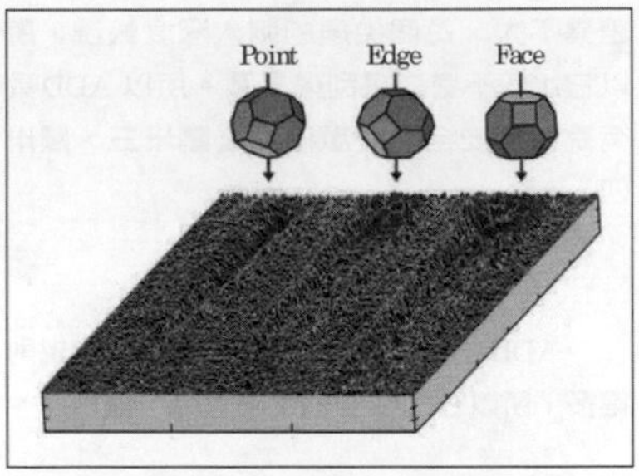

▲圖卅三　鑽石的角度越小，拋光墊的塑性變形也越小，亦即鑽石越尖則切削越乾淨利落。ADD的尖錐比上圖的鑽石點更銳利

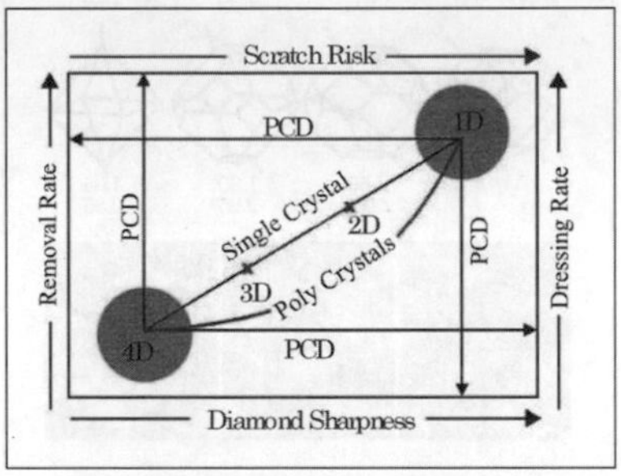

▲圖卅四　ADD比鑽石磨粒銳利，但卻不容易刮壞晶圓

▲圖卅五　ADD與傳統的DiaGrid®鑽石碟的外觀

圖卅六、圖卅七）。

低壓CMP

當IC線寬降到32 nm時，每平方公分的電路長度已有數公里，這時電路之間的RC阻抗會使信號減弱。為了減少RC阻抗，電路之間的電阻層其介電常數要大幅降低，降低的方法為在材料之內加入氣孔。然而電阻層孔隙加多後變得極為脆弱。CMP時比較粗的纖毛會截穿電阻層或將之剝離（圖卅八）。

為了克服這個問題，晶圓下壓的力道(Down Force)必須降低10倍以下。但根據Preston Equation，晶圓磨除的速率也會降低

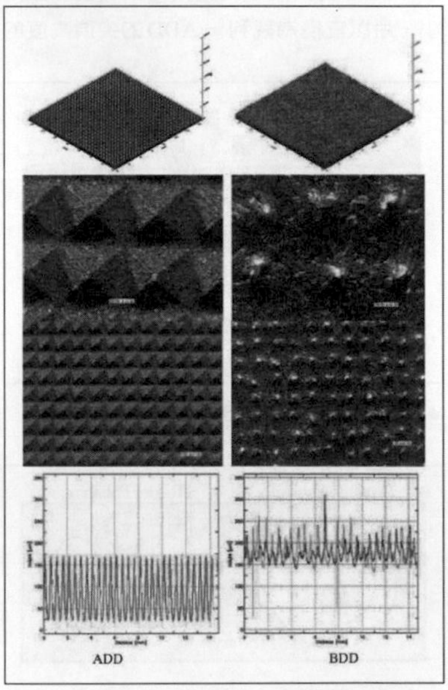

▲圖卅六　ADD及BDD (Brazed Diamond Disk)鑽石排列（上圖）及頂點分佈（下圖）的對比

10倍。製造IC不能如此牛步，CMP的主要供應商包括機台製造者Applied Materials (AMAT)，拋光墊供應者RHEM/CMPT及鑽石碟設計者中砂皆對此有不同的對策。

AMAT壟斷了全球300 mm CMP的機台，他們多年發展以電解方式加速銅層磨除的技術，即所謂的eCMP（圖卅九）。

RHEM為拋光墊的壟斷者，他們加速拋光晶圓的方法是使拋光墊表面變軟（如Eco Vision），這樣就可以加大晶圓和拋光墊接觸的面積。CMP的軟接觸也可減少晶圓被刮壞的機率。但拋光墊表面變軟也可以ADD產生的微細纖毛造成（圖四十）。

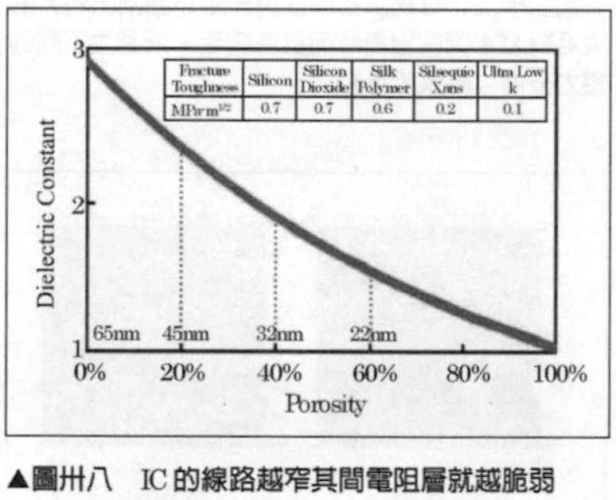

▲圖卅八　IC的線路越窄其間電阻層就越脆弱

中砂是ADD的供應者。ADD可把拋光墊刻劃得均勻細緻，因此可避免傷害晶圓的IC（圖四十一）。

傳統鑽石碟修整的拋光墊其纖毛大小不同而且高低各異，所以CMP時晶圓表面的接觸壓力分佈不均。高壓處IC會被刮

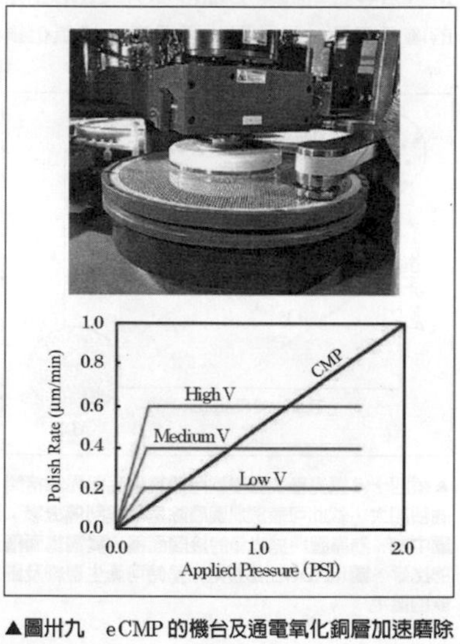

▲圖卅九　eCMP的機台及通電氧化銅層加速磨除的示意

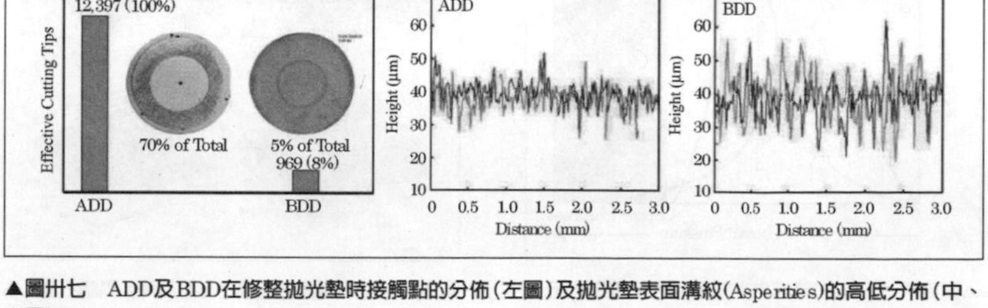

▲圖卅七　ADD及BDD在修整拋光墊時接觸點的分佈（左圖）及拋光墊表面溝紋(Asperities)的高低分佈（中、右圖）

壞，而低壓處晶圓拋光太慢。但ADD可使晶圓的接觸壓力分佈均勻，因此拋光可以加快，但不傷及晶圓。

ADD已成eCMP唯一可用的鑽石碟。它已成AMAT的BKM (Boot Known Method)，並曾在IBM、TSMC、AMD、Micron等公司試製32 nm的IC。ADD刮出的纖毛高低一致，因此通電產生的氧化銅層也很均勻。除此之外，ADD也可刻劃較軟的拋光墊表面，使其產生細密的紋路，這樣就可以加速拋光晶圓而不虞刮傷IC（圖四十二）。

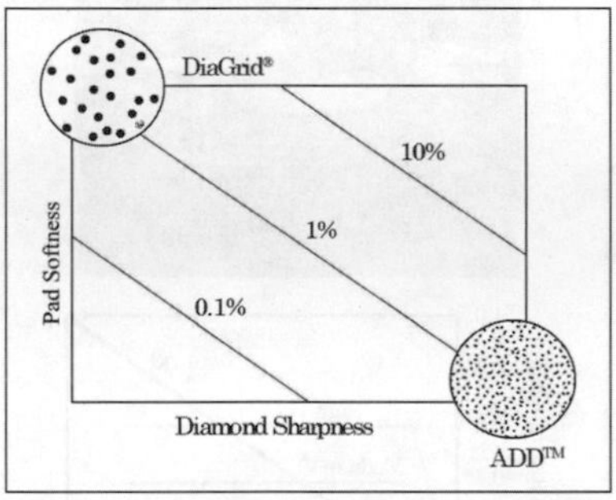

▲圖四十　拋光墊表面變軟可使其纖毛與晶圓接觸面積加大，就此可兼顧晶圓磨除速率與刮傷機率，圖中的%為晶圓與拋光墊的接觸面積佔晶圓總面積的比率。圖示ADD在修整拋光墊時可產生更細及更軟的纖毛

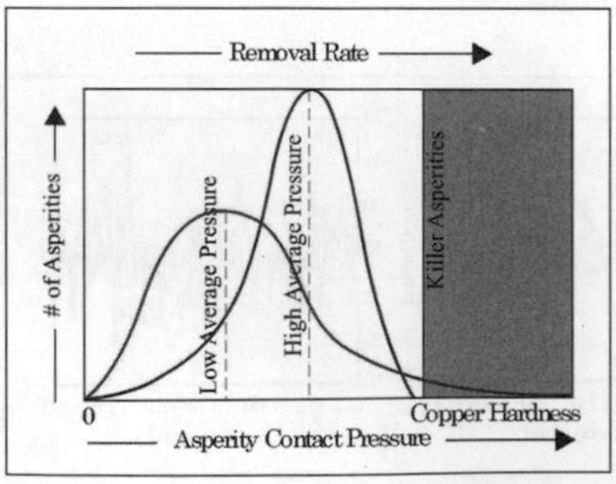

▲圖四十一　ADD修整拋光墊纖毛的接觸壓力分佈較窄，CMP的平均壓力即使提高也不會刮傷晶圓

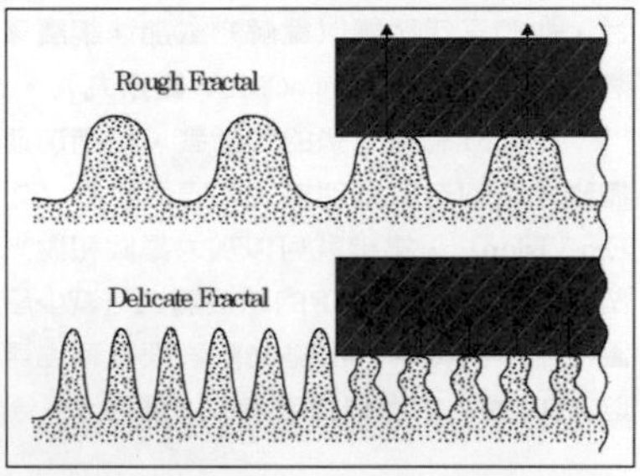

▲圖四十二　傳統鑽石碟在拋光墊表面刮出粗大的纖毛與ADD刻劃出柔軟而緻密纖毛，所產生不同的壓力分佈（前頭所示）

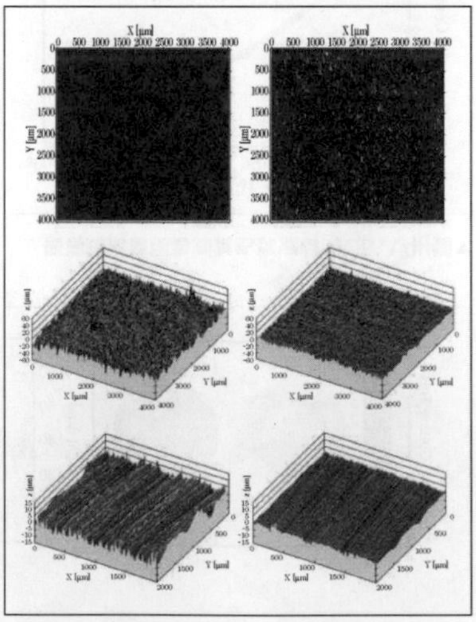

▲圖四十三　單晶鑽石碟（左圖）與多晶鑽石碟（右圖）刻劃拋光墊的明顯差異（蔡明義提供）

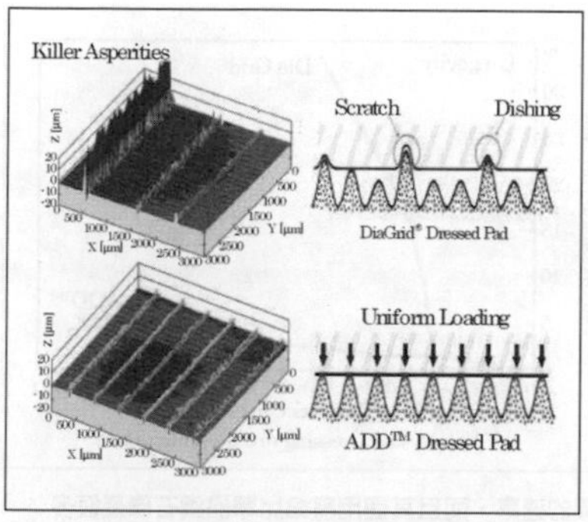

▲圖四十四　單晶鑽石碟會擠出可能刮傷晶圓的殺手纖毛(Killer Asperity)。多晶鑽石碟可使晶圓的接觸壓力分佈平均，CMP的拋光速率可以提高，但不損壞IC晶圓

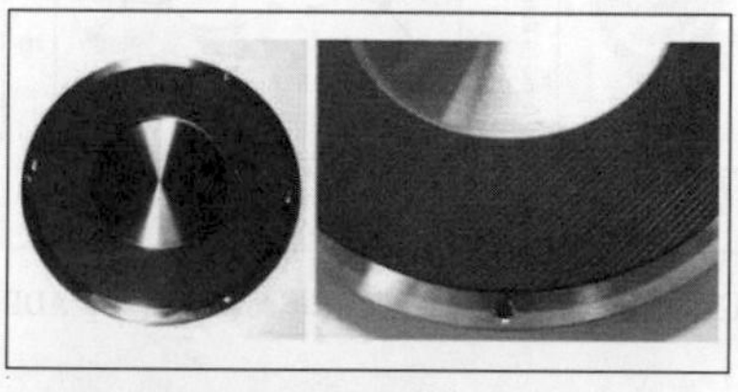

▲圖四十五　ADD的外觀

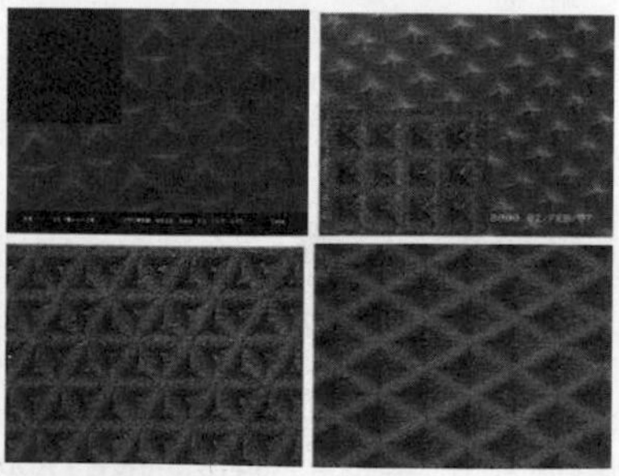

▲圖四十六　ADD的尖錐設計模式

ADD的優越性

ADD可在拋光墊上刻劃出更細緻的紋路，因此是eCMP及低應力CMP必要的修整器（圖四十三、圖四十四）。

ADD的雕刻術

ADD乃雕刻PCD而成，因此可製成各種尖錐的形狀及分佈（圖四十五、圖四十六、圖四十七、圖四十八）。

▲圖四十七　ADD尖錐的透視圖（江瑞軒提供）

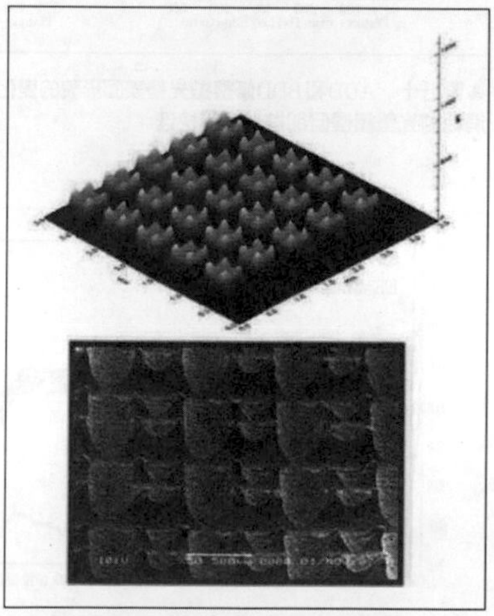

▲圖四十八　ADD的單錐也可分化成多維，加速CMP拋光墊的修整速度

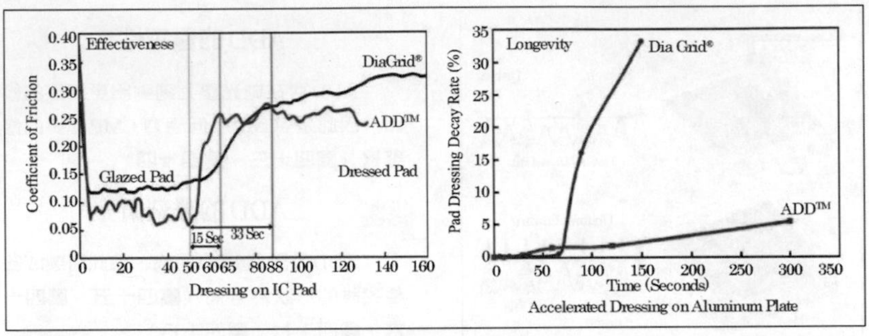

▲圖四十九　ADD可在更短的時間內恢復拋光墊磨除晶圓的速率，而且其使用壽命比單晶鑽石碟長很多

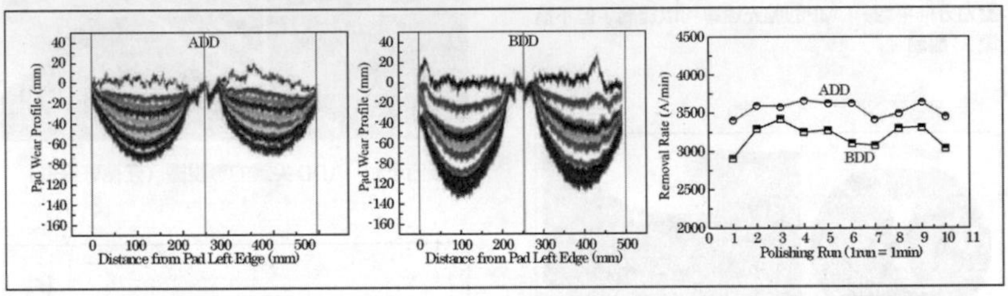

▲圖五十　ADD和BDD修整拋光墊表面形貌的變化過程（左、中圖）及拋光晶圓的磨除率比較（右圖）。ADD消耗拋光墊緩慢但卻拋光晶層快速

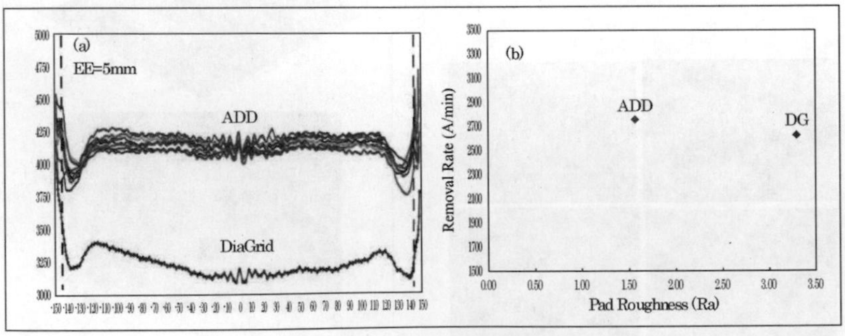

▲圖五十一　(a)修整拋光墊的速率相同時，ADD刻剖的細紋可加速晶圓的磨除速度；(b)若要維持後者，ADD可避免拋光墊過度消耗，因而可延長拋光墊的壽命（右圖）

ADD尖錐多而利，因此可迅速修整拋光墊。尖錐不易磨鈍所以鑽石碟的壽命極長（圖四十九、圖五十）。

ADD可加速晶圓的磨除速率，也可降低拋光墊的損耗速度（圖五十一）。

參考文獻

1. C. M. Sung, "Brazed Beads with a Diamond Grid for Wire Sawing", Industrial Diamond Review, (1998), 4/98, p.134-136.
2. C. M. Sung, Y. L. Pai, "CMP Pad Dresser: A Diamond Grid Solution", Advances in Abrasive Technology III, N. Yasunaga et al. editors, The Society of Grinding Engineers (SGE) in Japan, (2000) p.189-196.
3. C. M. Sung, "CMP Pad Dresser: A Diamond Grid Solution", 2001 VLSI Multilevel Interconnection, Specialty Short Course, Advance Chemical-Mechanical-Planarization Processes, Santa Clara, CA, (2001) p. 181-220.
4. S. M. Song, C. M. Sung, C. C. Hu, Y. L. Pai, M. Y. Tsai, Y. S.Liao, "Fractal Modeling of CMP Pad Texture", 2004 VLSI Multilevel Interconnection Conference (VMIC), Hawaii, U.S.A., (2004) p.255-260.
5. M. Y. Tsai, Y. S. Liao, C. M. Sung, Y. L. Pai, "CMP Pad Dressing with Oriented Diamond", 2004 VLSI Multilevel Interconnection Conference (VMIC), Hawaii, U.S.A., (2004) p.459-463.
6. C. M. Sung, C. T. Yang, P. W. Hung, Y. S. Liao, Y. L. Pai, "Diamond Wear Pattern of CMP Pad Conditioner", 2004 VLSI Multilevel Interconnection Conference (VMIC), Hawaii, U.S.A., (2004) p.468-471.
7. C. M. Sung, Norm Gitis, Vishal Khosla, Eiichi Nishizawa, Toshio Toganoh, "Studies of Advanced Pad Conditioners", 2006 CMP-MIC, Fremont, California, U.S. A., (2006) p. 412-416.
8. C. M. Sung, "PCD Planer for Dressing CMP Pads", 2006 CMP-MIC, Fremont, California, U.S. A., (2006) p.613-616.
9. Hiroaki Ishizuka, Hiroshi Ishizuka, M. Y. Tsai, Eiichi Nishizawa, C. M. Sung, Michael Sung, Barnas G. Monteith, "Advanced Diamond Disk for Electrolytic Chemical Mechanical Planarization", 2006 VMIC Conference, Twenty Third International VLSI/ULSI Multileven Interconnection Conference, State-of-the-art Seminar and Exhibition, Fremont, California, U.S. A.
10. Michael Sung, C. M. Sung, C. S. Chou, Barnas G. Monteith, Hiroaki Ishizuka, "Advanced Polycrystalline Diamond Pad Conditioners for Future CMP Applications", 2006 VMIC Conference, Twenty Third International VLSI/ULSI Multileven Interconnection Conference, State-of-the-art Seminar and Exhibition, Fremont, California, U.S.A.
11. Hiroshi Ishizuka, C. M. Sung, M. Y. Tsai, Michael Sung, "PCD Planers for Dressing CMP Pads: The Enabling Technology for Manufacturing Future Moore's Law Semiconductors", 2007 CMP-MIC, CA, U.S.A.
12. Hiroshi Ishizuka, C. M. Sung, M. Y. Tsai, Michael Sung, "PCD Pad Conditioners for Electrolytic Chemical Mechanical Planarization of Intergrated Circuit with Nodes of 45 nm and Smaller", (2007) 2nd Internartional Industrial Diamond Conference, Italy, Rome.
13. Sung, C. M., U. S. Patents 6,039,641, 6,286,498 and 6, 679,243.
14. Sung, C. M. and Frank S. Lin, U. S. Patent 6,368,198, 6, 884,155.

多晶鑽石刨平器：抛光墊的精密修整及硬脆材料的延性切削

Polycrystalline Diamond Planer for Precision Dressing of CMP Pads and Ductile Shaving of Brittle Materials

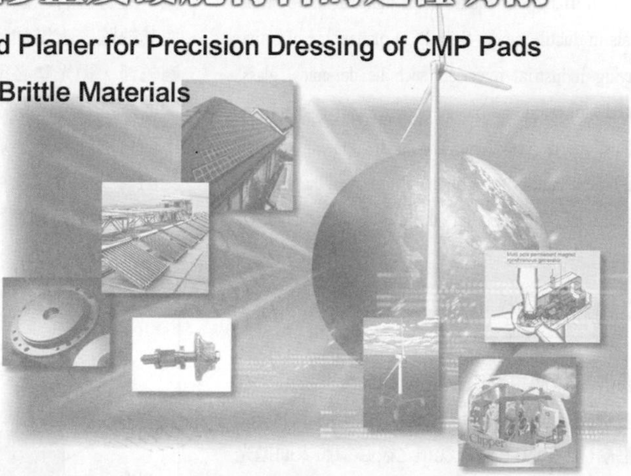

宋健民
中國砂輪企業(股)公司
總經理

關鍵詞

- 多晶鑽石刀具 PCD Planer
- 化學機械拋光 CMP
- 延性切削 Ductile Cutting
- 修整器 Pad Conditioner

摘要

切削刀具(Cutting Tools)乃以個別的尖點或切刃切削加工。超高壓燒結的多晶鑽石(Polycrystalline Diamond，或 PCD)複合片(Compact)是切削刀具的極品，在切削耐磨的材料(如 A390 高矽鋁合金)時，其壽命可達碳化鎢刀具的數十倍。世界最大的 PCD Compact 圓片(100 mm φ)已首次做成平坦的刨平器(Planer)，其表面可形成極多尖點或平面的切刃。這種 PCD 刨平器可用以修整化學機械平坦化(Chemical Mechanical Planarization 或 CMP)的拋光墊(Polishing Pad)，修整後的拋光墊其表面微細結構的均勻程度會遠勝於傳統鑽石修整器(Diamond Dresser)。PCD Planer 是製造半導體奈米級積體電路(Integrated Circuit 或 IC)晶片的尖端利器。PCD 刨平器也可用以刨削(Shave)硬脆材料(如矽晶圓及陶瓷基板)，當刺入深度僅數奈米時，硬脆的物質具延展性，因此可刨削出平坦而光滑的加工面。以這種新技術加工硬脆材料的速度會比傳統的研磨後再拋光操作簡單也快速得多。

Sintered polycrystalline diamond (PCD) compacts are normally used as cutting tools, drill bits and wire dies. A novel application of PCD is to use its entire surface, not cut pieces, for making a shaving planer. World largest PCD compacts of 100 mm in diameter have been carved to create different patterns on the flat surface. Some of them contain myriad pyramids that can dress pads for polishing semiconductor wafers by chemical mechanical planarization (CMP). Others are loaded with leveled millers with triangle or square shape that can shave brittle materials in ductile mode. Such PCD planers are effective in shaving industrial materials such as ceramics, glass, cemented tungsten carbide, silicon wafers, sapphire substrates, quartz plates...etc. The ductile shaving is much more efficient than brittle grinding. Moreover, the finished mirror surface is smoother than even achievable by polishing.

化學機械拋光

要埋設積體電路時晶圓表面需沈積多至十層的導電層(如 Cu、Al、W)、絕緣層(如 Black Diamond)和抗磨層(如 TaN)。每次沈積之後必須將表面拋光使其平滑，這個技術稱為化學機械平坦化(Chemical Mechanical Planarization 或 CMP)。CMP 為精密的拋光製程。在拋光時晶圓乃壓在一片旋轉的拋光墊(Pad)上。拋光墊通常為 Polyurethane 所製而且也常含有氣孔(例如 Rhom Haas 的 IC1010 即含 1/3 約 30 μm 的氣孔)。拋光墊只是供擦拭晶圓的「抹布」。晶圓表面突出處乃以塗佈在拋光墊表面的磨漿(Slurry)拋光。磨漿內含有與 IC 線寬相近(如 90 nm)的懸浮磨粒(如 10 wt%)。磨漿的液體通常也含氧化劑(如 H_2O_2)或腐蝕劑(如酸液)。液體會和晶圓表面反應生成鬆散的氧化物，這就是 CMP 的化學反應。磨粒(如 SiO_2、Al_2O_3、CeO_2)以拋光墊表面纖細的絨毛支撐就可擦拭晶圓的表面，這就是 CMP 的機械磨除。

磨粒對晶圓的壓力及相對速度越大，CMP 的磨除速率就越高。為了加大局部的接觸壓力，拋光墊的表面必須刻上細紋(約 20 μm 深)以減少和晶圓的接觸面積(至約 5%)。在磨除時刻紋會逐漸消失，碎屑摻雜的磨漿也會累積在拋光墊的表面使其變得既硬又滑，這種現像稱為鈍化(Glazing)。拋光墊和晶圓的接觸面積增大後就降低了磨粒在晶圓表面的接觸壓力，這樣晶圓的拋光速率就會大減。更有甚者，骯髒的拋光墊會污染晶圓的表面使其缺陷密度增加。為了維持拋光速率及保持晶圓乾淨，拋光墊必須以「鑽石碟」(Diamond Disk)間歇修整(Dressing)或活化(Conditioning)。「鑽石碟」不僅可清除磨屑，還能在逐漸平滑的拋光墊表面刻出溝紋。這樣就可提高拋光墊對晶圓的摩擦阻力，使 CMP 持續進行。

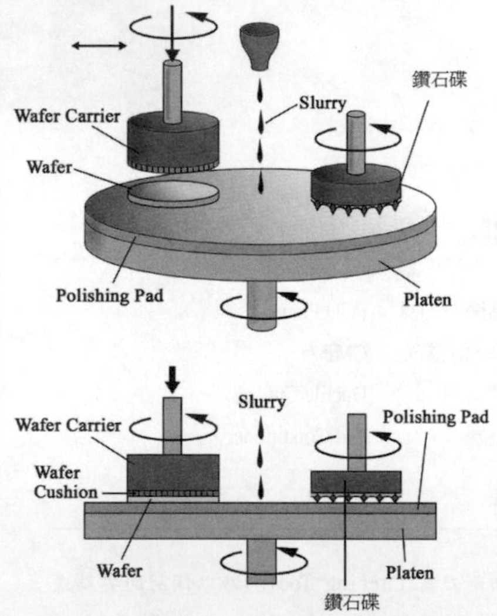

圖一 CMP 的製程示意圖，其中「鑽石碟」決定了晶圓與拋光墊的接觸面積和接觸壓力，因此也決定了晶圓拋光的效率及平坦化的品質。

「鑽石碟」的設計

「鑽石碟」乃為一個上面黏附鑽石(如150 μm)的金屬(如不鏽鋼)圓盤(如 100mm φ)。由於超硬的鑽石容易刮壞晶圓，它絕不能在 CMP 時自圓盤掉落。鑽石的惰性極大甚難將之附著在金屬盤上。傳統的方法乃將鑽石以電鍍的鎳層圍繞卡住或以燒結的金屬粉末(如鈷)掩埋夾住。這兩種方法都只能機械式的握持鑽石，所以鑽石仍然容易脫落。本人在「中砂」以熔融的鎳鉻合金和鑽石反應在表面形成碳化鉻的化學鍵。熔融的液體也會因表面張力而爬昇到鑽石表面形成緩坡，因此可將鑽石廣泛支撐(Massive Support)。這種強力的附著使鑽石永不脫落，既使故意把鑽石上部撞斷，其根基仍會崁在銲料之內。

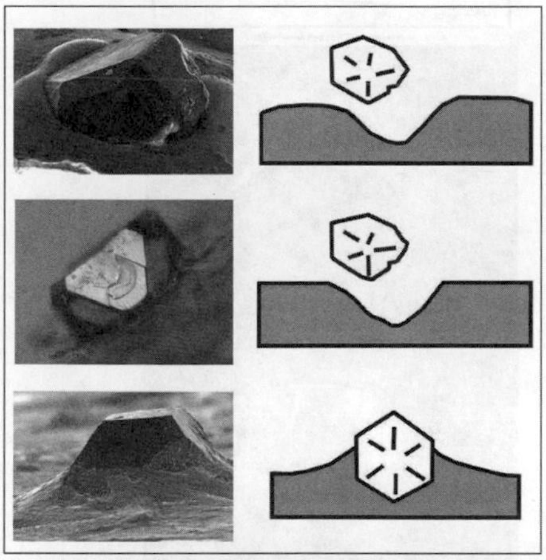

圖二　電鍍鎳卡住的鑽石(上圖)及燒結鎳夾住的鑽石(中圖)被撞擊時都容易脫落。強力支撐的硬銲鑽石則永不脫落(下圖)。

早期的「鑽石碟」乃使用磨切石材的電鍍或硬銲工具。這種傳統的鑽石工具其上的鑽石分佈雜亂無章。1997年「中砂」推出「鑽石陣®」(DiaGrid®)鑽石工具(Sung, US Patent 6,286,498、6,039,641、6,679,243)。1999 年「中砂」售出(聯電、IBM)第一批 DiaGrid®「鑽石碟」，自此它就成為 CMP 的標竿產品，甚至是國內外競爭者師法的對象。2004 年全球「鑽石碟」的市場約$1 億而其中的 60%具有「鑽石陣」的特徵。

著名的創新公司 3M 也生產具有「鑽石陣」特徵的「鑽石碟」。由於它和「中砂」劇烈競爭乃控告「中砂」侵權，3M 挾其強大的智權律師團隊窮追猛打「中砂」超過四年之久。其間本人反控 3M 侵權終迫其放手。2005 年 3 月 7 日 3M 簽下和解書同意賠償本人及不再控告「中砂」。

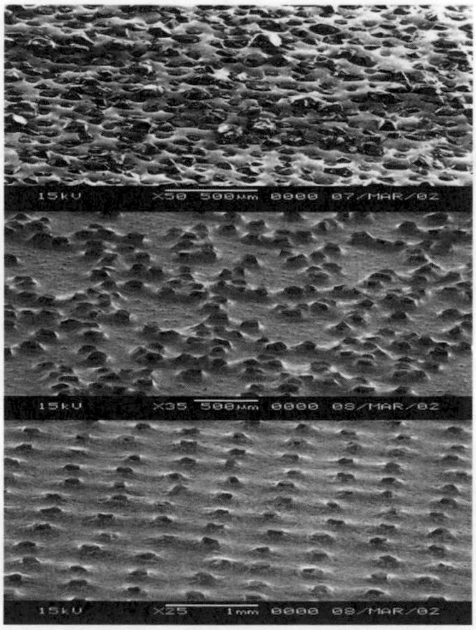

圖三　電鍍(圖三之上圖)及硬銲(圖三之中圖)的鑽石碟，其上的鑽石分佈雜亂無章。「中砂的」DiaGrid®「鑽石碟」上的鑽石分佈則井然有序。

一般的表面加工只注意其粗糙度，對加工時所產生溝紋的分佈並不在意，所以可以使用雜亂無序的鑽石工具。然而修整 CMP 的拋光墊時刻紋的深淺、分佈，甚至形狀都會影響到晶圓的拋光。因此「鑽石陣」乃成為「鑽石碟」的主要設計。

傳統鑽石工具可以容忍鑽石脫落或崩裂，但「鑽石碟」上的鑽石絕不能脫落及崩裂。「鑽石碟」上鑽石的磨耗只是在頂端而已。因此鑽石必須保持鋒利，才能在拋光墊上刻劃出較尖且較密的紋路。一但鑽石磨鈍，拋光墊的切溝變淺也會加寬，這時晶圓的拋光速率會大降，而晶圓表面的缺陷數量也會驟增；這時「鑽石碟」的壽命已盡，必須立刻更換。

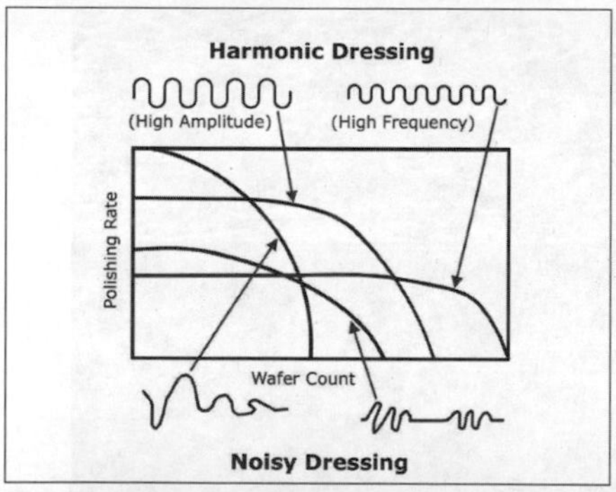

圖四　拋光墊的溝紋可以水波的特性描述，深度為振幅(浪高)而距離為波長(浪距)。溝紋越細密，拋光的速率越低但拋光墊支撐的時間越長，越規則的溝紋其拋光的速度也越穩定。

「鑽石陣」是「鑽石碟」設計的里程碑。「中砂的」DiaGrid®「鑽石碟」現為市場的領先者。為了拉大差距，本人安排世界最大的 CMP 機台公司 Applied Material 及世界最大的拋光墊公司 Rhom Haas 共同推薦 DiaGrid®「鑽石碟」給所有的半導體客戶。

未來的 CMP

晶片的線寬仍大時可用較粗糙的拋光墊。但線寬依 Moore 定律的走勢進入奈米級(如 2006 開始的 65 nm)，拋光時的壓力要大幅降低(如至 0.1 PSI)，這時拋光墊上的刻紋不僅要細緻，也必須均勻。

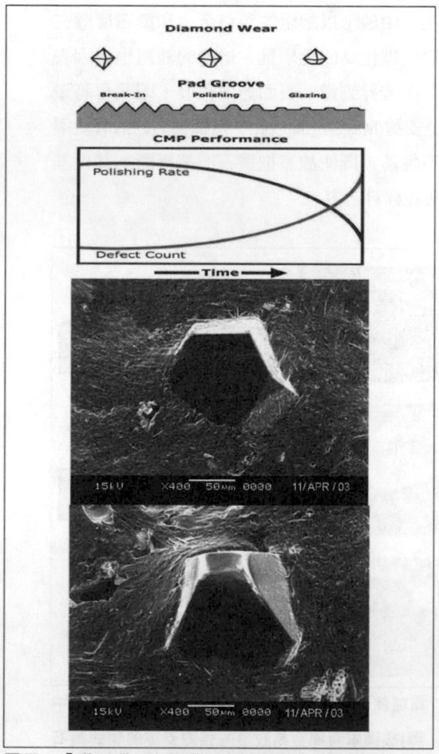

圖五　「鑽石碟」上的鑽石尖點磨鈍後，拋光墊的摩擦力減小而表面累積的切屑逐漸增加，隨著銳利鑽石數量的減少，晶圓的磨除率就會降低而表面的缺陷數量則持續增加。

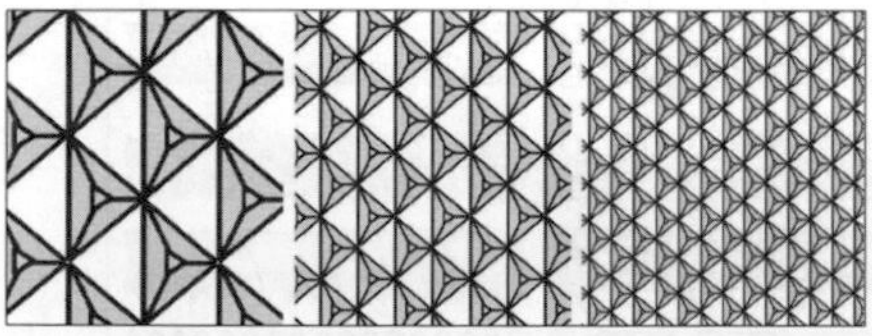

圖六　拋光墊表面刻紋隨 Moore 定律走勢必須越來越微小，深淺也必須越來越均一。

由於積體電路的線寬日趨微小，例如 2005 年開始執行 90 nm 的製程，晶圓表面平坦化及平滑度的要求就越來越高。鑽石除了分佈規則外，其頂點的等高度(Leveling)也要不斷改進。除此之外，為了因應晶片價格降低的長期走勢，「鑽石碟」的成本也需不斷壓低。為了因應這個趨勢，本人乃發明三種次世代的「鑽石碟」，包括由 PCD Planer 改製的「先進鑽石碟」(Advanced Diamond Disk 或 ADD)、「電鍍鑽石碟」(Electroplated Diamond Disk 或 EDD)及「有機鑽石碟」(Organic Diamond Disk)。ADD 乃將多晶鑽石燒結體以放電加工的方法刻劃出同樣形狀的尖錐。尖錐的頂點可在同一高度，其形狀也可設計。因此可在拋光墊上刻劃出細微而均勻的刻紋，這是現今鑽石碟無法做到的。未來的 CMP 必須以極低的壓力進行才能避免磨穿奈米級的柔軟銅線及脆弱的低介電常數(Low K)電阻層，例如美國的 Applied Material(世界最大的 CMP 機台公司)所發展的 Electrolytic CMP(ECMP)就是以電解銅的方式降低拋光的接觸壓力。這種未來的 CMP 技術必須使用極細微刻紋的導電拋光墊，ADD 因可使鑽石尖角更利，似乎是唯一可用的拋光墊修整器。

EDD 乃以反轉的電鍍製程使「鑽石碟」上的鑽石頂點都在同一平面上。EDD 所刻劃的紋路雖然不如 ADD 者細膩使其深度相當一致，目前所有「鑽石碟」上的鑽石高低不一，因此只能刻劃出深淺不規則的刻紋，EDD 因此可取代現在產品成為下一代的「鑽石碟」。

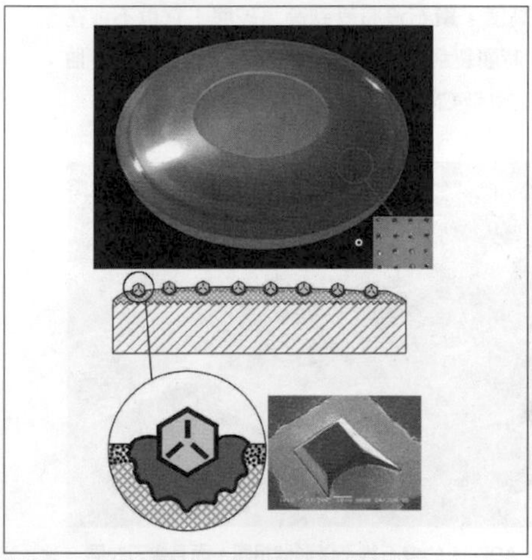

圖七　ODD「鑽石碟」的設計圖。這種「鑽石碟」的基材(如 Epoxy)可以是完全透明的塑膠，鑽石掉落時以肉眼即可看出，因此它可成為無缺陷的產品。

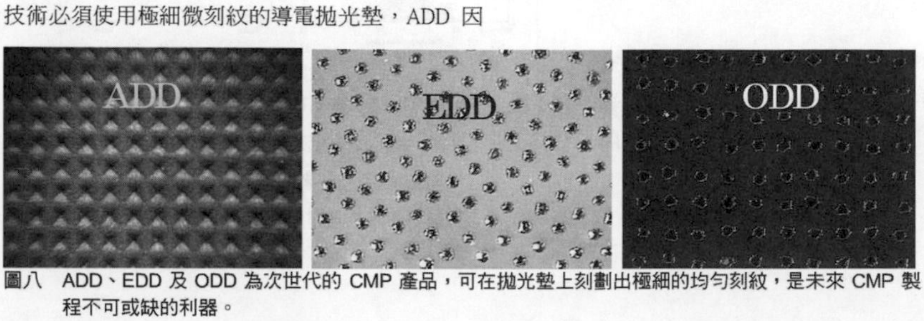

圖八　ADD、EDD 及 ODD 為次世代的 CMP 產品，可在拋光墊上刻劃出極細的均勻刻紋，是未來 CMP 製程不可或缺的利器。

ODD 乃將化學鍍鎳的鑽石崁在堅硬的聚合物裏(如 Polyimide、Bakelite 或 Arcrylic)。雖然鑽石乃以鎳層握持，但因鑽石只用尖端在軟質的拋光墊上刻畫出淺溝(如 10 μm)，因此不會自鎳層脫落。為了增加介面的接觸面積鎳層的外部呈刺蝟狀，所以可以牢牢的卡在塑膠裏。由於 ODD 乃以灌膠的方式在常溫下或低溫下製造，所以不僅鑽石頂點可控制在同一高度其製造成本也最低廉。除此之外，基材也不會因高溫(如硬銲)變形破壞了鑽石的等高度。鑽石沒有受到高溫破壞，它也不會在 CMP 時崩裂刮傷晶圓。ODD 含有聚合物所以不怕酸，它也是 CMP 次世代的「鑽石碟」。

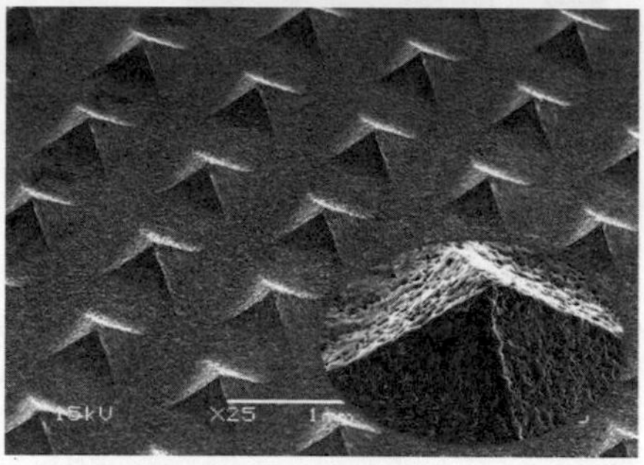

圖九　ADD 上的鑽石錐不僅形狀相同，而且尖刃在同一高度。除此之外，它的基材為燒結的多晶鑽石，所以可以耐強酸及強鹼，甚至在通過電流時也不虞氧化或侵蝕，ADD 是終極的 CMP「鑽石碟」。

ADD 修整的「拋光墊」比較平整，而且沒有異軍突起的「殺手絨毛」(killer Asperities)，因此它拋光的晶圓較平滑也不會有常見的局部凹陷(Dishing)。

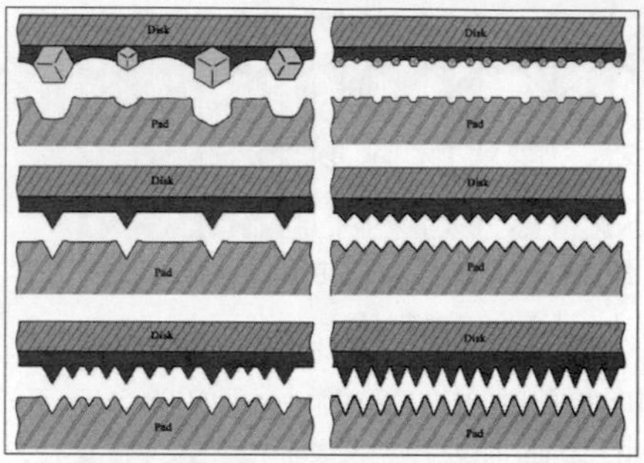

圖十　現有「鑽石碟」上的鑽石乃立於同一平面(上圖)，因此在拋光墊表面刻劃的切溝深淺不一，這是造成晶圓拋光不均與產品刮裂痕的主要原因。ADD 的尖錐切刃高度一致，而且可以設計出特殊結構，因此可刻劃出均勻細緻的紋路，這是拋光奈米級晶片最好的 CMP 拋光墊。

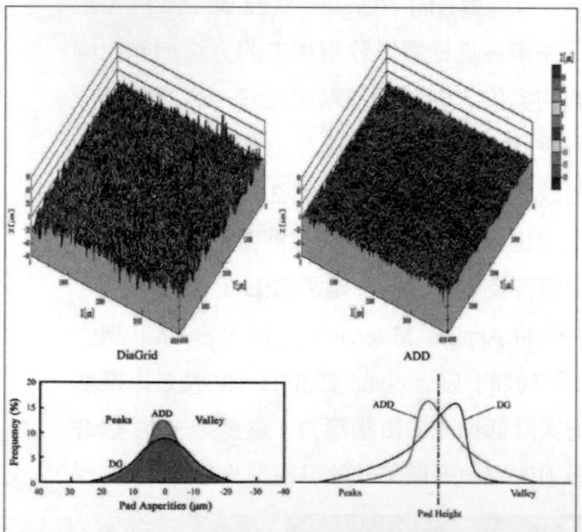

圖十一　DiaGrid®「鑽石碟」修整「拋光墊」的絨毛(Asperities)高低差較大，而 ADD 者較均勻(蔡明義提供)。前者拋光晶圓易造成缺陷，後者則可生產高品質的 IC。

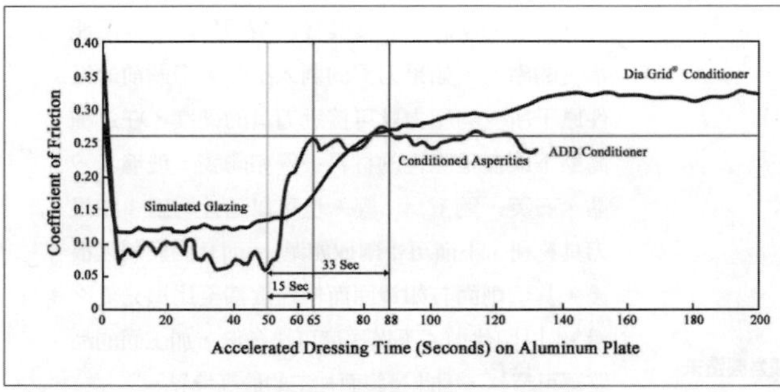

圖十二

ADD 在修整「拋光墊」時可迅速(15 秒)恢復「拋光墊」的摩擦係數，比傳統「鑽石碟」所需時間(33 秒)快了一倍以上。

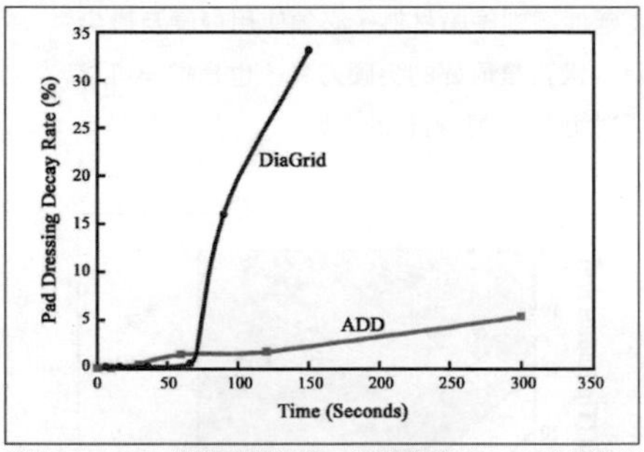

圖十三　ADD 修整「拋光墊」的壽命比 DiaGrid®「鑽石碟」長多倍。圖示在加速磨耗的實驗中 DiaGrid®「鑽石碟」在 70 秒前就已磨鈍，但 ADD 卻可持續修整到超過 300 秒。

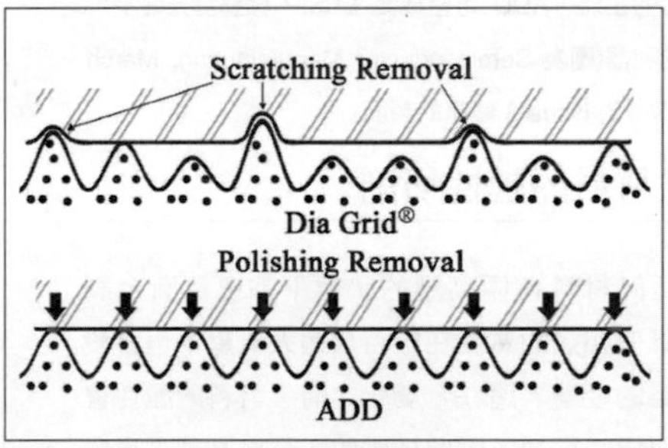

圖十四　現用「拋光墊」上的刻痕落差太大，CMP 時異軍突起的「殺手纖毛」(Killer Asperities)會刮傷晶片(上圖)。「殺手纖毛」不僅較高，而且因曾過度擠壓而變硬，它們會刮傷晶圓。ADD 修整的拋光墊紋路高低有致(下圖)，可以拋光出平整光滑的晶片。

ADD 已在美國的 Center of Tribology 測試顯示其利度及壽命都遠超過現在最好的 DiaGrid®「鑽石碟」。不僅如此，「拋光墊」被修整時的消耗也遠低於傳統的「鑽石碟」。因此使用 ADD 可顯著提昇拋光晶圓的品質，也能大幅降低 CMP 的成本。

以 CMP 製造下世代的晶片必須避免局部因拋光過度而凹陷(Dishing)。現有的「鑽石碟」在拋光墊上所刻的紋路參差不齊，因此極易造成金屬線路太薄。ADD 所產生的刻痕均勻，尤其不會有特別突出的隆起處，所以拋光的晶圓表面不僅沒有凹陷，也會特別平整及光滑。

為因應 Moore 定律未來的走勢，全世界最大 CMP 機台的製造公司「應用材料」(Applied Materials)已全力發展出電解 CMP(Electrolytic CMP 或 ECMP)。ECMP 乃將金屬(如銅)在陽極氧化，再以拋光墊輕柔擦拭把鬆散的氧化物掃除，因此拋光墊決不容許有任何「殺手纖毛」。ADD 是唯一可以在拋光墊上刻出細緻紋路的修整器，因此它會成為製造未來精密晶片必備的利器。

圖十五

Applied Materials 所發展的 ECMP 技術可能成為製造未來晶片的主流，ADD 可望成為 ECMP 修整拋光墊不可或缺的利器(圖為 Semiconductor Manufacturing, March 2006, Vol 7, Issue 3 雜誌的封面)。

硬脆材料的延性切削

任何材料在極高壓的狀態下都會逐漸金屬化，既使如氬的氣體在數百萬個大氣壓下也會變成導電的金屬。遠在金屬化之前，材料的脆性會消失而變得可塑，因此極脆的陶瓷在高壓下也會流動變形。地殼表面的岩石相當硬脆，因此應力累積到某種程度就會破裂，甚至產生地震，但地殼深度的岩石可以流動，應力就不能累積，所以地震只在地表的淺處(<30 Km)發生。

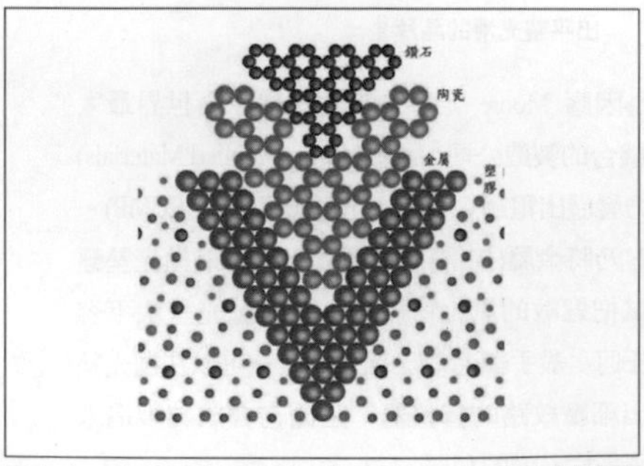

圖十六　硬的刀具可以刺入軟的材料，當刺入的刀尖硬如鑽石時，脆性的陶瓷也會塑性變形，有如金屬。

刀具接觸工件時其切削點的最大應力取決定刀具本身的硬度。硬度其實就是刀具原子間所能承受的壓力。如果刀刃的刺入不深，刀頭前的工件原子所受的壓力就可接近刀具的硬度，在這種高壓下既使是脆性的材料，例如陶瓷、玻璃、矽晶、石英、剛玉……等，也可以延性切削。如果刀具夠利，不僅可「削矽如泥」，而且由於刺入很淺，其切削面有如鏡面而粗糙度甚至比拋光更平滑。「以切代拋」不僅速度可快多倍，加工面的品質更可超越，因此是鏡面加工的最高境界。

要延性切削硬脆材料，必須使用最硬及最尖的刀具，鑽石是最好的尖硬刀具，也是唯一可以延性切削陶瓷等硬脆材料的刀具。

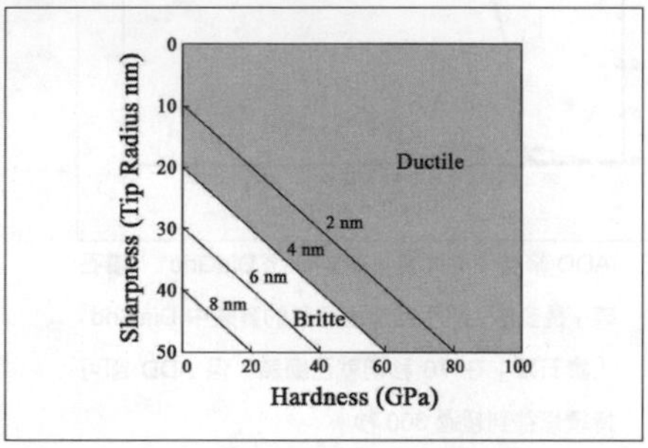

圖十七　以 PCD 刨平器淺削矽晶圓的示意圖，圖中的數字為 PCD 刨平器刀刃刺入矽晶的深度。

由於硬脆材料本身為磨料，既使硬如鑽石的切削刀具在加工時也會很快被磨鈍，因此以尖利的鑽石延性切削的過程十分短促，當刀刃磨鈍後它和工件的接觸面積會急速增加以致使壓力頓形散失。這時工件的脆性已經恢復，切面就會崩裂。大面積摩擦產生的熱來不及排除，切面也會留下受熱產生的變質層。

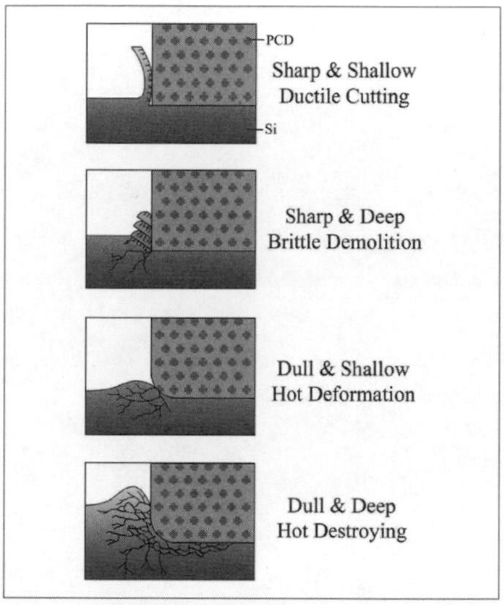

圖十八　當 PCD 刀刃被磨鈍後，延性切削就變成脆性破壞。

PCD 刨平器

為了延長延性切削的時間，切刃的數目及長度必須大幅增加，PCD 刨平器具有極多的切刃，可長時延性切削包括矽晶等硬脆材料。

為了減低 PCD 刨平器與工件表面之間的摩擦阻力，PCD 刀刃之間的平面也可以雷射轟擊使其粗糙化。由於 PCD 乃燒結的微粉鑽石，當切刃延性切削工件時，平台上暴露的鑽石微晶也可同時研磨刨削過的平面，使其更加細緻。

參考文獻

[1] James C. Sung, 2006, PCD Planer for Dressing CMP Pads, 2006 CMP-MIC, CA, U.S.A.

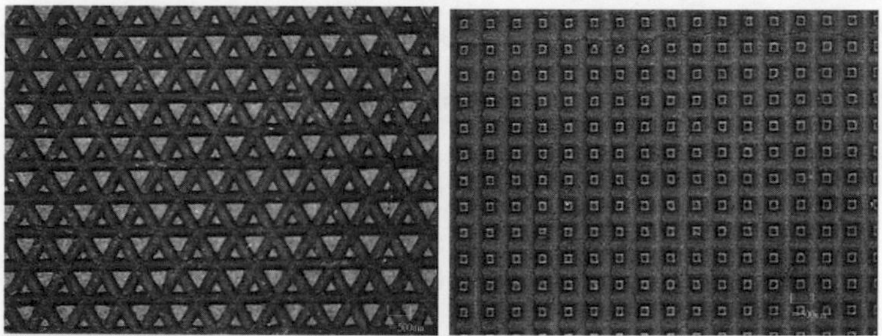

圖十九　三刃型(左圖)及四刃型(右圖)PCD 刨平器

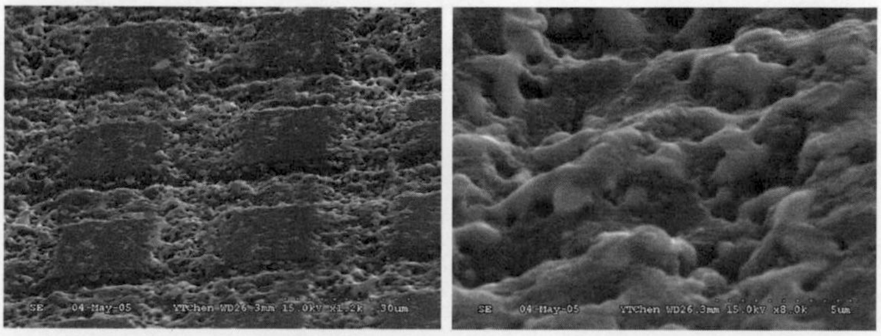

圖二十　PCD 刨平器刀頭表面暴露的微晶鑽石

2004 VMIC

Nanom Diamond CMP Process for Making Future Semiconductor Chips

James C. Sung

Address: KINIK Company, 64, Chung-San Rd., Ying-Kuo, Taipei Hsien 239, Taiwan R.O.C.
Tel: 886-2-2677-5490 ext.1150
Fax: 886-2-8677-2171
e-mail: sung@kinik.com.tw

[1] KINIK Company, 64, Chung-San Rd., Ying-Kuo, Taipei Hsien 239, Taiwan R.O.C.
[2] National Taiwan University, Taipei 106, Taiwan, R.O.C.
[3] National Taipei University of Technology, Taipei 106, Taiwan, R.O.C.

Abstract

CMP for making future semiconductor chips with nanom (nano meter) feature sizes can be accomplished by using nanom diamond particles embedded in an organic matrix (e.g. epoxy). Such nanom diamond particles are derived from the detonation of dynamite (e.g. TNR and RDX) in oxygen deficiency atmosphere. The nanom diamond particles are formed instantaneous from the residue carbon during the transient ultrahigh pressure and temperature. These nanom diamond particles are defect ridden and they are coated with a softer carbon coating (e.g. bucky balls and nano tubes). The softer carbon coating can lubricate the cutting edge in-situ during the action of nanom polishing. The nanom diamond has an intrinsic tight size distribution (4-10 nanoms) so the scratch of delicate semiconductor chip (e.g. IC with copper circuitry) is avoided. Moreover, the nanom diamond itself contains built in defects that will allow nanom chipping so the abrasive can be self sharpened for continual polishing with high efficiency. In addition, the organic matrix is impregnated with nanom metal particles (e.g. Ni) that will be dissolved by an acidic slurry. Alternatively, the epoxy matrix may also incorporate nanom salt particles (e.g. NaCl) that can be dissolved in water. The dissolution of non-carbon nanom particles will expose new nanom diamond particles continually so the efficient polishing can be sustained.

Future CMP Requirements

Chemical mechanical planarization (CMP) is the state-of-the-art technique to produce a superlative flat surface with high smoothness. Such a high quality surface is necessary for making semiconductor chips (e.g. ULSI, DRAM) with nanom (nano meter) features, and advanced substrates (e.g. hard drives, magnetic heads) with subnanom finishes. With the miniaturizing of feature sizes (now entering virus sizes of 100 nm or smaller), flatter surfaces with higher smoothness are in demanding. The progress of semiconductor chips has been following the fast pace of geometrical improvements since 1964 as predicted by Moore's Law. The continuation of this trend is dependent on the advancement of future CMP technology to control the nanom terrain of super flat surfaces.

CMP thrives on the imprecision of materials technologies, in particular, for depositing thin films. If the substrates or thin films can be made flat and smooth the first time, CMP in not needed to remove the extra materials. But this is not possible for composite material that incorporates interconnected circuitry. In fact, what can be made by thin film deposition is trailing further behind of what is required for surface smoothness. As the result, more stringent CMP processes are in demand. CMP capability has become the bottleneck for next generations of ULSI chips that incorporate features as small as 65 or 45 nanoms. The future CMP has to deal features of every diminishing sizes. The paradigm must be shifted from the current manipulation of submicron features to the future control in nanom domains.

CMP removes unwanted material from the processed surface with both chemical and mechanical routes. The chemical means is achieved by atomistic reactions between the substrate and the slurry. Although this is a subnanom domain, chemical reaction cannot be isolated in nanom scale so it is actually a global process that affects the entire working surface. Consequently, chemical means should play a subordinate role for making ultraflat surface with super smooth finishing. It will be used to modify the properties of the surface (e.g. by oxidation), rather than to alter the nanom landscape. On the other hand, the mechanical means can provide surgical operation to unwanted projections on a nanom scale. It would play the dominant role to achieve a super flat surface with subnanom finish.

Current CMP technology that utilizes micron sized pad asperities and submicron abrasives will be supplemented with an additional nanom-polishing step. The top of this polishing pad will be trued to achieve submicron difference between the highest peak and the lowest valley. Superimposed on this super flat surface are the nanom asperities of high density. Unlike the current CMP process that carves the asperities by using a diamond dresser, the nanom asperities are displaying the intrinsic grains of the pad itself. These grains are formed by building in two or more constituents in the pad material. These ingredients have large difference of solubilities in certain solvents. The selective etching of these grains will reveal the nanom asperities that will store the nanom abrasives for mechanical polishing.

The abrasives used in the slurry should be nanom aggregates of hard ceramics (e.g. Al_2O_3, AlN, Si_3N_4). These nanom aggregates can be formed by rapid condensation of vapor phase, CVD reaction of volatile gases, sol-gel precipitation of water solution, or other non-mechanical means. The aggregates are preferred because they can achieve the polishing rate commensurate with the grain size, but because of the incorporation of nonom grains the aggregates can gradually chip off upon impact. Consequently, the scratch depth formed on the polishing surface is an order of magnitude smaller than the grain size of the aggregate.

Either loose abrasives in a slurry form or fixed abrasives contained on a pad top may be used to polish the working surface to achieve the subnanom finish. In the case of loose abrasives, the biting size of the abrasive particle to the polished surface is dependent on several factors, such as the hardness and the shape of the abrasive particle, the hardness and roughness of the pad surface, the viscosity of the slurry, the geometry of the feature…etc. However, it is expected that the size of the polishing debris is no more than one ten thousandth of the abrasive particle size employed in polishing. So if the abrasive size is similar to the feature size (e.g. 65 nanoms) of the device, the scratch depth of one tenth of the feature size can be tolerated.

On the other hand, the abrasive particle embedded in a fixed matrix cannot retreat freely when it plunges toward the working surface. The impact stress would be much higher in this case than that may be encountered by loose abrasive particles. If the supporting matrix can hold the abrasive particle firm a much larger debris (e.g. up to one thousandth of the abrasive particle size) would be dislodged. In order to avoid the damage to the circuitry or other sophisticated surface features of the polished chip, the abrasive particles should be noticeable smaller (e.g. 1/10) than the feature size to be preserved during polishing. Even so, the polishing rate of the fixed abrasive may still be much higher (e.g. twice the amount) than that of loose abrasive particles of the larger size due to the larger impact force exerted from the positive support of the pad matrix.

When the abrasive particle sizes lie in the nanom range, there are several problems that may become insurmountable. Firstly, the particle shape becomes irregular (e.g. plate or needle shaped) that have very erratic polishing behavior (e.g. low polishing rate but with high scratch probability). Secondly, the size distribution of the nanom particles cannot be very tight. In particular, the elimination of oversized particles will become extremely difficult, if not impossible. Thirdly, the dispersion of the nanom particles cannot be thorough so agglomeration of particles becomes inevitable. All these problems may lead to scratching of nanom wafer features that are not acceptable.

Nanom Diamond Particles

All the above problems of nanom abrasive particles can be overcome by using a particular type of nanom diamond particles. Such nanom diamond is made by detonation of dynamites (e.g. TNT and RDX) in an oxygen deficiency container. The process for making nanom diamond was developed by Russian in 1980s. A unique feature is that the intrinsic size distribution (4-10 nm) of these nanom diamond particles is so small and so tight that they are highly desirable for nanom polishing of high-valued surfaces. Another advantage of using this nanom diamond for super smooth polishing is that the crystal lattice of the detonated diamond is loaded with defects such as dislocations. The imperfection of the nanom particle can allow continual nanom chipping along the weak boundaries so sharp nanom cutting points can be regenerated continually. In other words, the nanom diamond particles may not be dulled.

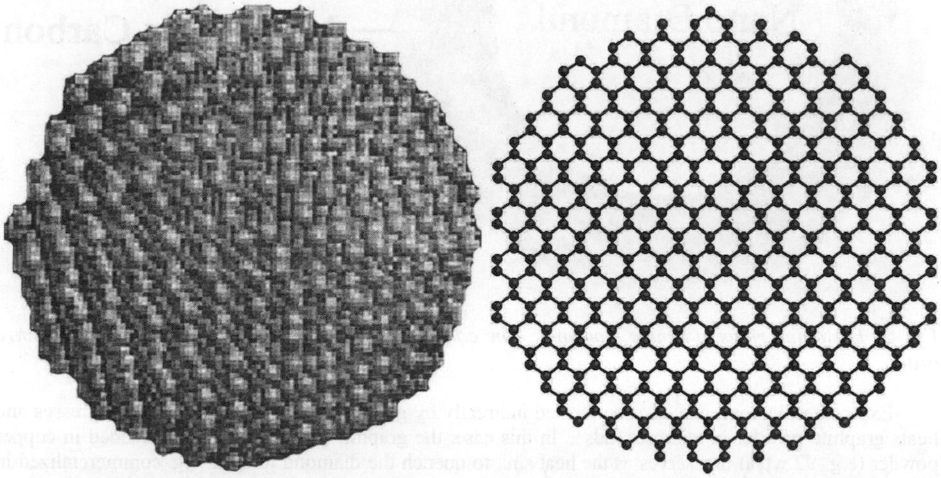

Fig. 1: A 3.5 nm nanom-diamond containing about 4000 carbon atoms (left diagram). The crystal lattice was projected along [110]. Note the high density of atomic corners, steps and terraces with typically (110), (110) and (111) facets. A perfect crystal structure of the nanom-diamond is also shown on the side for comparison (right diagram).

Each nanom particle derived from dynamite is coated with non-diamond and non-graphite carbon, such as bucky balls, nano tubes, and detonation soot. These relative soft carbon materials can help lubricate the cutting point of the nanom diamond in-situ and in real time of polishing.

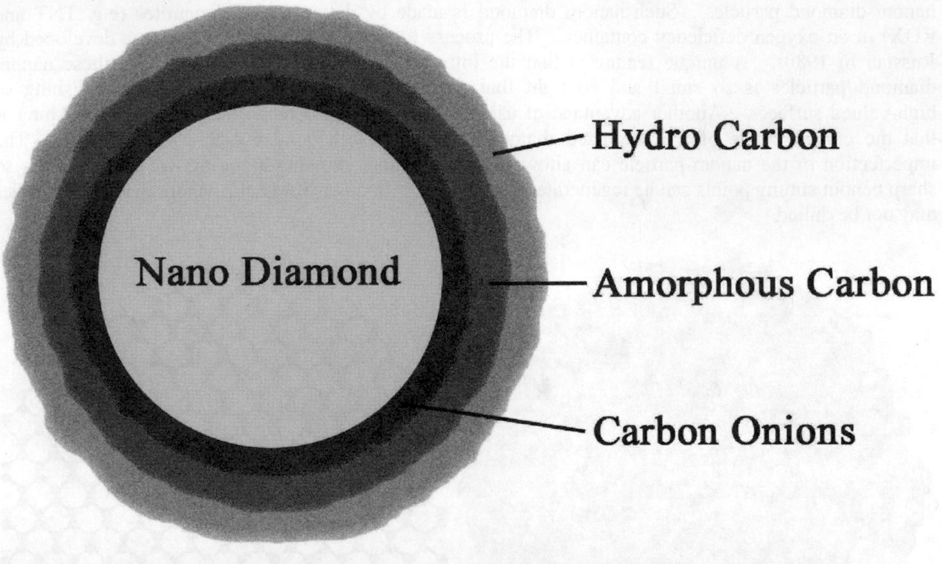

Fig. 2: The onion rings of nanom diamond. The core may account for 1/2-3/4 by weight of the entire grain.

Explosive diamond may also be formed indirectly by generating a shock wave that compresses and heats graphite powder in microseconds. In this case, the graphite powder is often embedded in copper powder (e.g. 92 wt%) that serves as the heat sink to quench the diamond formed (e.g. commercialized in 1970s by du Pont). Without such quenching, micron diamond particles formed will revert back to non-diamond carbon at high temperature when the pressure is suddenly lost after the shock wave passes through. Despite the preservation of the diamond structure, the shock wave compressed diamond is actually polycrystalline with millions of nanom (e.g. 10 nanom) subgrains. Shock wave collapsed polycrystalline diamond particles are microns in size. They are too big to be used to polish wafers directly. However, due to their polycrystalline nature, the micron diamond particles are highly effective for polishing gemstone and hard drive (e.g. texturing) with high efficiency and with low scratch rate.

Fig. 3: Shock wave compacted diamond conglomerate of several microns in size (e.g., former Du Pont's Mypolex® micron diamond powder).

The above two types of explosion diamond are formed in-situ. In contrast, most micron diamond particles are derived by pulverizing the unwanted single crystals of much larger size (e.g. 30 to 400 U. S. mesh). The crushed diamond particles are irregular in shape with many sharp corners that can scratch a smooth surface easily. Consequently, they are only suitable for rough polishing of inexpensive work materials (e.g. glass, ceramics).

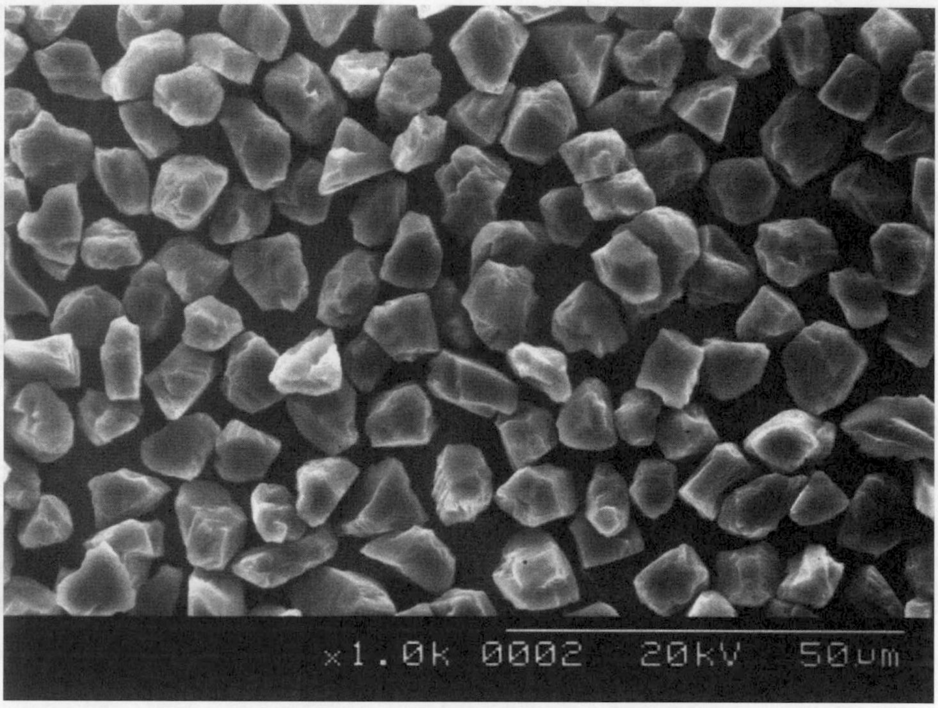

Fig. 4: The typical morphology of conventional micron diamond made by pulverizing unwanted large diamond.

The comparisons of the above-described three types of diamond fines are listed in the following table.

Table 1: Properties of diamond micron powder

Making Method	Crushed Grain	Shock Wave	Explosive Derivative
Size	Microns	Microns	Nanometers
Structure	Single crystal	Polycrystals	Diamond-like carbon
Density (g/cm^3)	3.5	3.4	3.2
Packing Density (g/cm^3)	2.0	1.5	0.3
Purity (C%)	100	99	90
Specific Surface (m^2/gm)	<10	30	>300

The properties of a representative dynamite derived nanom diamond are shown in the following table.

Table 2: Nanom Diamond Characteristics

Application	Polishing	Lubrication
Size	4-6 nm	4-6 nm
Composition	96% diamond 2-3% ash (Fe, Si)	56% diamond, 41% carbon 3% ash (Fe, Si)
Bulk Density	0.7 gm/cm^3	
Surface Area	350-390 m^2/gm	
Oxidation Threshold (Air)	500 °C	
Thermally Stability (Vacuum or reducing atmosphere)	1000 °C.	

A major feature of dynamite derived nanom diamond particles lies in its extreme high surface areas and high atomic density as shown in the following figure and table.

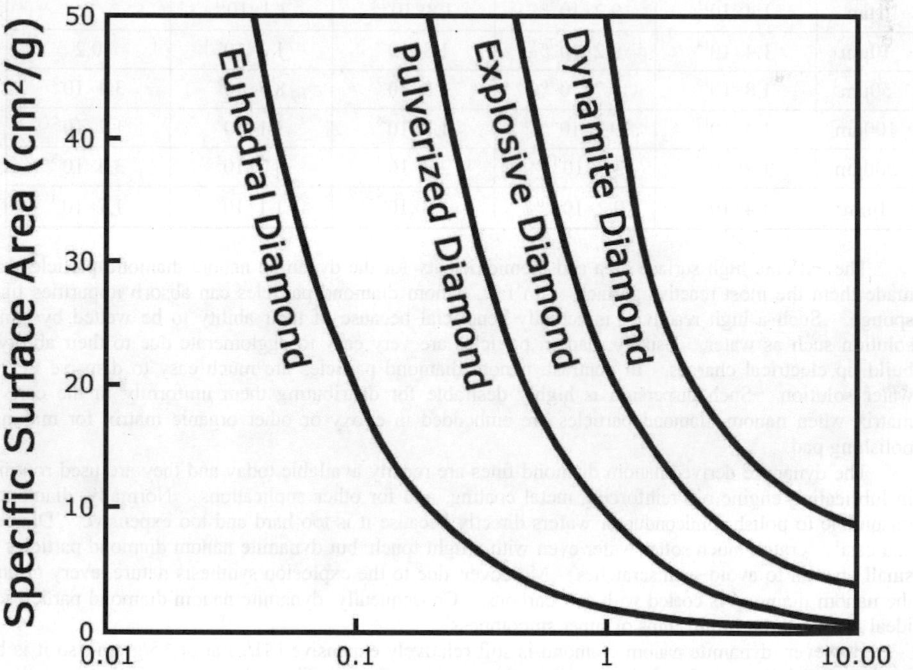

Fig. 5: Specific surface area (ordinate) as a function of the average grain size (abscissa). Note that pulverized diamond fines are much more contamination prong than euhedral diamond crystals. Explosive (shock wave) and dynamite diamond fines are even worse as they can never be maintained clean.

Table 3: Nanom and Micron Diamonds

Size	Atom (Number)	Surface Atom (%)	Weight (gm)	Particle (#/Carat)	Surface Area (m^2/gm)
1nm	143	92%	1.8×10^{-21}	1.1×10^{20}	1705
2nm	1147	23%	1.5×10^{-20}	1.4×10^{19}	852
5nm	1.8×10^{4}	3.7%	2.3×10^{-19}	8.7×10^{17}	341
10nm	1.4×10^{5}	0.9%	1.8×10^{-18}	1.1×10^{17}	170
50nm	1.8×10^{7}	3.7×10^{-2}%	2.3×10^{-16}	8.7×10^{14}	34
100nm	1.4×10^{8}	9.2×10^{-3}%	1.8×10^{-15}	1.1×10^{14}	17
500nm	1.8×10^{10}	3.7×10^{-4}%	2.3×10^{-13}	8.7×10^{11}	3
1μm	1.4×10^{11}	9.2×10^{-5}%	1.8×10^{-12}	1.1×10^{11}	2
10μm	1.4×10^{14}	9.2×10^{-7}%	1.8×10^{-9}	1.1×10^{8}	0.2
50μm	1.8×10^{16}	3.7×10^{-8}%	2.3×10^{-7}	8.7×10^{5}	3.4×10^{-2}
100μm	1.4×10^{17}	9.2×10^{-9}%	1.8×10^{-6}	1.1×10^{5}	1.7×10^{-2}
500μm	1.8×10^{19}	3.7×10^{-10}%	2.3×10^{-4}	8.7×10^{2}	3.4×10^{-3}
1mm	1.4×10^{20}	9.2×10^{-11}%	1.8×10^{-3}	1.1×10^{2}	1.7×10^{-3}

The extreme high surface area and atomic density for the dynamite nanom diamond particles have made them the most reactive surfaces. In fact, nanom diamond particles can absorb impurities like a sponge. Such a high reactivity is actually beneficial because of their ability to be wetted by simple solution such as water. Usually, nanom particles are very easy to agglomerate due to their ability to build up electrical charges. In contrast, nanom diamond particles are much easy to disperse in even water solution. Such dispersion is highly desirable for distributing them uniformly in the carrying matrix when nanom diamond particles are embedded in epoxy or other organic matrix for making a polishing pad.

The dynamite derived nanom diamond fines are readily available today and they are used routinely in lubricating engine oil, reinforcing metal coating, and for other applications. Normally, diamond is unsuitable to polish semiconductor wafers directly because it is too hard and too expensive. Diamond can easily scratch much softer wafer even with a light touch, but dynamite nanom diamond particles are small enough to avoid such scratches. Moreover, due to the explosion synthesis nature, every grain of the nanom diamond is coated with soft carbons. Consequently, dynamite nanom diamond particles are ideal for polishing future chips of super smoothness.

However, dynamite nanom diamond is still relatively expensive ($1/carat or $5/gram), so it is best used as fixed abrasive lest it is wasted in free running slurry. The volumetric ratio between the cut material (e.g. glass) and diamond, known as grinding ratio, is in the magnitude of about 100 for grinding wheels that hold diamond grits in a resin matrix. Based on the density of 3.5 g/cm^3, it is estimated that the cost of nanom diamond consumed to remove 1 cm^3 of materials (e.g. oxide) from the wafer surface is less than $0.2. For polishing a wafer of 200 mm (8 inches), this abrasive cost is less than $0.01 per micron of removed wafer. Such a low cost is trivial when compared with the current cost of abrasives consumed in a typical slurry.

In addition to be economical, the polishing rate of nanom diamond would be much higher than that of slurry due to the positive support of the pad matrix. The biting size of nanom diamond particles is estimated to be about one atom of the wafer material a time. This is the assured way to achieve a super smooth surface for the future semiconductor chips.

Nanom Diamond Polishing for Future CMP

Dynamite nanom diamond can be dispersed in a thermally setting matrix material (e.g. epoxy) that contains nanom particles of soluble additive of nanom size (e.g. a colloidal metal). The matrix material can be etched away by an organic solvent (e.g. acetone) under a controllable rate. The soluble additive may also be leached away simultaneously by an acid. The dissolved matrix with will expose nanom diamond particles for polishing the wafer. The dissolved additive will leave nanom pores in the matrix. Such nanom pores can provide the escape route of polished debris of nanom sizes as well as for the flow of slurry.

Because the relief of the nanom polishing pad surface is so small, the polishing area of the pad must be restricted (e.g. 10% of the total pad area) such as by forming bumps of various shapes on the pad with a fixed pattern. These bumps can concentrated the pressure required for nanom diamond particles to achieve a desirable polishing rate. In addition, the clearance among bumps can allow the passage of accumulated debris and reserved slurry.

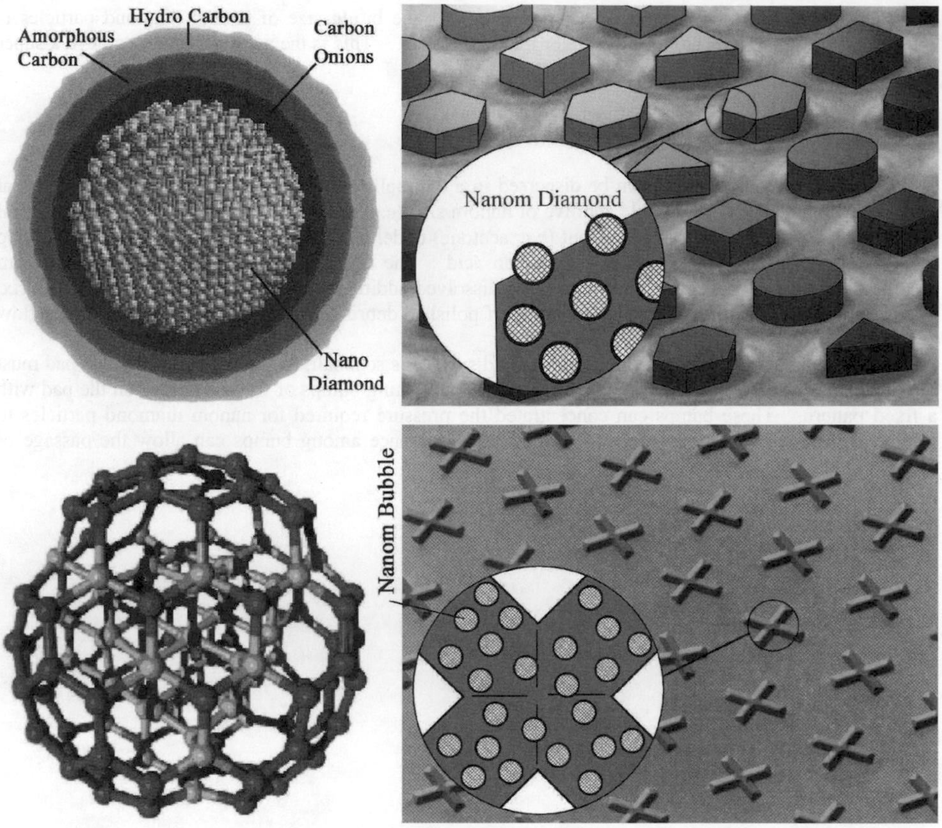

Fig. 6: Nanom diamond is over coated by softer carbon layers (left diagrams). It an be impregnated in bumps of different shapes (upper right) that are cast on the pad. Alternatively, the polishing pad may be permeated with slurry that contains loose nanom abrasives particles (e.g. alumina or silica). These nanom particles can be carried in the nanom pores on the top of the ridges (lower right). The rubbing of these ridges on the pad top against a wafer surface will abrade away its protruded features with a biting size of about one nanom a time.

In order to provide the flatness for planarization, the pad must be supported in such a way that it is flexible globally to cushion for the height variations of the wafer, but at the same time the pad is rigid enough locally to allow nanom "surgical" removal of projected features when they are brought in contact with the nanom diamond particle impregnated bumps on the pad. The balance of global flexibility and local rigidity can be accomplished by optimizing the properties of pad materials and designs of pad structures. Moreover, suitable subpad supporting layers must be used to cushion the impact while providing the sufficient support for effective polishing action. In addition, the entire pad system must be moved with effective driving mechanism so the polishing function can be sustained.

Nanom Diamond CMP Process for Making Future Semiconductor Chips
James C. Sung

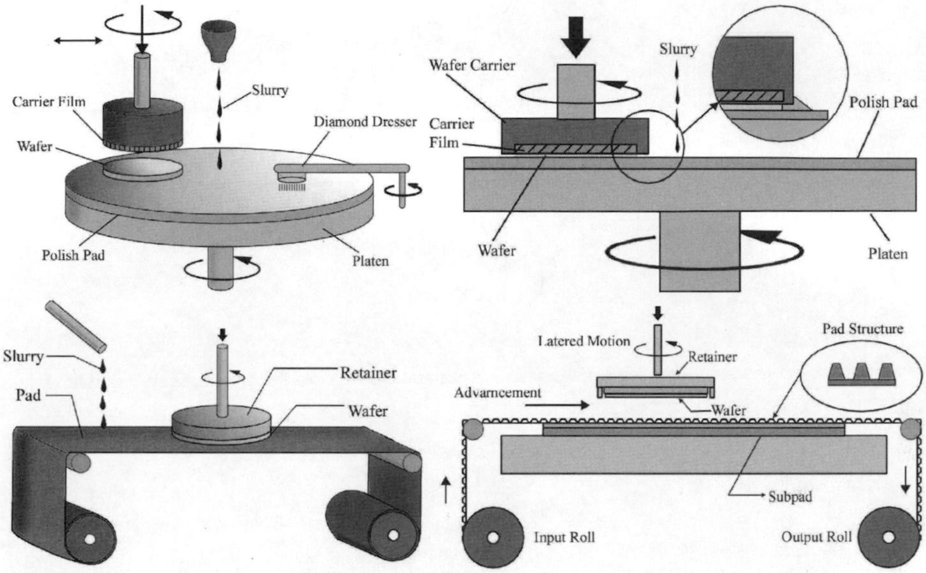

Fig. 7: The schematics of CMP operation. The top diagram shows a batch type rotary plateform that is standard for the current CMP manufacture. The bottom diagram shows a continual type linear plateform that is yet to be implemented for production. The rotary plateform may require the supplementary slurry and conditioner, but the linear plateform has incorporated abrasives in the pad so only water solution is needed. Either polishing system may be used to drive the nanom diamond impregnated pad. In this case, all surface structure will be much smaller and there is no need to dress the pad that will expose nanom diamond particles automatically.

附錄 7

Polycrystalline Diamond (PCD) Shaving Dresser: The Ultimate Diamond Disk (UDD) for CMP Pad Conditioning

James C. Sung[*,1,2,3], Cheng-Shiang Chou [1], Ying-Tung Chen[4]
Chih-Chung Chou[1], Yang-Liang Pai[1], Shao-Chung Hu[1], Michael Sung[5]

Address: KINIK Company, 64, Chung-San Rd., Ying-Kuo, Taipei Hsien 239, Taiwan, R.O.C.
Tel: 886-2-8678-0880
Fax: 886-2-8677-2171
E-mail: sung@kinik.com.tw

[1] KINIK Company, 64, Chung-San Rd., Ying-Kuo, Taipei Hsien 239, Taiwan, R.O.C.
[2] National Taiwan University, Taipei 106, Taiwan, R.O.C.
[3] National Taipei University of Technology, Taipei 106, Taiwan, R.O.C.
[4] Department of Mechatronic, Energy and Aerospace Engineering, National Defense University, Tahsi, Taoyuan 335, Taiwan, R.O.C.
[5] Advanced Diamond Solutions, Inc., 351 King Street Suite 813, San Francisco, CA 94158, U.S.A.

Abstract

All conventional pad conditioners are dressing the CMP pad with discrete diamond grits with random orientation of unleveled tips. As a result, the pad asperities are chaotic with polishing of delicate wafers with brutal force that may disrupt the IC layer. Worse still, as diamond grits are monocrystalline that must penetrate the pad after compression. As plastic deformation region is greatly extended under compression, the pad asperities are severely deformed with original polymers ruptured. Moreover, the transformed polymer is heated and mixed with polishing debris to form a work hardened glazing layer. Hence, the expensive wafer is pressed against compactized garbage dumps during the CMP process that cannot be fine-tuned.

With the advent of polycrystalline diamond (PCD) dressers, the pad conditioning can be performed with an unprecedented regularity. The result is a total elimination of "killer asperities" that may scratch the soft copper layer or porous dielectric layer. Moreover, the PCD dressers may be constructed to form a blade shaver so pad disruption during conditioning can be minimized. As a result, the original pad polymers can be preserved for polishing wafers. This ultimate diamond disk (UDD) has transformed stick slipping pad destruction to smooth shaving pad construction. UDD is particularly suitable for dressing CMP pads for polishing 22 nm interconnects, in particularly, with the anticipated debut of 450 mm pancake wafers scheduled for 2012.

Key words: CMP, 22 nm, Moore's Law, 450 mm wafer, PCD, ADD, UDD.

The Moore's Law of CMP

The relentless miniaturization of transistors on computer chips as required by Moore's Law progression dictates the designs of integrated circuitry (IC) and their methods of manufacturing. Among the various challenges, the CMP will face 22 nm node size of copper circuits that are insulated by porous dielectric partitions (ILD). On top of this delicate IC will be superimposed with the big leap forward of 450 mm wafers. Intel, TSMC, Samsung, Toshiba and others have planned to roll out pancake-sized wafers beginning in 2012. By then, the world CMP experts will face the unprecedented barrier of 7 orders magnitude (450 mm/22 nm) between global flatness and local smoothness. A complete shift of paradigm of CMP methodology is required to deal with this seeming insurmountable challenge. As CMP is a surface process that is governed by pad texture, the ability to improve the uniformity of pad asperities becomes the critical path to break through the 7 order barrier.

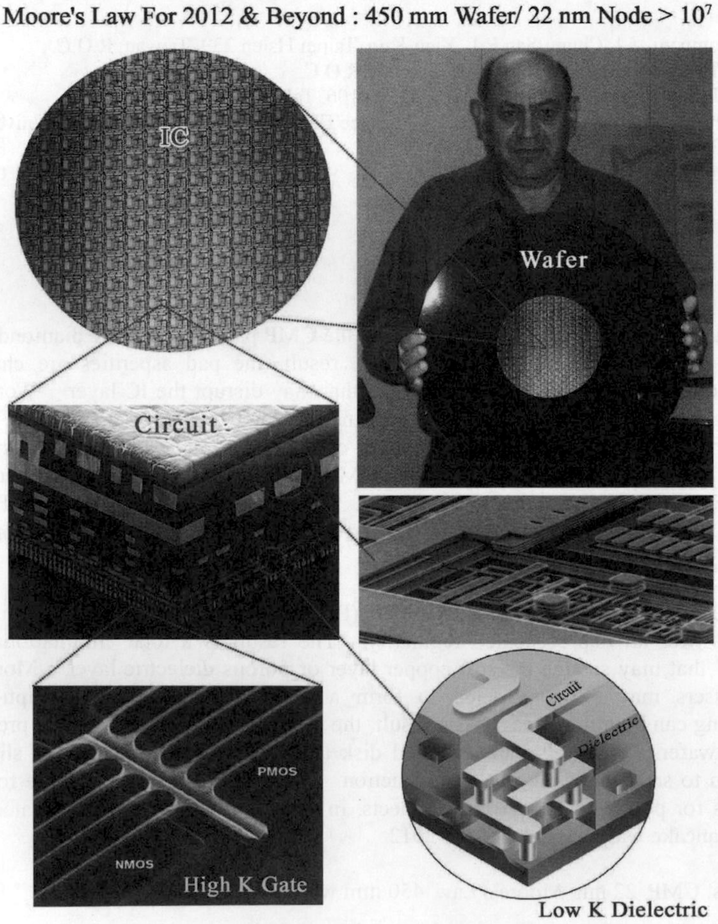

Fig. 1: The illustration of the 7 order barrier for CMP in the future.

Surface Engineering for CMP

The size, shape and distribution of pad asperities after dressing are controlled by the design of diamond disks (pad conditioners). In particular, diamond disks determine the distribution of local contact pressures of polishing points on the IC surface. In contrast, the pad material and its porosity provide the planarization support and slurry storage, respectively.

To put the problem in perspective, the average pressure applied to a wafer against the pad asperities is about 0.1 bar (1 bar = one atmospheric pressure = 10 Kg/cm^2). In order to polish copper, the contact pressure locally must exceed the hardness of copper, that is about 10000 bars (100 Kg/mm^2). This means that the contact area should be in the order of one hundred thousands. Assuming that the abrasive contact pressure is 100 times that of pad tip contact pressure, the contact area between wafer and pad would be about one thousandth of the wafer area. The 300 mm wafer size is about 70 billion square micron. If the contact area per asperity tip is about one square micron, then the contact points would be 70 billions per wafer or about one million per square centimeter.

The conventional diamond disks contain less than 1000 working tips due to the large variation of tip heights. In order to increase the number of working crystals, higher number of working crystals is needed to form more pad asperities during the limited dressing time.

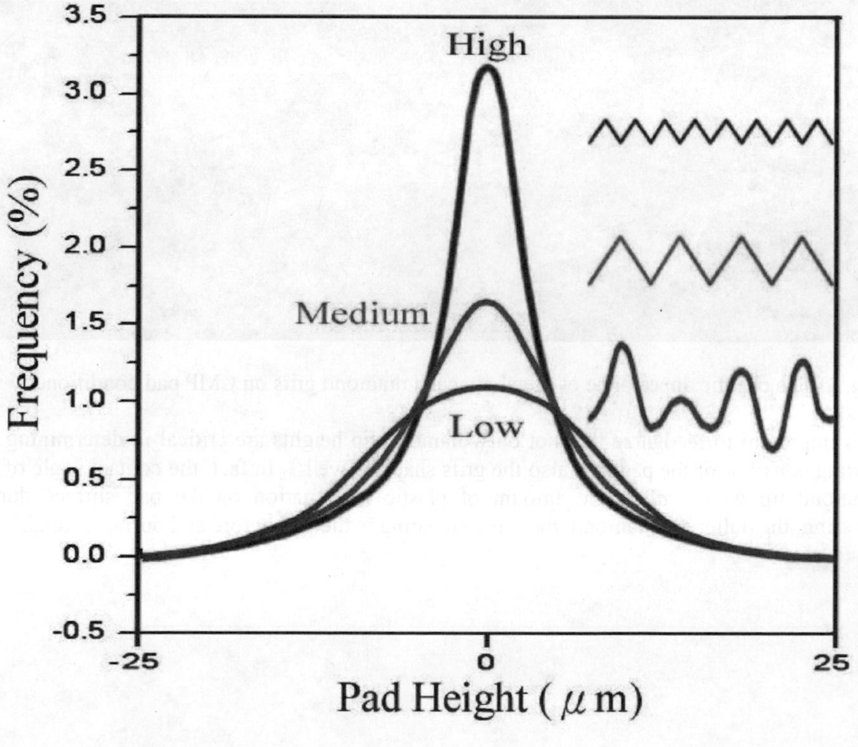

Fig. 2: The pad conditioner designs determine the pad asperity profiles. In the figure, high, medium, or low refers to the number of actual cutting tips on diamond disk.

Conventional Diamond Disks

Conventional diamond disks are made by adding discrete diamond grits on a flat substrate and then seal the surface with a metal layer. Although the metal layer may be applied by various methods (e.g. electroplating, brazing, sintering), the diamond tips are on different heights due to the intrinsic variations of grits size and shape. Consequently, only a small proportion (e.g. 5%) of diamond grits can penetrate the flexible pad surface, most diamond grits are hanging on the disk with no function.

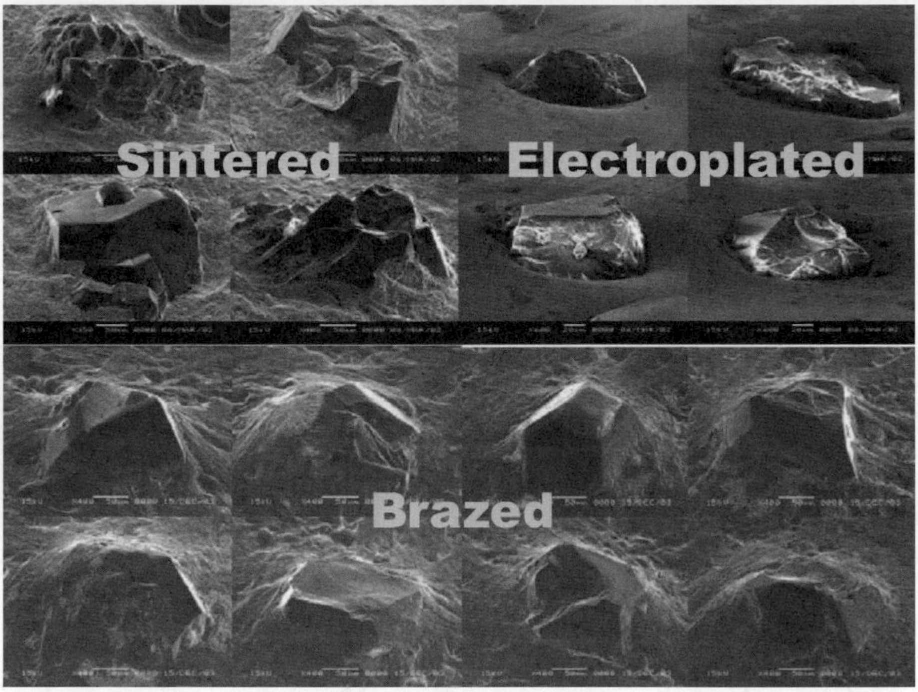

Fig. 3: The chaotic appearance of metal attached diamond grits on CMP pad conditioners.

It is important to recognize that not only diamond tip heights are critical in determining the cutting behavior of the pad, but also the grits shape as well. In fact, the contact angle of the diamond tip would affect the amount of plastic deformation on the pad surface during dressing, the duller the diamond, the more smearing is the pad before and during cutting.

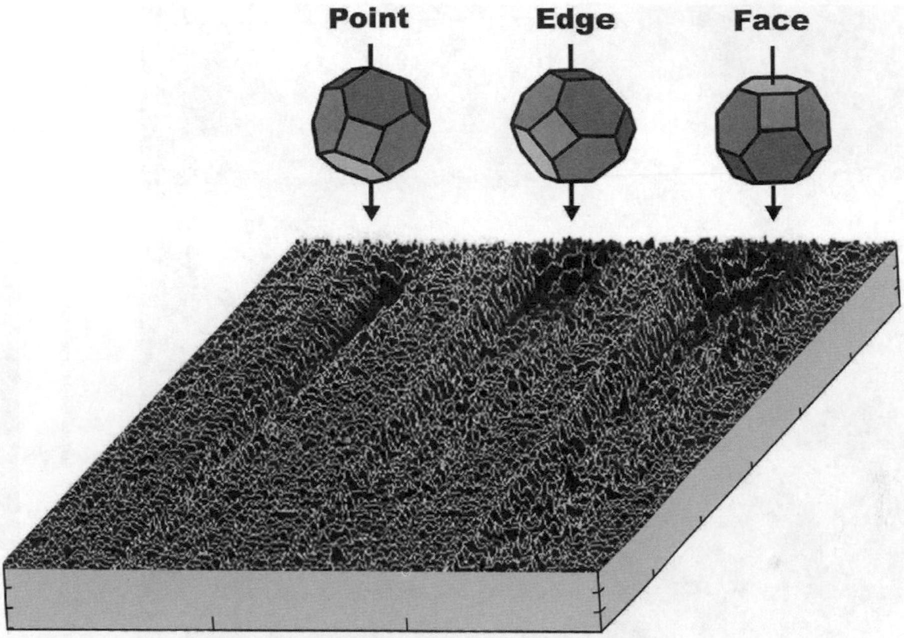

Fig. 4: The sharp diamond tip can minimize the tearing of pad during dressing.

Stick Slip Dressing

Conventional pad conditioners that contain discrete diamond grits have not only cutting tips located at different heights, but also cutting angles oriented at various directions. As a result, the asperities formed on CMP pad are totally chaotic. Only the highest points of these random asperities are used to polish wafer. Consequently, the landing sites are unpredictable in size and distribution.

US CMPUG, 9 April 2008, CMP Conditioner and Pad Characterization, Len Borucki, Araca Inc.

Fig. 5: The chaotic landscape of pad asperities that reveal irregular patches for polishing delicate IC wafers.

The contact area measurements confirmed that they may span more than 10,000x for the largest versus the smallest.

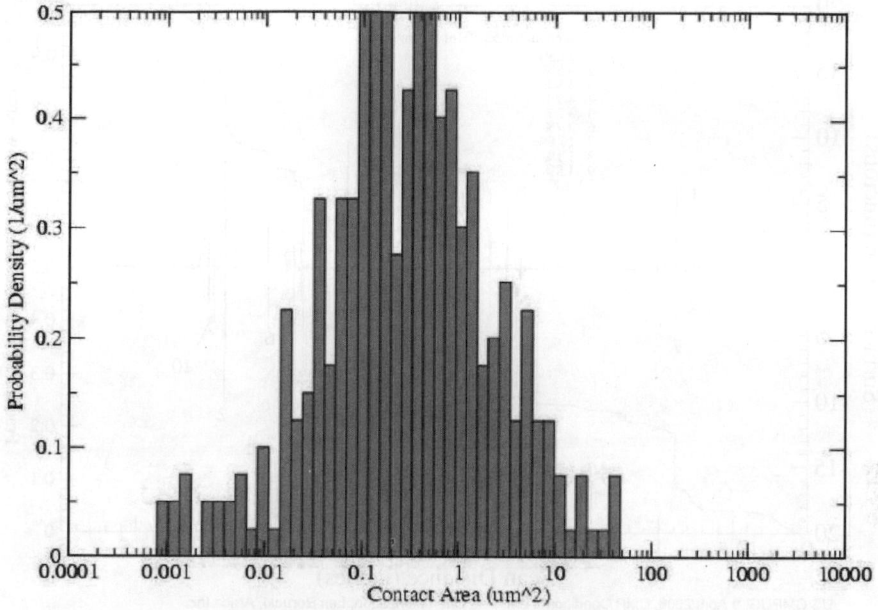

US CMPUG, 9 April 2008, CMP Conditioner and Pad Characterization, Len Borucki, Araca Inc.

Fig. 6: The contact area compressed between wafer and pad may be as large as 50 square microns that many orders larger than the feature size (e.g. 45 nm) of the IC wafer.

CMP is governed by Preston equation that allows wafer removal rate to scale with the average compression pressure. However, the chaotic asperities distribute the load in such a way that pressure is concentrated in few large patches of contact. These large compressed sites are sealed from slurry so the rubbing may create hot spots. As a result, IC layers are flaked from time to time. Such sudden stick slips may cause damages akin to disruption by earthquakes. The CMP industry desperately needs a tenderer polishing means to allow the removal of IC layers with much smaller flakes.

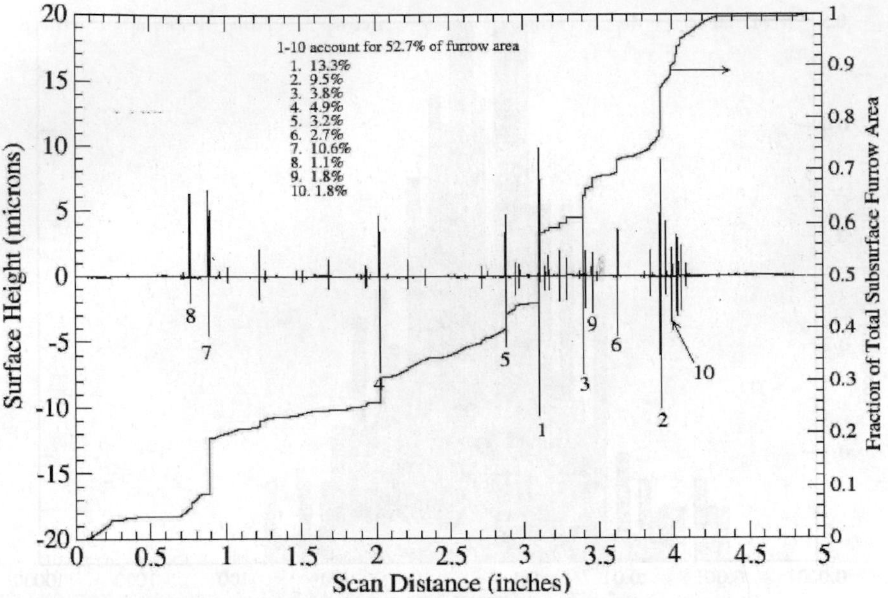

US CMPUG, 9 April 2008, CMP Conditioner and Pad Characterization, Len Borucki, Araca Inc.

Fig. 7: The height distribution of diamond tips and (center line) and the correlated dressed area in accumulation.

PCD Cutter

Instead of penetrating the pad surface with brutal force of diamond grits, advanced diamond disk (ADD) is made by carving a disk of sintered polycrystalline diamond (PCD) layer to form cutting tips of predetermined shape and distribution. The tailor made cutting tips with sharper angle can be formed with higher regularity than conventional diamond disks.

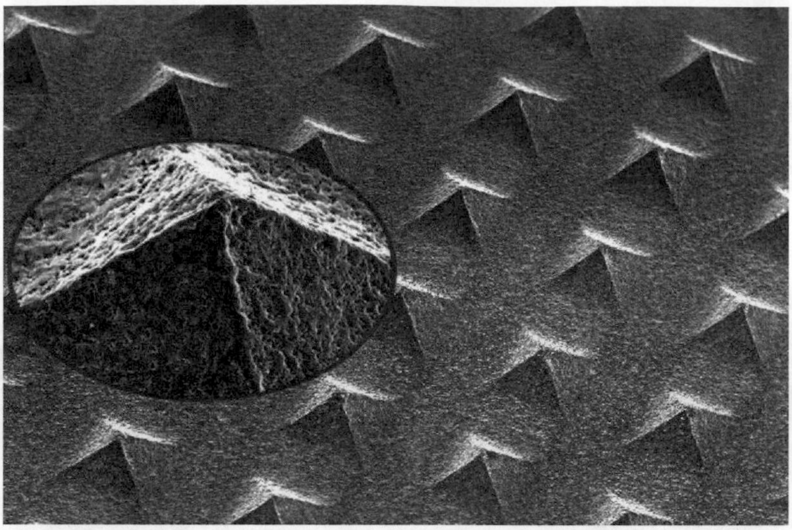

Fig. 8: The ADD cutting tips bonded monolithically in PCD matrix material.

As a result of improved leveling of cutting tips of ADD, the contact points on pad during dressing increases by more than tenfold compared to BDD, the conventional brazed diamond disks.

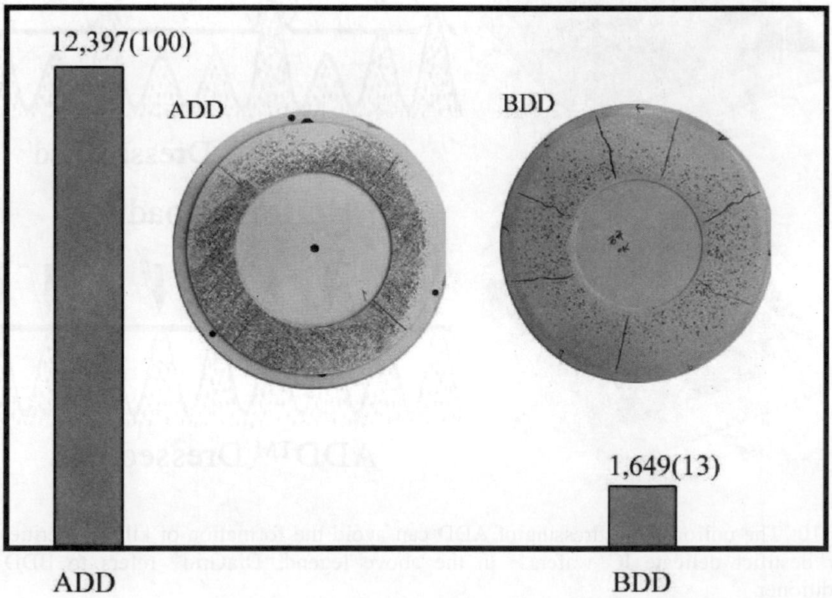

Fig. 9: The comparison of ADD dressing tips versus BDD hanging tips. Both disk have about the same number of cutting tips.

Tender Polishing versus Brutal Polishing

Due to the same depth of cutting, ADD is uniquely capable to form uniform asperities on CMP pads. Moreover, the highly protruded killer asperities are eliminated. The uniform loading of pressed wafer can allow fast removal of IC layer (e.g. copper) at high pressure without causing damages (e.g. scratches) due to the low stress contact.

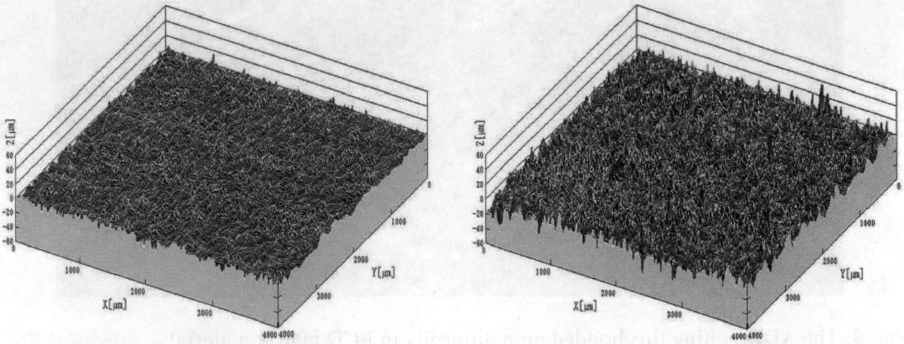

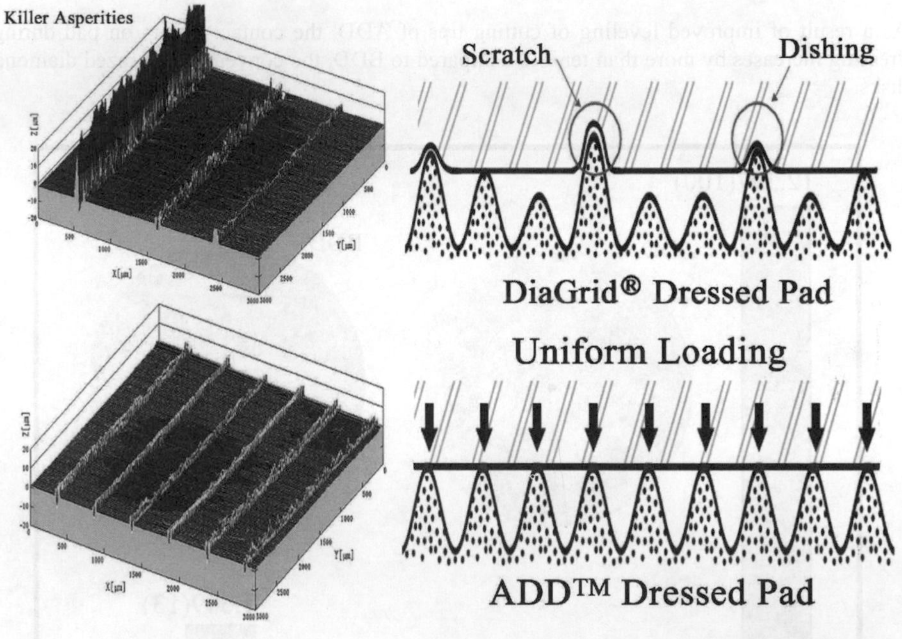

Fig. 10: The uniform pad dressing of ADD can avoid the formation of killer asperities that may destruct delicate IC wafers. In the above legend, DiaGrid® refers to BDD pad conditioner.

The CMP with ADD Performance

It has been demonstrated that ADD dressed pad could polish TEOS wafers at a higher removal rate with a better uniformity than that polished with BDD dressed pad.

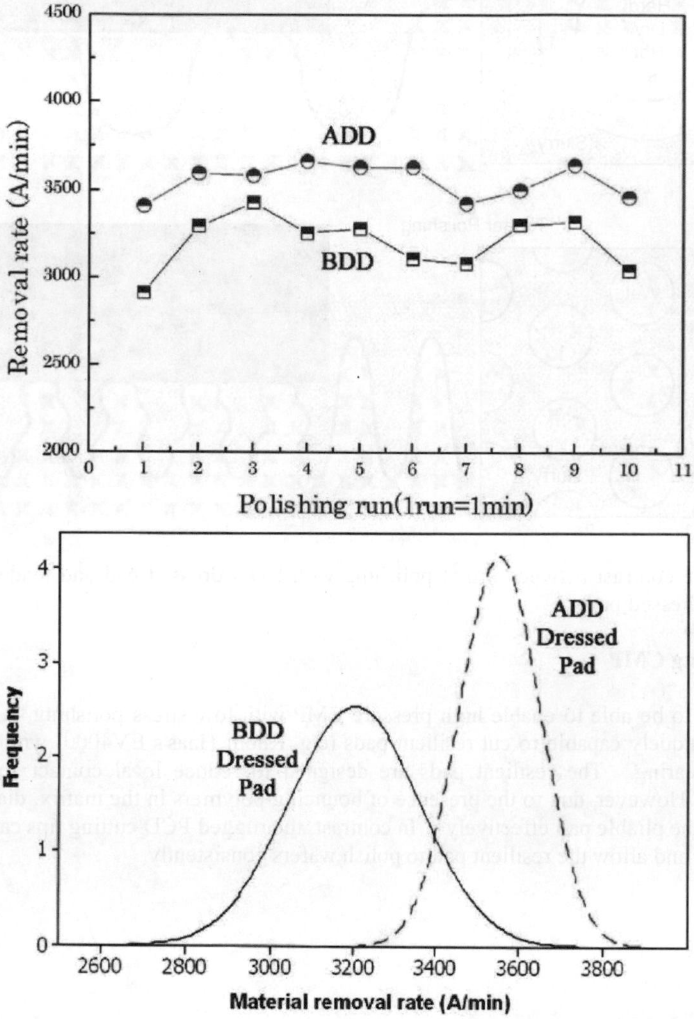

Fig. 11: The PCD cutters dressed pad could polish wafer faster with more uniform loading than diamond grits.

The uniform asperities can not only polish wafer with low contact stress, but they are more readily wetted by slurry. As a consequence, the slender asperities can be permeated with abrasive impregnated solution of chemicals so the polishing is performed without dry spots. The abrasion of dry spots would generate both high stress and high temperature; so delicate IC could be damaged.

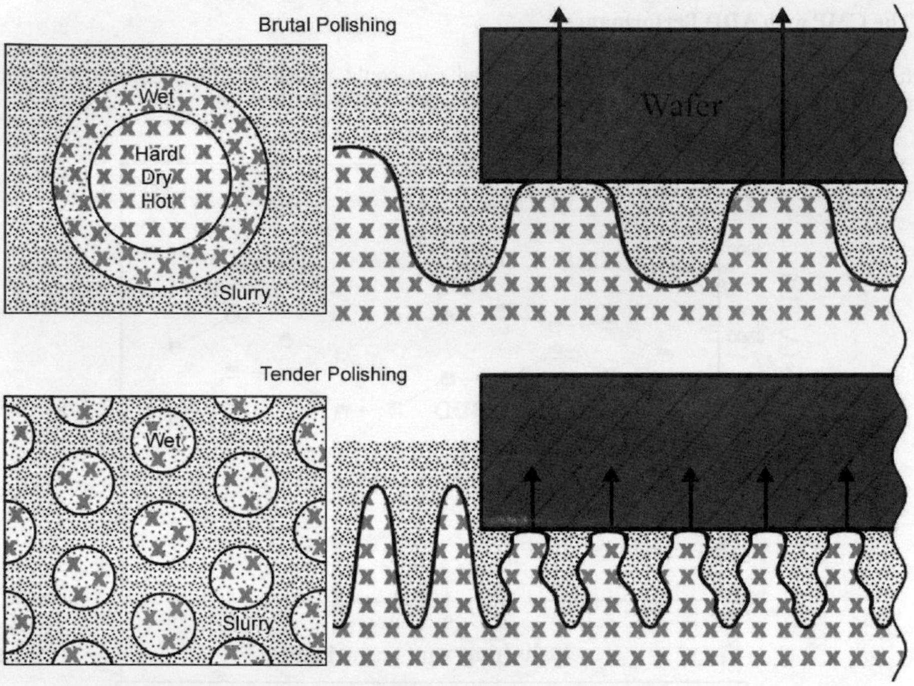

Fig. 12: The contrast between brutal polishing with BDD dressed pad and tender polishing with ADD dressed pad.

Soft Landing CMP

In addition to be able to enable high pressure CMP with low stress polishing, ADD's sharp teeth are uniquely capable to cut resilient pads (e.g. Rhom Haas's EV4000) without causing excessive tearing. The resilient pads are designed to reduce local contact stress during polishing. However, due to the presence of bouncing polymers in the matrix, diamond grits cannot cut the pliable pad effectively. In contrast, the rugged PCD cutting tips can break the soft surface and allow the resilient pad to polish wafers consistently.

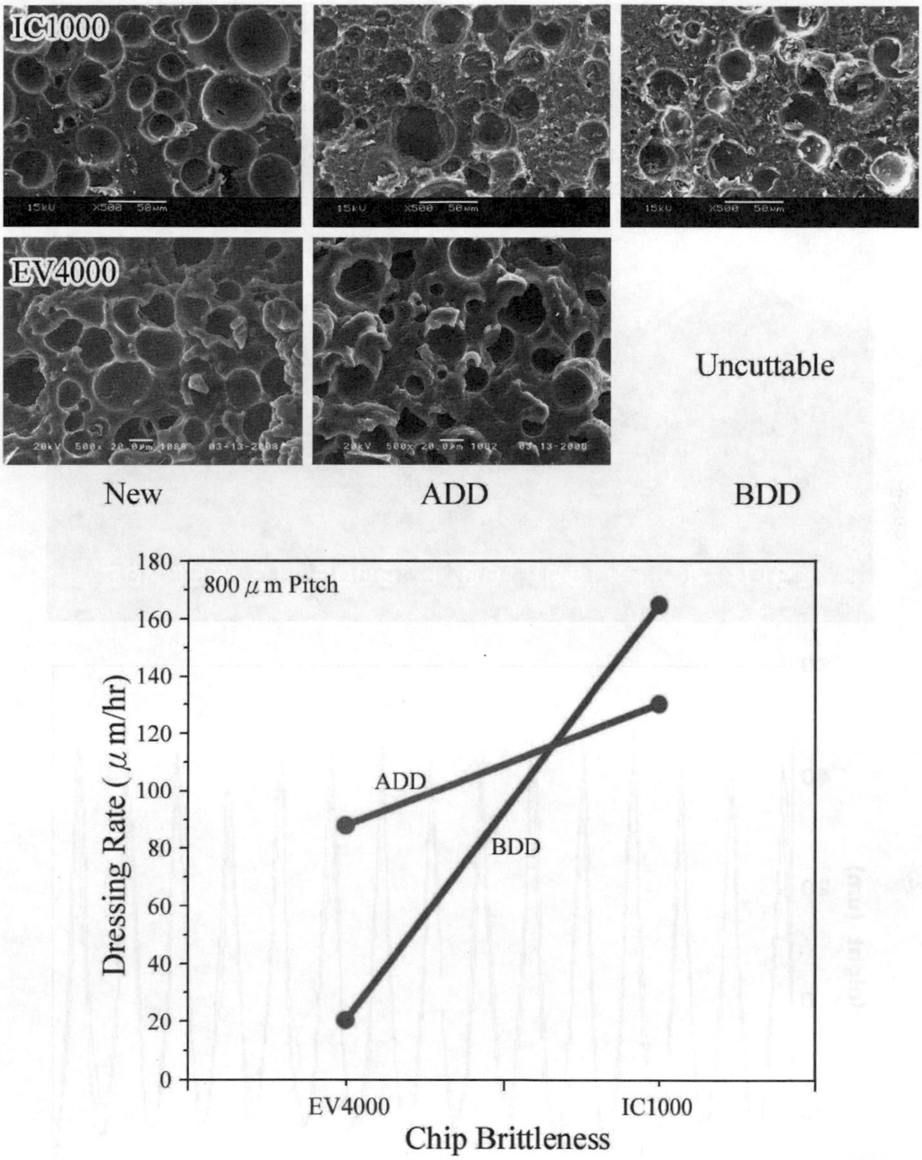

Fig. 13: BDD can dress brittle pad materials that may scratch wafer surface. However, ADD can dress resilient polymers to ensure soft landing of delicate IC during CMP.

The Ultimate Diamond Disk (UDD)

Although PCD is shaped on surface to form ADD patterns, there is a better design with PCD sliced to form cutting blades. In this way, the blade can be arranged to make an optimized penetration angle that has not been achievable even with ADD.

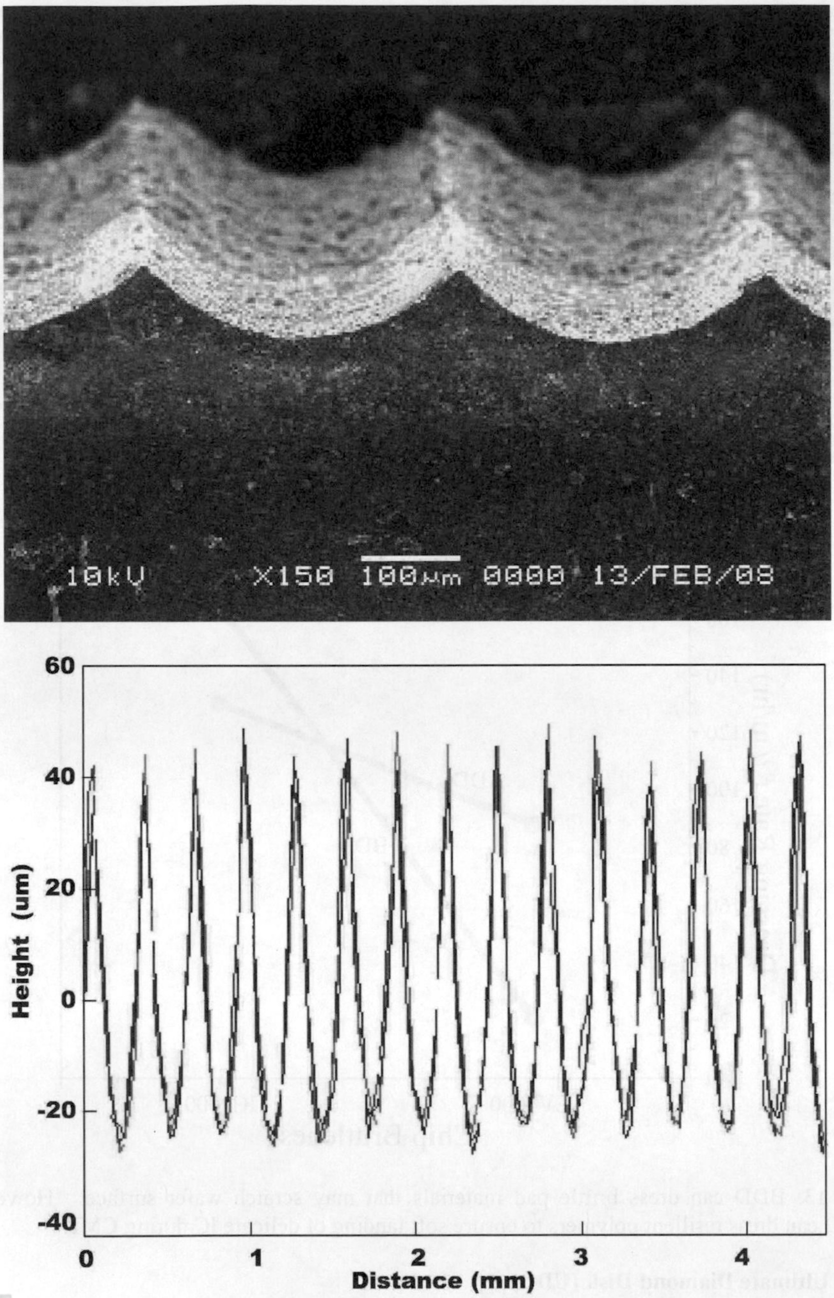

Fig. 14: The PCD blade with cutting teeth that can be fully leveled. Note that the cutter tips are leveled within a few microns compared to conventional range of 50 to 100 microns for highest points of discrete diamond grits.

The blades are then arranged in a predetermined pattern and cast in epoxy to form a strange looking diamond disk that is totally out of conventional wisdom.

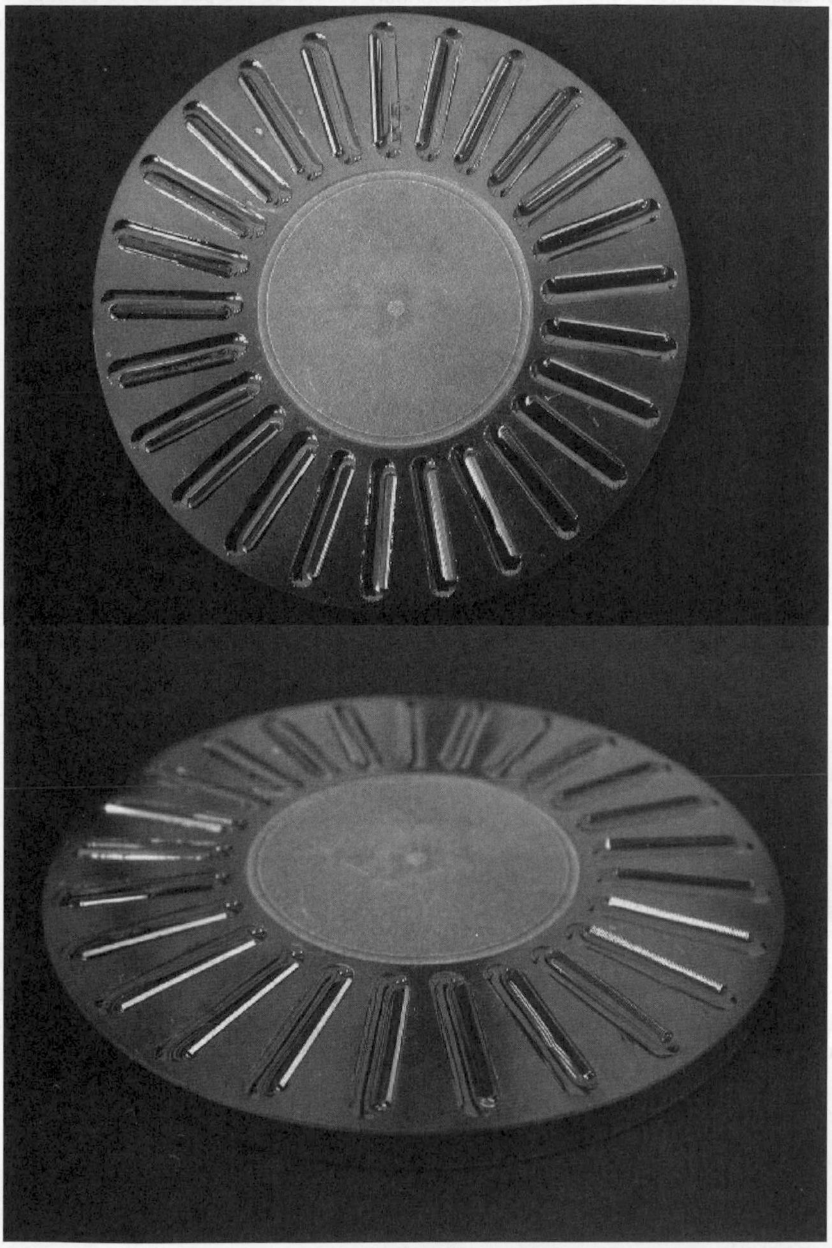

Fig. 15: The UDD with the design of sliding blades. Multiple design features can be accommodated with number of blades and tilt angles.

The pad asperities profile formed by UDD is intermediate between ADD and BDD. However, this may be misleading due to the fact that UDD is uniquely capable to cut pad under tension while all other pad conditioners may only drag the pad during cutting. This means that UDD dressed pad surface can retain the most original pad material features of all diamond disks.

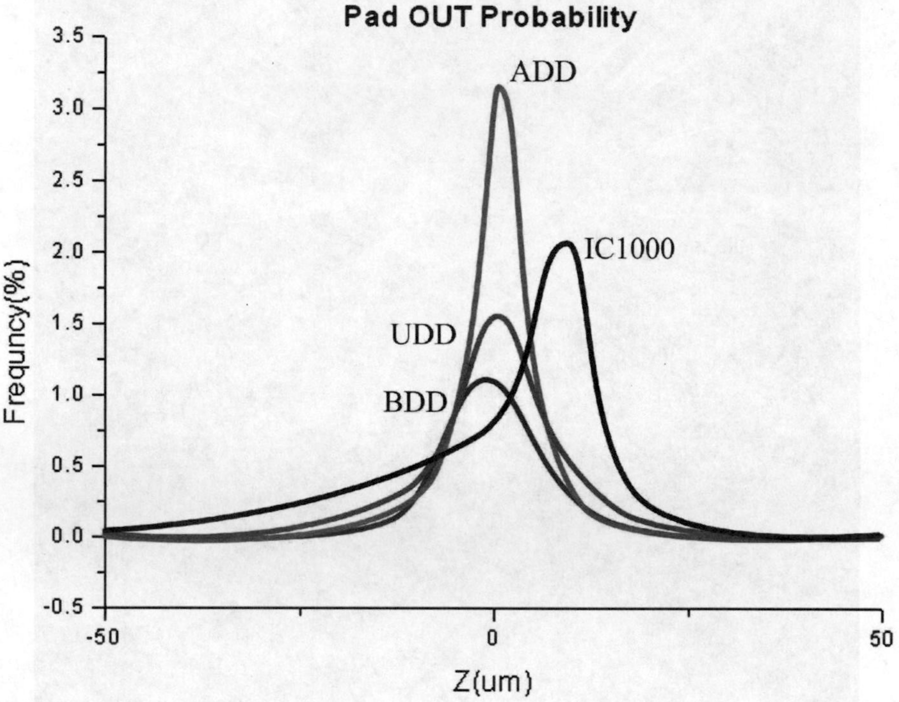

Fig. 16: The pad asperities distributions after dressing with ADD, BDD and UDD.

Tensile Shaving Versus Compression Grooving

As UDD is made of arranging cutting blades, many new design concepts previous unachievable can now be entertained. For examples blades with straight edge or with teeth can be bundled to achieve special effects. Straight edges are efficient to scrape clean glazed layer. The cutting tips are best in shredding soft polymers.

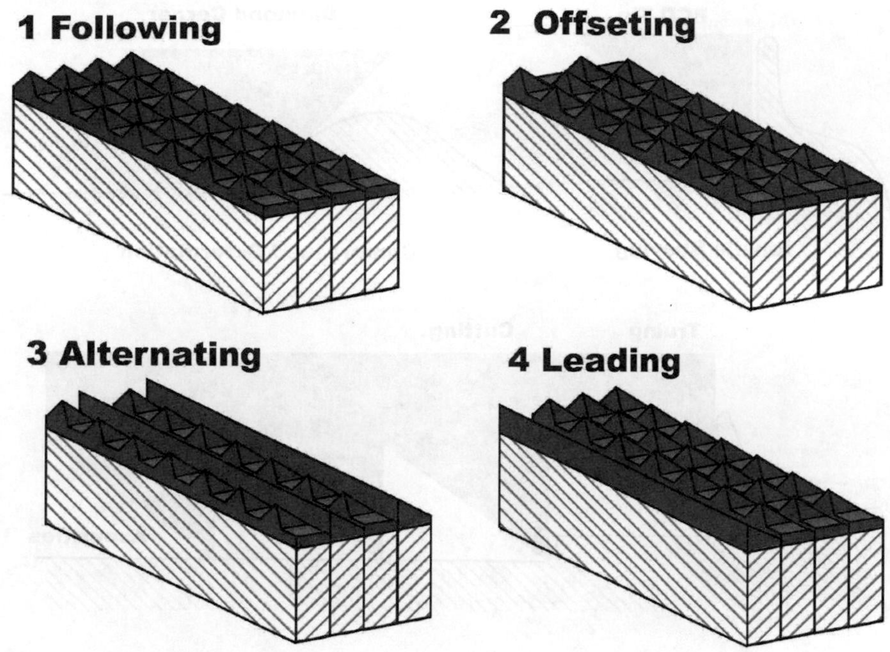

Fig. 17: The multiple design features of PCD blade cutters.

The most important feature of PCD blade is that it can reduce the drag force on the pad and begin to shave polymer. For conventional brittle IC pads, the plastic deformation is not excessive so dull monodiamond grits can still penetrate the polymer. But even so, the polymer is over heated and the chains disrupted. For soft landing pad (e.g. EV4000 of RHEM), not only plastic deformation is large, but also elastic deformation is significant. In this case, monodiamond grits can only deform the pad with minimal penetration. The PCD blade is uniquely capable to avoid the compression of the polymer before penetrating. In fact, the polymer is under tension and it is severed by sharp edge.

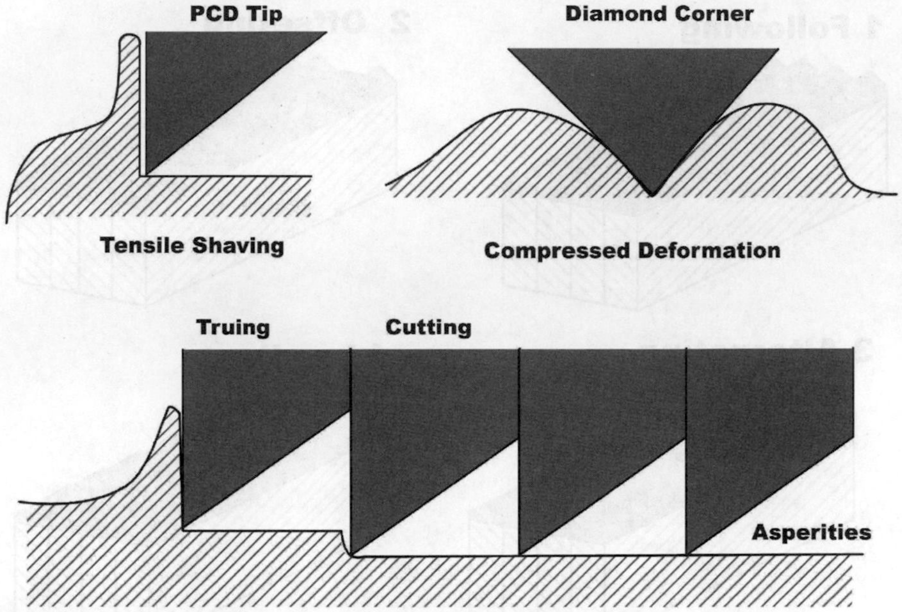

Fig. 18: The shaving by tension versus the deforming by compression (top diagram). The blade train that can true the pad before grooving (lower diagram).

Conclusions

PCD dressers are a revolutionary design for CMP pad conditioning. Due to the sculpturing capability, the cutting pyramids can be shaped with high symmetry. The unprecedented tight leveling of the cutting tips can avoid wafer-destructing asperities. Moreover, the PCD can be sliced to make cutting blades. By arranging many blades on a common plane, the ultimate diamond disk can be made. UDD can shave the pad instead of smearing cutting that is prevailing by dressing pad with conventional pad conditioners. The tensile shaving of the pad can preserve the original polymer for polishing IC wafers clean.

References

[1] Chien-Min Sung, "PCD Planer for Dressing CMP Pads", 2006 CMP-MIC, CA, U.S.A., p613-616.

[2] Hiroaki Ishizuka, Hiroshi Ishizuka, Ming-Yi Tsai, Eiichi Nishizawa, Chien-Min Sung, Michael Sung, and Barnas G. Monteith, "Advanced Diamond Disk for Electrolytic Chemical Mechanical Planarization", 2006 VMIC Conference, Twenty Third International VLSI/ULSI Multileven Interconnection Conference, State-of-the-art Seminar and Exhibition, Fremont, California, U.S.A.

[3] Hiroshi Ishizuka, Chien-Min Sung, Ming-Yi Tsai, and Michael Sung, "PCD Planers for Dressing CMP Pads: The Enabling Technology for Manufacturing Future Moore's Law Semiconductors", 2007 CMP-MIC, CA, U.S.A., p291-298.

[4] Hiroshi Ishizuka, Chien-Min Sung, Ming-Yi Tsai, and Michael Sung, "PCD Pad

Conditioners for Electrolytic Chemical Mechanical Planarization of Intergrated Circuit with Nodes of 45 nm and Smaller", (2007) 2nd International Industrial Diamond Conference, Rome, Italy.

[5] Chien-Min Sung, Ming-Yi Tsai, Eiichi Nishizawa, and Michael Sung, "The Wear Characteristics of Pad Conditioners for CMP Manufacture of Semiconductors", Advances in Abrasive Technology X; ISAAT 2007 / SME International Grinding Conference, Dearborn, Michigan, U.S.A., p421-426.

[6] Hiroshi Ishizuka, Marehito Aoki, Chien-Min Sung, and Michael Sung, "PCD Dressers for Chemical Mechanical Planarization with Uniform Polishing", (2007) The International Conference on Leading Edge Manufacturing in 21st Century (LEM21), Fukuoka, Japan, p79-84.

附錄 8

W CMP with In-Situ Dressing of Metal Free Diamond Disks

Shao-Chung Hu[1], Wey Huang[1], Cheng-Shiang Chou[1]
Chih-Chung Chou[1], Yang-Liang Pai[1], James C. Sung[*,1,2,3]

Address: KINIK Company, 64, Chung-San Rd., Ying-Kuo, Taipei Hsien 239, Taiwan, R.O.C.
Tel: 886-2-8678-0880
Fax: 886-2-8677-2171
E-mail: sung@kinik.com.tw

[1] KINIK Company, 64, Chung-San Rd., Ying-Kuo, Taipei Hsien 239, Taiwan, R.O.C.
[2] National Taiwan University, Taipei 106, Taiwan, R.O.C.
[3] National Taipei University of Technology, Taipei 106, Taiwan, R.O.C.

Abstract

CMP for polishing tungsten vias involves acidic slurry (e.g. pH=3) that may etch metal matrix of pad conditioner (diamond disk). As a result of matrix erosion, diamond grits may be dislodged to cause arc scratches on the wafer. Almost all diamond disks are made by bonding discrete diamond grits with metal matrix. In order to avoid the above-mentioned etching problem, the dressing of the pad is performed in alternation of the polishing of the wafer. However, such ex-situ dressing is not only throughput limited, but also the conditioning of the pad cannot be in real time. Thus, an acid proof pad conditioner that can dress the pad in acidic slurry in concurrence with the polishing of the wafer is highly desirable.

In this research, two new designs of metal free diamond disks are used to dress the pad in-situ for WCMP. The results confirmed that metal free diamond disks are acid proof. Moreover, the real time dressing during wafer polishing has allowed effective regeneration of pad asperities. As the consequence, the wafer polishing rates are boosted. In addition, due to the avoidance of over cutting of the pad for ex-situ conditioning, the pad life can be extended significantly.

Key words: CMP, diamond disk, pad conditioner, tungsten process

Real Time Dressing

CMP is proceeded by polishing delicate IC wafers with tips of pad asperities. Normally, the contact area is less than 1% of the wafer area. During this polishing process, the sharp tips of the pad asperities are truncated. Due to the increased contact area between wafer and pad, the polishing rate drops as dictated by Preston Equation. In order to resume the polishing rate, a diamond disk is used to dress the pad so the tips of asperities can be resharpened.

As CMP involves both chemical reaction and mechanical polishing simultaneously, acids may be mixed in slurry to accelerate the polishing with enhanced selectivity. This is particularly true for CMP of metal circuits, such as for polishing tungsten vias. The slurry of WCMP is highly corrosive (e.g. pH=3) that will dissolve the metal matrix for holding discrete diamond grits on conventional diamond disks. Consequently, WCMP often requires purging the acidic slurry before dressing the pad. As the result of such ex-situ dressing, the polishing rate of wafer cannot be maintained. Furthermore, the time is lost by not polishing the wafer during the period of pad dressing.

It is highly desirable to use a metal free diamond disk to dress the pad while the wafer is being polished alongside. In this case, not only the throughput of CMP is boosted, but also the effectiveness of the polishing in maintained because the wafer is always being polished with sharp asperities.

Metal Free Diamond Disks

Two types of metal free diamond disks are designed for in-situ dressing of WCMP. Organic diamond disk (ODD) is made by reverse casting of diamond grits with epoxy resin. This process can assure that diamond tips are leveled so the pad dressing is uniform. Although the bonding strength of the organic matrix is lower than that with metal matrix, but the uniform loading of diamond tips avoids excessive stress in pushing individual diamond tips so every grit is held securely in epoxy.

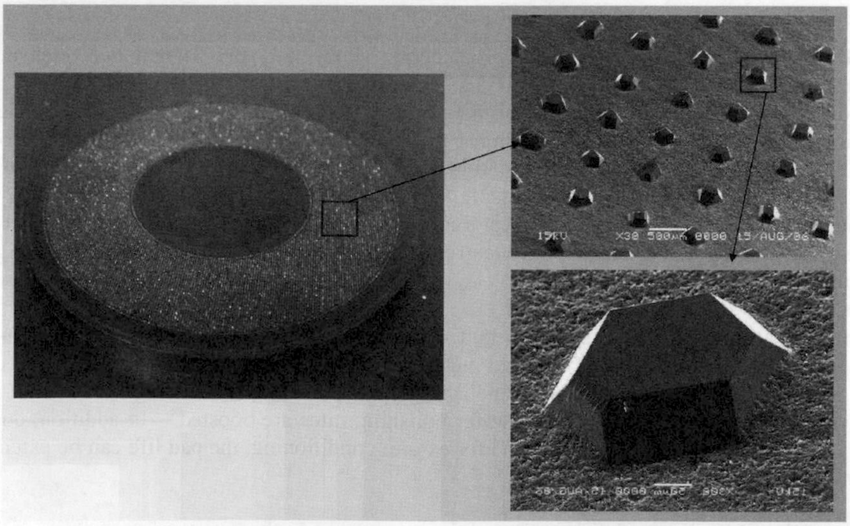

Fig. 1: ODD with diamond grits embedded in epoxy resin that is acid proof.

The other type of metal free diamond disk is made by shaping a sintered matrix of polycrystalline diamond (PCD) to form teethed blades. These blades are then embedded in epoxy resin to make ultimate diamond disk (UDD). This design can not only allow the orientation of cutting tips, but also the penetration angle to the pad during dressing. UDD is the world's first diamond disk with controllable dressing angle that can be optimized to achieve the ideal pad dressing characteristics for CMP.

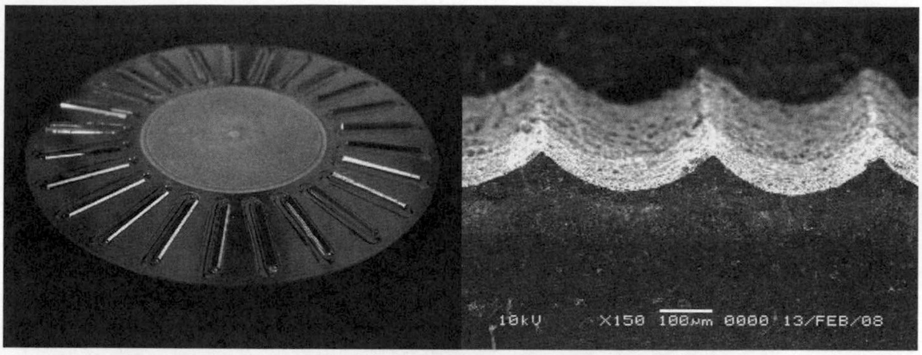

Fig. 2: UDD with symmetrically spaced PCD blades that contain sharp cutting tips.

WCMP Performance

In-situ dressing of WCMP was performed at a semiconductor fab. The wafer profiles were shown below with ODD, UDD and BDD dressed pads. Brazed diamond disk (BDD) was a conventional design with diamond grits bonded by brazing of metal alloy.

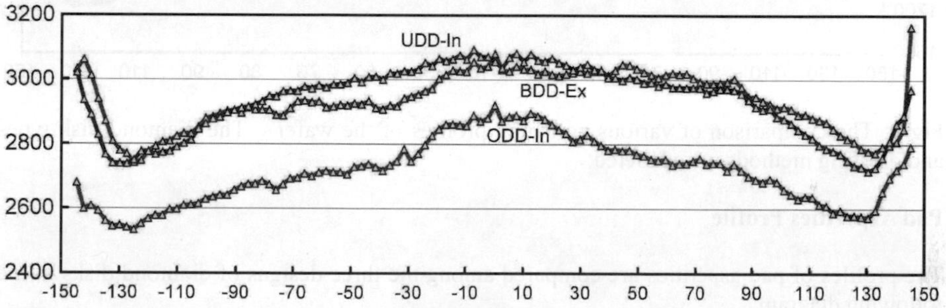

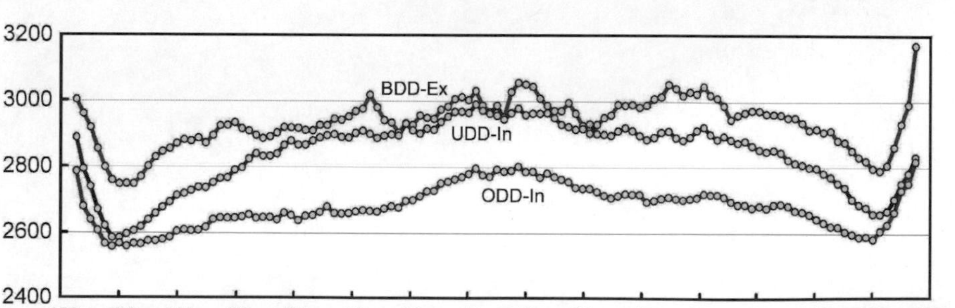

Fig. 3: Wafer profiles of WCMP with ex-situ and in-situ dressing as shown. The vertical axis calibrates the polishing rate (angstrom per minute). The horizontal axis indicates the wafer position in millimeter. The two diagrams are from different platens. Although in-situ dressing with metal containing BDD is risky for scratch formation, the test data demonstrated that it could boost the removal rate significantly.

The above results indicate that UDD and ODD can achieve similar wafer profiles of BDD, the industrial standard pad conditioner, the polishing rate with UDD dressed pad was higher; and ODD, lower than BDD. However, ADD with the highest number of cutting tips achieved the highest removal rate. But the polishing was uneven with periphery of tungsten layer that was much thicker than at center.

Independent polishing experiments were conducted to duplicate the above results. Again, UDD showed equal or higher removal rate than BDD, so was in-situ dressing by ODD. But ex-situ dressing of ODD was not effective to maintain the polishing rate of the wafer. Since ODD is metal free, the ex-situ dressing may not be relevant for commercial CMP.

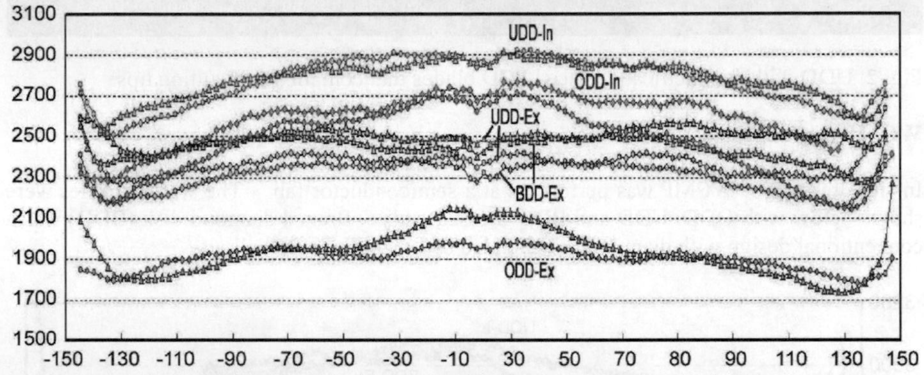

Fig 4: The comparison of various polishing profiles of the wafer. The diamond disk types and dressing methods were labeled.

Pad Asperities Profile

The profiles of pad asperities are compared among the three designs of diamond disks in the following diagram.

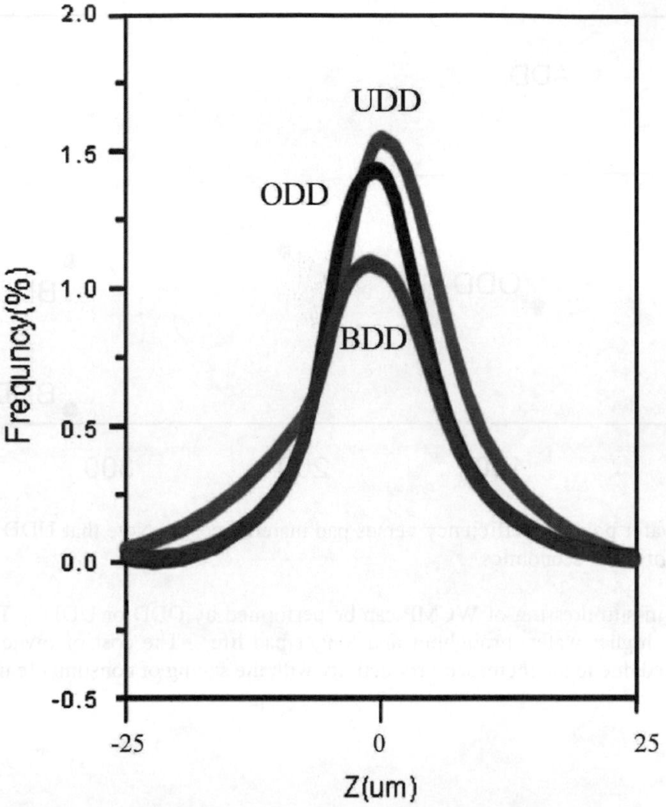

Fig. 5: The comparison of pad asperities profiles of ODD, UDD and BDD.

The pad asperities profiles of both ODD and UDD are evener than BDD, so CMP polishing can be more uniform with ODD or UDD dressed pad. BDD dressed pads contain highly protruded "killer asperities" that may inflict defects in delicate IC wafers during polishing.

It is important to note that in the above WCMP experiments, the pad dressing rate (80 microns per hour) of ODD was about 1/4 of BDD (320 microns per hour), so the pad life could be significantly extended. Although UDD had a moderate (220 microns per hour) pad-dressing rate, its polishing rate could be boosted due to the adjustment of penetration angle toward the pad during dressing.

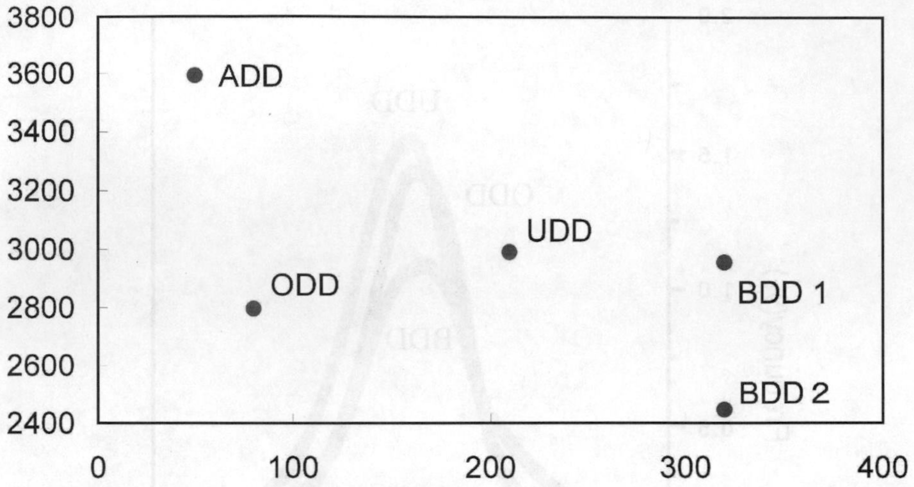

Fig. 6: The wafer polishing efficiency versus pad material cost. Note that UDD has the best combination of CMP economics.

In summary, in-situ dressing of WCMP can be performed by ODD or UDD. The potential gains include higher wafer throughput and longer pad life. The cost of ownership (CoO) may be reduced due to the increased productivity with the saving of consumable used.

附錄 9

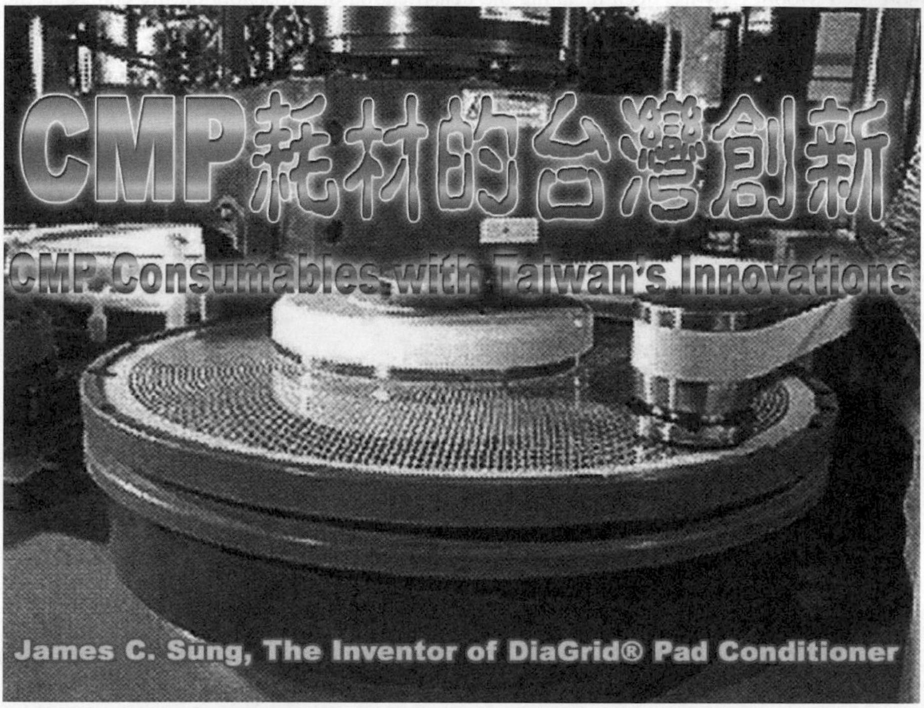

International Conference on Planarization/CMP Technology (ICPT) 2008, Plenary Address

Abstract

Semiconductor manufacture has spurred Taiwan's economic growth for more than a decade. Although Taiwan leads the world in foundry, the supplies of semiconductor materials have been controlled by foreign makers. However, at the turn of this century, Taiwan has become the world major supplier of CMP diamond disks. As the CMP wafer passes are growing much faster than silicon wafer starts, diamond disks market will expand. Moreover, the dressing properties of diamond disks on polishing pads will become more critical with the further downsizing of transistors; new diamond disks may become the enabling requirement for advancing IC node size down to 22 nm. The bottleneck in diamond disk design and the explosion of Chinese IC market will prompt Taiwan's innovations of next generation consumables.

Keywords: Semiconductor, Interconnected Circuit, Chemical Mechanical Planarization, Diamond Disk, Polishing Pad, Nanodiamond

Moore's Law of Miniaturization

Intel's cofounder Gorden Moore prophesized the roadmaps of CPU in 1965. Since then, the so-called Moore Law has been dictating the densification of transistors on the chip, and the miniaturization of interconnected circuits.

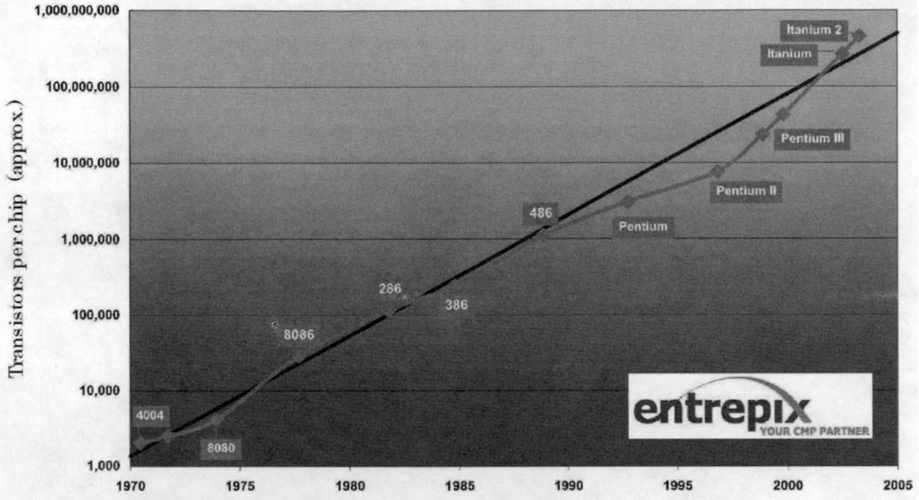

Fig. 1: The roadmap of Moore's Law according to Intel's CPU. In 2008, a 300 mm wafer will packed with more virus sized transistors than the entire human population.

The semiconductor industry driven by Moore's Law has been ramping up the wafer starts and their consumables.

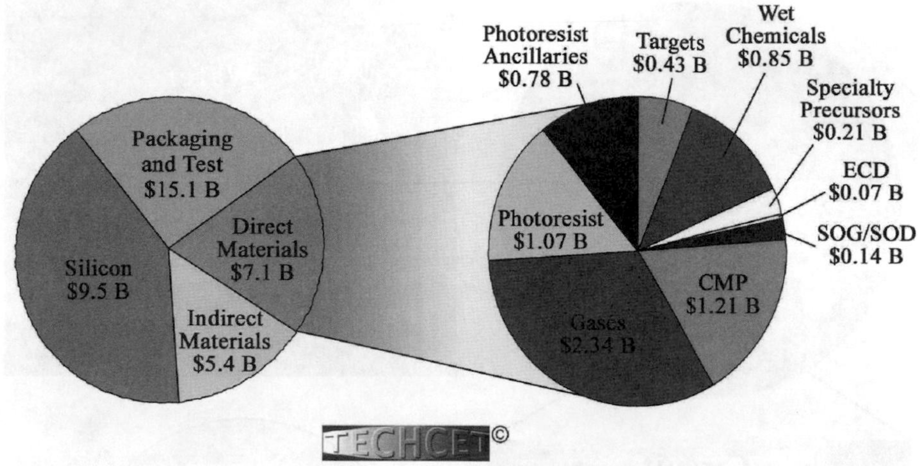

Fig. 2: 2006, the $250B semiconductor market consumed $37B materials. The left diagram shows the breakdown of total materials; and the right diagram, the breakdown of direct materials.

Moore's Law Challenge of CMP

The Moore's Law progression in 2007 has downsized the line width to 45 nm in production, to 32 nm in development and 22 nm in research. Moreover, major semiconductor companies (Intel, Samsung, TSMC) are planning to roll out 450 mm wafers in 2012. The CMP technology will face a scale challenge of more than 10 million times between global planarization and local deviation. This seven order's barrier must be overcome with a new paradigm of CMP that requires the development of next generation consumables, among them are slurries, pads, and pad conditioners. Taiwan has led the world in pad conditioner designs (DiaGrid®) since the turn of this century. This introduction will unveil a revolutionary pad conditioner (advanced diamond disk or ADD), an unique pad materials (graphite impregnated polyurethane or GiP), and a novel slurry (nanodiamond impregnated pads or NiP), all of them are due to Taiwan's innovations.

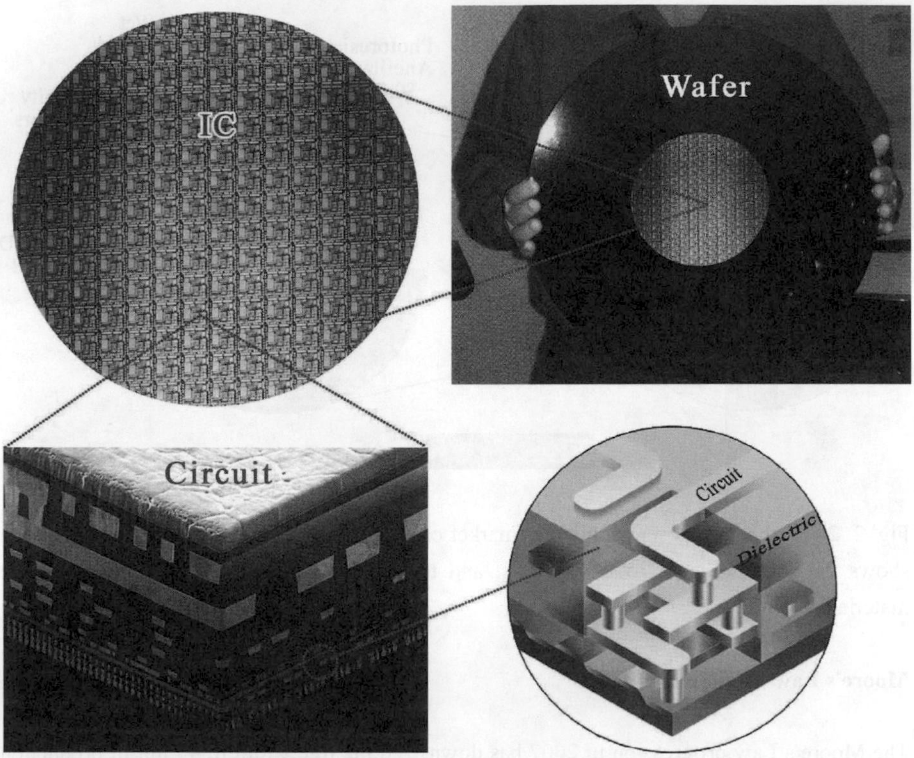

Fig. 3: The illustration of making future interconnects with a 450 mm wafer that is packed with transistors of 21 nm node.

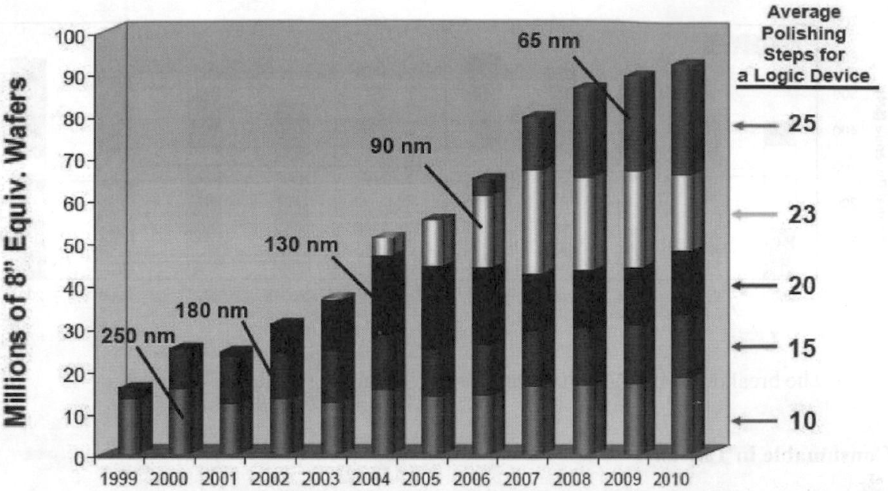

Fig. 4: The skyrocketing CMP passes that will grow much faster than the consumption of wafers for the semiconductor manufacture.

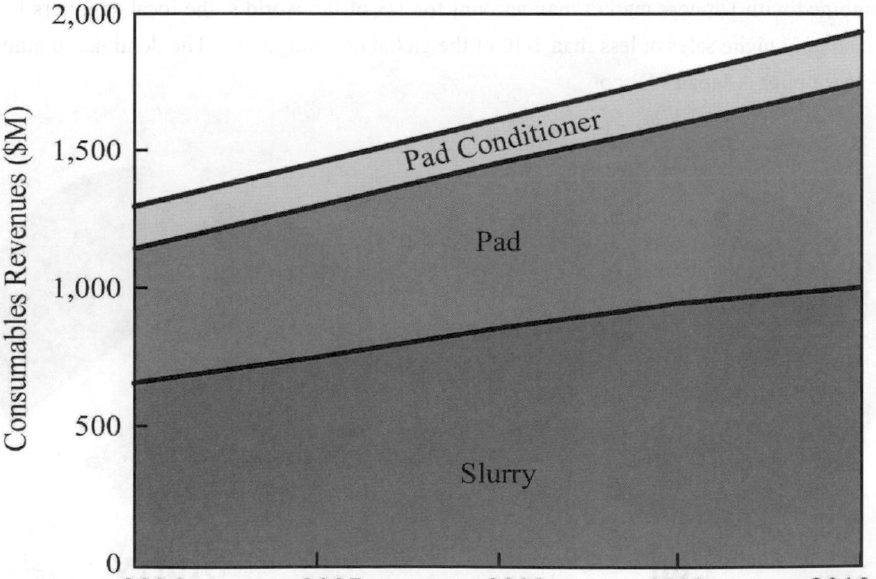

Fig. 5: The expanded market of CMP consumables that may include Taiwan's innovative products.

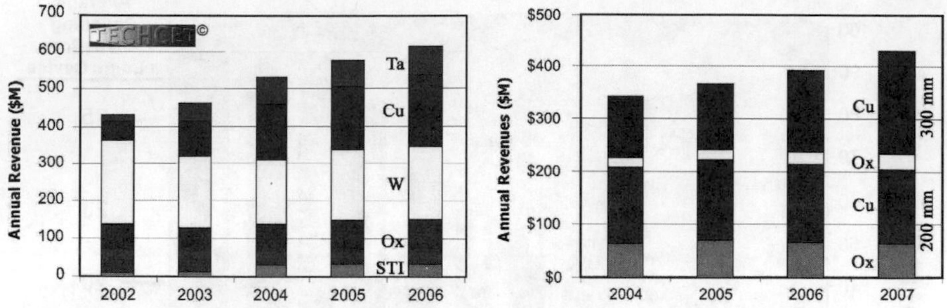

Fig. 6: The breakdown of CMP slurry and pad according to recipe.

Consumable in Taiwan

Although Taiwan is a significant market for semiconductor consumables, there has been no major brandname supplier that can rival with foreign dominance. For example, the processing of semiconductors require certain diamond tools, among them are backside grinder for thinning wafers, dicing wheels for breaking chips. Although Taiwanese combined with Chinese market may account for 1/3 of the world's, the local suppliers have seized only niche sales of less than 1/10 of the global consumption. The dominant diamond tools supplier is Japan's Disco.

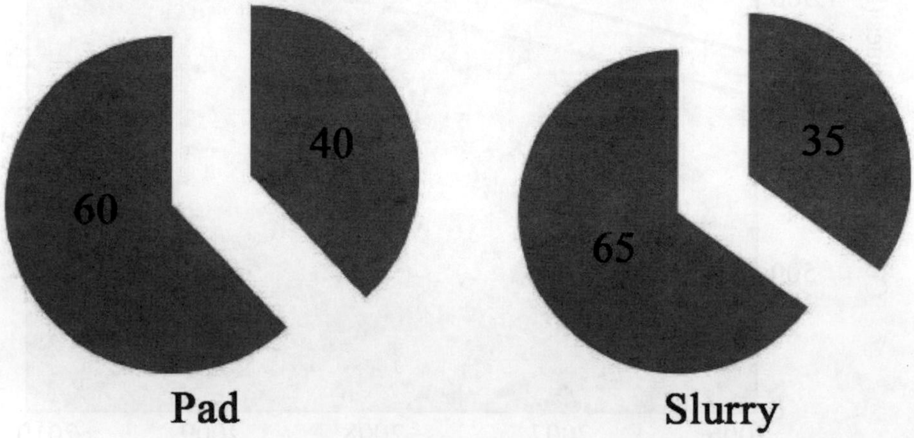

Fig. 7: Taiwan is the major CMP consumable market.

Table 1: The Main Supplier of CMP Slurry

End-User	Node	Barrier	Copper	Tungsten	Oxide	STI
TSMC	90	JSR	JSR	CABOT	CABOT	HITACHI
	65	JSR	ETERNAL	CABOT	CABOT	HITACHI
	45	UNKNOWN	ETETNAL	CABOT	CABOT	HITACHI
UMC	90	ETERNAL	CABOT	CABOT	CABOT	ASAHI
	65	ETERNAL	ROHM	CABOT	CABOT	ASAHI
	45	ETERNAL	DA NAND	CABOT	CABOT	ASAHI
INOTERA	90	NA	NA	CABOT	KLEBOSOL	HITACHI
	65	NA	NA	CABOT	KLEBOSOL	HITACHI
	45	NA	NA	CABOT	KLEBOSOL	HITACHI
NANYA	90	NA	NA	CABOT	KLEBOSOL	HITACHI
	65	NA	NA	CABOT	KLEBOSOL	HITACHI
	45	NA	NA	CABOT	KLEBOSOL	HITACHI
WINBOND	90	NA	NA	CABOT	KLEBOSOL	HITACHI
	65	NA	NA	CABOT	KLEBOSOL	HITACHI
	45	NA	NA	CABOT	KLEBOSOL	HITACHI
POWERCH IP	90	NA	NA	CABOT	NITTA HAAS	HITACHI
	65	NA	NA	CABOT	NITTA HAAS	HITACHI
	45	NA	NA	CABOT	NITTA HAAS	HITACHI
PROMOS	90	NA	NA	CABOT	CABOT	HITACHI
	65	NA	NA	CABOT	CABOT	HITACHI
	45	NA	NA	CABOT	CABOT	HITACHI

Although there have not been a major semiconductor supplier emerging, in the diamond disk market, Taiwan's Kinik is the leading brandname in the world arena, and Kinik will further augment its already major market share in the near future with many new products to be introduced. Some of them will become the enabling consumables for the future IC manufacture that cannot be processed based on existing technologies.

CMP as The Interface Technology

CMP proceeds by polishing an IC wafer against a rotating pad that is permeated with slurry, a solution of chemicals that contain suspended abrasive particles. Because the polishing is taking place at the interface between wafer and pad, the surface texture of the pad determines the polishing efficiency and the wafer uniformity.

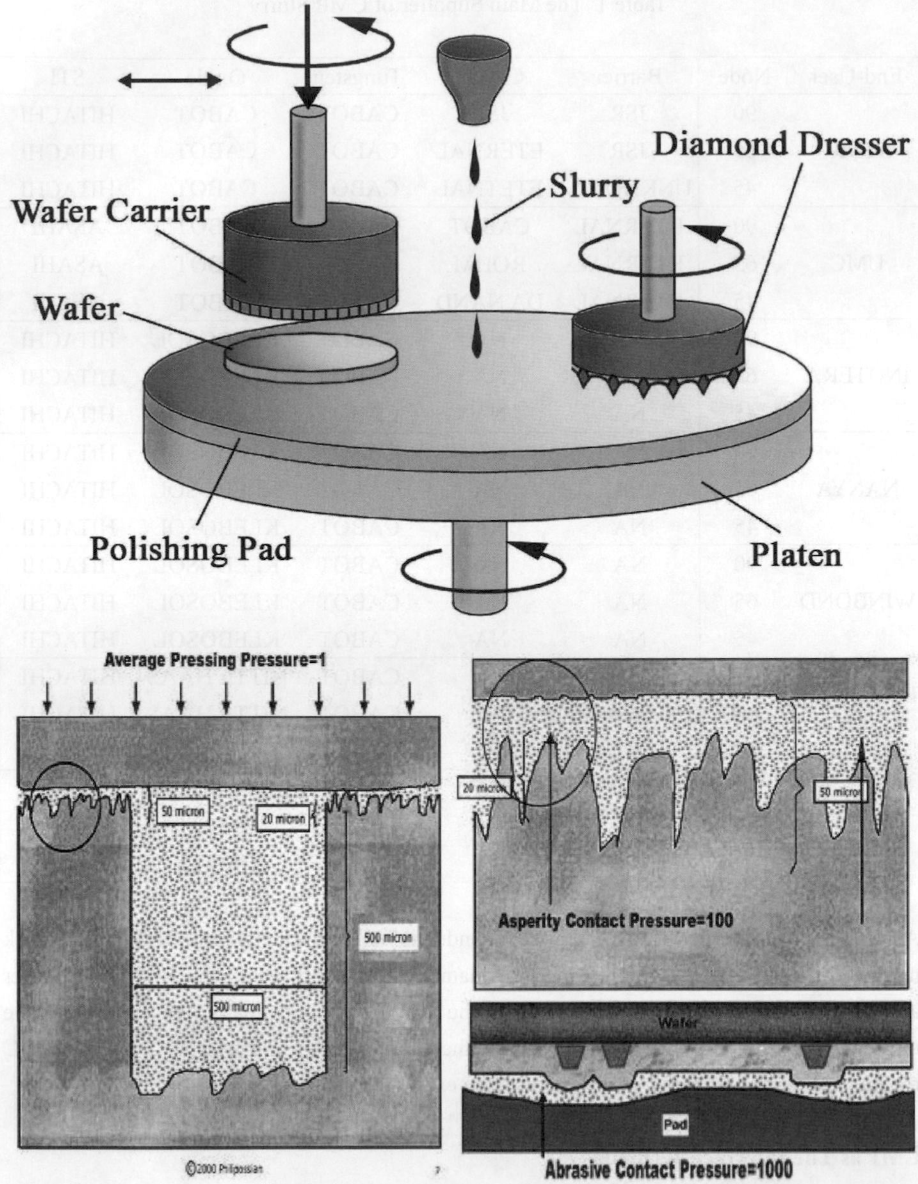

Fig. 8: The schematic of CMP's layout. Note that the pad asperities can affect dramatically the pressure distribution under the compressed wafer during the polishing process.

The pad texture is created by dressing the pad with a diamond disk (pad conditioner). If the pad asperities are dense and slender, the wafer can be polished fast without damaging the delicate IC. Unfortunately, the current design of diamond disks contain diamond grits that vary in size and shape. As a result, pad asperities are chaotic with uneven heights so that during CMP, the expensive wafer is pressed against the mounds of plastically deformed topography. Consequently, the polished wafer may not be uniform and with defectivity (e.g. microscratch) may be ridden.

US CMPUG, 9 April 2008, CMP Conditioner and Pad Characterization, Len Borucki, Araca Inc.

Fig. 9: The chaotic topography of a dressed pad that is typical for polishing CMP wafers. Note that the contact areas are marked with white brackets.

It would be desirable to design a new kind of diamond disks with a regular pattern of symmetrical cutters. Only in this way, the dressed pad asperities can be dense and uniform to polish future wafers gently but efficiently.

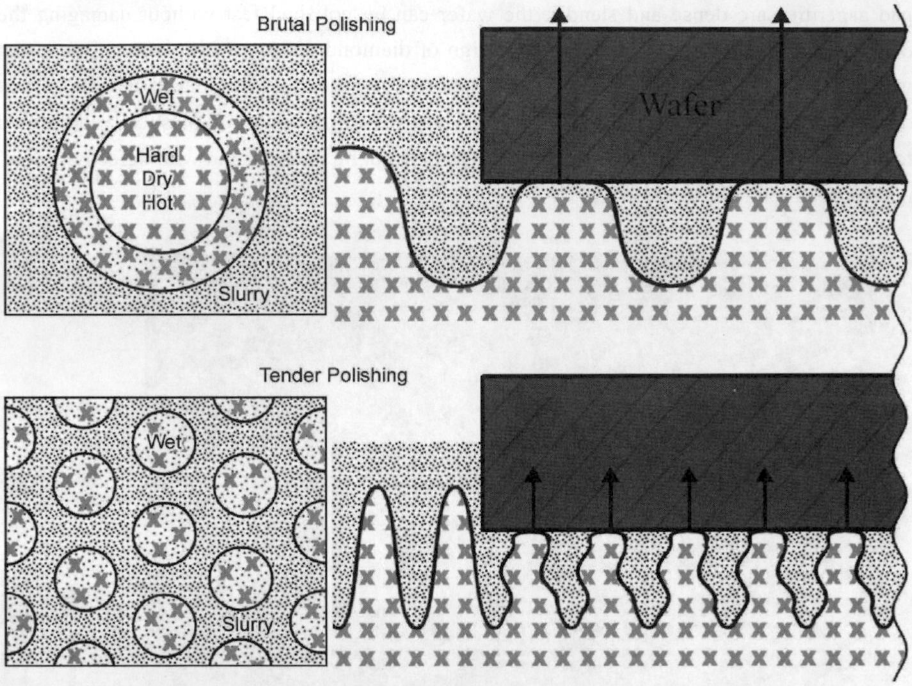

Fig. 10: The brutal polishing of today's CMP versus tender polishing of future technology. Note that the currently dressed pads always contain destructive hot spots that can be dry and hard.

The Design of Diamond Disks

In 1999, Taiwan led the world by introducing DiaGrid® diamond disks that contained diamond grits arranged in a grid pattern. Since then, most pad conditioners have adopted this design that became the world standard. In 2006, Taiwan introduced another innovative design of pad conditioners. This time, instead of attaching uncontrollable diamond grits on the flat disk, a monolithic sintered polycrystalline diamond (PCD) layer was sculptured to form predetermined cutters of specific geometry. This new deign became known as advanced diamond disk (ADD). ADD was selected by Applied Materials in 2006 as the only qualified pad conditioner for dressing their conductive pads of electrolytic CMP (eCMP). eCMP was designed to reduce dramatically (10x) the contact pressure for polishing.

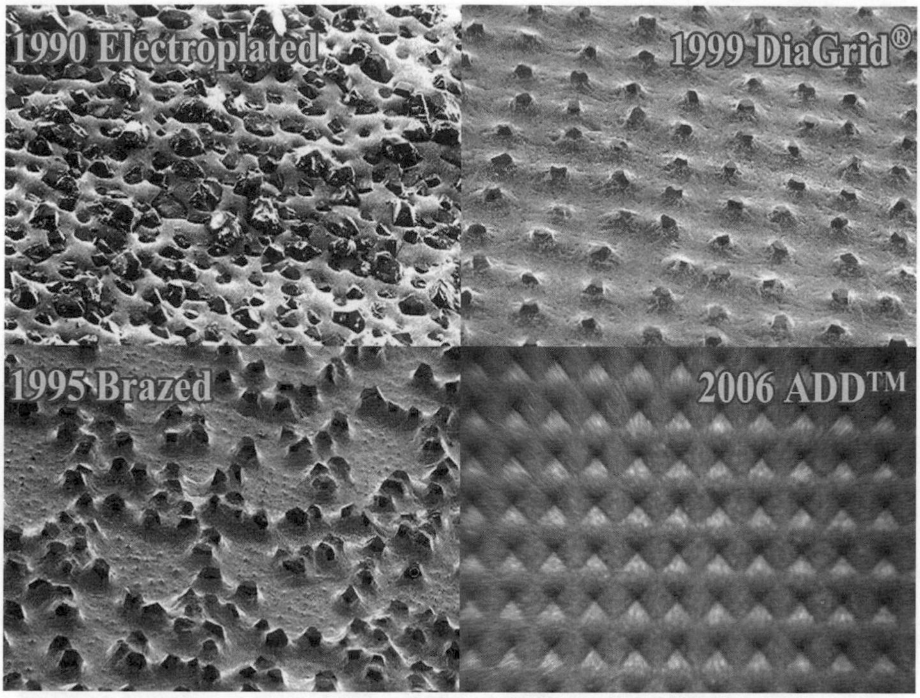

Fig. 11: The four generations of diamond disks for dressing CMP pads. Taiwan led the world in developing DiaGrid® and ADD™ pad conditioners.

The improvement of ADD over conventional diamond disks is obvious by examining their cutter geometries. ADD has not only symmetrical cutter shapes, but also the tip leveling that is essential in controlling the depth of penetration of the pad.

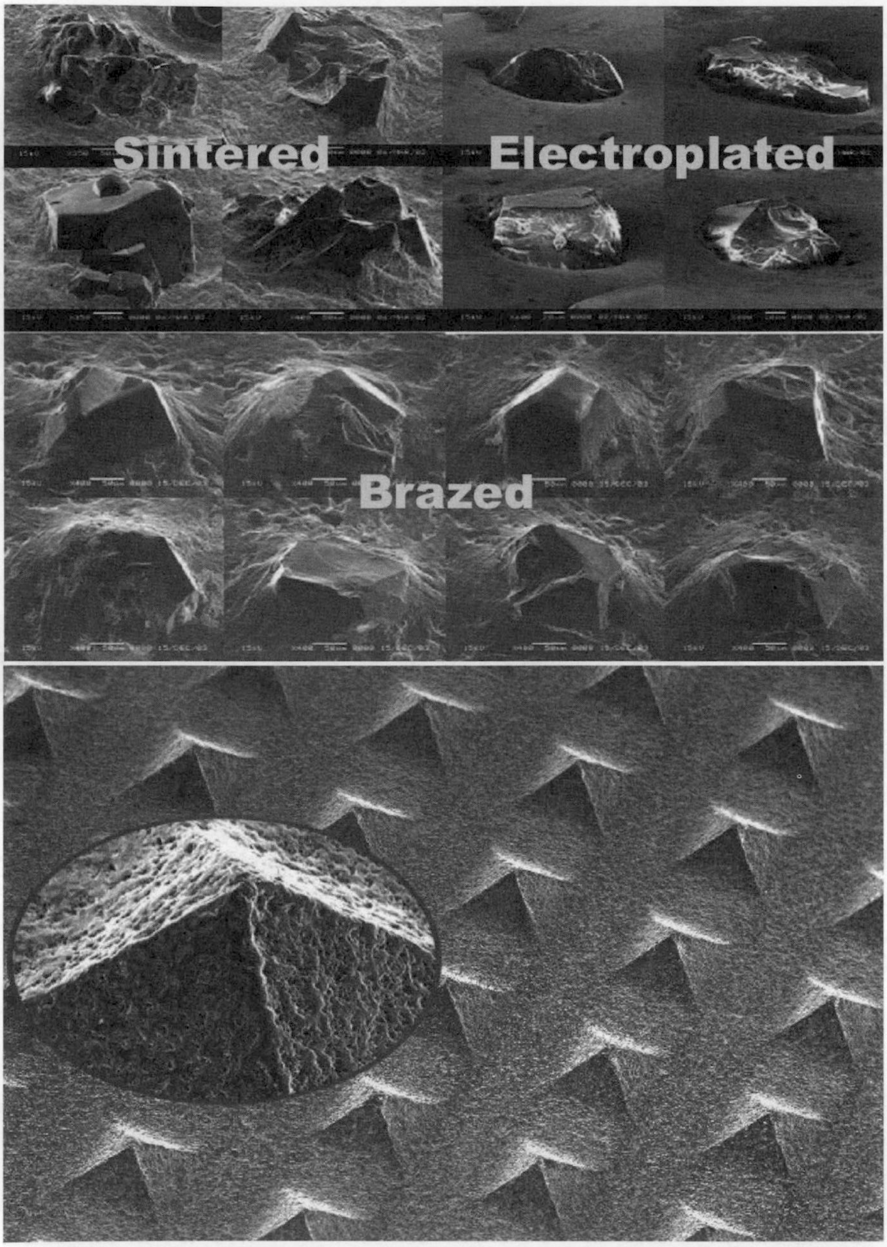

Fig. 12: The contrast of conventional diamond tips (upper diagrams) and ADD (lower diagram) cutters in shape and in symmetry.

Fig. 13: The ADD™ products displaying in the front with DiaGrid® pad conditioners lying behind.

In addition to be unique in design features, ADD is also metal free because the entire surface is formed by sintered PCD. The metal free disk is critical for CMP of future node sizes due to the tighter circuits that may be easily shorted by cross over electrical current.

The Dressing Performance

The pad dressing is dependent on the contact angle and tip position of individual diamond grits, the sharper the tip and the deeper the penetration are, the more material cutting and the lesser pad deformation can be.

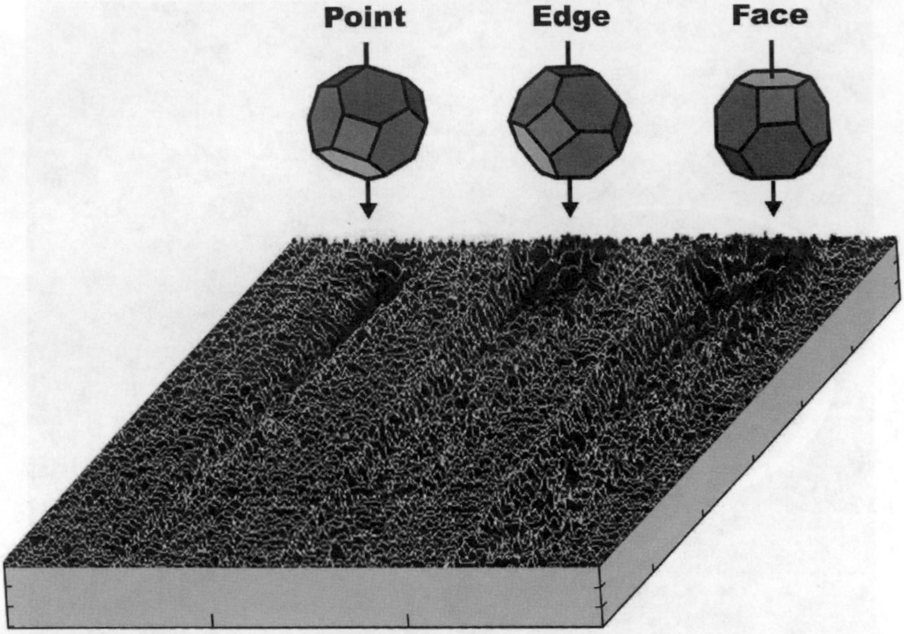

Fig. 14: The pad cuttability as a function of diamond crystal orientation.

The tight controls of shape and height for cutters made ADD a much more desirable dresser than DiaGrid® pad conditioners.

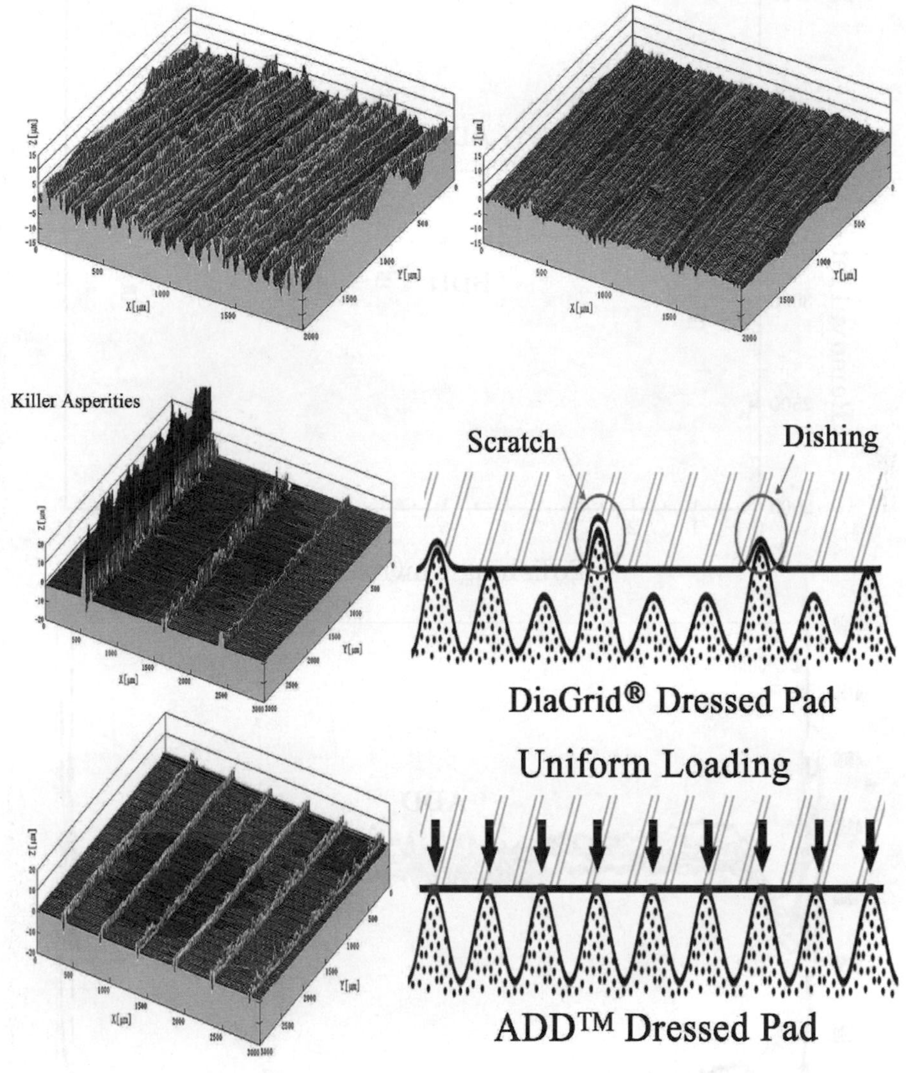

Fig 15: The contrast of pad asperities formed by DiaGrid® disks versus ADD. Note the elimination of "killer asperities" and the uniform loading with ADD dressed pads.

The uniform asperities formed by dressing with ADD can not only eliminate "killer spikes", but also allow a faster wafer removal rate due to the presence more numerous polishing contacts.

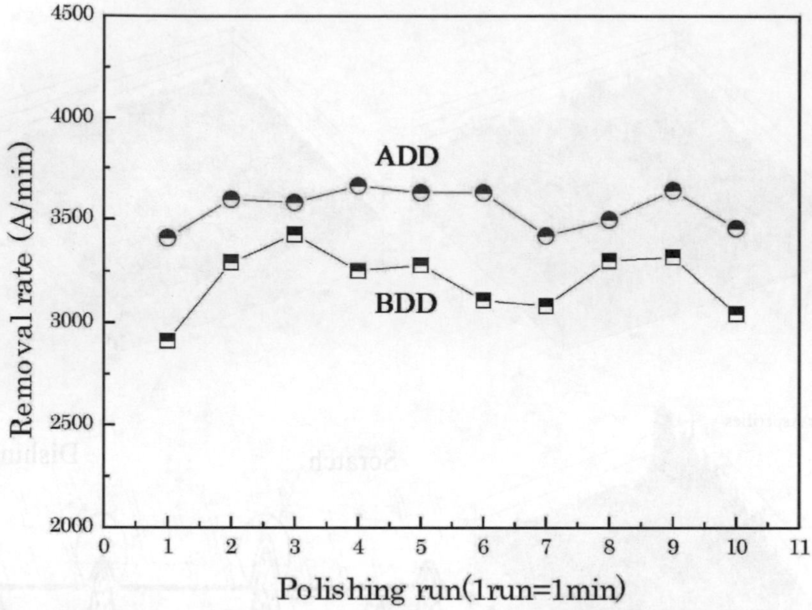

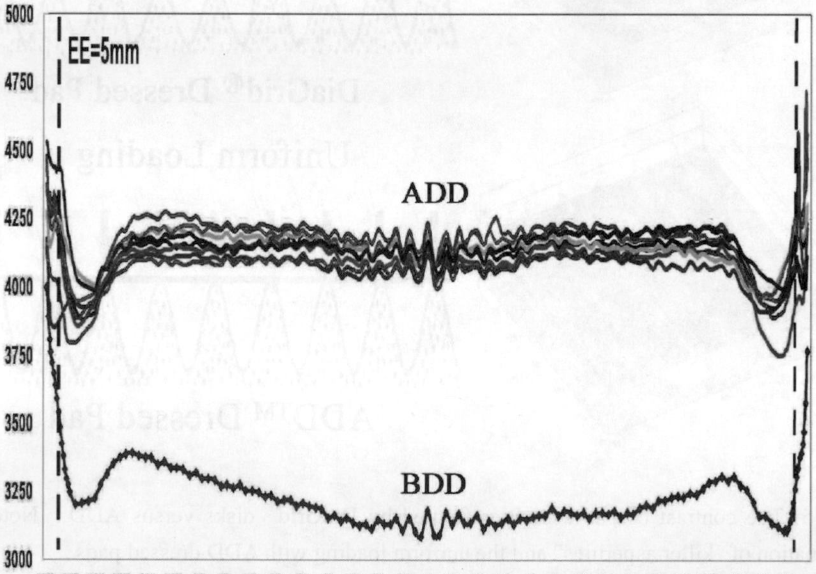

Fig. 16: The faster polishing rate with ADD dressed pad compared with BDD (brazed diamond disk) conditioned one. In this case, BDD's dressing rate was much higher than ADD so the latter could boost the CMP productivity at the same time extending the pad life.

The Wetting of Pad

For polishing virus-sized transistors on pancake-sized wafers, the transport of slurry to the polishing sites by mechanical spreading is not longer sufficient. Instead, the capillary force with chemical affinity is needed to suck in the slurry in tightly compressed regions. It would be desirable to convert the hydrophobic polyurethane pad to expose hydrophilic slurry wetting surface every time when the pad is dressed. This was achieved by impregnating microns sized specialty graphite in the polyurethane mix. Such pads have been manufactured and their superior performance demonstrated.

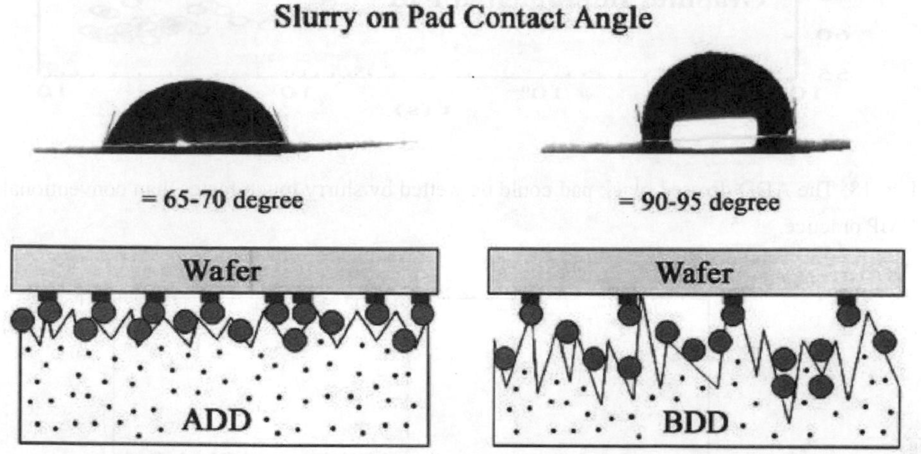

Fig. 17: Due to the presence of higher specific surface area, ADD dressed pad surface could wet slurry better than that of conventional diamond disks.

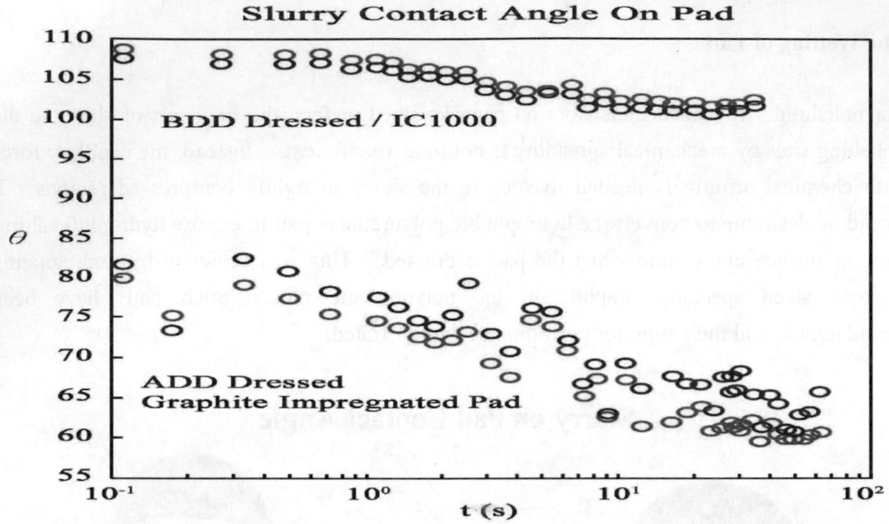

Fig. 18: The ADD dressed black pad could be wetted by slurry much faster than conventional CMP practice.

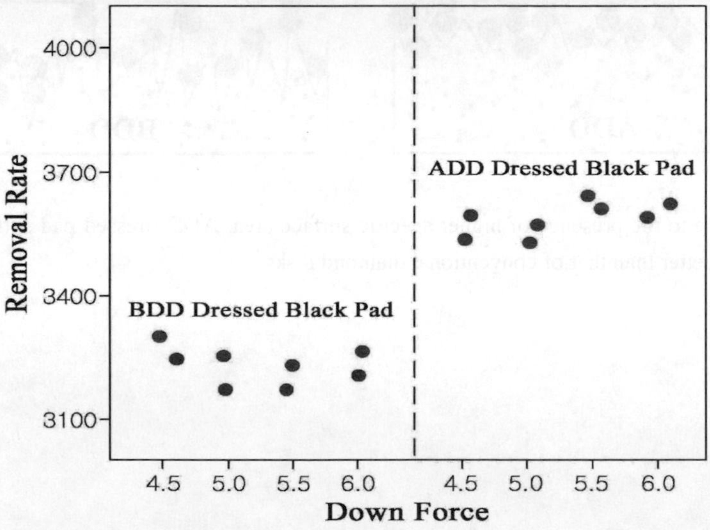

Fig. 19: Due to the presence of water absorbing graphite flakes that also lubricate and cool the polishing sites, ADD dressed black pads could polish wafers much faster than that of conventional CMP.

Nanodiamond Impregnated Pads

In addition to graphite doping, nanodiamond may also be impregnated in the CMP pads. Nanodiamond has a size that is comparable to the future node size of transistors. The polishing is achieved by concentrating stress in a much smaller area than could possible with much less harder abrasive particles in free moving slurry.

In order to assure that nanodiamond cannot scratch the delicate IC wafer, every nanodiamond particles are coated by softer carbon by heat treatment. In the case of dynamite (TNT/RDX) exploded nanodiamond, the particles are uniform in size (4-10 nm) and they came with the residue carbon coating.

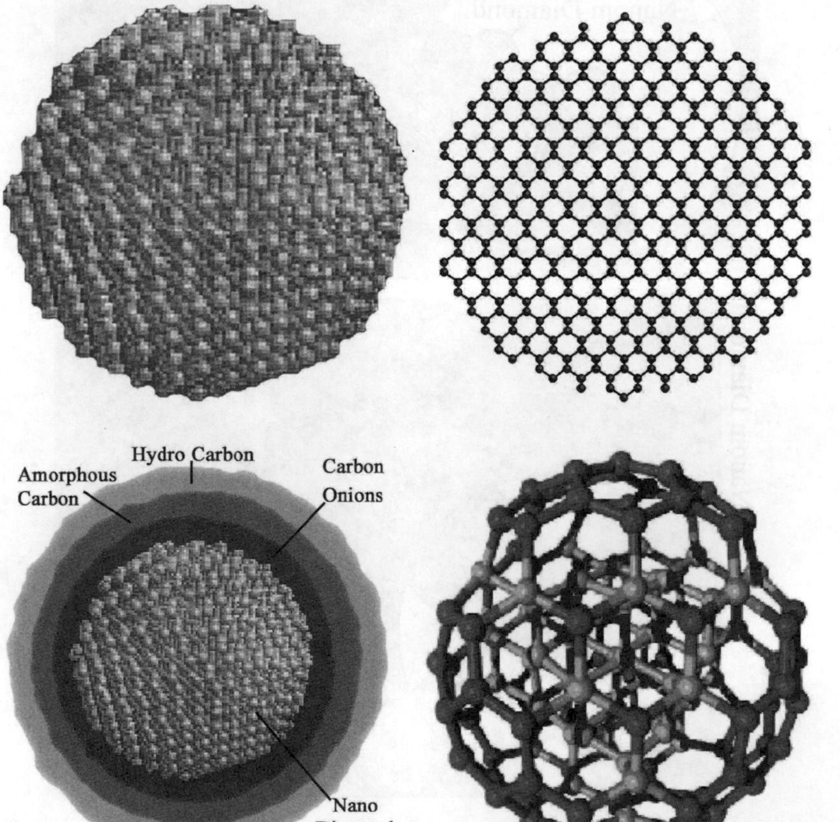

Fig. 20: Carbon coated nanodiamond made by the detonation of dynamite in oxygen deficiency reactor.

Nanodiamond impregnated polyurethane may be screen printed onto a carrier (e.g. PET). Alternatively, a monolithic NiP can be dressed by ADD to form microscopic asperities that are leveled. The polishing of wafers with NiP can be fast and even due to the presence of dense and even asperities.

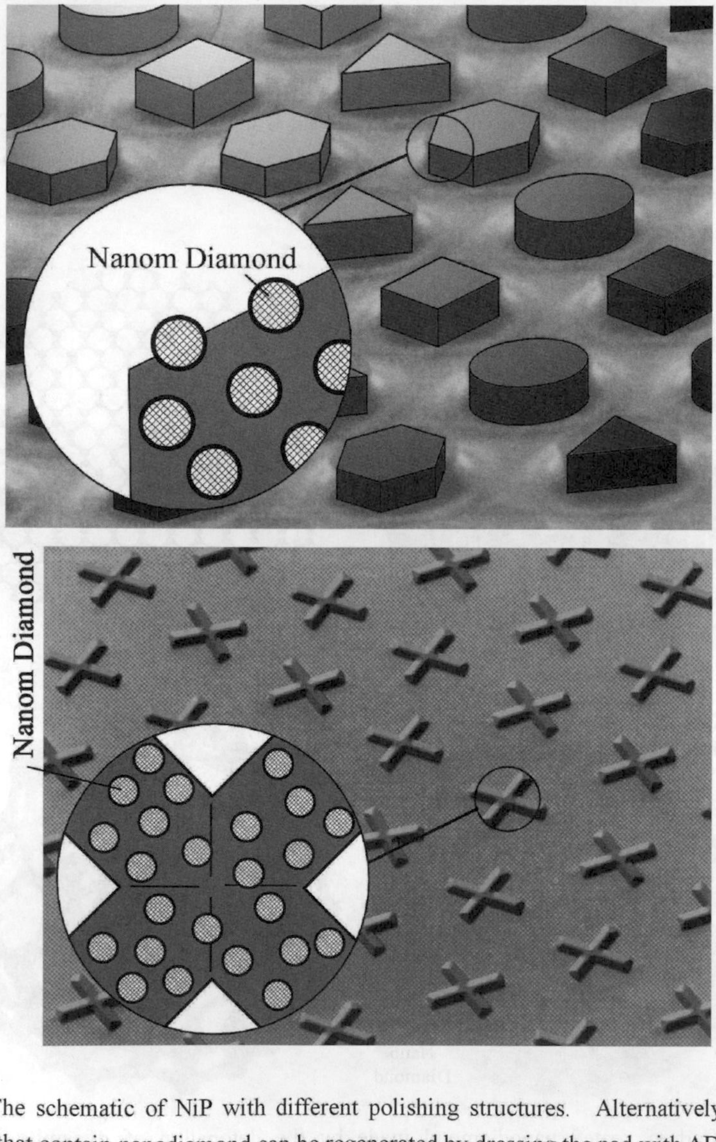

Fig. 21: The schematic of NiP with different polishing structures. Alternatively, uniform asperities that contain nanodiamond can be regenerated by dressing the pad with ADD.

The Ultrasonic CMP

It is well established that ultrasonic vibrations can reduce the contact stress during the cutting action. For example, a dicing wheel assisted by lateral ultrasounds can groove a silicon wafer much smoother with narrower kerfs and less microcracks. CMP is conducted by sweeping the wafer with asperities ridden pad surface one time each pass. However, if the wafer can be ultrasonically agitated, the polishing can occur thousands times each pass. This has the effect to divide the workload by much more numerous polishing sites. In essence, the contact stresses applied to both wafer and pad are decreased dramatically. Consequently, CMP can proceed smoothly and efficiently. Moreover, the longevities of both pad and disk are increased so the cost of ownership (CoO) is reduced.

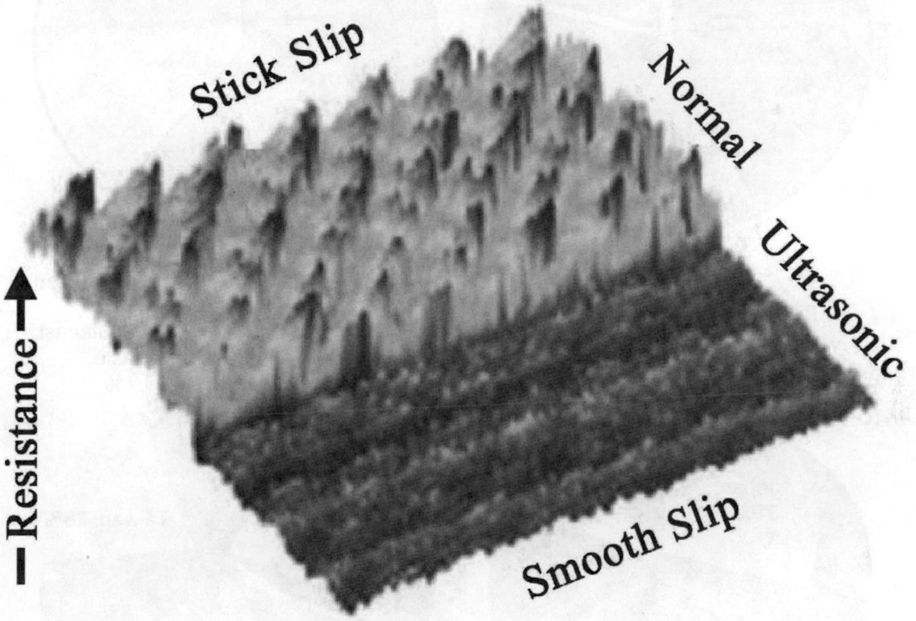

Fig. 22: Ultrasonic CMP can dramatically reduce the frictional force between wafer and pad so the polishing will proceed smoothly without stress concentration that may induce defects.

Taiwan's Innovations

The above discussed innovations of CMP technologies and consumables have been Taiwan's initiation. Such progress may usher the way for the future IC manufacture with roadmaps planned for the next decades. Many of above-mentioned Taiwanese advances in CMP involve collaboration with worldwide polisher makers (e.g. Applied Materials) and consumable channels (e.g. Rohm Haas). Additional research works are being conducted jointly with major semiconductor fabs (e.g. Intel, IBM). Since the world semiconductor fabrications will shift to China, and Taiwan is leading the Chinese technologies, the Taiwanese innovations in semiconductor manufacture will accelerate.

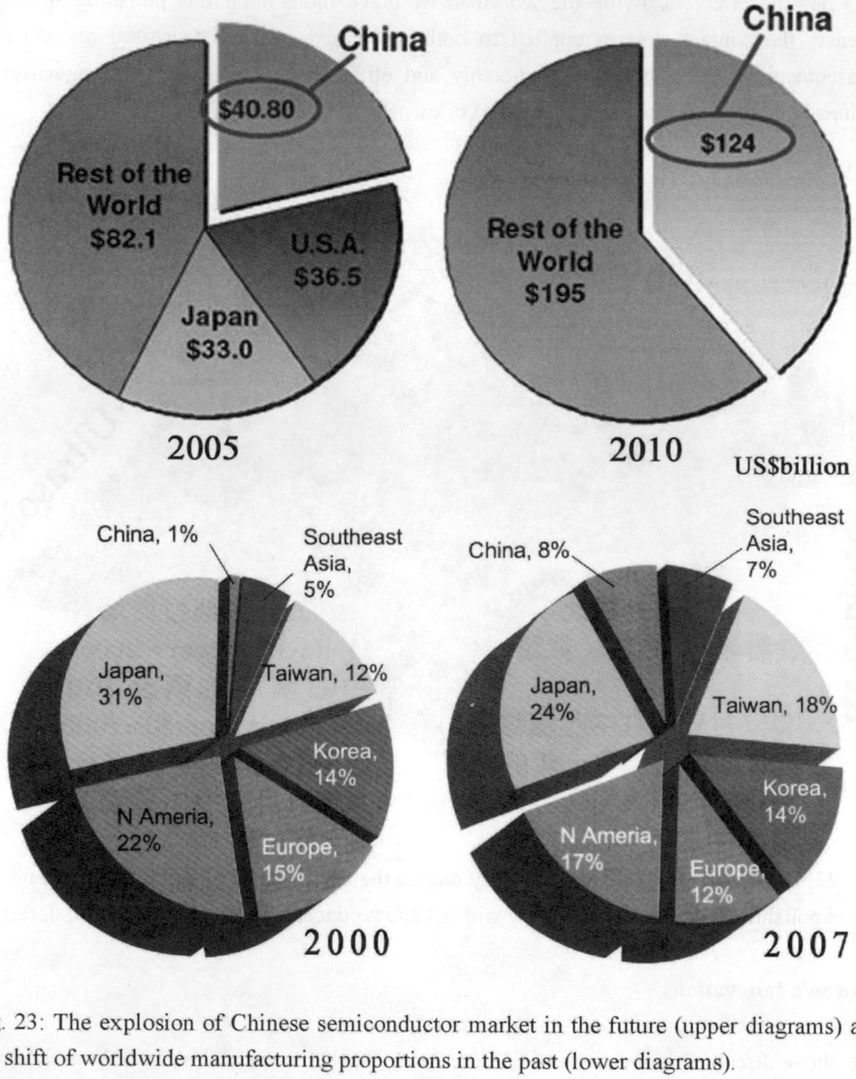

Fig. 23: The explosion of Chinese semiconductor market in the future (upper diagrams) and the shift of worldwide manufacturing proportions in the past (lower diagrams).

With the above growth trend in place, Taiwan will lead the world with the following CMP technologies.

Table 2: Taiwan's Innovations for CMP technologies

Design	Challenge	Opportunity
32/22 nm Node	Contamination	Metal Free
Ultra Low K	Low Stress	Asperities Control
Removal Rate	High Pressure	Ultra Sonics Polish
Slurry Movement	In-Situ Wetting	Graphite Impregnated Pad
Nano Abrasives	Positvie Abrasion	Nandiamond Pad

References

[1] Chien-Min Sung, Norm Gitis, Vishal Khosla, Eiichi Nishizawa, Toshio Toganoh, "Studies of Advanced Pad Conditioners", 2006 CMP-MIC, CA, U.S.A., p412-416.

[2] Chien-Min Sung, Ming-Chi Kan, "The In-Situ Dressing of CMP Pad Conditioners with Novel Coating Protection", 2006 CMP-MIC, CA, U.S.A., p425-428.

[3] Chien-Min Sung, "PCD Planer for Dressing CMP Pads", 2006 CMP-MIC, CA, U.S.A., p613-616.

[4] Chien-Min Sung, Ming-Chi Kan, "The In-Situ Dressing of CMP Pad Conditioners with Novel Coating Protection", 2006 Powder Metallurgy World Congress, Bexco, Busan, Korea, p1142-1143.

[5] Hiroaki Ishizuka, Hiroshi Ishizuka, Ming-Yi Tsai, Eiichi Nishizawa, Chien-Min Sung, Michael Sung, Barnas G. Monteith, "Advanced Diamond Disk for Electrolytic Chemical Mechanical Planarization", 2006 VMIC Conference, Twenty Third International VLSI/ULSI Multileven Interconnection Conference, State-of-the-art Seminar and Exhibition, Fremont, California, U.S.A.

[6] Michael Sung, Chien-Min Sung, Cheng-Shiang Chou, Barnas G. Monteith, Hiroaki Ishizuka, "Advanced Polycrystalline Diamond Pad Conditioners for Future CMP Applications", 2006 VMIC Conference, Twenty Third International VLSI/ULSI Multileven Interconnection Conference, State-of-the-art Seminar and Exhibition, Fremont, California, U.S.A.

[7] Y. S. Liao, M. Y. Tsai, Chien-Min Sung, Y. L. Pai, "Single Diamond Dressing Characteristics of CMP Polyurethane Pad", Advances in Abrasive Technology IX, Key Engineering Materials, 329, p151-156.

[8] Chien-Min Sung, Ming-Chi Kan, "The In-Situ Dressing of CMP Pad Conditioners with Novel Coating Protection", Advances in Materials Processing Technologies, Materials Science Forum, 534-536, p1133-1136.

[9] Hiroshi Ishizuka, Chien-Min Sung, Ming-Yi Tsai, Michael Sung, "PCD Planers for Dressing CMP Pads: The Enabling Technology for Manufacturing Future Moore's Law Semiconductors", 2007 CMP-MIC, CA, U.S.A., p291-298.

[10] Chien-Min Sung, Cheng-Shiang Chou, Michael Sung, "The Organic Diamond Disk (ODD) for Dressing Polishing Pads of Chemical Mechanical Planarization", 2007 CMP-MIC, CA, U.S.A., p301-304.

[11] Hung-Yu Chu, Chien-Min Sung, "Diamond Wear Pattern on Pad Conditioners for CMP

Manufacture of Semiconductors", 2007 CMP-MIC, CA, U.S.A., p305-308.
[12] Hiroshi Ishizuka, Chien-Min Sung, Ming-Yi Tsai, Michael Sung, "PCD Pad Conditioners for Electrolytic Chemical Mechanical Planarization of Intergrated Circuit with Nodes of 45 nm and Smaller", 2nd International Industrial Diamond Conference, Rome, Italy, 2007.
[13] Chien-Min Sung, Cheng-Shiang Chou, Chih-Chung Chou, "The Organic Diamond Disk (ODD) for Chemical Mechanical Planarization", Advances in Abrasive Technology X; ISAAT 2007 / SME International Grinding Conference, Dearborn, Michigan, U.S.A., p225-230.
[14] Chien-Min Sung, Ming-Yi Tsai, Eiichi Nishizawa, Michael Sung, "The Wear Characteristics of Pad Conditioners for CMP Manufacture of Semiconductors", Advances in Abrasive Technology X; ISAAT 2007 / SME International Grinding Conference, Dearborn, Michigan, U.S.A., p421-426.
[15] Y. S. Liao, M. Y. Tsai, Chien-Min Sung, Y. L. Pai, "Pad Dressing Using Oriented Single Diamond and Its Effect on Polishing Rate of Oxidized Silicon Wafer", Advances in Abrasive Technology X; ISAAT 2007 / SME International Grinding Conference, Dearborn, Michigan, U.S.A., p427-433.
[16] Hiroshi Ishizuka, Marehito Aoki, Chien-Min Sung, Michael Sung, "PCD Dressers for Chemical Mechanical Planarization with Uniform Polishing", The International Conference on Leading Edge Manufacturing in 21st Century (LEM21), Fukuoka, Japan, p79-84.
[17] Chien-Min Sung, Ming-Yi Tsai, Ying-Tung Chen, Haedo Jeong, Marehito Aoki, Michael Sung, "High Pressure CMP with Low Stress Polishing: The Enabling Technology for the Manufacture of Future 450 mm Wafers", SEMICON Korea 2008, Convention & Exhibition Center (COEX), Seoul, Korea, p171-183.
[18] Chien-Min Sung, Ming-Yi Tsai, Marehito Aodi, Michael Sung, "High Pressure CMP with Low Stress Polishing: The Enabling Technology for the Manufacture of Future 450 mm Wafers", 2008 CMP-MIC, Fremont, California, U.S.A., p331-334.
[19] Kihyun Park, Jiheon Oh, Boumyoung Park, Woonki Shin, Chien-Min Sung, Haedo Jeong, "Experimental Analysis of Pad Surface Condition for Material Removal Reliability in Oxide CMP", 2008 CMP-MIC, Fremont, California, U.S.A., p339-342.
[20] Smart Chuang, Chiu-Liang Chen, Ying-Liang Pai, Chien-Min Sung, Cheng-Shiang Chou, Wey Huang, Hou-Chin Lee, Michael Sumg, "The Organic Diamond Disk (ODD) versus Brazed Diamond Disk (BDD) for Chemical Mechanical Planarization", 2008 CMP-MIC, Fremont, California, U.S.A., p343-346.
[21] Chien-Min Sung, Michael Sung, "The Brazing of Diamond", Ninth International Conference on the Science of Hard Materials (ICSHM9), Montego Bay, Jamaica, 2008, p91.

有關作者

宋健民　總經理

榮獲經濟部第十三屆科技獎的個人成就獎(前瞻技術創新獎)

總經理

宋健民　博士

中國砂輪企業股份有限公司

總經理宋健民及其家人共有六個 MIT 學位

傑出得獎事蹟及貢獻

1996 年末宋博士發明革命性的「鑽石陣®」DiaGrid®技術並在全球申請專利，「鑽石陣®」技術可使鑽石以特定的圖案排列，因此大幅提高了工具的研磨效率及使用壽命。1999 年宋博士在中砂推出 DiaGrid®「鑽石碟」就逐漸取代了日本及美國的產品。「鑽石碟」可決定化學機械拋光(CMP)的效率及良率，CMP 為製造半導體晶片必經的過程，因此 DiaGrid®「鑽石碟」可顯著降低半導體的製造成本及提高晶片的品質。DiaGrid®「鑽石碟」自 2000 年起被台積電及聯電等國內半導體公司採用，為了拓展外銷，宋博士要藉跨國公司推銷在 CMP 領域內沒沒無聞的台灣產品，他乃獨自赴美說服 Rodel(世界最大的 CMP 耗材公司)專賣 DiaGrid®「鑽石碟」。

DiaGrid®「鑽石碟」在世界半導體業打響名號後威脅到美國的競爭者 3M。2001 年 3M 在美國 ITC 控告中砂侵犯其專利獲勝，但宋博士隨後在美國聯邦法院爲中砂平反。2002 年宋博士在美國德州以一系列的專利反控 3M 侵權。他又到 MIT 邀請前材料系主任 Tomas Eagar(美國科學院院士)爲證人在法庭上解說他的專利，3M 曾動員龐大的律師團隊以各種策略試圖防堵宋博士的侵權訴訟。宋博士在和 3M 交峰時，又說動 3M 的策略聯盟 Applied Materials(世界最大 CMP 機台製造者)改銷 DiaGrid®「鑽石碟」。3M 在宋博士司法及商場雙重夾殺下，爲了扳回一城，在 2004 年又加告中砂侵犯它的其他專利。2005 年中砂擬股票上市，乃要求宋博士儘快和 3M 和解，2005 年 3 月宋博士不再要求鉅額賠償，接受了 3M 象徵性的賠償個人三百萬美元。

DiaGrid®「鑽石碟」在 2004 年成爲全球 CMP 製造的標準品牌及世界市場的領先者。由於「鑽石碟」的利潤遠高於傳統產品。中砂的 EPS 乃自 2001 年的 0.37 元飆高至 2004 年的 5.35 元，中砂因此可在 2005 年初順利上市。

綜上所述，宋博士不僅獨立申請到國際專利及發展製造技術，他又命名 DiaGrid®「鑽石碟」並建立了國際品牌，宋博士也親自和跨國公司組成策略聯盟，他更以個人之力擊敗以智權聞名而擁有數百名律師的 3M。這是聖經故事大衛王打倒巨人哥利亞的現代版。

宋健民
2005, 8, 29

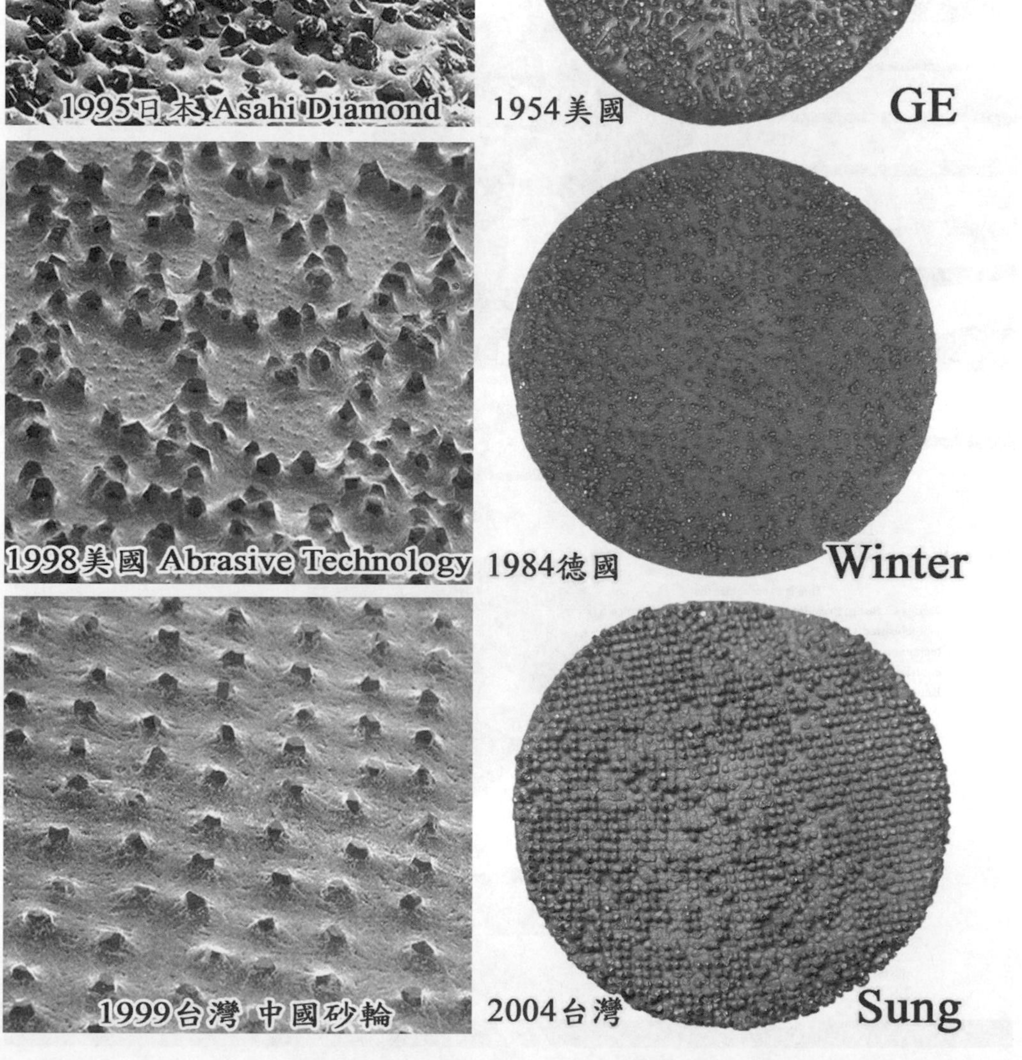

宋博士發明的「鑽石陣®」產品不僅可取代國外先進的「鑽石碟」(左圖)，其技術更可用以大幅提昇超高壓鑽石合成的生產效率(右圖)，這項革命性的技術將顛覆全球鑽石工業的生態平衡，使人造鑽石的價格崩盤。

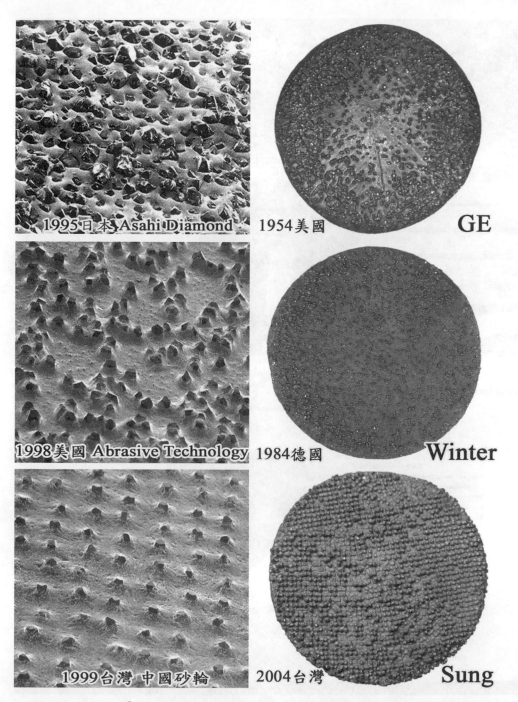

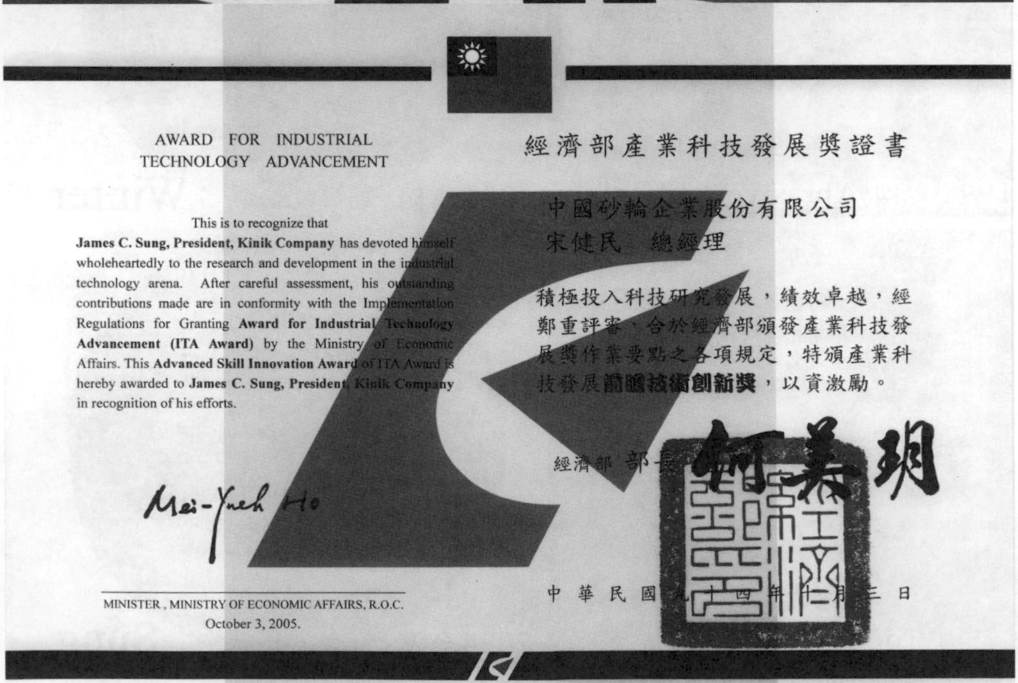

AWARD FOR INDUSTRIAL TECHNOLOGY ADVANCEMENT

This is to recognize that **James C. Sung, President, Kinik Company** has devoted himself wholeheartedly to the research and development in the industrial technology arena. After careful assessment, his outstanding contributions made are in conformity with the Implementation Regulations for Granting **Award for Industrial Technology Advancement (ITA Award)** by the Ministry of Economic Affairs. This **Advanced Skill Innovation Award** of ITA Award is hereby awarded to **James C. Sung, President, Kinik Company** in recognition of his efforts.

Mei-Yueh Ho

MINISTER, MINISTRY OF ECONOMIC AFFAIRS, R.O.C.
October 3, 2005.

經濟部產業科技發展獎證書

中國砂輪企業股份有限公司
宋健民　總經理

積極投入科技研究發展，績效卓越，經鄭重評審，合於經濟部頒發產業科技發展獎作業要點之各項規定，特頒產業科技發展**前瞻技術創新獎**，以資激勵。

經濟部 部長 何美玥

中華民國九十四年十月三日

陳水扁總統頒發前瞻創新科技獎給中國砂輪企業股份有限公司總經理宋健民博士(2005.10.3 於國父紀念館)。

中華民國微系統暨奈米科技協會
最高榮譽——卓越獎(2006 年)

微系統暨奈米科技最重要的應用爲大量生產超密集電晶體的積體電路(IC)，IC 乃依 1965 年 Intel 共同創始人 Gordon Moore 預言的幾何倍數成長超過四十年。電腦 CPU 內的電晶體數目在 2006 年已和全球人口數目(65 億)相當。2007 年起 IC 的線寬將爲病毒尺寸(65 nm)或更小。這種超密 IC 極其脆弱，所以製造時晶圓不宜使用傳統的化學機械平坦化(CMP)製程以蠻力磨平，而應改用電流軟化銅線後擦拭掉過厚的銅層。電解 CMP(eCMP)的技術已由全球最大的半導體設備公司，美國的應用材料公司(Applied Materials)，開發完成並已移交客戶(如 IBM 及台積電)試行生產。

以 eCMP 拋光晶圓要使用導電的拋光墊，它必須以極精密的「先進鑽石碟」(Advanced Diamond Disk，ADD)持續修整才能不斷拋光晶圓。ADD™「鑽石碟」爲宋健民發明，現授權中國砂輪企業股份有限公司(中砂)生產。宋健民又開發了原材料及其製造流程，除此之外，他還申請了國際專利，所以 ADD™「鑽石碟」將成台灣科技獨步全球的壟斷性產品。宋健民亦爲 DiaGrid®「鑽石碟」的發明人。「中砂」在 1999 年推出後就取代美、日產品成爲全球半導體 CMP 製程的標準配備。DiaGrid®「鑽石碟」的使用者包括 Intel、TSMC、NEC、Samsung、Infineon、ST Micro、Charters、SMIC……等各國大公司。

DiaGrid®「鑽石碟」乃以傳統的「加法」把單晶鑽石黏結在鋼盤上，由於鑽石磨粒不僅大小不一，而且形狀各異，因此修整後的 CMP 拋光墊其表面很不規則。ADD™「鑽石碟」則以革命性的「減法」將多晶鑽石(Polycrystalline Diamond)雕刻出特定的圖案，它在拋光墊上刻劃出均勻的條紋才能輕柔但迅速的拋光晶圓。

宋健民博士及其助理黃靜瑞(左)及何雅惠(右)。背景的左圖爲現在製造半導體晶片 CMP 製程使用的 DiaGrid®鑽石分佈，右圖爲未來 eCMP 製程指定的 ADD™ 鑽石圖案。

中國材料科學學會——材料科技傑出貢獻獎得獎人事蹟
得獎人：宋健民 總經理（中國砂輪企業股份有限公司）

宋健民為美國麻省理工大學(MIT)博士，曾長期負責 GE(世界最大鑽石製造者)高壓合成鑽石的生產技術及 Norton(世界最大鑽石使用者)鑽石工具的研究發展。宋博士也曾在工業技術研究院工業材料研究所開發多種先進技術，移轉給台灣十餘家鑽石產品公司。宋博士現為中國砂輪企業股份有限公司鑽石科技中心總經理，該中心具有超高壓合成鑽石油壓機、CVD 鑽石膜生長反應爐、PVD 披覆 DLC 真空機等先進設備，其規模在全球鑽石研發團隊為數一數二。宋博士也在國立台灣大學及國立台北科技大學兼任教授多年，他指導的碩博士學生已近百人。宋博士為國際知名鑽石科技專家，發表文章超過參百篇。他亦為全球鑽石科技專利最多的發明人，具有超過百項的國際專利；其內容涵蓋鑽石合成、鑽石半導體、鑽石 LED、鑽石太陽能電池、奈米鑽石化妝品、鑽石 DNA 晶片等。宋健民也著作十本書，其主題包括超硬材料、鑽石合成、宇宙來源、生物演化、科學宗教及台灣前途等。

宋健民的傑出研究事蹟包括：建立 Norton Diamond Film(世界最大鑽石膜公司)的製造技術、發明拼圖式(Mosaic)多晶鑽石(PCD)油井鑽頭，為美國 Norton Christensen(世界最大鑽石鑽頭公司)贏得美國石油工程協會 1989 年材料創新發明獎；發明硬度可媲美鑽石的 C_3N_4，引起世界研究熱潮；發明排列晶種高壓合成鑽石技術，可大幅提高單次產量；製造全球首創的鑽石陣®(DiaGrid®)鑽石碟，成為中國砂輪獲利的主要來源並為該公司 2005 年股票上市的依據；發明以多晶鑽石燒結體雕刻的先進鑽石碟(Advanced Diamond Disk 或 ADD)，成為美國 Applied Materials(世界最大 CMP 機台製造者)電解 CMP(eCMP)必用的工具；發明無晶鑽石太陽電池，證明其吸收太陽光譜能力遠勝矽晶。

宋博士的卓越成就獲獎，包括：1997 年國立台北科技大學傑出校友、2005 年經濟部產業科技發展獎-個人成就前瞻技術創新獎、2006 年中華民國微系統暨奈米科技協會-最高榮譽-優良產品獎卓越獎及 2007 年中華民國微系統暨奈米科技協會-微奈米科技工業貢獻獎等。

中國砂輪企業股份有限公司董事長林心正的推薦評語：宋健民博士長期鑽研於工業鑽石領域，有傑出的見解，本人皆以工業鑽石泰斗尊稱。自宋博士加入本公司以來，採用他多年的研究成果，使本公司脫胎換骨，新產品已為業界創造巨大的成果，在材料科學即將進入鑽石世代，本公司有幸能與宋博士配合，確信必能為地球資源及環境創造不可思議的功德！

林心正

中華民國微系統暨奈米科技協會微奈米科技工業貢獻獎（2007）

積體電路（IC）有如電子產品的大腦，它的功能決定了產品的價值。IC製造也是台灣經濟動力的來源，台積電及聯電是全球晶圓代工的龍頭。製造IC必須以化學機械平坦化（CMP）的製程逐層拋光柔軟的銅導線與脆弱的介電層。拋光時晶圓要壓在旋轉的拋光墊上，其接觸應力取決於拋光墊表面的粗糙度。CMP進行時，拋光墊的表面會逐漸變滑降低了晶圓的磨除率。爲維持拋光效率必須使用鑽石碟（Diamond Disk）修整拋光墊恢復其表面的粗糙度。鑽石碟不僅決定了晶圓的拋光效率，也影響了晶圓品質。IC的製程已經進入病毒尺寸（45、32、22 nm），拋光時的應力必須大幅降低以免刮壞晶圓。

現有的鑽石碟乃將鑽石磨粒外加在金屬盤上，由於磨粒大小及形狀都不相同，拋光墊上的刻痕就參差不齊，以致晶圓表面的接觸壓力並不一致，IC的線路在拋光後就厚薄不一。當電路的線寬小到32 nm時，CMP的壓力比現有製程降低十倍，鑽石碟刻劃的紋路不夠細緻，晶圓拋光的效率及良率就會明顯降低。中國砂輪（中砂）爲世界最先進的鑽石碟生產者，曾在1999年推出現在全球通用的設計。2006年中砂又創造革命性多晶鑽石（PCD）修整器。由於PCD可以減法切割，因此PCD鑽石碟可在拋光墊上刻劃出前所未見的均勻紋路。

CMP機台的主要製造者爲美國的應用材料公司（Applied Materials），該公司已發展出製造下一世代IC（32 nm）的eCMP技術。eCMP必須採用PCD鑽石碟。中砂設計及生產的PCD鑽石碟是全球獨佔性的產品，也是32 nm製程目前唯一可用的鑽石碟。IBM、台積電、AMD、Micron等世界最先進的IC設計及製造者已開始採用PCD鑽石碟。

第七屆台灣工業銀行創業大賽 學子出頭天 企業看上眼　**中國時報**　中華民國九十五年四月二十九日／星期六

台政大鑽心隊奪冠 自組2億元公司

林志成／台北報導

第七屆台灣工業銀行創業大賽昨天揭曉，政大科技管理研究所與台大政治系共5位同學組成的「鑽心（DiaMind ）」團隊奪得第一名，獲50萬元獎金。鑽心團隊目前已獲一家上市企業支持，預計年底成立資本額2億元的公司。

第七屆台灣工業銀行創業大賽共96隊報名，經過長達半年競賽，成績昨天揭曉。獲得第一名的「鑽心」團隊，以創新工業鑽石晶種排列製造技術，控制鑽石的大小和形狀，並以鑽石鋸齒排列的專利技術，增加鑽石切削的效率，可降低鑽石合成成本，並提高品質。

鑽心團隊有5位成員，楊謹瑋、李權憲、葉純婷及林嘉源四人是政大科管所學生，方佳玉則在台大政治系就讀。這個團隊的技術來自中國砂輪鑽石科技中心總經理宋健民。

李權憲幾年前在台北科技大學材料系就讀時，宋健民是他的老師。「鑽心」團隊就是由李權憲居中牽線而成，昨天獲得台灣工業銀行創業大賽冠軍後，創業之路更順遂了。

「我讀大學時就一直想創業，」李權憲說：「進入政大科管所後，所上老師很鼓勵學生創業，加上遇到一些志趣相投同學，在天時、地利、人和下，創業夢就要實現。」

創業並不容易，失敗機會很高，成功只是少數。李權憲表示，他們現在還是學生，即使創業失敗，付出成本也是最低，沒什麼好怕的。而且他堅信，他們提供的鑽石切割原料，可提高工業鑽石的價值，在國際上很有競爭力，創業成功機會很大。

鑽心團隊已經做好創業心理準備，5名成員分工完成，有的是執行長，有的負責行銷，有的管財務，現在處於積極籌資階段。據了解，鑽心團隊目前已獲一定上市企業支持，預計年底可以成立公司。

Business Frontline
企業最前線

市占全球第一 獲利連上揚

宋健民讓中國砂輪翻身傳產股后

撰文．陳翊中

榮登「傳產股后」的中國砂輪，五年來從製造的傳統產業躍升為和世界一流公司並駕齊驅的鑽石尖端科技公司；鑽石科技中心總經理宋健民是關鍵人物，窮其一生、追求真愛「研發鑽石科技」的他，使其生涯在歷經重挫後再度奮起。

宋健民 profile
出生：1945年
現職：中國砂輪鑽石科技中心總經理
學歷：美國麻省理工學院地球物理博士、台大地質系畢業
經歷：工研院材料所、Norton、GE超硬材料部門經理

五月十一日，正當投資人還震懾於前兩天回檔兩百點的餘威當中，機電股的中國砂輪，股價卻倏地拔尖而起，直奔一百七十五元的漲停價，近一個月以來狂飆猛漲，中砂在傳產股中，股價僅次於健身器材大廠喬山，榮登「傳產股后」寶座。

很難想像，法人預估今年每股稅後純益（EPS）將挑戰十元的中砂，五年前卻是一家負債超過淨值，甚至一度可能被國外大廠購併的艱困企業。這五年來，中砂能夠從醜小鴨蛻變成為人人追捧的天鵝，除了董事長林心正的正確轉型策略之外，鑽石科技中心總經理宋健民也是中砂轉型為尖端科技公司的靈魂人物。

新技術讓中砂躍為世界第一

股王宏達電有卓火土、太陽能雙雄益通有蔡進耀、茂迪有左元淮，宋健民對中砂而言，就如同上述三人，扮演關鍵技術提供者的角色。事實上，現年六十歲、研究鑽石超過三十年的他，在鑽石科技這個領域，可說是祖師爺級人物。同樣研究鑽石科技多年的台北科技大學材料及資源工程系主任王錫福說：「在不以尖端科技著稱的台灣，卻在鑽石這個領域，能和世界先進國家並駕齊驅，宋健民以及中國砂輪無疑是最重要的推手。」

2006.05.29 今周刊．110

攝影・陳俊銘

宋健民為中砂一手建立了應用於半導體CMP製程中的重要工具鑽石碟，讓中砂不但後來居上，躍升為占有率高達三成的「世界第一」，有了這隻金雞母，獲利更是突飛猛進。目前半導體製程進入六五奈米以下，更非得用宋健民所發明的新一代鑽石碟ADD（Advanced Diamond Disc）。美林證券的研究報告明確指出，下一世代製程中，ADD的獨特技術和專利保護將讓中砂擁有「獨占」地位。

更令人震撼的是，一向被Element Six（鑽石業巨擘DeBeers的子公司）和Diamond Innovation（前身是GE的超硬材料部門）以及韓國的日進鑽石所壟斷的高品級工業鑽石市場，將可能因為宋健民所發明的新技術，而讓價格崩盤。○五年，宋健民發表了「鑽石陣」晶種合成這項新技術，不但可精確控制鑽石生長的大小和形狀，還可以讓製造成本降低一半，目前這項新技術已送交上述三家公司以及中國最大的工業鑽石製造商黃河旋風測試中，可以說宋健民一人之力，就牽動了年產值十億美元的工業鑽石市場的消長。

跨國公司逼他退出鑽石製造

宋健民有今天的成就和地位，是他耗費三十年的歲月，嘔心瀝血專注投入鑽石研究所累積而成的，尤其，宋健民的職場生涯更經歷凡人無法想像的波折。他不僅和跨國企業打官司，在此期間，更因牽涉國防機密，還曾被諜報人員跟監，甚至長達四年的時間，幾乎處於半失業狀態。

一九七七年宋健民取得麻省理工學院博士學位後，就加入美國GE（世界最大工業鑽石製造商）超硬材料部門，師承合成鑽石的先驅科學家Francis Bundy，也開啟了宋健民的「鑽石人生」。

在GE七個年頭，宋健民由於表現優異，不到三年便升上工業鑽石生產技術的負責人，後來鑽石工具大廠Norton，以高薪及豐厚的研究經費挖角，宋健民便加盟Norton，並為其開發了熱穩定多晶鑽石（PCD）以及氣相沉積（CVD）鑽石膜的製造技術，使Norton成為PCD和CVD鑽石科技的領先者。

然而，Norton並非真的有心發展工業鑽石，只是想以發展工業鑽石逼迫最大供應商GE降價，讓宋健民萌生退意，八九年有志難伸的宋健民，離開Norton，協助韓國的日進集團與中國的亞洲金剛石製造鑽石。工業鑽石一向由GE和De Beers長期壟斷市場，而GE以及Norton得知他的計畫後，為避免工業鑽石價格崩盤，這兩大跨國公司竟聯手控告宋健民侵權，甚至說動美國聯邦調查局，稱他偷竊美國產業機密，準備賣給蘇聯及中國等共產國家。

當時正值冷戰末期，被控以通敵罪名可是相當嚴重，為了躲避諜報人員的追蹤，宋健民甚至曾開了一小時的車，在冰天雪地裡打公共電話，在電話中指導日進和亞洲金剛石克服技術難題。這場官司一打就打了四年，由於這件事鬧得滿城風雨，沒有一家公司敢雇用他，連親朋好友也紛紛走避，在這段期間，他做過許多工作，包括代課老師、國際會議主辦人員，甚至曾到礦坑中當了好幾個月的礦工，當然，除了面臨經濟斷炊的困境外，還得面對官司的壓力。

回憶這四年所經歷的波折，宋健民淡淡地說：「訴訟遙遙無期，生活自然極為痛苦，但是冥冥之中似有天意，這段期間的經歷，對我未來研究鑽石相關應用以及面對跨國公司的挑戰，竟有莫大的助益。」事實上，GE控告宋健民並非要求賠償，最終目的是逼迫他退出鑽石這個行業，最後雙方終於和解，撤銷了對他的控訴，宋健民只得被迫接受停止製造鑽石十年（至二○○三年止）的條件。

然而，山不轉路轉，九四

年宋健民的父親病危，為就近照顧父親，他舉家遷台，在工研院材料所短暫待了一段時間，當時積極想轉型的中砂，與工研院有合作計畫，宋健民和林心正經過一番長談後，雙方一拍即合，加盟中砂。然而，不能製造他最愛的合成鑽石，宋健民只能從鑽石工具和鑽石相關應用出發，沒想到卻發掘更大的桃花源。

合成鑽石主要用於切削石材、造橋鋪路的工具，宋健民既然無法在此一領域繼續鑽研，只能另謀出路，剛好此時半導體GMP製程興起，他為中砂研發鑽石碟這項明星產品，後來更陸續開發多項尖端科技產品，每年為中砂帶來數億元的獲利。

專注研究身懷百項專利

林心正對宋健民印象最深刻的便是他的專注，好幾次力邀宋健民打高爾夫球，他都推說沒時間，推辭多次之後，終於有一次宋健民只得吐露，打一次高爾夫球的時間，可以寫兩篇文章，他寧願把時間耗費在研究，也不願浪費時間在娛樂上。

一般學者到工業界就無暇顧及學術研究，除了在中砂隨時有數十個專案在手上處理以外，宋健民卻一直在台大及台北科技大學教書，並指導許多論文研究生，發表的論文數目也多於一般的大學教授。林心正戲稱可以一個人做多人事的宋健民是「平行處理專家」。

例如剛到中砂，宋健民單槍匹馬遠赴義大利參加石材大展，在人生地不熟、語言又不通的環境下，不但要搞定租攤位、裝修，還要向絡繹不絕的訪客介紹產品，期間甚至還趁隙開兩小時的車到機場接另一位中砂的幹部，或許充分利用時間且做事有效率的宋健民，是迄今擁有一百多項專利，在鑽石科技領域無人能出其右的原因之一吧！

在宋健民心中，因為有追求最完美的材料——鑽石這個不變的價值，就算曾失業四年，甚至被GE、Norton、3M等跨國大公司控告，依然孜孜不倦地堅持這個終生理想。

宋健民說：「若是當年一直在GE任職，沒有經歷這麼多風浪，或許早就退休，終其一生只是平凡人而已。」他笑說：「我的人生歷經這麼多挫折再度反彈，應歸功我對鑽石的專情，追逐『無常』的表象不能走遠，因成果終將散失，但追尋不變的價值可累積經驗而後來居上。」

套一句廣告詞「鑽石恆久遠，一顆永流傳」，就因為把追求鑽石夢，當作是比生命更重要的事，讓屬於宋健民的「鑽石傳奇」得以持續進行中。

綜合目錄

第一集：寶石鑽的世紀大戰　目錄

第二集：金剛石的世界大戰　目錄

國家圖書館出版品預行編目資料

鑽石爭霸戰.三：鑽石碟的臺美大戰／宋健民編著. 初版. 臺北縣土城市：全華圖書, 2008.06
面； 公分
ISBN 978-957-21-6536-2 (平裝)
1.鑽石
440.321 97009587

鑽石爭霸戰(三)－鑽石碟的台美大戰

作 者 宋健民
執行編輯 吳春儀
發 行 人 陳本源
出 版 者 全華圖書股份有限公司
地 址 23671 台北縣土城市忠義路 21 號
電 話 (02)2262-5666 (總機)
傳 眞 (02)2262-8333
郵政帳號 0100836-1 號
印 刷 者 宏懋打字印刷股份有限公司
圖書編號 09092
初版一刷 2008 年 8 月
定 價 新台幣 450 元
I S B N 978-957-21-6536-2 (平裝)

全華圖書
www.chwa.com.tw
book@chwa.com.tw

全華科技網 Open Tech
www.opentech.com.tw